Topology

위상수학

| 김진환 지음 |

KM 경문사

머리말

이 책은 일반위상수학의 기본 개념들을 숙지하고 위상수학이 무엇인가의 이해를 돕는데 목적이 있다. 위상수학은 어렵고 학교수학과 동떨어진 과목으로 인식되기도 한다. 그러나 이 교과는 학생들이 경험한 수학 개념인 연속이나 수렴에서의 근접성을 보다 포괄적으로 다루는 최적화된 교과라 볼 수도 있다. 일반위상수학은 집합론에 기초한 구성 개념들로 구성되어 점-집합 위상수학이라고도 하며 대수적 위상수학, 미분위상수학, 기하적 위상수학, 위상적 대수 등을 포함한 여러 분야의 위상수학 뿐 아니라 수학의 모든 분야에서 기초소양이 되는 과목이다. 위상수학은 물리학, 생물학, 경제학, 컴퓨터 공학, 로봇공학, DNA분석, 빅데이터 분석 등 여러 분야로 그 응용이 점차 확대되고 있다.

이 책은 13개의 장으로 나누어서 위상의 기본 개념들을 다룬다. 1장에서는 이 책을 학습하는 데 필요한 집합론이나 실수집합에 관련한 내용을 추출하여 간략하게 다룬다. 학습하면서 수시로 익히고 적용하면 좋을 것이다. 2장은 위상수학이 무엇인지에 대한 경험적 이해를 돕고자 그 배경을 간략하게 살펴본다. 3장은 집합론에 기초한 공리적인 방법에 의한 위상과 위상공간의 정의를 살펴보고 위상의 다양한 예들을 다룬다. 4장은 위상을 생성하고 위상에 관련된 개념들을 다루는데 주요 역할을 하는 기저, 부분기저 및 국소기저에 대해 다룬다. 5장은 공리적으로 위상을 특성지우는 집합연산자라 할 수 있는 폐포, 도집합, 내부, 외부, 경계를 다룬다. 7장에서는 위상에서 초래되는 연속함수를 기반으로 위상구조에 관련한 여러 형의 함수들을 살펴본다. 또한 위상적 성질의 관점에서 다룰 개념들을 예견한다. 6장과 8장은 주어진 위상공간들로부터 새로운 위상구조를 만드는 방법인 부분공간, 곱공간, 상공간을 다룬다. 특히 8장은 함수의 연속성에 기반하여 이들 공간들을 살펴보고 위상적 성질이 이들 공간으로 보존하는 가의 여부도 간략하게 정리한다. 9장은 위상구조를 구체화된 거리를 가지고 규정하는 거리공간의 예들과 특성을 다룬다. 거리공간은 위상구조를 도입하는 동기로 선행적으로 다루기도 한다. 10장은 열린집합에 의한 분리공리에 따라 분리공간들을 다룬다. 11장과 12장은 중간값 정리나 최대·최솟값 정리의 주요 가정에 포함되고 가장 중요한 위상적 불변성인 연결성과 컴팩트성을 다룬다. 13장은 거리공간에 대한 좀 더 깊은 이해로 완비성과 관련한 특성들을 다룬다.

이 책은 위상수학을 처음 학습하는 대학생들이나 위상수학에 관심 있는 분들이 형식화된 위상 개념을 쉽게 이해하도록 다양한 예들을 많이 다루고자 하였다. 다른 수학에서도 마찬가지지만 특히 위상수학에서는 개념에 대한 정확한 숙지가 매우 중요하다고 본다. 특히 위상수학에서 다루는 여러 정리나 문제에 대한 증명이나 풀이에서 관련 개념들에 대한 충분한 숙지가 중요하다. 이에 반복적인 개념 학습을 권장하며 이를 위해 예제와 연습문제를 이에 준하도록 선정하였다. 일부 연습문제나 예제에는 지금껏 중등교사 임용시험에서 출제되었던 문제들을 그대로 혹은 변형하여 다루어 문제해결력과 수학적 사고를 높이는 데 도움을 주고자 하였다.

이 책은 학생들이 일반위상수학의 기초지식을 스스로 학습하는 데 도움이 되기를 바라면서 학습자 중심에서 집필하려고 노력했지만 부족함도 있을 것으로 생각한다. 조언을 주시면 추후 수정 보완하고자 한다.

이 책이 나오기까지 많은 관심과 도움을 주신 경문사 임직원님 여러분에게 깊이 감사드린다. 원고의 타이핑을 도와주고 의견을 준 제자들에게도 감사를 드린다.

2022년 2월 저자

차 례

1장

집합론 살펴보기

다음의 수집합에 대한 기호표현을 잘 숙지하고 있는 것으로 간주할 것이다.

$$\mathbb{N} = \text{자연수 전체집합}, \quad \mathbb{Z} = \text{정수 전체집합}$$
$$\mathbb{Q} = \text{유리수 전체집합}, \quad \mathbb{R} = \text{실수 전체집합}$$

이 장에서는 위상수학의 학습에 기초가 되는 집합론과 실수 성질을 간략하게 살펴본다. 정리나 예제에 대한 증명이나 풀이는 다수 생략한다. 집합론 교재를 참고하기 바란다.

1.1 집합의 연산

| 정의 1.1 |

집합 X의 부분집합 A, B와 부분집합족 $\mathcal{A}=\{A_\alpha \mid \alpha \in \Lambda\}$에 대하여

(1) (포함관계) $A \subset B \Leftrightarrow x \in A$이면 $x \in B$이다.

$A = B \Leftrightarrow A \subset B,\ B \subset A$이다.

(2) (합집합) $A \cup B = \{x \in X \mid x \in A \text{ 또는 } x \in B\}$

(3) (교집합) $A \cap B = \{x \in X \mid x \in A,\ x \in B\}$

(4) (여집합) $A^c = \{x \in X \mid x \notin A\} (= X - A)$

(5) (차집합) $A - B = A \cap B^c = \{x \in X \mid x \in A,\ x \notin B\}$

(6) (합집합) $x \in \cup \mathcal{A} = \bigcup_{\alpha \in \Lambda} A_\alpha \Leftrightarrow \exists \alpha \in \Lambda \ s.t.\ x \in A_\alpha$

(7) (교집합) $x \in \cap \mathcal{A} = \bigcap_{\alpha \in \Lambda} A_\alpha \Leftrightarrow$ 모든 $\alpha \in \Lambda$에 대하여 $x \in A_\alpha$이다.

(8) (서로소) $A \cap B = \varnothing$ (A, B는 서로소(disjoint)이다.)

| 정리 1.2 |

집합 X의 부분집합 $A, A_\alpha (\alpha \in \Lambda)$에 대하여

(1) $A \cap \left(\bigcup_{\alpha \in \Lambda} A_\alpha \right) = \bigcup_{\alpha \in \Lambda} (A \cap A_\alpha),\ A \cup \left(\bigcap_{\alpha \in \Lambda} A_\alpha \right) = \bigcap_{\alpha \in \Lambda} (A \cup A_\alpha)$ (배분법칙)

(2) $\left(\bigcup_{\alpha \in \Lambda} A_\alpha \right)^c = \bigcap_{\alpha \in \Lambda} A_\alpha^c,\ \left(\bigcap_{\alpha \in \Lambda} A_\alpha \right)^c = \bigcup_{\alpha \in \Lambda} A_\alpha^c$ (de Morgan 법칙)

(3) $\Lambda = \varnothing$ 일 때 $\bigcup_{\alpha \in \Lambda} A_\alpha = \varnothing$ (empty union)

(4) $\bigcap_{\alpha \in \varnothing} A_\alpha = X$ (empty intersection)

증명 (1)과 (2)는 문제로 남기고 (3)과 (4)를 밝힌다.

(3) $^\forall x \in X,\ x \notin \bigcup_{\alpha \in \varnothing} A_\alpha \equiv \sim (x \in \bigcup_{\alpha \in \varnothing} A_\alpha)$

$$\equiv \sim (\text{적당한 } \alpha \in \varnothing \text{에 대하여 } x \in A_\alpha)$$

$$\equiv (\text{모든 } \alpha \in \varnothing \text{에 대하여 } x \notin A_\alpha)$$

$$\equiv (\alpha \in \varnothing \to x \notin A_\alpha)$$

명제$(\alpha \in \varnothing \to x \notin A_\alpha)$에서 가정 자체가 거짓이므로 이 명제는 참이다. 따라서 임의로 잡은 어떠한 $x \in X$도 $x \notin \bigcup_{\alpha \in \varnothing} A_\alpha$이다. 그러므로 $\bigcup_{\alpha \in \varnothing} A_\alpha = \varnothing$이다.

(4) $^\forall x \in X,\ x \in \bigcap_{\alpha \in \varnothing} A_\alpha \equiv (\text{모든 } \alpha \in \varnothing \text{에 대하여 } x \in A_\alpha)$

$$\equiv (\alpha \in \varnothing \to x \in A_\alpha)$$

마지막 명제는 참이다. 따라서 $\bigcap_{\alpha \in \varnothing} A_\alpha = X$이다. ■

▸ 합성명제 $p \to q$에서 p가 거짓이면 이 합성명제는 참인 명제이다.

예제 1.3

자연수 $n \in \mathbb{N}$에 대하여 $A_n = \left\{x \in \mathbb{R} \mid x < \frac{1}{n}\right\}$, $B_n = \left\{x \in \mathbb{R} \mid x > -\frac{1}{n}\right\}$이라 하자. $\mathcal{A} = \{A_n \mid n \in \mathbb{N}\}$, $\mathscr{B} = \{B_n \mid n \in \mathbb{N}\}$라 두면

$$\left(\bigcup_{n \in \mathbb{N}} (A_n \cap B_n)^c\right)^c = \{0\},\ \bigcap(\mathcal{A} \cup \mathscr{B}) = \{0\}$$

이다.

▸ X의 모든 부분집합들을 모은 집합족을 $\wp(X)$ 또는 2^X로 나타내고 X의 **멱집합**(power set)이라 한다.

예제 1.4

$X=\{a, b, c, \cdots\}$에 대하여 $\mathcal{D}=\wp(X)$를 X의 멱집합이라 하고 $\mathcal{A}=\{A_\alpha \mid \alpha\in\Lambda\}$를 X의 부분집합족이라 하자. 다음 중 <u>옳지 않은</u> 것들을 모두 찾아라.

ⓐ $a\in X$ ⓑ $\{a\}\in X$ ⓒ $\{a\}\in\mathcal{D}$ ⓓ $\{a\}\subset\mathcal{D}$

ⓔ $\bigcap_{\alpha\in\Lambda} A_\alpha \in X$ ⓕ $\varnothing\subset X$ ⓖ $\varnothing\in\mathcal{D}$ ⓗ $\bigcap_{\alpha\in\varnothing} A_\alpha\subset\cap\mathcal{D}$

ⓘ $X\in\mathcal{D}$ ⓙ $\{\varnothing\}\subset X$ ⓚ $\bigcup_{\alpha\in\varnothing} A_\alpha = X$ ⓛ $\{X\}\subset\mathcal{D}$

ⓜ $\cup\mathcal{A}\subset\mathcal{D}$ ⓝ $\cup\mathcal{A}\in\mathcal{D}$ ⓞ $X\in\cup\mathcal{D}$ ⓟ $\cap\{\varnothing, X\}\subset\mathcal{D}$

풀이 ⓑ, ⓓ, ⓔ, ⓗ, ⓙ, ⓚ, ⓜ, ⓞ, ⓟ가 옳지 않다. ■

1.2 유한곱집합

정의 1.5

X, Y를 집합이라 하자. $X\times Y=\{(x,y)\mid x\in X,\, y\in Y\}$를 X와 Y의 Cartesian 곱 혹은 곱집합(product set)이라 한다. 여기서 (x,y)는 두 원소에 순서를 준 배열인 순서쌍(ordered pair)이다.

정리 1.6

집합 X의 부분집합 A, B, C, D에 대하여 다음이 성립한다.

(1) $A\times B=\varnothing \Leftrightarrow A=\varnothing$ 혹은 $B=\varnothing$

(2) $(A\times B)-(C\times D)=((A-C)\times B)\cup(A\times(B-D))$

(3) $(A\times B)\cap(C\times D)=(A\cap C)\times(B\cap D)$

(4) $A\times(B-C)=(A\times B)-(A\times C)$

▸ 일반적으로

$(A\times B)-(C\times D)\neq(A-C)\times(B-D)$

$(A\times B)\cup(C\times D)\neq(A\cup C)\times(B\cup D)$

예제 1.7

$\mathbb{N}^* = \mathbb{N} \cup \{0\}$라 두자. ($\mathbb{N}^*$을 **범자연수집합**이라 한다.) 그러면

(1) $(\mathbb{N}^* \times \mathbb{N}) - (\mathbb{N} \times \mathbb{N}) = \{0\} \times \mathbb{N} \neq \varnothing = (\mathbb{N}^* - \mathbb{N}) \times (\mathbb{N} - \mathbb{N})$

(2) $(\mathbb{N}^* \times \mathbb{N}^*) - (\mathbb{N} \times \mathbb{N}) = (\{0\} \times \mathbb{N}^*) \cup (\mathbb{N}^* \times \{0\}) \neq (\mathbb{N}^* - \mathbb{N}) \times (\mathbb{N}^* - \mathbb{N}) = \{(0,0)\}$

(3) $(\mathbb{N}^* \times \mathbb{N}) \cup (\mathbb{N} \times \mathbb{N}^*) = (\mathbb{N}^* \times \mathbb{N}^*) - \{(0,0)\} \neq (\mathbb{N}^* \cup \mathbb{N}) \times (\mathbb{N} \cup \mathbb{N}^*) = \mathbb{N}^* \times \mathbb{N}^*$

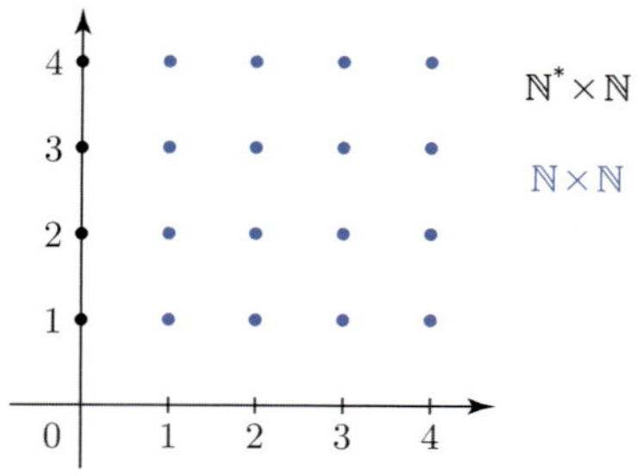

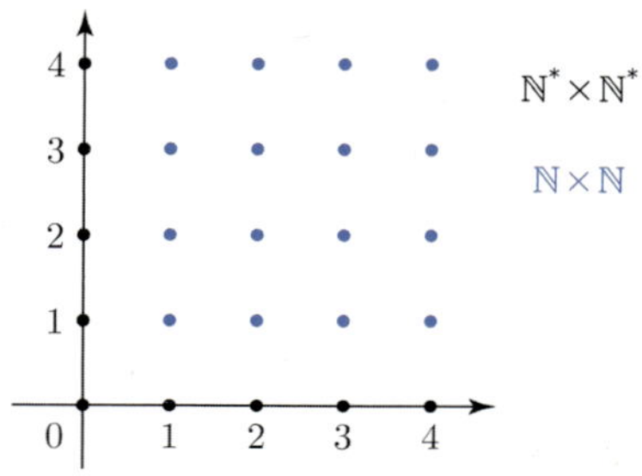

1.3 함수, 상과 역상

정의 1.8

X, Y를 집합이라 하자.

(1) X의 임의의 원소 x에 Y의 단 하나의 원소가 대응될 때 이러한 대응관계를 X에서 Y로의 **함수**(function)라 하고 $f : X \to Y$로 나타낸다. 또한 $x \in X$에 대응하는 Y의 원소를 $f(x)$로 나타내고 x의 **상**(image)이라 한다. X를 함수 f의 **정의역**(domain), Y를 f의 **공역**(codomain), $f(X) = \{f(x) \in Y \mid x \in X\}$를 **치역**(range)이라 한다. $\{(x, f(x)) \in X \times Y \mid x \in X\}$를 f의 **그래프**(graph)라 한다.

(2) 함수 $f : X \to Y$와 $A \subset X$, $C \subset Y$에 대하여

$$f(A) = \{f(x) \in Y \mid x \in A\}, \ f^{-1}(C) = \{x \in X \mid f(x) \in C\}$$

로 정의하고 $f(A)$를 f에 의한 A의 **상**(image)이라 하고, $f^{-1}(C)$를 f에 의한 C의 **역상**(inverse image)이라 한다.

(3) 함수 $f : X \to Y$에 대하여

① $f(x) = f(x')$이면 $x = x'$가 될 때 f를 **단사함수**(1-to-1, injective function)

② 임의의 $y \in Y$에 대하여 $f(x)=y$를 만족하는 $x \in X$가 존재할 때 f를 **전사함수**(onto, surjective function), $f: X \twoheadrightarrow Y$는 전사임을 함의한다.

③ f가 단사이면서 전사일 때 함수 f를 **전단사함수**(bijective function) 또는 **일대일대응함수**(1-to-1 correspondence)

④ f가 전단사함수일 때 $f(x)=y \Leftrightarrow f^{-1}(y)=x$에 의해 정의된 함수 $f^{-1}: Y \to X$를 f의 **역함수**(inverse function)라 한다.

(4) 집합 X와 Y간에 전단사함수가 존재할 때 X와 Y는 **일대일대응관계**에 있다고 한다.

▸ $y \in f(A) \Leftrightarrow \exists\, x \in A \ s.t.\ f(x)=y$ ▸ $x \in f^{-1}(C) \Leftrightarrow f(x) \in C$

(여기서 $s.t.$는 such that을 줄여 적은 것이다.)

예제 1.9

함수 $f: X \to Y$가 $f(x)=x^2$로 정의된다. 다음 <보기>의 X를 정의역으로, Y를 공역으로 하는 f가 함수가 되는 것 중에서

(1) 단사(1-to-1)함수가 되는 것을 모두 찾아라.

(2) 전사(onto)함수가 되는 것을 모두 찾아라.

(3) 역함수를 가지는 함수(즉, 전단사함수)를 모두 찾아라.

〈보기〉

㉠ $X=\mathbb{R},\ Y=\mathbb{R}$

㉡ $X=\mathbb{R}, Y=\{x \in \mathbb{R} \mid x \ge 0\}$

㉢ $X=\{x \in \mathbb{R} \mid x \ge 0\},\ Y=\mathbb{R}$

㉣ $X=\{x \in \mathbb{R} \mid x \le 0\},\ Y=\{x \in \mathbb{R} \mid x \ge 0\}$

㉤ $X=\{x \in \mathbb{Q} \mid x \ge 0\},\ Y=\{x \in \mathbb{Q} \mid x \ge 0\}$

풀이 (1) ㉢, ㉣, ㉤ (2) ㉡, ㉣ (3) ㉣ ■

| 정리 1.10 |

함수 $f: X \to Y,\ g: Y \to Z$에 대하여

(1) $g \circ f$가 단사함수이면 f는 단사함수이다

(2) $g \circ f$가 전사함수이면 g는 전사함수이다

(3) $G \subset Z$일 때 $(g \circ f)^{-1}(G) = f^{-1}(g^{-1}(G))$이다

증명 (1) $f(x) = f(x')$이면 $g(f(x)) = g(f(x'))$이다. $g \circ f$가 단사이므로 $x = x'$이다.

(2) 임의의 $z \in Z$에 대하여 $(g \circ f)(x) = z$인 $x \in X$가 존재한다. $y = f(x) \in Y$이고 $g(y) = z$이다. 그러므로 g는 전사함수이다.

(3) $x \in (g \circ f)^{-1}(G) \Leftrightarrow (g \circ f)(x) = g(f(x)) \in G \Leftrightarrow f(x) \in g^{-1}(G)$

$$\Leftrightarrow x \in f^{-1}(g^{-1}(G))$$

■

▸ 함수 $f : X \to Y$의 역함수가 존재할 필요충분조건은 f가 전단사인 것이다. 그러나 f가 전사 혹은 단사가 되지 않더라도 Y의 부분집합의 역상은 늘 존재한다. 다만, f가 전단사가 되면 f의 역상이 역함수 f^{-1}의 상과 같다.

▌정리 1.11▐

$f : X \to Y$가 함수이고 $A, B, A_\alpha\,(\alpha \in \Lambda)$는 X의 부분집합 그리고 $C, C_\gamma\,(\gamma \in \Gamma)$는 Y의 부분집합이다. 그러면

(1) $f(\bigcup_{\alpha \in \Lambda} A_\alpha) = \bigcup_{\alpha \in \Lambda} f(A_\alpha)$

(2) $f(A \cap B) \subset f(A) \cap f(B)$

(3) $f^{-1}(\bigcup_{\gamma \in \Gamma} C_\gamma) = \bigcup_{\gamma \in \Gamma} f^{-1}(C_\gamma)$

(4) $f^{-1}(\bigcap_{\gamma \in \Gamma} C_\gamma) = \bigcap_{\gamma \in \Gamma} f^{-1}(C_\gamma)$

(5) $A \subset f^{-1}(f(A))$이고 특별히 f가 단사이면 $f^{-1}(f(A)) = A$

(6) $f(f^{-1}(C)) \subset C$이고 특별히 f가 전사이면 $f(f^{-1}(C)) = C$

증명 문제로 남긴다. ■

예제 1.12

(1) [정리 1.11]의 (2), (5), (6)에서 '$=$' 가 성립하지 않음을 다음의 사례를 통해 알 수 있다. $f : \mathbb{Z} \to \mathbb{Z}$가 $f(n) = n^2$으로 정의된다. $A = \{-2, 0, 1\}$, $B = \{0, 2\}$일 때,

$$f(A)=\{0,1,4\}, f(B)=\{0,4\}, f(A\cap B)=\{0\},\ f^{-1}(B)=\{0\}$$

이므로

$$f(A)\cap f(B)=\{0,4\}\neq\{0\}=f(A\cap B),\ f(f^{-1}(B))=\{0\}\subsetneq B,$$
$$f^{-1}(f(A))=\{-2,-1,0,1,2\}\supsetneq A.$$

(2) $f:\mathbb{R}\to\mathbb{R}$가 다음처럼 정의된다면

$$f(x)=\begin{cases} x & (x\in\mathbb{Q}) \\ 0 & (x\in\mathbb{Q}^c)\end{cases}$$

f는 전단사함수가 아니어서 역함수를 갖지 않는다. 그렇지만 역상을 다룰 수 있다.

$$f^{-1}((-1,1))=(-1,1)\cup(\mathbb{R}-\mathbb{Q}),\ f^{-1}(f(\{0\}))=f^{-1}(\{0\})=(\mathbb{R}-\mathbb{Q})\cup\{0\},$$
$$f(\mathbb{Q}\cap\mathbb{Q}^c)=\varnothing,\ f(\mathbb{Q})\cap f(\mathbb{Q}^c)=\{0\}.$$

1.4 유한집합, 가부번무한집합 및 비가산집합

정의 1.13

(1) 자신의 진부부집합과 일대일대응관계에 있는 집합을 **무한집합(infinite set)**이라 한다.

(2) 무한집합이 아닌 집합을 **유한집합(finite set)**이라 한다. 유한집합은 $\varnothing$ 이거나 적당한 $n\in\mathbb{N}$에 대한 $\{1,2,3,\cdots,n\}$과 일대일대응관계에 있는 집합이다.

(3) $\mathbb{N}$과 일대일대응관계에 있는 집합을 **가부번무한집합(denumerable set)**이라 한다.

(4) 유한집합이거나 가부번 무한집합일 때 **가산집합(countable set)**이라 하고 가산집합이 아닌 집합을 **비가산집합(uncountable set)**이라 한다.

정리 1.14

(1) 가산집합들의 가산개 합집합은 가산집합이다.

(2) 유한집합들의 유한합집합과 유한곱집합은 유한집합이다.

(3) 가산집합의 유한곱집합은 가산집합이다.

❙기본성질 1.15❙

(1) $\mathbb{Z}$, $\mathbb{N}\times\mathbb{N}$, $\mathbb{Q}$는 가부번무한집합으로 가산집합이다.

(2) $\mathbb{R}$, 구간 $(0,1)$, $\mathbb{R}-\mathbb{Q}$은 비가산집합이다.

(3) $\mathbb{N}$의 멱집합 $\wp(\mathbb{N})$은 $\mathbb{R}$과 일대일대응관계에 있다.

(4) 모든 무한집합은 가부번무한집합을 부분집합으로 가진다.

(5) B가 가산집합이고 $f: A\to B$가 단사함수이면 A는 가산집합이다.

(6) B가 비가산집합이고 $f: A\to B$가 전사함수이면 A는 비가산집합이다.

증명 문제로 남긴다. ■

예제 1.16

(1) $\mathbb{Q}\times(\mathbb{R}-\mathbb{Q})$는 비가산집합이다.

(2) $\wp=\{A \mid A\text{는 } \mathbb{Q}\text{의 유한부분집합}\}$은 가산집합이다.[1)]

풀이 (1) 무리수 집합 $\mathbb{R}-\mathbb{Q}$는 비가산집합이어서 $\mathbb{Q}\times(\mathbb{R}-\mathbb{Q})$ 또한 비가산집합이다.

(2) $\wp$에 속하는 부분집합들을 원소의 수에 따라 분류하자.

$$\wp_0=\{\varnothing\}$$

$$\wp_1=\{A \mid A\text{는 원소의 개수가 1인 } \mathbb{Q}\text{의 부분집합}\}$$

$$\wp_2=\{A \mid A\text{는 원소의 개수가 2인 } \mathbb{Q}\text{의 부분집합}\}$$

$$\cdots$$

$$\wp_n=\{A \mid A\text{는 원소의 개수가 } n\text{인 } \mathbb{Q}\text{의 부분집합}\}$$

$$\cdots$$

이라 하자. 그러면 $\wp=\bigcup_{n\in\mathbb{N}\cup\{0\}}\wp_n$이다. 임의의 $A\in\wp_n$에 대해 $A=\{a_1, a_2, \cdots, a_n\}$는 $a_1<a_2<\cdots<a_n$을 만족하도록 하고 $f_n(A)=(a_1, a_2, \cdots, a_n)$로 정의한다. 그러면 함수 $f_n: \wp_n\to\mathbb{Q}^n$은 일대일함수이다. 따라서 $\wp_n$은 가산집합이다. [정리 1.14]에 의해 $\wp$는 가산집합이다. ■

---

1) 2013년 중등임용문제 참조

1.5 동치관계와 분할

❙정의 1.17❙ (X의 분할)

X의 부분집합족 $\wp = \{A_\alpha \mid \alpha \in \Lambda\}$가 다음 조건

(P1) 각 $\alpha \in \Lambda$에 대하여 $A_\alpha \neq \varnothing$

(P2) $\bigcup_{\alpha \in \Lambda} A_\alpha = X$

(P3) $A_\alpha \neq A_\beta$이면 $A_\alpha \cap A_\beta = \varnothing$

을 만족할 때 $\wp$를 X의 **분할(partition)**이라 한다.

❙정의 1.18❙ (X의 동치관계)

$\Re$를 집합 X의 원소간의 관계를 나타낸다고 하자.[2] $\Re$가 다음 조건

(반사율) 임의의 $x \in X$에 대해 $x \,\Re\, x$

(대칭률) $x \,\Re\, y \;\Rightarrow\; y \,\Re\, x$

(추이율) $x \,\Re\, y,\; y \,\Re\, z \;\Rightarrow\; x \,\Re\, z$

을 만족할 때 $\Re$을 X위의 **동치관계(equivalence relation)**라 한다. 동치관계 $\Re$에 대해 $[x] = \{y \in X \mid x \Re y\}$을 x의 **동치류(equivalence class)**라 하고, 모든 동치류를 모은 집합족, 즉 동치족 $X/\Re = \{[x] \mid x \in X\}$를 동치관계 $\Re$에 의한 **상집합(quotient set)**이라 한다.

❙정리 1.19❙

(1) X위의 동치관계 $\Re$에 의한 상집합 $X/\Re$은 X의 분할이다.

(2) X의 분할 $\wp$가 주어지면 $X/\Re = \wp$를 만족하는 X위의 동치관계 $\Re$이 존재한다. 이때 동치관계 $\Re$은 '$x \,\Re\, y \Leftrightarrow \exists\, E \in \wp \;\; s.t. \;\; x, y \in E$'로 주어진다.

---

2) 형식적으로는 X에서의 관계 $\Re$을 $X \times X$의 부분집합으로 정의한다.

예제 1.20

집합 $X=\{1,2,3,4,5,6,7\}$와 부분집합 $A=\{1,3,7\}$에 대하여 X위의 관계가

$$x\Re y \Leftrightarrow x=y \text{ 혹은 } x,y\in A$$

로 정의된다. 그러면

(1) $\Re$은 동치관계이다.

(2) $\Re$에 의한 상집합 $X/\Re=\{\{1,3,7\},\{2\},\{4\},\{5\},\{6\}\}$이다.

예제 1.21

$f:X\to Y$가 전사함수이다. X에서 관계 $\sim$를 다음과 같이 정의하면

$$x\sim x' \Leftrightarrow f(x)=f(x')$$

(1) $\sim$는 X에서 동치관계이다.

(2) 상집합 $X/\sim$에서 Y로의 전단사함수가 존재한다.

풀이 (1) (반사율) 임의의 $x\in X$에 대하여 $f(x)=f(x)$이므로 $x\sim x$이다.

(대칭률) $x,y\in X$이고 $x\sim y$이면 $f(x)=f(y)$이고 $f(y)=f(x)$이므로 $y\sim x$이다.

(추이율) $x,y,z\in X$에 대하여 $x\sim y$이고 $y\sim z$이면 $f(x)=f(y)$, $f(y)=f(z)$이므로 $f(x)=f(z)$로 $x\sim z$이다.

(2) x의 동치류는 $[x]=\{x'\in X\mid f(x)=f(x')\}$로 주어진다. $g:X/\sim\;\to Y$를

$$g([x])=f(x)$$

로 정의하면 g는 잘 정의된(well-defined) 함수이고 전단사함수이다.

(i) g는 잘 정의된다.

임의의 $x'\in[x]$에 대하여 즉, $[x]=[x']$이면 $g([x])=f(x)=f(x')=g([x'])$이다.

g는 $[x]$에 속하는 어떤 원소를 택하여 정의하여도 된다.

(ii) g는 일대일함수이다.

$$g([x])=g([y]) \Rightarrow f(x)=f(y) \Rightarrow x\sim y \Rightarrow [x]=[y]$$

(iii) g는 전사함수이다.

임의의 $w\in Y$에 대하여 f가 전사이므로 $f(x)=w$가 되는 $x\in X$가 존재한다. 그러면 $[x]\in X/\sim$이고 $g([x])=f(x)=w$이다. ■

예제 1.22

$\mathbb{R}$에서 '$x \sim y \Leftrightarrow x-y \in \mathbb{Q}$'로 정의된 동치관계 ~에 의한 상집합 $\mathbb{R}/\sim$는 가산집합이 아니다.[3)]

풀이 $x \in \mathbb{R}$의 동치류 $[x]=\{y \in \mathbb{R} \mid y-x \in \mathbb{Q}\}=\{x+q \mid q \in \mathbb{Q}\}$는 $\mathbb{Q}$와 일대일대응 관계에 있으므로 가산집합이다. 상집합 $\mathbb{R}/\sim$를 가산집합이라 가정하면 서로 다른 동치류들의 개수가 가산개이다. 그러면 $\mathbb{R}=\bigcup \mathbb{R}/\sim$가 [정리 1.14]에 의해 가산집합이다. $\mathbb{R}$이 비가산집합이란 사실에 모순이 일어난다. 그러므로 $\mathbb{R}/\sim$는 비가산개의 원소를 가진다. ■

1.6 순서집합

정의 1.23

집합 X상에 관계 $\leq$가 다음 조건

(1) 임의의 $x, y, z \in X$에 대하여

(반사율) $x \leq x$이다.

(반대칭률) $x \leq y$이고 $y \leq x$이면 $x=y$이다.

(추이율) $x \leq y$이고 $y \leq z$이면 $x \leq z$이다.

을 만족할 때, 관계 $\leq$을 X상의 **부분순서관계**(partial order relation on X)라고 하고 $(X, \leq)$를 **부분순서집합**(partially ordered set)이라 한다.

(2) 부분순서관계 $\leq$가 다음을 만족한다고 하자.

(비교가능) 임의의 두 원소 $x, y \in X$에 대하여 $x \leq y$이거나 $y \leq x$이거나 둘 중 하나가 성립한다.

이런 관계 $\leq$를 **선형순서관계**(linearly ordered relation) 또는 **전순서관계**(total order relation)이라 하고 $(X, \leq)$를 **선형순서집합**(linearly ordered set) 또는 **전순서집합**(totally ordered set)이라 한다.

---

3) 2013년 중등임용문제 참조

❚ 정의 1.24 ❚

부분순서집합 $(X, \lesssim)$와 $A \subset X$에 대하여

(1) $M \in X$가 모든 $x \in X$에 대하여 $x \lesssim M$일 때 M을 X의 **최대원소**(maximum)
$m \in X$가 모든 $x \in X$에 대하여 $m \lesssim x$일 때 m을 X의 **최소원소**(minimum)

(2) $x \in X$이고 $b \lesssim x$이면 $x = b$일 때 b를 X의 **극대원소**(local maximum)
$x \in X$이고 $x \lesssim a$이면 $x = a$일 때 a를 X의 **극소원소**(local minimum)

(3) $l \in X$가 임의의 $a \in A$에 대하여 $l \lesssim a$일 때 l을 A의 **하계**(lower bound)
$u \in X$가 임의의 $a \in A$에 대하여 $a \lesssim u$일 때 u을 A의 **상계**(upper bound)

(4) $\alpha \in X$가 A의 하계 중 최대원소일 때 α을 A의 **하한**(infimum. g.l.b)
$\beta \in X$가 A의 상계 중 최소원소일 때 β을 A의 **상한**(supremum, l.u.b)

이라 한다.

예제 1.25

통상의 부등호 $\le$하에서 $(\mathbb{R}, \le)$는 전순서집합이다.

(1) $A = \left\{\frac{1}{n} | n \in \mathbb{N}\right\}$의 상계를 모두 모은 집합은 $\{x \in \mathbb{R} | x \geq 1\}$이고 상한은 1이다. 하계를 모두 모은 집합은 $\{x \in \mathbb{R} | x \leq 0\}$이고 하한은 0이다. A의 최대원소는 1이며 최소원소는 없다.

(2) $B = \{x \in \mathbb{Q} \mid 1 < x^2 \leq 2\}$의 상한은 $\sqrt{2}$이고 하한은 $-\sqrt{2}$이다.

예제 1.26

(1) 자연수 n에 대해 집합 $\{1, 2, 3, \cdots, n\}$을 A_n이라 두자. A_n상의 순서관계 '$\lesssim$'를

$$a \lesssim b \Leftrightarrow a | b \ (a\text{는 } b\text{의 약수})$$

로 정의하자. 이러한 순서관계를 갖는 부분순서집합 A_{12}의 최대원소는 없으나 A_{12}의 최소원소는 1이다. 극대원소는 $7, 8, 9, 10, 11, 12$이고 극소원소는 1뿐이다. A_{12}에서 부분집합 $\{2, 4, 10\}$의 상계, 상한, 최대원소는 없으나 하계는 $1, 2$이고 하한은 2이고 최소원소도 2이다.

(2) 통상의 부등호 $\le$하에서 전순서집합 $(\mathbb{R} - \{0\}, \le)$에서 부분집합 $A = (0,1)$의 모든 하계를 모은 집합은 $(-\infty, 0)$이고 A의 하한(최대하계)은 존재하지 않는다.

지금부터는 위상수학에서 자주 사용되는 통상의 부등호 $\leq$하에서 전순서집합인 $\mathbb{R}$에 관련한 주요 성질을 살펴본다.

실수집합 $\mathbb{R}$의 통상의 대소관계인 순서관계는 다음과 같은 다양한 형태의 구간을 준다. $\mathbb{R}$에서 구간은 두 점 이상 가지고 $a, b \in E$이고 $a < x < b$이면 $x \in E$을 만족하는 집합 $E \subset \mathbb{R}$을 의미한다.[4)]

① $(a,b) = \{x \in \mathbb{R} \mid a < x < b\}$, ② $[a,b] = \{x \in \mathbb{R} \mid a \leq x \leq b\}$,
③ $(a,b] = \{x \in \mathbb{R} \mid a < x \leq b\}$, ④ $[a,b) = \{x \in \mathbb{R} \mid a \leq x < b\}$,
⑤ $(-\infty, b) = \{x \in \mathbb{R} \mid x < b\}$, ⑥ $(a, \infty) = \{x \in \mathbb{R} \mid a < x\}$,
⑦ $(-\infty, b] = \{x \in \mathbb{R} \mid x \leq b\}$, ⑧ $[a, \infty) = \{x \in \mathbb{R} \mid a \leq x\}$,
⑨ $(-\infty, \infty) = \mathbb{R}$

①, ⑤, ⑥, ⑨는 **열린구간** 혹은 **개구간**(open interval)이고 ②, ⑦, ⑧, ⑨는 **닫힌구간** 혹은 **폐구간**(closed interval), ①~④는 **유계**(bounded)**구간**, ⑤~⑨는 **비유계**(unbounded)**구간**이라 한다.

▎1.27▎ (최소상계공리: the least upper bound axiom)[5)]
$\mathbb{R}$은 통상의 부등호 $\leq$를 가지고 있는 전순서집합이다. $A \subset \mathbb{R}$가 위로 유계인 집합 (즉 A의 상계가 존재)이면 A는 상한(최소상계) $\alpha \in \mathbb{R}$가 존재한다.

- $A \subset \mathbb{R}$가 아래로 유계이면 '최대하계공리'를 생각할 수 있다. 이것은 최소상계공리로부터 얻어진다. 이들 공리는 실수체계를 정의하는 공리들 중 하나이다.

- A의 상한을 $\sup(A)$로, A의 하한을 $\inf(A)$로 나타낸다.
  $A \subset \mathbb{R}$일때, $\alpha = \sup(A) \in \mathbb{R}$ $\Leftrightarrow$ 임의의 $\epsilon > 0$에 대해 $\exists a \in A$ $s.t.$ $\alpha - \epsilon < a \leq \alpha$
  $\Leftrightarrow$ 임의의 $\epsilon > 0$에 대해 $(\alpha - \epsilon, \alpha] \cap A \neq \varnothing$

▎1.28▎ (Arichimedean 순서공리)
자연수집합 $\mathbb{N}(\subset \mathbb{R})$은 상계를 가지지 않는다.

---

4) 이 교재에선 구간은 두 점 이상을 가지고 있고 한 점으로 이루어진 단집합과 구별된다.
5) 실수체계가 가지는 대표적 특성인 완비성 성질이다. 13장에서 완비성을 코시열로 다룬다.

증명 자연수집합이 상계를 가진다고 하면 최소상계공리에 의해 최소상계를 가진다. 그 값을 β라 하자. 즉, $\sup(\mathbb{N})=\beta$이다. 이때 $\beta-1$은 자연수집합의 상계가 아니다. 따라서 $\beta-1$보다 크고 β보다 작거나 같은 어떤 자연수가 존재한다. 그 수를 t라 하면 $\beta-1<t\le\beta$이다. $t+1$도 자연수로 $t\le\beta=(\beta-1)+1<t+1$이 성립되어 모순이 일어난다. ■

▌1.29▐ ($\mathbb{N}$의 정렬원리)

$\mathbb{N}(\subset\mathbb{R})$의 공집합이 아닌 부분집합은 최소원소를 가진다.

예제 1.30

(1) 임의의 양의 실수 $a, b\in\mathbb{R}$에 대해 $b<n_0a$를 만족하는 자연수 n_0가 존재한다.

(2) 임의의 양의 실수 ϵ에 대해 $0<\dfrac{1}{n_0}<\epsilon$를 만족하는 자연수 n_0가 존재한다.

(3) $a, b\in\mathbb{R}$가 $a<b$이면 $a<q<b$인 $q\in\mathbb{Q}$가 존재한다. (유리수의 조밀성)

풀이 (1) 모든 자연수 n에 대하여 $na\le b$를 만족하는 양의 실수 $a,b\in\mathbb{R}$가 존재한다고 하자. 그러면 $n\le\dfrac{b}{a}$를 만족한다. $\mathbb{N}$은 $\dfrac{b}{a}$를 상계를 가지게 되어 아르키메데스의 공리에 모순된다.

(2) (1)로부터 얻어진다.

(3) $b-a>0$이므로 (1)에 의해 $n_0(b-a)>1$을 만족하는 자연수 n_0가 존재한다. $n_0a>0$이므로 다시 (1)에 의해 $1n_1>n_0a$을 만족하는 자연수 n_1가 존재한다. $K=\{k\in\mathbb{N}\mid n_0a<k\}$이라 하면 $n_1\in K$으로 K는 공집합이 아니다. $\mathbb{N}$의 정렬원리에 의해 K은 최소의 원소를 가진다. 이 최소원소를 m이라 하자. 그러면 $m-1\le n_0a<m$이고 $n_0a<m\le n_0a+1<n_0b$이다. 따라서 $q=\dfrac{m}{n_0}\in\mathbb{Q}$가 $a<q<b$을 만족한다. ■

▌1.31▐ (칸토어의 축소구간정리)

각 $n\in\mathbb{N}$에 대하여 $I_n=[a_n, b_n]\,(a_n<b_n)$은 유계폐구간이고 $\{I_n\mid n\in\mathbb{N}\}$은 축소의(nested) 조건

$$I_1\supset I_2\supset\cdots\supset I_n\supset\cdots$$

을 만족한다. 그러면 $\bigcap_{n\in\mathbb{N}} I_n\ne\varnothing$이고, 나아가 $|b_n-a_n|\to 0$이면 적당한 $p\in\mathbb{R}$이 있어 $\bigcap_{n\in\mathbb{N}} I_n=\{p\}$이다.

증명 $I_1 \supset I_2 \supset \cdots \supset I_n \supset \cdots$이므로 $a_1 \le a_2 \le \cdots$이고 $\cdots \le b_2 \le b_1$이다. 따라서 $m \le n$이면 $a_m \le a_n < b_n$이고 $m > n$이면 $a_m < b_m \le b_n$이다.

$A = \{a_1, a_2, \cdots\}$, $B = \{b_1, b_2, \cdots\}$라 두면 B에 속하는 각 원소는 A의 상계이다. 그러므로 최소상계공리에 의해 A의 상한 $\sup(A)$이 존재한다. $p = \sup(A)$라 두면 각 $n \in \mathbb{N}$에 대하여 $a_n \le p \le b_n$이다. 따라서 각 $n \in \mathbb{N}$에 대하여 $p \in I_n$으로 $p \in \bigcap_{n \in \mathbb{N}} I_n$이다.

이제 $|b_n - a_n| \to 0$이라 하자. 만약 $p, q \in \bigcap_{n \in \mathbb{N}} I_n$인 $p \ne q$가 있다면, $\delta = |q - p| > 0$이다. 그러면 $|b_{n_0} - a_{n_0}| < \delta$를 만족하는 $n_0 \in \mathbb{N}$가 존재하고 $p, q \in I_{n_0}$이다. 따라서 $\delta = |q - p| < |b_{n_0} - a_{n_0}| < \delta$이다. 모순이 일어난다. 그러므로 $\bigcap_{n \in \mathbb{N}} I_n$는 단집합이다. ■

2장

위상개념의 배경

위상수학자는 도넛과 커피잔의 차이를 모르는 사람들이다.
(Kelly)

위상수학은 위치와 형상을 다루는 순수수학의 한 분야이다. 위치와 형상을 다룰 때 연속변형이 중요하게 작용한다. 이러한 연속변형의 본질로 근접성의 보존을 들 수 있다. 두 도형의 위상적 본질을 연속변환에 의한 위상동형에 두고 있다. 구체적 거리의 개념 없이 근접성을 집합 족으로 다루는 점-집합 위상수학이라고 하는 일반위상수학의 여러 개념 도입에 대한 동기는 실수체계에서 볼 수 있다.

대소 관계의 순서구조, 절댓값에 의한 거리구조 및 사칙연산의 연산구조 등 풍부한 수학의 구조를 가진 $\mathbb{R}$은 해석학이나 대수학뿐 아니라 위상수학에서도 주요 대상이 되고 더 넓은 대상을 다루도록 하는 추상화를 위한 기본 발판이기도 하다.

이 장에서는 위상수학에 대한 기초적 이해를 주고자 위상동형 도형을 직관적으로 살펴보고, 실수체계에서 경험한 연속개념을 토대로 근접성을 다루는 도구로서 열린집합에 주목한다.

2.1 위상동형도형 살펴보기

위치와 형상에 관한 기하학으로 위상수학은 연속적 변형하에서 불변인 기하 도형의 성질들을 다루는 것과 관련한다. 길이, 넓이, 부피, 각도 등과 같이 계산을 중시하는 양적인 기하학인 유클리드 기하학과 대조적으로 위상수학은 근접성을 기반으로 경계, 연결 상태, 홀(hole)의 존재성 등을 다루는 질적인 기하학으로 고무판 기하학(rubber geometry)이라고도 한다. 그림에서 보여주듯이 일대일 연속변형에 의해 커피잔이 도넛으로 변환될 수 있고 이들은 '위상적으로 동형 관계'에 있다고 한다.

연속변형에는 bending, streching, shrinking, twisting, crumbling 등이 있고 연속변형이 아닌 것에는 cutting, gluing, tearing 등이 있다. cutting 후 연속변형하고 cutting 부분을 원래대로 다시 붙이는 것(reattaching after cutting)도 연속변형이다.

연속변환('**위상동형함수**'라 함)이란 두 도형의 점들간의 일대일대응함수로 한 도형상의 임의로 근접한(arbitrarily close, close together) 점들을 다른 도형에서도 임의로 근접한 점들로 보내는 연속변형이다. 이때 처음과 이렇게 변형된 두 도형은 위상적 동형관계에 있다고 하고 위상동형인 도형들이 가지는 공통된 속성을 '**위상적 불변량**' 혹은 '**위상적 성**

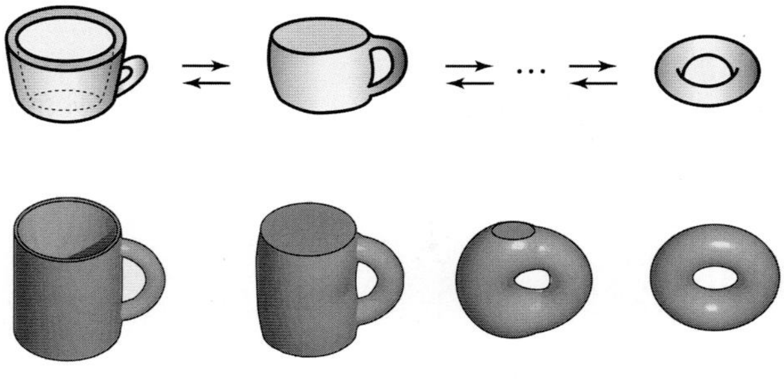

〈커피잔에서 도넛으로 변형〉

질'이라 한다. 위상수학은 이러한 연속변환하에서 불변인 도형을 연구하는 분야라고도 한다. 위상수학에선 도형에서 행위를 강조한 연속변형을 공리화한 연속함수의 개념이 도입한다. 구체적인 논의는 7장에서 다루어진다. 기하적 도형의 변형으로 다루는 연속변형의 핵심적인 본질로 '근접성 보존'임을 기억해야 한다. 미분적분학이나 해석학에서 다루는 $\epsilon-\delta$정의와 같은 연속의 개념에서 이러한 본질이 드러난다. 임의로 근접한 점들을 임의로 근접한 점들로 대응시킨다는 '근접성 보존'의 의미를 직관적으로 고려하면서 기하적 도형의 연속변환에 따른 위상적 동형 및 위상적 불변량에 대해 좀 더 관찰하여 보자.

(1) Euler의 공식

정다면체들은 연속변환에 의해 구면으로 변형될 수 있어 정다면체들과 구면은 위상동형이고 정20면체로부터 만들어진 준정다면체인 축구공의 모형도 구면과 위상동형이다. 다섯 개 있는 정다면체와 축구공 모형(준정다면체중 하나)에서 점(vertex), 선(edge), 면(face)의 개수와 공통속성을 살펴보자.

	정4면체	정6면체	정8면체	정12면체	정20면체	축구공
꼭지점의 수	4	8	6	20	12	60
선의 수	6	12	12	30	30	90
면의수	4	6	8	12	20	32
각 면의 모양	정삼각형	정사각형	정삼각형	정오각형	정삼각형	정오,육각형
공통속성	$v-e+f=2$					

점, 선, 면의 개수를 각각 v, e, f라 할 때

$$v-e+f=2 \qquad (*)$$

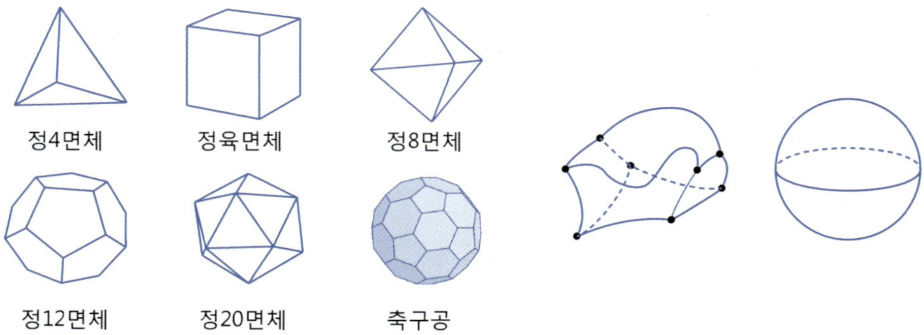

〈구면과 위상동형인 다면체〉

라는 공통적인 특성을 가진다. 축구공과 같은 준정다면체에 대해서도 점, 선, 면의 관계는 $v-e+f=2$라는 등식을 가진다. 다면체의 면의 내부는 평면에서 열린 원판(디스크)과 위상동형을 이룸을 전제한다. Euler는 3차원공간에서 구면과 위상동형을 이루는 점, 선, 면으로 이루어진 모든 2차원 도형은 이 등식을 가지고 있음을 발견하였다. 위에서 얻어진 등식 (*)을 구면에 관한 Euler의 공식이라 한다. 여기서 숫자 2를 구면의 **오일러 표수**(Euler characteristic)라 한다. 오일러 공식은 최초의 위상적 불변량으로 알려져 있다.

다음의 다면체들은 토러스와 위상동형임을 알 수 있다. 이들 다면체에 대해서도 점, 선, 면의 수를 각각 v, e, f라 하면 다음의 등식이 공통적으로 성립한다. 면의 내부는 평면에서 열린 디스크와 위상동형을 이룸을 가정한다.

$$v-e+f=0 \qquad (**)$$

토러스와 위상동형인 다면체들이 가지는 공통된 특성인 등식 (**)을 토러스에 관한 오일러 공식이라 하고 여기서 숫자 0를 토러스의 오일러 표수라 한다.

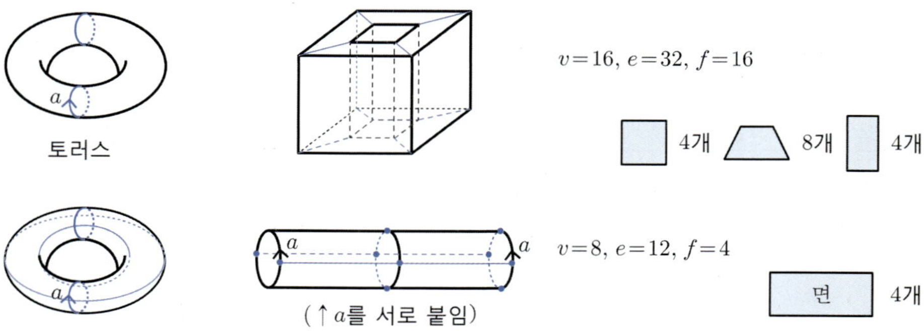

〈토러스와 위상동형인 도형〉

(2) 점의 차수와 홀의 수

평면에서 1차원 도형에 대한 연속변환하에서 불변인 대표적인 위상불변량으로 아래 그림과 같은 점의 차수와 홀(hole)의 수이다. 홀은 연속적 변형으로 한 점으로 오그라질 수 없다. 차수가 n인 점을 n-**정점**(n-vertex)라 한다. 선의 끝점은 차수가 1이고, 선 중간의 점의 차수는 2 이상이다. 두 도형에서 점의 차수가 다른 점이 있거나 홀의 수가 다르면 위상동형이 아니다. 여기선 차수가 2인 점에 대해선 주시하지 않는다.

3-정점:1, 1-정점:3, 2-정점: 무한개 | 4-정점:1, 1-정점:4, 2-정점: 무한개 | 홀이 하나, 3-정점:1, 1-정점:1 | 홀이 두 개, 4-정점:1

〈정점의 차수와 홀〉

❙예❙ 다음의 1차원 도형에 대해 위상동형끼리 모으고 점의 차수와 홀의 수를 비교해 보자.

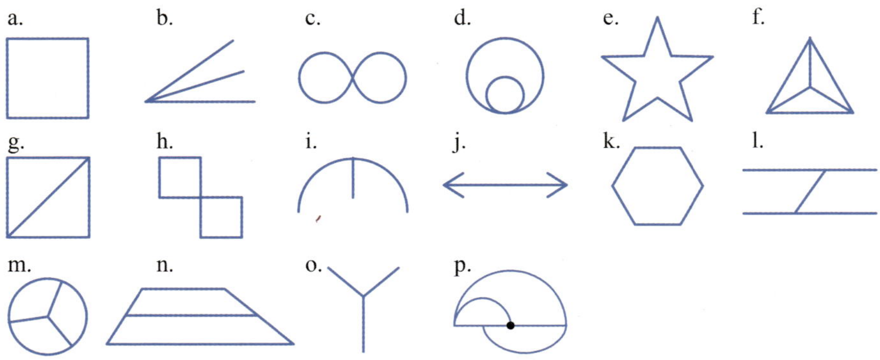

〈여러 1차원 도형들〉

위상동형모음	홀의 수와 점의 차수(≥ 3)	
a, e, k	홀 1개	n-정점($n \geq 3$)은 없다
b, i, o	홀 0개	3-정점이 1개
c, d, h	홀 2개	4-정점이 1개
f, m, p	홀 3개	3-정점이 4개
g, n	홀 2개	3-정점이 2개
j, l	홀 0개	3-정점이 2개

(3) 절단점의 수와 비절단점의 수

연결도형 X에서 **절단점**(cut point)은 X로부터 점 p를 제거하면 연결도형이 되지 않는 점 p를 말한다. 연결도형에서 절단점의 개수와 비절단점의 개수은 위상적 불변량이다. 두 연결 도형간의 절단점의 개수가 다르거나 비절단점의 개수가 다르면 두 도형은 위상적으로 다른 도형이다. 즉, 위상동형이 아니다.

| 예 | 평면에서의 다음 1차원 연결도형에 대해 절단점 및 비절단점의 개수를 살펴보자.

위상동형인 연결도형	절단점의 개수	비절단점의 개수
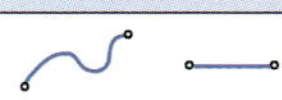 (개구간)	∞, 비가산개	0
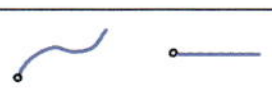 (반개구간)	∞	1
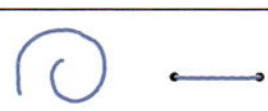 (폐구간)	∞	2
	0	∞
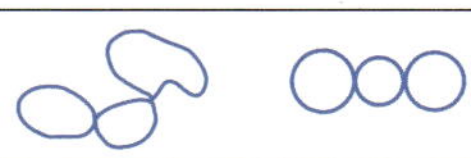	2	∞
	∞	∞
	∞	∞
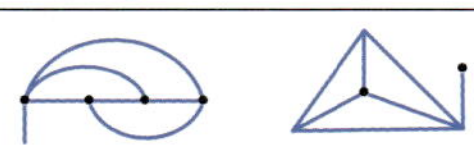	∞	∞

2.2 근접성을 다루는 도구로서 열린집합

실수체계 $\mathbb{R}$에서 다루는 함수의 연속성과 수열의 수렴성 개념은 학교수학에서 근접성(nearness)을 다루는 대표적인 개념이다. 이들 개념은 고등학교수학에서 직관적 정의에 의해 도입되나 대학수학에서 $\epsilon-\delta$정의와 $\epsilon-N$정의로 엄밀하게 다루어진다.

실수집합 $\mathbb{R}$은 직선과 일대일대응관계를 이루며 다음과 같은 기하적인 표상을 가진다.

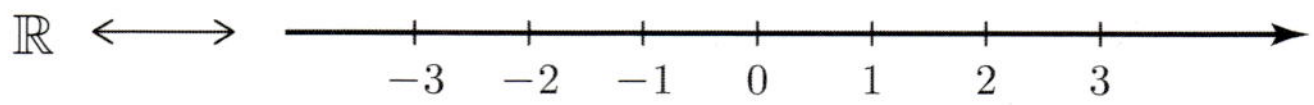

이와 같이 0을 원점을 하여 수가 크기에 따라 직선위에서 위치를 선정하고 있는 이 직선을 실직선(real line), 수직선 혹은 x-좌표축이라 한다. 실직선상에는 "가까움(closeness)"의 개념이 있다. 가령 1, 0.1, 0.01, 0.001, 0.0001, 0.00001, $\cdots$의 각 점은 이전의 것보다 0에 더 가깝다.

유계인 열린구간들 $(a,b)\,(a, b\in\mathbb{R},\ a<b)$로 구성된 집합족을 $\mathscr{B}$로 나타내고, 개구간들의 합집합으로 표현되는 집합을 모두 모은 $\mathbb{R}$의 부분집합족을 $\mathcal{U}$로 나타낸다. 집합족 $\mathcal{U}$에 속하는 집합을 ($\mathcal{U}$-)**열린집합**이라 한다.

$$\mathscr{B} = \{(a,b)\mid a,b\in\mathbb{R}, a<b\} = \{(a-\delta, a+\delta)\mid a\in\mathbb{R}, \delta>0\}$$
$$\mathcal{U} = \{U\subset\mathbb{R} \mid U\text{는 개구간들의 합집합으로 표현가능}\} = \{\cup\mathcal{A} \mid \mathcal{A}\subset\mathscr{B}\}$$

❙기본성질 2.1❙

(1) $\mathscr{B} \subsetneq \mathcal{U}$

(2) $U\in\mathcal{U} \Leftrightarrow \forall x\in U,\ \exists\, I\in\mathscr{B}\ s.t.\ x\in I\subset U$

$\Leftrightarrow \forall x\in U,\ \exists\,\delta>0\ s.t.\ (x-\delta, x+\delta)\subset U$

$\Leftrightarrow \forall x\in U,\ \exists\, n\in\mathbb{N}\ s.t.\ (x-\frac{1}{n}, x+\frac{1}{n})\subset U$

예제 2.2

(1) $(0,1)\cup(2,3)\in\mathcal{U}$이나 $(0,1)\cup(2,3)\not\in\mathscr{B}$이고 $[1,2]\not\in\mathcal{U}$이다.

(2) $F \subset \mathbb{R}$가 유한집합이면 $\mathbb{R}-F \in \mathcal{U}$이다. 왜냐하면 $\mathbb{R}=\bigcup_{n\in\mathbb{N}}(-n,n) \in \mathcal{U}$이고 유한집합 F를 $F=\{x_1, x_2, \cdots, x_k\}$(단, $x_1 < x_2 < \cdots < x_k$)라 하면

$$\mathbb{R}-F=(-\infty, x_1)\cup(x_1,x_2)\cup\cdots\cup(x_{k-1},x_k)\cup(x_k,\infty)\in\mathcal{U}.$$

(3) [정리 1.2]를 적용하면 $\varnothing \in \mathcal{U}$이다.

▌기본성질 2.3▐ (집합족 $\mathcal{U}$의 기본성질)

(1) $\mathbb{R}, \varnothing \in \mathcal{U}$

(2) $U_1, U_2, \cdots, U_n \in \mathcal{U} \Rightarrow \bigcap_{i=1}^{n} U_i \in \mathcal{U}$

(3) $U_\alpha \in \mathcal{U}\ (\alpha \in \Lambda) \Rightarrow \bigcup_{\alpha\in\Lambda} U_\alpha \in \mathcal{U}$

증명 증명에서는 [기본성질 2.1]의 (2)를 이용할 것이다.

(1) 임의의 $x \in \mathbb{R}$에 대하여, $x \in (x-1, x+1) \in \mathscr{B}$이므로 $\mathbb{R} \in \mathcal{U}$이다. 명제

$$\text{“}x \in \varnothing \rightarrow \exists\ I \in \mathscr{B}\ s.t.\ x \in I \subset \varnothing\text{”}$$

는 참이다($\because x \in \varnothing$가 거짓). 그러므로 $\varnothing \in \mathcal{U}$이다.

(2) “$U_1, U_2, \cdots, U_n \in \mathcal{U} \Rightarrow \bigcap_{i=1}^{n} U_i \in \mathcal{U}$”임을 밝히기 위해서 두 개의 경우

$$U_1, U_2 \in \mathcal{U} \Rightarrow U_1 \cap U_2 \in \mathcal{U}$$

임을 밝히면 귀납적으로 충분하다. $x \in U_1 \cap U_2$라 하자. 그러면

$$\exists\,(a_1, b_1) \in \mathscr{B}\ s.t.\ x \in (a_1, b_1) \subset U_1,\ \ \exists\,(a_2, b_2) \in \mathscr{B}\ s.t.\ x \in (a_2, b_2) \subset U_2$$

a를 a_1과 a_2의 최댓값, 그리고 b를 b_1와 b_2의 최솟값이라 하자. 그러면 $a < x < b$이고 $(a, b) \in \mathscr{B}$이고 $x \in (a,b) \subset U_1 \cap U_2$이다. 그러므로 $U_1 \cap U_2 \in \mathcal{U}$이다.

(3) $U_\alpha \in \mathcal{U}(\alpha \in \Lambda)$라 하자. 임의의 $x \in \bigcup_{\alpha\in\Lambda} U_\alpha$에 대하여 $x \in U_{\alpha_0}$인 적당한 $\alpha_0 \in \Lambda$가 존재한다. 따라서

$$\exists\, I \in \mathscr{B}\ s.t.\ x \in I \subset U_{\alpha_0} \subset \bigcup_{\alpha\in\Lambda} U_\alpha.$$

그러므로 $\bigcup_{\alpha \in \Lambda} U_\alpha \in \mathcal{U}$이다. ■

이제 함수 $f: \mathbb{R} \to \mathbb{R}$의 연속성 개념을 살펴보자. '함수 f가 $a \in \mathbb{R}$에서 연속'의 직관적인 정의로 Cauchy에 의한 극한 과정에 기초하고 있다. 여기엔 '근접성 보존'의 의미를 담고 있다.

| 정의 |

함수 $f: \mathbb{R} \to \mathbb{R}$와 $a \in \mathbb{R}$에 대해, x가 a에 한없이 가까이 갈 때, $f(x)$가 $f(a)$에 한없이 가까이 간다. (이것을 $\lim_{x \to a} f(x) = f(a)$로 표현)

다음의 정의는 함수 $f: \mathbb{R} \to \mathbb{R}$의 한 점 a에서 연속을 다룰 때 대학수학이나 해석학에서 가장 보편적으로 사용하는 정의로 엄밀성을 고려한 Weierstrass에 의한 $\epsilon - \delta$정의이다.

| 정의 A |

$\forall \epsilon > 0, \exists \delta > 0 \ s.t \ |x-a| < \delta \Rightarrow |f(x) - f(a)| < \epsilon$

이 정의에는 실수집합 $\mathbb{R}$의 구조적 특성인 연산, 대소 관계, 절댓값, 거리개념 등을 명시적으로 드러내고 있다. 이러한 구조적 특성을 감추기 위하여 우선 임의의 '$\epsilon > 0$'을 '$(f(a) - \epsilon, f(a) + \epsilon)$ 혹은 $f(a)$를 포함하는 임의의 열린구간(개구간)'으로 바꾸고, 존재해야 하는 '$\delta > 0$'를 '$(a - \delta, a + \delta)$ 혹은 a를 포함하는 열린구간'으로 표현을 바꾸면 다음과 같이 기술될 수 있다.

| 정의 B |

$f(a)$를 포함하는 임의의 열린구간 $J \in \mathscr{B}$에 대하여, $f(I) \subset J$을 만족시키는 a를 포함하는 열린구간 $I \in \mathscr{B}$가 존재한다.

개구간들을 도구로 하여 연속성의 개념이 정의됨을 볼 수 있다. 그러나 개구간도

$\mathbb{R}$에서 다루어지는 특정한 부분집합이다. 실수집합의 구조적 특성을 보다 덜 드러내기 위하여 집합 ('$\mathcal{U}$-열린집합')의 관점으로 다음과 같은 (정의 C)를 도입한다.

▎정의 C▎

$f(a)$를 포함한 임의의 열린집합 $V \in \mathcal{U}$에 대하여 $f(U) \subset V$를 만족시키는 a를 포함한 적당한 열린집합 $U \in \mathcal{U}$가 존재한다.

이들 세 정의들은 동치이다. (정의 A)과 (정의 B)가 동치임을 쉽게 볼 수 있다.

▎기본성질 2.4▎

(정의 B)와 (정의 C)는 동치이다

증명 (정의 B) $\Rightarrow$ (정의 C): "(정의 B)이면 (정의 C)이라는 논리적 증명에서 (정의 B)을 전제조건으로 하고 $f(a)$를 포함한 임의의 $V \in \mathcal{U}$가 주어진 상황에서 우리가 해야 할 것은 $f(U) \subset V$를 만족시키는 a를 포함하는 $U \in \mathcal{U}$가 존재함을 보이는 것이다." 증명을 구체적으로 보면, $V \in \mathcal{U}$를 $f(a)$를 포함한 임의의 열린집합이라 하자. V는 개구간들의 합집합으로 $f(a)$를 포함하므로, $f(a)$를 포함하는 개구간 J가 존재하여 V에 포함된다. 이제 전제조건 (정의 B)을 적용하면 a를 포함하는 열린구간 I가 존재하여 $f(I) \subset J$를 만족시킨다. 열린구간은 열린집합이므로 $U = I$라 두면 $f(U) = f(I) \subset J \subset V$를 만족시켜 (정의 C)가 성립함을 볼 수 있다.

(정의 C) $\Rightarrow$ (정의 B): $f(a)$를 포함한 임의의 개구간 $J \in \mathscr{B}$가 주어진다면, 이 열린 구간 J는 열린집합이므로 전제조건 (정의 C)에 의하여, $f(U) \subset J$를 만족시키는 a를 포함한 $U \in \mathcal{U}$가 존재한다. U는 열린구간들의 합집합이고, a를 포함하므로 U에 포함되며 a를 가지는 열린구간 I가 존재하여 $f(I) \subset f(U) \subset J$이다. 따라서 (정의 B)가 성립한다. ■

실수집합 $\mathbb{R}$에서 수열 $\{a_n\}$이 $a \in \mathbb{R}$에 수렴 ($\lim_{n \to \infty} a_n = a$, 혹은 $a_n \to a$로 표현)에 대한 보편적인 정의로 $\epsilon - N$(혹은 $\epsilon - n_0$)정의를 사용하였을 것이다. 위에서 다룬 연속개념처럼 $\mathscr{B}$에 속한 개구간을 사용하고 나아가 $\mathcal{U}$에 속한 집합을 사용하여 동치인 정의로 재구조화할 수 있다. 다시 말해 $\mathbb{R}$에서 수열의 수렴에 관한 $\epsilon - N$정의(정의 D)는 구간을 사용한 정의(정의 E), $\mathcal{U}$-열린집합을 사용한 정의(정의 F)로 변형할 수 있고 이들은 모두 동치이다.

❙ 정의 D ❙

$$\forall \epsilon > 0, \exists N \in \mathbb{N}\ s.t\ n \geq N \Rightarrow |a_n - a| < \epsilon$$

❙ 정의 E ❙

a를 포함한 임의의 개구간 $I \in \mathscr{B}$가 주어지면 자연수 N이 존재하여 $n \geq N$인 자연수 n에 대하여 $a_n \in I$을 만족시킨다.

❙ 정의 F ❙

a를 포함한 임의의 열린집합 $U \in \mathcal{U}$가 주어지면 자연수 N이 존재하여 $n \geq N$인 자연수 n에 대하여 $a_n \in U$을 만족시킨다.

열린구간의 합집합으로 표현되는 모든 집합을 모은 집합족 $\mathcal{U}$와 여기에 속하는 $\mathcal{U}$-열린집합은 극한이나 연속 개념처럼 '근접개념'을 다루는 도구로 사용되었다. 이것들은 일반위상과 열린집합으로 추상화하는 원형으로 사용됨을 다음 장에서 볼 수 있다.

2장 연습문제

1. $\mathbb{R}$의 개구간의 합집합으로 나타나는 모든 집합으로 구성된 집합족 $\mathcal{U}$에 대해
   (1) 유리수집합 $\mathbb{Q} \notin \mathcal{U}$이고 무리수집합 $\mathbb{R}-\mathbb{Q} \notin \mathcal{U}$임을 밝혀라.
   (2) $a, b \in \mathbb{R}\,(a<b)$일 때 $[a, b) \notin \mathcal{U}$임을 밝혀라.

2. (1) 개구간 $(0,1)$이 폐구간들의 합집합으로 표현될 수 있음을 보여라.
   (2) 구간 $[1,0)$, $[0,1]$이 개구간들의 합집합으로 표현될 수 없음을 보여라.

3. $\mathbb{R}$에서 유계인 집합 $A(\neq \varnothing)$는 상한(sup, 최소상계 lub)과 하한(inf, 최대하계 glb)을 갖는다. A가 유계이고 $\mathbb{R}-A \in \mathcal{U}$이면 $\sup(A) \in A$이고 $\inf(A) \in A$임을 밝혀라.

4. $\mathbb{R}$에서 수열의 극한이 있다면 하나뿐이면, 즉 $x_n \to p$, $x_n \to q$이면 $p=q$임을 증명하라.

5. 사잇값(중간값) 정리를 가정과 결론으로 나누어 설명하라.

6. 최댓값과 최솟값의 정리를 가정과 결론으로 나누어 설명하라.

7. $\mathbb{R}$에서 수렴수열, Cauchy수열 및 유계수열에 대한 개념을 정의하고 이들 간의 관련성을 설명하여라.

3장

일반위상공간

위상수학은 위치와 형상을 다루는 학문으로 연속변환이 중추적 역할을 하고 있음을 2.1절에서 보았다. 2.2절에서 $\mathbb{R}$에서 열린구간들의 합집합으로 나타낼 수 있는 집합인 $\mathcal{U}$-열린집합들을 모두 모은 집합족 $\mathcal{U}$을 구성하였고 이들이 연속이나 극한과 같은 근접 개념을 다루는 중요한 도구임을 보였다. 이 장에서는 일반적인 집합에서 '(일반)위상'이 도입되는 배경을 집합족 $\mathcal{U}$의 기본성질에서 가져온다. 우리가 학습할 위상의 많은 개념들은 이미 배우고 경험한 개념의 어떤 본질로부터 공리나 규칙을 만들어 본질을 유지하면서 다루는 대상을 넓혀가는 '추상화'로 얻어진다. 공리에 의한 추상화를 위해 실수체계 $\mathbb{R}$에서 나타나는 여러 특성들에 주목하고 추상화된 새로운 수학적 구조는 실수체계 $\mathbb{R}$을 좀 더 분석적으로 볼 수 있게 한다.

3.1 위상공간의 정의와 예들

근접 개념을 외연적으로 넓혀줄 일반위상 공리의 구성이 2.2절에서 다룬 개구간 집합족 $\mathscr{B}$로부터 생성된 집합족 $\mathcal{U}$의 [기본성질 2.3]에 바탕을 둔다. 집합족 $\mathcal{U}$가 가지는 이 세 성질을 공리로 하여 다음처럼 일반 집합에서 위상구조와 열린집합을 정의한다.

❙정의 3.1❙

공집합이 아닌 집합[1] X의 부분집합들로 구성된 집합족 $\mathfrak{I}$가 다음 3개의 공리를 만족할 때 $\mathfrak{I}$을 X위의 **위상**(topology) 혹은 **위상구조**(topological structure)라 한다. 위상구조를 갖은 쌍 $(X, \mathfrak{I})$을 **위상공간**(topological space)이라 한다.[2]

(O1: 전체집합 및 공집합 속함) X와 공집합 $\varnothing$가 $\mathfrak{I}$에 속한다.

(O2: 유한교집합 속함) $\mathfrak{I}$에 속하는 유한개 집합들의 교집합이 $\mathfrak{I}$에 속한다.

(O3: 임의합집합 속함) $\mathfrak{I}$에 속하는 임의개 집합들의 합집합이 $\mathfrak{I}$에 속한다.

$U \in \mathfrak{I}$일 때 U을 $\mathfrak{I}$-**열린집합**(open set)이라 하고, $X - F \in \mathfrak{I}$일 때 F를 $\mathfrak{I}$-**닫힌집합**(closed set)이라 한다.

▸ 위상 $\mathfrak{I}$가 사용되고 있음이 명확하면 $\mathfrak{I}$을 생략하고 간단히 열린집합, 닫힌집합이라 한다. 위상공간 $(X, \mathfrak{I})$을 간략하게 '위상공간 X'라 하여 위상을 X에다 내재시키기도 한다.

---

1) 위상이 도입되는 집합은 공집합이 아닌 것으로 가정한다.
2) 공간이란 용어는 어떤 수학적 구조를 갖고 있음을 함의한다.

▸ 위의 공리 (O2)는 "$\mathfrak{I}$에서 임의로 잡은 두 원소의 교집합이 다시 $\mathfrak{I}$에 속한다."로 대체될 수 있다. 귀납적으로 (O2)가 얻어질 수 있기 때문이다.

▌기본성질 3.2▐

$U \subset X$는 $\mathfrak{I}$-열린집합 $\Leftrightarrow$ $\forall p \in U, \ \exists V \in \mathfrak{I} \ s.t. \ p \in V \subset U$[3)]
(즉, U가 $\mathfrak{I}$-열린집합들의 합집합)

증명 ($\Rightarrow$) $U \subset X$라 하자. $U \in \mathfrak{I}$이면 임의의 $p \in U$에 $V = U$로 잡아라.

($\Leftarrow$) 만약 각각의 $p \in U$에 대해 $p \in V(p) \subset U$를 만족시키는 $V(p) \in \mathfrak{I}$를 잡을 수 있다고 하면

$$U = \bigcup_{p \in U} \{p\} \subset \bigcup_{p \in U} V(p) \subset U$$

로 U는 열린집합들의 합집합으로 나타난다. U가 열린집합들의 합집합이면 (O3)에 의해 U는 열린집합이다. ■

예제 3.3

개구간들의 합집합으로 만들어지는 $\mathcal{U}$-열린집합들로 구성된 $\mathbb{R}$에서 집합족 $\mathcal{U}$는 [기본성질 2.3]에 의해 [정의 3.1]의 공리들을 만족하므로 $\mathbb{R}$ 위의 위상이다. 이 위상 $\mathcal{U}$을 $\mathbb{R}$의 **보통위상**(usual topology) 혹은 **유클리드위상**(Euclid topology)라고 하고 위상공간 $(\mathbb{R}, \mathcal{U})$를 **보통위상공간** 혹은 **유클리드공간**이라 한다.

▸ 미적분, 해석학 등을 통해 $\mathbb{R}$에서 연속이나 극한 등의 근접개념을 다룬 바 있을 것이다. 이때 특정 위상에 대한 언급이 없지만 $\mathbb{R}$에는 보통위상이 주어져 있다.[4)]

예제 3.4

집합 $X = \{a, b\}$에서 구성할 수 있는 위상에는 다음 네 가지가 있다:

$$\mathfrak{I}_1 = \{X, \varnothing\}, \ \mathfrak{I}_2 = \{X, \varnothing, \{a\}\}, \ \mathfrak{I}_3 = \{X, \varnothing, \{b\}\}, \ \mathfrak{I}_4 = \{X, \varnothing, \{a\}, \{b\}\}$$

---

3) U의 모든 점들이 U의 내점이다(정의 5.17).

4) 위상개념을 다루면서 $\mathbb{R}$이나 부분집합에서 구체적 위상을 언급하고 있지 않다면 보통위상이 주어진 것으로 간주한다.

▸ X의 원소가 3개이면 X위 위상의 개수는 29개, 4개이면 355개, 5개이면 6942개, 6개이면 209527개가 있다. 그러나 X의 원소 개수에 따른 X위 위상의 개수를 구하는 일반 공식은 발견되지 않았다.

예제 3.5

다음과 같은 $X=\{a,b,c,d,e\}$의 부분집합족에 대해

$$\mathfrak{I}_1=\{X,\varnothing,\{a\},\{b,c\},\{a,b,c\},\{b,c,d,e\}\}$$
$$\mathfrak{I}_2=\{X,\varnothing,\{a\},\{a,b\},\{a,b,c\},\{b,c,d,e\}\}$$
$$\mathfrak{I}_3=\{X,\varnothing,\{a\},\{a,c\},\{a,b,c\},\{a,c,d\}\}$$

(1) $\mathfrak{I}_1$은 위상이 되기 위한 [정의 3.1]의 세 가지 공리를 만족하여 X위의 위상이다.

(2) $\mathfrak{I}_2$의 두 원소 $\{a,b,c\}$, $\{b,c,d,e\}$의 교집합 $\{b,c\}$가 $\mathfrak{I}_2$의 원소가 아니어서, 즉 유한교집합 속함을 만족 못하여 $\mathfrak{I}_2$는 위상이 되지 못한다.

(3) $\mathfrak{I}_3$의 두 원소의 합집합 $\{a,b,c\}\cup\{a,c,d\}=\{a,b,c,d\}$이 $\mathfrak{I}_3$의 원소가 아니어서, 즉 임의합집합 속함을 만족 못하여 $\mathfrak{I}_3$는 위상이 되지 못한다.

예제 3.6

다음과 같은 $\mathbb{R}$의 부분집합족에 대하여

$$\mathfrak{I}_1=\{(-a,a)\subset\mathbb{R}\mid a\in\mathbb{R},a>0\}\cup\{\mathbb{R},\varnothing\}$$
$$\mathfrak{I}_2=\{(-a,a)\subset\mathbb{R}\mid a\in\mathbb{Q},a>0\}\cup\{\mathbb{R},\varnothing\}$$

(1) $\mathfrak{I}_1$는 $\mathbb{R}$위의 위상이다.

(2) $\mathfrak{I}_2$는 $\mathbb{R}$위의 위상이 아니다. 왜냐하면 $\mathfrak{I}_2$가 위상이려면 [정의 3.1]의 (O3)에 의해 $(-\sqrt{2},\sqrt{2})=\bigcup_{q\in\mathbb{Q}\cap(1,\sqrt{2})}(-q,q)\in\mathfrak{I}_2$이어야 하나 $(-\sqrt{2},\sqrt{2})\notin\mathfrak{I}_2$이다. 그러므로 $\mathfrak{I}_2$는 $\mathbb{R}$위의 위상이 아니다.

예제 3.7

공집합이 아닌 집합 X에 대하여

(1) $\mathcal{D}=\wp(X)$(=X의 멱집합)은 위상의 세 공리를 만족함이 쉽게 밝혀진다. 이 위상 $\mathcal{D}$

를 이산위상(discrete topology)이라 하고 위상공간 $(X, \mathcal{D})$를 이산(위상)공간(discrete topological space)이라 한다.

(2) $\mathscr{I} = \{X, \varnothing\}$은 X위의 위상이다. 이 위상을 비이산위상(indiscrete topology) 혹은 밀착이상이라 하고, 위상공간 $(X, \mathscr{I})$를 비이산공간(indiscrete space)이라 한다.

| 기본성질 3.8 |

$\mathfrak{I}$를 X위의 위상이라 하자. 그러면 $\mathfrak{I}$가 이산위상 $\Leftrightarrow$ $\{\{x\} | x \in X\} \subset \mathfrak{I}$

증명 $(\Rightarrow)$ 임의의 $x \in X$에 대해 $\{x\} \in \wp(X) = \mathfrak{I}$이다.

$(\Leftarrow)$ 임의의 $U \subset X$에 대하여 $U = \bigcup_{x \in U} \{x\}$이고 각 $\{x\} \in \mathfrak{I}$이므로 위상공리 (O3)에 의해 $U \in \mathfrak{I}$이다. 그러므로 $\mathfrak{I}$는 이산위상이다. ■

예제 3.9

X를 공집합이 아닌 집합이라 하자. 여집합이 유한인 X의 모든 부분집합들과 $\varnothing$으로 구성된 집합족은 X위의 위상이다. 이 위상을 $\mathfrak{I}_{cf}$로 표현하자. 즉,

$$\mathfrak{I}_{cf} = \{U \subset X | X - U\text{는 유한집합}\} \cup \{\varnothing\}$$

위상 $\mathfrak{I}_{cf}$을 X위의 여유한위상(cofinite topology 또는 finite-closed topology)이라 하고 $(X, \mathfrak{I}_{cf})$를 여유한위상공간이라 한다.

풀이 $\mathfrak{I}_{cf}$가 X위의 위상임을 보이기 위해 위상 공리 (O1), (O2), (O3)를 만족함을 밝히자.

(O1) $X^c = \varnothing$는 유한집합이므로 $X \in \mathfrak{I}_{cf}$이다. $\varnothing \in \mathfrak{I}_{cf}$인 걸로 정의하였다.

(O2) $U_1, U_2, \cdots, U_n \in \mathfrak{I}_{cf}$라 하자. 한 집합이 $\varnothing$이면 $\bigcap_{i=1}^{n} U_i = \varnothing \in \mathfrak{I}_{cf}$, 모두가 $\varnothing$이 아니면 $U_1^c, U_2^c, \cdots, U_n^c$는 모두 유한집합이다. 따라서 $(\bigcap_{i=1}^{n} U_i)^c = \bigcup_{i=1}^{n} U_i^c$도 유한집합이합이다. 그러므로 $\bigcap_{i=1}^{n} U_i \in \mathfrak{I}_{cf}$이다.

(O3) $U_\alpha \in \mathcal{U}$ $(\alpha \in \Lambda)$라 하자. 모두가 $\varnothing$이면 $\bigcup_{\alpha \in \Lambda} U_i = \varnothing \in \mathfrak{I}_{cf}$이다. 이들 U_α 중 한 집합이라도 가령, $U_{\alpha_0} \neq \varnothing$이면 $U_{\alpha_0}^c$이 유한집합이다.

$$(\bigcup_{\alpha\in\Lambda} U_\alpha)^c = \bigcap_{\alpha\in\Lambda} U_\alpha^c \subset U_{\alpha_0}^c$$

이므로 $(\bigcup_{\alpha\in\Lambda} U_\alpha)^c$ 가 유한집합이다. 그러므로 $\bigcup_{\alpha\in\Lambda} U_\alpha \in \mathfrak{I}_{cf}$이다. ■

- 여유한위상공간 X에서 $U \neq \varnothing$일 때, U가 열린집합 $\Leftrightarrow$ $X-U$가 유한집합.
  $F \neq X$일 때, F가 닫힌집합 $\Leftrightarrow$ F가 유한집합.

- 이산공간 $(\mathbb{R},\mathcal{D})$에서 모든 유한집합이 닫힌집합이다. 그러나 이 이산위상은 여유한위상과 다르다.

예제 3.10

X를 공집합이 아닌 집합이라 하자. 여집합이 가산집합인 X의 모든 부분집합들과 $\varnothing$로 구성된 집합족을 $\mathfrak{I}_{cc}$로 나타내자.

$$\mathfrak{I}_{cc} = \{U \subset X \mid X-U\text{는 가산 집합}\} \cup \{\varnothing\}$$

$\mathfrak{I}_{cc}$는 X위의 위상이다.(문제로 남긴다.) 이 위상을 **여가산위상**(cocountable topology 혹은 countable-closed topology)이라 하고 $(X,\mathfrak{I}_{cc})$를 **여가산(위상)공간**이라 한다.

예제 3.11

실직선 $\mathbb{R}$에서 유계인 개구간들을 모두 모은 집합족 $\mathscr{B}$로부터 보통위상 $\mathcal{U}$를 구성하는 과정을 토대로 평면 $\mathbb{R}^2$에 특정의 위상을 구성하는 방법을 유추하여 보자.
먼저 개구간 $(a,b) \in \mathscr{B}$을 $(a,b) = \{x \in \mathbb{R} \mid |x-c| < \delta\}$라 하여 수직선에서 중심과 거리로 표현하고 $B(c,\delta)$로 나타낸다. $\mathbb{R}$에서 개구간을 평면 $\mathbb{R}^2$에서 **열린 원판**(open disk)

$$\left\{(x,y)\in\mathbb{R}^2 \mid \sqrt{(x-a_1)^2+(y-a_2)^2} < \delta\right\} \text{ (이것을 } B((a_1,a_2),\delta)\text{로 표현)}$$

로 대체하고 $\mathbb{R}^2$에서 열린 원판들의 합집합으로 표현되는 집합을 **($\mathcal{U}$-)열린집합**이라 한다.

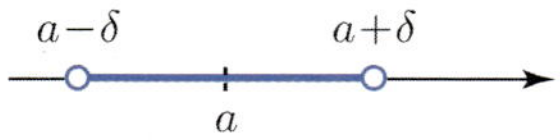

$B(a,\delta)$

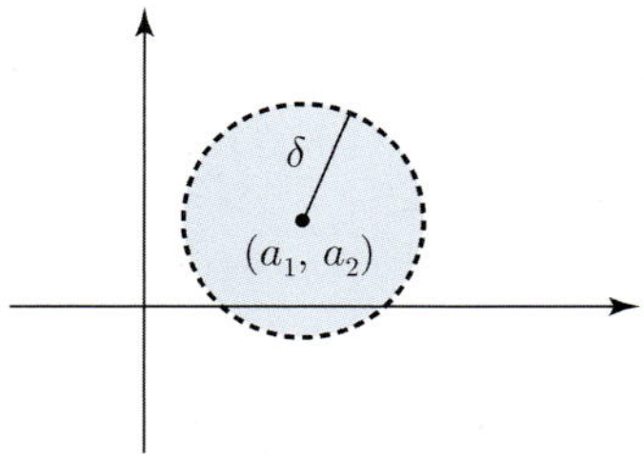

$B((a_1, a_2), \delta)$

$\mathcal{U}$-열린집합들을 모두 모은 집합족을 $\mathcal{U}$로 나타낸다.[5] $\mathbb{R}^2$ 위에서 $\mathcal{U}$ 또한 [정의 3.1]의 세 공리를 만족하여 위상이 됨을 [기본성질 2.3]의 증명과 유사한 방법으로 밝힐 수 있다. 이 위상을 $\mathbb{R}^2$에서 **보통위상**(usual topology) 혹은 **유클리드위상**(Euclidean topology)이라 하고 $(\mathbb{R}^2, \mathcal{U})$를 **보통위상공간** 혹은 **유클리드공간**이라 한다.

예제 3.12

(1) $(\mathbb{R}^2, \mathcal{U})$에서 다음의 열린 직사각형판은 $\mathcal{U}$-열린집합이다.

$$(a,b) \times (c,d) = \{(x,y) \in \mathbb{R}^2 \mid a < x < b,\ c < y < d\}$$

(2) $F = \{(x, x^2) \in \mathbb{R}^2 | x \in \mathbb{R}\}$은 $\mathcal{U}$-닫힌집합이다. 즉, $\mathbb{R}^2 - F \in \mathcal{U}$이다.

풀이 (1) 임의의 $(x,y) \in (a,b) \times (c,d)$에 대하여

$$\delta = \min\{x-a, b-x, y-c, d-y\} > 0$$

라 하면 열린 원판 $B((x,y), \delta) \in \mathcal{U}$은 $(x,y) \in B((x,y), \delta) \subset (a,b) \times (c,d)$를 만족시킨다. [기본성질 3.2]를 사용하면 $(a,b) \times (c,d) \in \mathcal{U}$이다.

(2) $B((x, x^2), \delta) \subset F$인 $\delta > 0$은 없다.

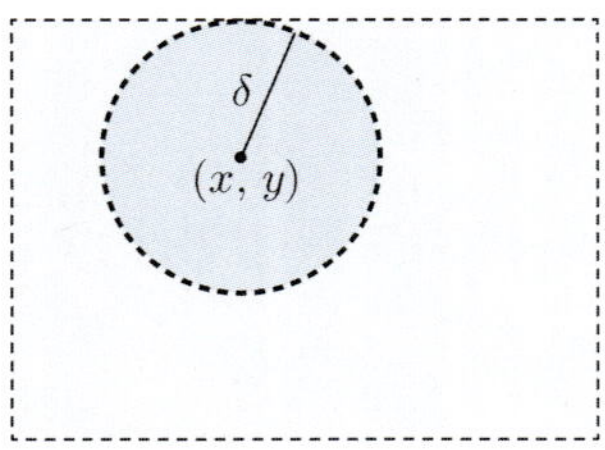

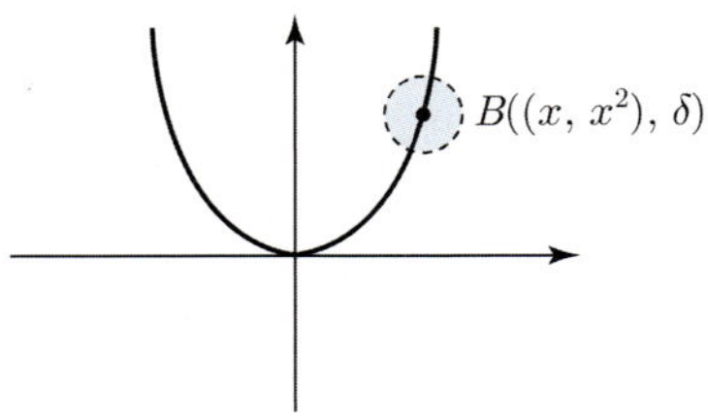

■

5) 통상적으로(usually) 사용되는 위상이란 의미에서 모든 차원의 유클리드 위상(보통위상)을 $\mathbb{R}$에서 보통위상을 나타내는 기호인 $\mathcal{U}$를 혼용하여 사용하기로 한다.

예제 3.13

f를 집합 X에서 위상공간 $(Y,\mathfrak{I})$로의 함수 $f: X \to Y$라 하자.

$$\mathfrak{I}_1 = \{f^{-1}(V) \mid V \in \mathfrak{I}\}$$

라 두면 $\mathfrak{I}_1$는 X위의 위상이다. (이 위상을 f에 의해 유도된 **약위상**이라 한다.)[6)]

풀이 (O1) $Y \in \mathfrak{I}$이고 $f^{-1}(Y) = X$이므로 $X \in \mathfrak{I}_1$, $\varnothing \in \mathfrak{I}$이고 $f^{-1}(\varnothing) = \varnothing$이므로 $\varnothing \in \mathfrak{I}_1$이다.

(O2) $U_1, U_2, \cdots, U_n \in \mathfrak{I}_1$라 하면, $V_1, V_2, \cdots, V_n \in \mathfrak{I}$가 존재하여 다음을 만족한다.

$$f^{-1}(V_1) = U_1,\ f^{-1}(V_2) = U_2,\ \cdots,\ f^{-1}(V_n) = U_n,$$

$$f^{-1}\left(\bigcap_{i=1}^{n} V_i\right) = \bigcap_{i=1}^{n} f^{-1}(V_i) = \bigcap_{i=1}^{n} U_i$$

이고 $\bigcap_{i=1}^{n} V_i \in \mathfrak{I}$이므로 $\bigcap_{i=1}^{n} U_i \in \mathfrak{I}_1$이다.

(O3) $U_\alpha \in \mathfrak{I}_1\,(\alpha \in \Lambda)$라 하자. 그러면 각 $\alpha \in \Lambda$에 대하여 $f^{-1}(V_\alpha) = U_\alpha$를 만족하는 $V_\alpha \in \mathfrak{I}$가 존재한다.

$$f^{-1}\left(\bigcup_{\alpha \in \Lambda} V_\alpha\right) = \bigcup_{\alpha \in \Lambda} f^{-1}(V_\alpha) = \bigcup_{\alpha \in \Lambda} U_\alpha$$

이고 $\bigcup_{\alpha \in \Lambda} V_\alpha \in \mathfrak{I}$이므로 $\bigcup_{\alpha \in \Lambda} U_\alpha \in \mathfrak{I}_1$이다. ■

예제 3.14

함수 f는 위상공간 $(X,\mathfrak{I})$에서 집합 Y로의 함수라 하자.

$$\mathfrak{I}_2 = \{V \subset Y \mid f^{-1}(V) \in \mathfrak{I}\}$$

라 두면 $\mathfrak{I}_2$는 Y위의 위상이다. (이 위상을 f에 의해 유도된 **강위상**이라 한다.)

풀이 $f(V) \in \mathfrak{I}_2 \Leftrightarrow f^{-1}(V) \in \mathfrak{I}$이다.

(O1) $f^{-1}(Y) = X \in \mathfrak{I}$이므로 $Y \in \mathfrak{I}_2$이고 $f^{-1}(\varnothing) = \varnothing \in \mathfrak{I}$이므로 $\varnothing \in \mathfrak{I}_2$이다.

---

6) 함수에 의해 유도되는 주요 약위상과 강위상이 8장에서 다루어진다.

(O2) $V_1, V_2 \in \mathfrak{I}_2$라 하면 $f^{-1}(V_1), f^{-1}(V_2) \in \mathfrak{I}$이다. 그리고

$$f^{-1}(V_1 \cap V_2) = f^{-1}(V_1) \cap f^{-1}(V_1) \in \mathfrak{I}$$

을 만족한다. 그러므로 $V_1 \cap V_2 \in \mathfrak{I}_2$이다.

(O3) $V_\alpha \in \mathfrak{I}_2 (\alpha \in \Lambda)$라 하자. 각 $\alpha \in \Lambda$에 대하여 $f^{-1}(V_\alpha) \in \mathfrak{I}$이다. 따라서 $\bigcup_{\alpha \in \Lambda} f^{-1}(V_\alpha)$ $\in \mathfrak{I}$이고 $f^{-1}(\bigcup_{\alpha \in \Lambda} V_\alpha) = \bigcup_{\alpha \in \Lambda} f^{-1}(V_\alpha) \in \mathfrak{I}$이다. 그러므로 $\bigcup_{\alpha \in \Lambda} V_\alpha \in \mathfrak{I}_2$이다. ■

예제 3.15

실수집합 $\mathbb{R}$에서 함수 $f : \mathbb{R} \to \mathbb{R}$를

$$f(x) = \begin{cases} x & (x \in \mathbb{Q}) \\ 0 & (x \in \mathbb{R} - \mathbb{Q}) \end{cases}$$

로 정의하자. 공역 $\mathbb{R}$위의 보통위상 $\mathcal{U}$에 대하여

$$\mathfrak{I} = \{f^{-1}(V) \mid V \in \mathcal{U}\}$$

는 정의역 $\mathbb{R}$위의 위상이다. 다음에 대해 참, 거짓을 정하고 이유를 설명해 보자.[7)]

① $(-1,1) \cup (\mathbb{R} - \mathbb{Q}) \in \mathfrak{I}$ ② $(1,2) \in \mathfrak{I}$ ③ $\mathbb{Q} - \{0\} \in \mathfrak{I}$

④ $[-1,1] \cup (\mathbb{R} - \mathbb{Q})$는 $\mathfrak{I}$-닫힌집합이다. ⑤ $[0, \sqrt{2}]$는 $\mathfrak{I}$-닫힌집합이다.

풀이 $f^{-1}(a,b) = \begin{cases} (a,b) \cup (\mathbb{R} - \mathbb{Q}) & (0 \in (a,b)) \\ (a,b) \cap \mathbb{Q} & (0 \notin (a,b)) \end{cases}$이다.

①은 참이다. $(-1,1) \in \mathcal{U}$이고 $f^{-1}((-1,1)) = (-1,1) \cup (\mathbb{R} - \mathbb{Q})$이기 때문이다.

②는 거짓이다. $(1,2) \in \mathfrak{I}$라 하면 $f^{-1}(V) = (1,2)$를 만족하는 $V \in \mathcal{U}$가 존재한다. $\sqrt{2} \in f^{-1}(V)$이므로 $f(\sqrt{2}) = 0 \in V$이다. 따라서

$$\mathbb{R} - \mathbb{Q} \subset f^{-1}(\{0\}) \subset f^{-1}(V) = (1,2)$$

로 모순이 일어난다.

③은 참이다. $\mathbb{Q} - \{0\} = f^{-1}(\mathbb{R} - \{0\})$이고 $\mathbb{R} - \{0\} \in \mathcal{U}$이기 때문이다.

④는 참이다.

$$([-1,1] \cup (\mathbb{R} - \mathbb{Q}))^c = [(-\infty, -1) \cup (1, \infty)] \cap \mathbb{Q} = f^{-1}((-\infty, -1) \cup (1, \infty)) \in \mathfrak{I}$$

7) 2012년 중등임용문제 참조

이므로 $[-1,1]\cup(\mathbb{R}-\mathbb{Q})$는 $\mathfrak{I}$-닫힌집합이다.

⑤는 거짓이다. 만약에 $[0,\sqrt{2}]$는 $\mathfrak{I}$-닫힌집합이라 하면 $f^{-1}(V)=[0,\sqrt{2}]^c$를 만족하는 $V\in\mathcal{U}$가 존재한다. $-\sqrt{2}\in f^{-1}(V)$이므로 $f(-\sqrt{2})=0\in V$이다. 따라서 $\mathbb{R}-\mathbb{Q}\subset f^{-1}(\{0\})\subset f^{-1}(V)=(-\infty,0)\cup(\sqrt{2},\infty)$로 모순이 일어난다. ■

예제 3.16

$X=\{a,b,c,d,e\}$ 위에 다음과 같은 위상이 주어져 있다.

$$\mathfrak{I}=\{X,\varnothing,\{a\},\{b,c\},\{a,b,c\},\{b,c,d,e\}\}$$

그러면 닫힌집합족은 $\{\varnothing, X, \{b,c,d,e\}, \{a,d,e\}, \{d,e\}, \{a\}\}$이다.

① 집합 $\{a\}$는 열린집합이면서 닫힌집합이다.

② 집합 $\{a,c\}$는 열린집합도 닫힌집합도 아니다.

③ 집합 $\{a,b,c\}$는 열린집합이지만 닫힌집합이 아니다.

④ 집합 $\{a,d,e\}$는 닫힌집합이지만 열린집합이 아니다.

▸ 창문의 열리고 닫히는 경우와는 달리 위상에서는 열린집합도 아니고 닫힌집합도 아닌 것이 있고, 열린집합이 아닌 것을 닫힌집합이라 정의하고 있지 않음에 유의하여야 한다. 열린집합이고 닫힌집합이 동시에 되는 집합을 **열린-닫힌(clopen)집합**이라 한다.

예제 3.17

보통위상공간 $(\mathbb{R},\mathcal{U})$에서 **열린-닫힌(clopen)집합**은 $\mathbb{R}$과 $\varnothing$ 뿐이다.[8)]

풀이 U를 $\varnothing$, $\mathbb{R}$이 아닌 열린-닫힌집합이라 하자. 그러면 $V=\mathbb{R}-U$도 $\varnothing$, $\mathbb{R}$이 아닌열린-닫힌집합이다. $a\in U$, $b\in V$를 잡고 $a<b$라고 하자. $G=U\cap[a,b]$라 두면 G는 유계인 닫힌집합이다. 따라서 G의 상한 α가 존재하고 $\alpha\in G\subset U$이다(연습문제 2-2). $U\cap V=\varnothing$이므로 $\alpha\neq b$이고 $\alpha<b$이다. 그러므로 $(\alpha,b]\cap U=\varnothing$이다. 따라서 $(\alpha,b]\subset V$이고, V가 닫힌집합이고 $\alpha=\inf(\alpha,b]$이므로 $\alpha\in V$이다. $\alpha\in U\cap V$이고 이것은 $U\cap V=\varnothing$란 사실에 모순이다. ■

---

8) 위상공간 X의 열린-닫힌집합이 X, $\varnothing$뿐인 위상공간을 연결공간이라 한다(11장).

예제 3.18

보통위상공간 $(\mathbb{R},\mathcal{U})$에서 $A=\left\{\frac{1}{n}| n\in\mathbb{N}\right\}\cup\{0\}$는 닫힌집합이다. 왜냐하면

$$A^c=\mathbb{R}-A=\bigcup_{n\in\mathbb{N}}(\frac{1}{n+1},\frac{1}{n})\cup(-\infty,0)\cup(1,\infty)\in\mathcal{U}$$

이기 때문이다.

위상공간에서 닫힌집합과 열린집합 간의 여집합 관계와 드 모르간 법칙에 의하여 다음이 얻어진다.

❙정리 3.18❙

위상공간 $(X,\mathfrak{I})$에 대해 모든 닫힌집합을 모은 집합족을 $\mathscr{F}$ 라 하자. 그러면

(C1) $X,\ \varnothing\in\mathscr{F}$

(C2) $F_1,\ F_2,\ \cdots,\ F_n\in\mathscr{F}\Rightarrow\bigcup_{i=1}^{n}F_i\in\mathscr{F}$

(C3) $F_\alpha\in\mathscr{F}(\alpha\in\Lambda)\Rightarrow\bigcap_{\alpha\in\Lambda}F_\alpha\in\mathscr{F}$

예제 3.19

(1) 보통위상공간 $(\mathbb{R},\mathcal{U})$에서, 자연수 $n\in\mathbb{N}$에 대하여 $G_n=(-\frac{1}{n},\frac{1}{n})\in\mathcal{U}$이고 $F_n=\mathbb{R}-G_n$는 닫힌집합이다. 그러나 $\bigcap_{n\in\mathbb{N}}G_n=\{0\}\notin\mathcal{U}$이고, $\bigcup_{n\in\mathbb{N}}F_n=\mathbb{R}-\{0\}$은 닫힌집합이 아니다.

(2) 여유한위상공간 $(\mathbb{N},\mathfrak{I}_{cf})$에서 각 $n\in\mathbb{N}$에 대해 $E_n=\{1,k\in\mathbb{N}\mid k>n\}\in\mathfrak{I}_{cf}$이나 $\bigcap_{n\in\mathbb{N}}E_n=\{1\}\notin\mathfrak{I}_{cf}$이다.

▸ 임의개 열린집합들의 교집합이 열린집합이 아닐 수 있고 임의개 닫힌집합들의 합집합이 닫힌집합이 아닐 수 있다.

예제 3.20

X위의 위상 $\mathfrak{I}_1, \mathfrak{I}_2$와 $\mathfrak{I}_\alpha(\alpha \in \Lambda)$에 대하여

(1) $\mathfrak{I}_1 \cup \mathfrak{I}_2$는 X위의 위상이 되지 않을 수도 있다.

(2) $\bigcap_{\alpha \in \Lambda} \mathfrak{I}_\alpha$는 X위의 위상이다.

풀이 (1) $X = \{a, b, c\}$ 에서 $\mathfrak{I}_1 = \{X, \varnothing, \{a\}\}$와 $\mathfrak{I}_2 = \{X, \varnothing, \{c\}\}$는 X위의 위상이다. $\mathfrak{I}_1 \cup \mathfrak{I}_2 = \{X, \varnothing, \{a\}, \{c\}\}$는 X위의 위상이 아니다.

(2) 연습문제로 남긴다. ■

▸ 집합 X위의 위상들을 모두 모은 집합족에서 포함관계($\subset$)는 부분순서이다. 이 집합족은 최소의 원소로 비이산위상을 가지고 최대의 원소로 이산위상을 가진다.

정의 3.21

$\mathfrak{I}_1, \mathfrak{I}_2$는 X위의 위상이라 하자. $\mathfrak{I}_1 \subset \mathfrak{I}_2$일 때 위상 $\mathfrak{I}_2$은 위상 $\mathfrak{I}_1$보다 더 **강하다**(stronger), **크다**(larger) 혹은 더 **섬세하다**(finer)고 하고, $\mathfrak{I}_1$은 위상 $\mathfrak{I}_2$보다 더 **약하다**(weaker), **작다**(smaller) 혹은 더 **조잡하다**(coarser)고 한다.

예제 3.22

$\mathbb{R}$위의 보통위상 $\mathcal{U}$, 여유한 위상 $\mathfrak{I}_{cf}$, 여가산 위상 $\mathfrak{I}_{cc}$ 간의 위상의 섬세성 (혹은 조잡성)을 비교해 보면

(1) 보통위상 $\mathcal{U}$는 여유한위상 $\mathfrak{I}_{cf}$보다 강하다. 왜냐하면 $\varnothing \in \mathcal{U}$이고 유한집합 F를 $F = \{x_1, x_2, \cdots, x_k\}$(단, $x_1 < x_2 < \cdots < x_k$)라 하면

$$\mathbb{R} - F = (-\infty, x_1) \cup (x_1, x_2) \cup \cdots \cup (x_{k-1}, x_k) \cup (x_k, \infty) \in \mathcal{U}.$$

(2) 유한집합은 가산집합이므로 여가산위상 $\mathfrak{I}_{cc}$은 여유한위상보다는 강함을 정의에 의해 쉽게 알 수 있다.

(3) 보통위상 $\mathcal{U}$과 여가산위상 $\mathfrak{I}_{cc}$은 서로 강약을 **비교할 수 없다**(not compatible). 왜냐하면 $(1, 2) \in \mathcal{U}$이나 $(1, 2) \notin \mathfrak{I}_{cc}$이고, $\mathbb{R} - \mathbb{Q} \notin \mathcal{U}$이나 $\mathbb{R} - \mathbb{Q} \in \mathfrak{I}_{cc}$이기 때문이다.

▸ X위의 임의의 위상 $\mathfrak{I}$는 비이산위상 $\mathscr{I}$보다는 강하고 이산위상 $\mathcal{D}$보다는 약하다.

예제 3.23

집합 $X=\{a,b,c\}$위의 위상들 중 부분집합족 $\{\{a,b\},\{a,c\}\}$을 포함하는 위상은

$$\mathfrak{I}_1 = \{X, \varnothing, \{a\}, \{a,b\}, \{a,c\}\}$$

$$\mathfrak{I}_2 = \{X, \varnothing, \{a\}, \{a,b\}, \{a,c\}, \{b\}\}$$

$$\mathfrak{I}_3 = \{X, \varnothing, \{a\}, \{a,b\}, \{a,c\}, \{c\}\}$$

$$\mathfrak{I}_4 = \{X, \varnothing, \{a\}, \{b\}, \{c\}, \{a,b\}, \{a,c\}, \{b,c\}\} = \mathcal{D}$$

의 4개 있다. 이들 위상의 교집합 $\bigcap_{i=1}^{4}\mathfrak{I}_i$은 X위의 위상으로 $\{\{a,b\},\{a,c\}\}$을 포함하는 가장 작은(조잡한) 위상이며 그 위상은 $\mathfrak{I}_1$이다.

3.2 열린 근방과 근방

근방(neighborhood)의 용어를 사용함으로써 위상이 근접성을 다루는 도구임을 짐작하게 한다.

정의 3.24

$(X,\mathfrak{I})$을 위상공간, $p \in X$이라 하자.

(1) p를 포함하는 열린집합을 p의 ($\mathfrak{I}$-)열린 근방(open neighborhood)이라 한다.

(2) $A \subset X$가 p의 열린 근방의 하나를 부분집합으로 가질 때 A을 p의 ($\mathfrak{I}$-)근방(neighborhood)이라 하고, $\mathcal{N}(p) = \{A \mid A \text{는 } p\text{의 근방}\}$을 p의 근방계(neighborhood system)라 하고 $\mathcal{N}_p$로도 나타낸다.

▸ 위상공간 $(X,\mathfrak{I})$에서 $\mathcal{N}(p) \cap \mathfrak{I}$는 p의 열린 근방을 모두 모은 집합족이다.

❙ 기본성질 3.25 ❙

위상공간 $(X,\mathfrak{I})$와 $U\subset X$에 대해, $U\in\mathfrak{I} \Leftrightarrow U$가 U 내의 모든 점의 근방

예제 3.26

$(\mathbb{R},\mathcal{U})$에서 $[0,3]$은 점 1의 근방이나 열린 근방은 아니다. 왜냐하면 $1\in(0,2)\subset[0,3]$이고 $(0,2)$은 1의 열린 근방이나 $[0,3]\notin\mathcal{U}$이기 때문이다.

예제 3.27

$X=\{a,b,c,d,e\}$ 위의 위상이 $\mathfrak{I}=\{X,\varnothing,\{a\},\{b,c\},\{a,b,c\},\{a,d,e\}\}$일 때 b의 열린 근방으로 $\{b,c\}$, $\{a,b,c\}$, X가 있고, b의 모든 근방을 모은 근방계는 다음과 같다.

$$\mathcal{N}_b=\{\{b,c\},\{a,b,c\},X,\{b,c,d\},\{b,c,e\},\{a,b,c,d\},\{a,b,c,e\},\{b,c,d,e\}\}$$

❙ 기본성질 3.28 ❙ (근방계의 성질)

$\mathcal{N}(p)=\{A\mid A$는 p의 근방$\}$을 p의 근방계라 하면

(1) $A\in\mathcal{N}(p)$이면 $p\in A$

(2) $A\in\mathcal{N}(p)$이고 $A\subset B$이면 $B\in\mathcal{N}(p)$

(3) $A,B\in\mathcal{N}(p)$이면 $A\cap B\in\mathcal{N}(p)$

(4) $A\in\mathcal{N}(p)$이면 $W\subset A$을 만족하는 $W\in\mathcal{N}(p)$가 존재하여 $q\in W$이면 $W\in\mathcal{N}(q)$이다.

▸ 이러한 근방의 개념은 위상을 특성화하고 근방계의 성질은 위상을 정의하는 데 사용될 수 있다. (연습문제로 남긴다.)

예제 3.29

집합 $X=\{a,b,c,d\}$에 대하여 $(X,\mathfrak{I})$를 위상공간이라 하고, 임의의 $p\in X$에 대하여

$$\mathcal{N}(p)=\{V\subset X\mid V\text{는 } p\text{의 근방}\}$$

이라 할 때 다음이 성립한다고 하자.[9]

---

9) 2009년 중등임용문제 참조

$$\mathcal{N}(a) = \{V \subset X \mid \{a,b\} \subset V\},\ \mathcal{N}(b) = \{V \subset X \mid \{b\} \subset V\}$$
$$\mathcal{N}(c) = \{V \subset X \mid \{b,c\} \subset V\},\ \mathcal{N}(d) = \{X\}$$

이때의 위상 $\mathfrak{I}$을 구해보자. 'V는 $(X,\mathfrak{I})$에서 p의 근방'이란 $p \in U \subset V$를 만족시키는 $U \in \mathfrak{I}$가 존재함을 의미한다. a의 근방계 $\mathcal{N}(a)$는 a의 열린 근방을 모두 포함하고 열린 근방을 포함한 모든 집합들로 구성된다. 모든 a의 근방 $\{a,b\}$는 $a \in U \subset \{a,b\}$를 만족하는 $U \in \mathfrak{I}$를 가진다. $U \in \mathcal{N}(a)$이므로 $\{a,b\} \subset U \subset \{a,b\}$로 $\{a,b\} = U \in \mathfrak{I}$이다. 같은 방법으로 하여 $\{a,b\},\{b\},\{b,c\},X$는 $\mathfrak{I}$에 속한다.[10] 따라서

$$\mathfrak{I} = \{X, \varnothing, \{a,b\},\{b\},\{b,c\},\{a,b,c\}\}$$

이다.

10) $\{\{a,b\},\{b\},\{b,c\},X\}$는 기저자격을 가짐을 알 수 있다(4장). 즉, 이 집합족에서 임의개 원소들의 합집합을 모두 모으면 위상이 된다.

3장 연습문제

1. 다음은 $\mathbb{R}$위의 위상이 되지 못한다. 그 이유를 설명하여라.
   (1) $\{\mathbb{R}, \varnothing, \mathbb{N}, \mathbb{R}-\mathbb{N}, \{p \mid p$는 소수$\}\}$
   (2) $\{U \subset \mathbb{R} \mid \mathbb{R}-U$는 유한집합$\}$
   (3) $\{(a, \infty) \subset \mathbb{R} \mid a \in \mathbb{Q}\} \cup \{\mathbb{R}, \varnothing\}$
   (4) $\{[a, \infty) \subset \mathbb{R} \mid a \in \mathbb{R}\} \cup \{\mathbb{R}, \varnothing\}$
   (5) $\{U \subset \mathbb{R} \mid \mathbb{R}-U$는 무한집합$\} \cup \{\mathbb{R}, \varnothing\}$

2. 위상이 됨을 밝혀라.
   (1) $\{(a, \infty) \subset \mathbb{R} \mid a \in \mathbb{R}\} \cup \{\mathbb{R}, \varnothing\}$는 $\mathbb{R}$위의 위상이다.
   (2) $\{\mathbb{R}, \varnothing, \mathbb{Q}, \mathbb{R}-\mathbb{Q}\}$는 $\mathbb{R}$위의 위상이다.
   (3) $\{U \subset \mathbb{R} \mid 0 \notin U\} \cup \{U \subset \mathbb{R} \mid \mathbb{R}-\{1,2\} \subset U\}$는 $\mathbb{R}$위의 위상이다.
   (4) $\{U \subset X \mid 0 \notin U\} \cup \{U \subset X \mid (-1, 1) \subset U\}$는 $X=[-1,1]$위의 위상이다.
   (5) $A \subset B \subset X$에 대해 $\{U \mid A \subset U \subset B\} \cup \{X, \varnothing\}$는 X위의 위상이다.
   (6) $\{U \subset X \mid U=\varnothing$ 또는 $U^c = X-U$가 가산집합$\}$는 X위의 위상이다.
   (7) $\{U \subset \mathbb{N} \mid n \in U$이면 n의 양의 약수가 U에 속한다.$\}$는 $\mathbb{N}$위의 위상이다.
   (8) X위의 위상들 $\mathfrak{I}_\alpha(\alpha \in \Lambda)$에 대하여 $\bigcap_{\alpha \in \Lambda} \mathfrak{I}_\alpha$는 X위의 위상이다.

3. 집합 $X=\{a,b,c,d,e\}$상의 위상 가운데 부분집합족 $\{\{a,b\},\{c,d\},\{a,c,e\}\}$를 포함하는 가장 작은 위상을 $\mathfrak{I}$라 할 때 $\mathfrak{I}$-열린집합의 개수를 구하라.

4. $(\mathbb{R}, \mathcal{U})$에서 $A=\left\{\frac{1}{n} \mid n \in \mathbb{N}\right\}$는 열린집합도 아니고 닫힌집합도 아님을 밝혀라

5. 다음 중 $(\mathbb{R}^2, \mathcal{U})$에서 열린집합이 되는 것은? 닫힌집합이 되는 것은? 모두 선택하여라.
   ① $\{(x,y) \in \mathbb{R}^2 \mid x^2+y^2 > 1,\ x \geq 0\}$
   ② $\mathbb{R}^2 - \{(0,0)\}$
   ③ $[0,1] \times [2,5]$
   ④ $\{(x,y) \mid y = x^2,\ x \in \mathbb{R}\}$
   ⑤ $\mathbb{Z} \times \mathbb{N}$
   ⑥ $\{(x,y) \in \mathbb{R}^2 \mid 0 < y < x,\ x < 2\}$

6. 여유한위상공간 $(X,\mathfrak{I}_{cf})$가 이산위상공간이기 위한 필요충분조건은 X가 유한집합임을 증명하여라.

7. $X = \{a, b, c, d, e\}$ 위의 위상이 $\mathfrak{I} = \{X, \varnothing, \{a\}, \{b,c\}, \{a,b,c\}, \{a,d,e\}\}$일 때 a의 근방계와 c의 근방계의 교집합에 속하는 원소의 수를 구하라.

8. 여유한위상공간 $(X,\mathfrak{I}_{cf})$에서 점 $p \in X$의 근방은 p의 열린 근방이 됨을 밝혀라.

9. X가 무한집합이고 위상 $\mathfrak{I}$는 X의 모든 무한집합을 포함하는 위상이다. 그러면 $\mathfrak{I}$는 이산위상임을 밝혀라.

10. 집합에서 이산공간으로의 함수 $f : \mathbb{Z} \to (\mathbb{Z}, \mathcal{D})$가 다음처럼 정의된다.

$$f(n) = \begin{cases} n^2 - 2n & (n \geq 0) \\ 0 & (n < 0) \end{cases}$$

f에 의한 정의역 $\mathbb{Z}$의 위상이 $\mathfrak{I} = \{f^{-1}(V) \mid V \in \mathcal{D}\}$로 주어진다. ($\mathcal{D}$는 이산위상이다.)

(1) $f^{-1}(\{-1, 0, 1, 2, 3\})$를 구하여라.

(2) $\{-2, -1, 0, 1, 2\} \in \mathfrak{I}$인지 아닌지를 밝혀라.

(3) $\{-1, 3\} \in \mathfrak{I}$인지 아닌지를 밝혀라.

11. [정리 3.18]의 (C1), (C2), (C3)를 만족하는 집합족 $\mathscr{F}$가 있을 때 $\mathfrak{I} = \{F^c \mid F \in \mathscr{F}\}$는 X위의 위상임을 밝혀라.

12. X의 각 점에서 [정리 3.28]의 (1)~(4)를 만족하는 집합족들이 있을 때

$$\mathfrak{I} = \{U \subset X \mid \text{임의의 } p \in U\text{에 대하여 } U \in \mathcal{N}(p)\}$$

이라 하면 $\mathfrak{I}$는 $\mathcal{N}(p)$를 근방계로 가지는 X위의 위상이 유일한 위상임을 밝혀라.

4장

기저와 부분기저

모든 유계인 개구간들을 모은 집합족 $\mathscr{B}$는 $\mathbb{R}$위의 보통위상 $\mathcal{U}$의 부분족으로 $\mathcal{U}$에 속하는 모든 집합은 $\mathscr{B}$에 속하는 적절한 원소들의 합집합으로 표현할 수 있었다.

$\mathbb{R}$에서는 연속성이나 수열의 수렴성에서처럼 근접성을 다룰 때 $\mathscr{B}$의 원소인 개구간들을 주로 사용한다. $\mathscr{B}$가 $\mathcal{U}$에 비해 규모가 작으면서도 $\mathcal{U}$의 열린집합이 가진 기능을 수행하기 때문이다. 일반 위상공간에서도 임의개의 합집합으로 보통위상 $\mathcal{U}$을 생성하는 유계인 열린구간들의 집합족 $\mathscr{B}$와 같은 역할을 할 수 있는 부분집합족을 구상하여 '기저'의 개념으로 공리화한다. 기저는 마치 벡터공간에서 기저처럼 위상공간에서의 개념을 다루는데 훨씬 간편하고 유용하게 사용될 수 있다.

4.1 기저

위상공간 $X=\{a,b,c,d,e\}$가 다음의 위상을 가진다고 하자.

$$\mathfrak{I}=\{X,\varnothing,\{a\},\{c\},\{a,c\},\{a,d\},\{a,e\},\{a,c,d\},\{a,c,e\},\{a,d,e\},\{a,c,d,e\}\}$$

$\mathfrak{I}$의 모든 원소가 $\mathfrak{I}$의 부분족 $\{\{a\},\{c\},\{a,d\},\{a,e\},X\}$의 적절한 원소들의 합집합으로 표현된다. 이 부분족은 $\mathfrak{I}$에 비해 간편하면서도 $\mathfrak{I}$를 대신하여 유용하게 활용된다. 이를 다음의 정의로 공식화한다.

▌정의 4.1▐

위상공간 $(X,\mathfrak{I})$에서 $\mathscr{B}$를 $\mathfrak{I}$의 부분족이라 하자. 모든 $U\in\mathfrak{I}$가 $\mathscr{B}$에 속하는 원소들의 합집합으로 나타내어 질 수 있을 때 $\mathscr{B}$를 $\mathfrak{I}$에 대한 기저(base)라 한다.

▌기본성질 4.2▐

(1) $\mathscr{B}\subset\mathfrak{I}$가 위상 $\mathfrak{I}$에 대한 기저

$$\Leftrightarrow \forall U\in\mathfrak{I},\ \forall x\in U,\ \exists B\in\mathscr{B}\ s.t.\ x\in B\subset U$$

(2) $\mathscr{B}\subset\mathfrak{I}$가 위상 $\mathfrak{I}$에 대한 기저일 때,

$$U\in\mathfrak{I}\ \Leftrightarrow\ \forall x\in U,\ \exists B\in\mathscr{B}\ s.t.\ x\in B\subset U$$

(3) $\mathscr{B}$가 위상 $\mathfrak{I}$의 기저이고 $\mathscr{B}\subset\mathscr{B}_1\subset\mathfrak{I}$이면 $\mathscr{B}_1$도 역시 $\mathfrak{I}$에 대한 기저이고 $\mathfrak{I}$자체도 $\mathfrak{I}$에 대한 기저이다.

예제 4.3

(1) $\mathscr{B} = \{(a,b) \mid a,b \in \mathbb{R}, a < b\}$는 $\mathbb{R}$위의 보통위상 $\mathcal{U}$에 대한 대표적인 기저이다.

(2) $\mathscr{B} = \{B((a_1,a_2),\delta) \mid (a_1,a_2) \in \mathbb{R}^2, \delta > 0\}$(모든 열린(=경계를 포함하지 않는) 원판들의 집합족)는 $\mathbb{R}^2$위의 보통위상 $\mathcal{U}$에 대한 기저이다.

예제 4.4

$(X,\mathcal{D})$를 이산위상공간이라 하자. $\mathscr{B} = \{\{x\} \mid x \in X\}$는 이산위상 $\mathcal{D}$에 대한 기저이다. $\mathscr{B}_1$가 이산위상 $\mathcal{D}$에 대한 기저일 필요충분조건은 $\{\{x\} \mid x \in X\} \subset \mathscr{B}_1$이다.

풀이 $\mathscr{B}_1$가 $\mathcal{D}$에 대한 기저이면 임의의 $x \in X$에 대해 $\{x\} \in \mathcal{D}$이므로 $x \in B \subset \{x\}$인 $B \in \mathscr{B}_1$가 존재한다. 그러므로 $B = \{x\}$이고 $B \in \mathscr{B}_1$이다. ■

예제 4.5

$X = \{a,b,c,d,e\}$ 위의 위상 $\mathfrak{I} = \{X, \varnothing, \{a\}, \{b,c\}, \{a,b,c\}, \{b,c,d,e\}\}$에 대해

(1) $\mathscr{B} = \{\{a\}, \{b,c\}, \{b,c,d,e\}\}$는 $\mathfrak{I}$에 대한 기저이다. 왜냐하면 $\mathscr{B} \subset \mathfrak{I}$이고, $\mathfrak{I}$의 모든 원소가 $\mathscr{B}$의 원소들의 합집합으로 표현되기 때문이다. ($\varnothing$은 empty union으로 얻어진다.)

(2) $\mathscr{B} = \{\{a\}, \{b,c\}\}$는 $\mathfrak{I}$에 대한 기저가 아니다. $\mathscr{B} \subset \mathfrak{I}$이나 $\{b,c,d,e\} \in \mathfrak{I}$를 $\mathscr{B}$의 원소들의 합집합으로 표현할 수 없다.

예제 4.6

$\mathscr{B}_1 = \{(a,b) \mid a,b \in \mathbb{Q}, a < b\}$ 역시 $\mathbb{R}$위의 보통위상 $\mathcal{U}$에 대한 기저이다.

풀이 우선 $\mathscr{B}_1 \subset \mathcal{U}$이다. 다음으로 $U \in \mathcal{U}$라 하고 $x \in U$라 하자. 그러면 [예제 4.3]의 (1)에 의해,

$$\exists\ a,b \in \mathbb{R}\ \ s.t.\ x \in (a,b) \subset U$$

유리수의 조밀성에 의해

$$\exists\ c,d \in \mathbb{Q}\ \ s.t.\ x \in (c,d) \subset (a,b) \subset U$$

그러므로 U는 $\mathscr{B}_1$의 원소들의 합집합으로 나타난다. 따라서 $\mathscr{B}_1$는 $\mathcal{U}$에 대한 기저이다. ■

▸ 위의 예제에서 $\mathscr{B}_1$은 '가산' 집합족으로서 보통위상 $\mathcal{U}$에 대한 기저라는 점이다. (이런 기저를 '가산기저'라 한다.) 가산기저의 존재여부는 위상구조의 차별성을 드러내는 특성으로 다루어진다.

| 정의 4.7 |

위상공간 $(X, \mathfrak{I})$가 다음의 공리

"가산기저가 존재한다."(제2가산공리)

를 만족할 때 $(X, \mathfrak{I})$을 **제2가산공간(second countable space)**, 간단히 C_2-공간이라 한다.

예제 4.8

(1) 보통위상공간 $(\mathbb{R}, \mathcal{U})$은 제2가산공간이다. 왜냐하면 $\{(a,b) \mid a, b \in \mathbb{Q},\ a < b\}$이 가산기저이기 때문이다.

(2) 이산위상공간 $(\mathbb{R}, \mathcal{D})$는 제2가산공간이 아니다. 왜냐하면 $\mathscr{B}$가 $\mathcal{D}$에 대한 기저이기 위해선 $\{\{x\} \mid x \in \mathbb{R}\} \subset \mathscr{B}$이기에 모든 기저는 비가산이어야 하기 때문이다.

| 정의 4.9 |

$(X, \mathfrak{I})$를 위상공간, A를 X의 부분집합이라 하자.

(1) X의 부분집합족 $\mathcal{G} = \{A_\alpha\}_{\alpha \in \Lambda}$가 $A \subset \bigcup \mathcal{G} = \bigcup_{\alpha \in \Lambda} A_\alpha$를 만족할 때 $\mathcal{G}$는 A를 **덮는다(covers A)**고 하고 $\mathcal{G}$를 A의 **피복(덮개, covering)**이라 하며, 특히 $\mathcal{G}$의 각 원소 $A_\alpha \in \mathfrak{I}$가 될 때 $\mathcal{G}$를 A의 **열린피복(open covering)**이라 한다.

(2) A를 덮는 $\mathcal{G}$의 부분족 $\mathscr{H}\,(\subset \mathcal{G})$가 A를 덮으면 $\mathscr{H}$를 $\mathcal{G}$의 **부분피복(subcovering)**이라 한다. 게다가 $\mathscr{H}$가 가산집합족이면 $\mathscr{H}$를 (A를 덮는) $\mathcal{G}$의 **가산부분피복(countable subcovering)**이라 한다.

예제 4.10

보통위상공간 $(\mathbb{R},\mathcal{U})$에서 각 실수 $a>0$에 대하여 $A_a=(a,\infty)$이라 하자. 그러면 $\mathcal{G}=\{A_a \mid a\in\mathbb{R}, a>0\}$은 $(0,1)$의 열린피복이다. $\mathscr{H}=\left\{(\frac{1}{n},\infty) \mid n\in\mathbb{N}\right\}$는 $(0,1)$을 덮는 $\mathcal{G}$의 가산부분피복이다.

| 정리 4.11 |

위상공간 X가 제2가산공간(C_2-공간)이면 X의 모든 열린피복이 가산부분피복을 가진다.

증명 $\mathcal{G}$를 X의 열린피복이라 하자. X가 제2가산공간이므로 가산기저 $\mathscr{B}=\{B_n | n\in\mathbb{N}\}$를 갖는다. 각 점 $p\in X$에 대해 $U_p\in\mathcal{G}$를 택하고 $p\in B(p)\subset U_p$인 $B(p)\in\mathscr{B}$를 택하자(근거: $\mathcal{G}$가 피복이고 $\mathscr{B}$가 기저이기 때문). 그러면 $X\subset\bigcup_{p\in X}B(p)\subset X$로 $\{B(p) | p\in X\}\subset\mathscr{B}=\{B_n | n\in\mathbb{N}\}$이다. 적절한 $M\subset\mathbb{N}$에 대하여 $\{B(p) | p\in X\}=\{B_n | n\in M\}$이다. 각 $n\in M$에 대하여 $B_n\subset U_{p_n}$인 $U_{p_n}\in\mathcal{G}$을 잡으면

$$X=\bigcup\{B_n | n\in M\}\subset\bigcup\{U_{p_n} | n\in M\}$$

이다. 그러므로 $\{U_{p_n} | n\in M\}$은 $\mathcal{G}$의 가산부분피복이다. ■

| 정의 4.12 |

위상공간 $(X,\mathfrak{I})$의 모든 열린피복 $\mathcal{G}=\{G_\alpha\}_{\alpha\in\Gamma}$이 가산부분피복을 가질 때 X를 린델뢰프공간(Lindelöf공간)이라 한다.

- C_2-공간은 린델뢰프공간이다(정리 4.11).

예제 4.13

보통위상공간 $(\mathbb{R},\mathcal{U})$는 C_2-공간이므로(예제 4.8), [정리 4.11]에 의하여 린델뢰프공간이다.

4.2 기저자격

집합 $X=\{a, b, c, d\}$와 X위의 위상

$$\mathfrak{I}=\{X, \varnothing, \{a\}, \{b\}, \{c\}, \{b,c\}, \{a,b\}, \{a,c\}, \{a,b,c\}\}$$

에 대해 다음의 두 질문에 대한 답을 비교해 보자.

(1) $\mathscr{B}_1=\{\{a\}, \{c\}, \{a,b\}, \{b,c\}, X\}$는 $\mathfrak{I}$에 대한 기저가 되는가? 아니면, X위에는 $\mathscr{B}_1$를 기저로 가지는 위상이 있는가?

(2) $\mathscr{B}_2=\{\{a\}, \{b\}, \{a,b\}, \{b,c\}, X\}$는 $\mathfrak{I}$에 대한 기저가 되는가? 아니면, X위에는 $\mathscr{B}_2$를 기저로 가지는 위상이 있는가?

(1)의 경우: $\mathscr{B}_1 \subset \mathfrak{I}$이나 $\mathscr{B}_1$는 $\mathfrak{I}$에 대한 기저가 되지 못한다. 왜냐하면 $\{b\} \in \mathfrak{I}$는 $\mathscr{B}_1$에 속한 원소들의 합집합으로 나타낼 수 없기 때문이다. 한편 $\mathscr{B}_1$가 X위의 어떤 위상에 대한 기저가 되려면 $\mathscr{B}_1$에 속한 임의합집합을 모두 모은 집합족

$$\{X, \varnothing, \{a\}, \{c\}, \{a,b\}, \{b,c\}, \{a,c\}, \{a,b,c\}\}$$

가 위상이 되어야 한다. 그러나 이 집합족은 $\{a,b\}, \{b,c\}$을 포함하면서도 교집합 $\{a,b\} \cap \{b,c\}=\{b\}$을 포함하고 있지 않다. 그러므로 X위에는 $\mathscr{B}_1$를 기저로 가지는 위상은 없다. 이런 경우 $\mathscr{B}_1$는 **"기저자격이 없다"**고 한다.

(2)의 경우: $\mathscr{B}_2 \subset \mathfrak{I}$이나 $\mathscr{B}_2$ 또한 $\mathfrak{I}$에 대한 기저가 되지 못한다. 왜냐하면 $\{c\} \in \mathfrak{I}$는 $\mathscr{B}_2$에 속한 원소들의 합집합으로 나타낼 수 없기 때문이다. 한편 $\mathscr{B}_2$가 X위의 어떤 위상에 대한 기저가 되는가 즉, $\mathscr{B}_2$가 **"기저자격[1]을 가지는가"**를 보기 위해 $\mathscr{B}_2$에 속한 임의합집합을 모두 모은 집합족

$$\{X, \varnothing, \{a\}, \{b\}, \{a,b\}, \{b,c\}, \{a,b,c\}\}$$

가 X위의 위상이 되는가를 보면 된다. 이 집합족은 X위의 위상이다. 이 위상을 $\mathfrak{I}_2$라 하자. 따라서 X에는 $\mathscr{B}_2$를 기저로 가지는 위상으로 $\mathfrak{I}_2$가 있다. $\mathfrak{I}_2$를 $\mathscr{B}_2$에 의해 **생성된 위상**이라 한다.

---

1) '기저자격'이란 용어는 보편화되어 있지는 않으나 이해를 돕기 위해 이 교재에서 사용한다.

다음의 정리는 집합 X의 부분집합들의 집합족 $\mathscr{B}$가 어떤 조건을 가질 때 X위의 적절한 위상에 대한 기저가 되는가? 즉, $\mathscr{B}$가 기저자격을 가지는가? 즉, $\mathscr{B}$의 임의합집합을 모두 모은 집합족이 X위의 위상이 되는가를 판단하는 데 유용하다.

❙정리 4.14❙

X를 공집합이 아닌 집합 그리고 $\mathscr{B}$를 X의 부분집합들의 집합족이라 하자. 그러면 $\mathscr{B}$가 X위의 어떤 위상에 대한 기저일 필요충분조건은 $\mathscr{B}$가 다음 두 조건을 만족하는 것이다.

(a) $X = \bigcup \mathscr{B}$ 즉, $\forall x \in X, \exists B \in \mathscr{B}$ $s.t.$ $x \in B$.

(b) $B_1, B_2 \in \mathscr{B}$이고 $p \in B_1 \cap B_2$이면, $p \in B_3 \subset B_1 \cap B_2$를 만족시키는 $B_3 \in \mathscr{B}$가 존재한다.

증명 ($\Rightarrow$) 만약 $\mathscr{B}$가 어떤 위상 $\mathfrak{J}$에 대한 기저이면 기저와 위상 정의에 의해 (a)와 (b)가 성립함을 알 수 있다.

($\Leftarrow$) $\mathscr{B}$가 성질 (a)와 (b)를 만족한다고 가정하고 $\mathfrak{J}$를 $\mathscr{B}$의 원소들의 합집합으로 표현되는 모든 부분집합들의 집합족이라 하자. $\mathfrak{J}$가 X위의 위상임을 보이면 된다.

(O1) (a)에 의하여 $X \in \mathfrak{J}$이다. $\varnothing \subset \mathscr{B}$에 대해 $\varnothing = \bigcup_{B \in \varnothing} B$에 의해 $\varnothing \in \mathfrak{J}$이다.

(O2) $U_1, U_2 \in \mathfrak{J}$라 하자. $U_1 = \bigcup_{\alpha \in \Lambda} B_\alpha$, $U_2 = \bigcup_{\gamma \in \Gamma} B_\gamma$로 나타낼 수 있다. 여기서 B_α와 B_γ는 $\mathscr{B}$의 원소들이다. 각 $p \in U_1 \cap U_2 = \bigcup_{\alpha, \gamma} (B_\alpha \cap B_\gamma)$에 대해 $p \in B_{\alpha_p} \cap B_{\gamma_p} \subset U_1 \cap U_2$를 만족하는 적당한 $\alpha_p \in \Lambda$, $\gamma_p \in \Gamma$가 있으므로 (b)에 의해 $p \in B(p) \subset B_{\alpha_p} \cap B_{\gamma_p}$인 $B(p) \in \mathscr{B}$가 존재한다. 따라서

$$U_1 \cap U_2 = \bigcup_{p \in U_1 \cap U_2} \{p\} \subset \bigcup_{p \in U_1 \cap U_2} B(p) \subset U_1 \cup U_2$$

로 $U_1 \cap U_2$는 $\mathscr{B}$의 원소들의 합집합으로 나타나고 $U_1 \cap U_2 \in \mathfrak{J}$이다.

(O3) $U_\alpha \in \mathfrak{J} (\alpha \in \Lambda)$라 하자. 그러면 각 $\alpha \in \Lambda$에 대하여 U_α는 $\mathscr{B}$의 원소들의 합집합이다. 따라서 $\bigcup_{\alpha \in \Lambda} U_\alpha$도 $\mathscr{B}$의 원소들의 합집합이다. 그러므로 $\bigcup_{\alpha \in \Lambda} U_\alpha \in \mathfrak{J}$이다. ■

▸ "$B_1, B_2 \in \mathscr{B}$이면 $B_1 \cap B_2 \in \mathscr{B}$"가 성립하면 [정리 4.14]의 (b)가 만족된다. 그러나

"$B_1 \cap B_2 \not\in \mathscr{B}$인 $B_1, B_2 \in \mathscr{B}$이 있다."고 하여 (b)가 성립하지 않는다고 단정해선 안 된다.[2)]

예제 4.15

$\mathbb{R}$에서 $\mathscr{B} = \{(a, b) \mid a, b \in \mathbb{Q}, a < b\}$는 [정리 4.14]의 조건 (a), (b)을 만족시켜 기저자격을 가진다. 실제 $\mathscr{B}$에서 임의합집합으로 만들어지는 위상은 보통위상 $\mathcal{U}$이다(예제 4.6).

예제 4.16

(1) $\mathbb{R}$에서 $\mathscr{B}_l = \{[a,b) \mid a,b \in \mathbb{R}, a < b\}$는 기자자격을 가진다. $\mathscr{B}_l$을 기저로 갖는 $\mathbb{R}$위의 위상을 하한위상(lower-limit topology)이라 하고 $\mathfrak{I}_l$로 나타낸다.

(2) $\mathbb{R}$에서 $\mathscr{B}_u = \{(a,b] \mid a,b \in \mathbb{R}, a < b\}$는 기자자격을 가진다. $\mathscr{B}_u$로 기저를 갖는 $\mathbb{R}$위의 위상을 상한위상(upper-limit topology)이라 하고 $\mathfrak{I}_u$로 나타낸다.

풀이 (1) $\mathscr{B}_l$의 모든 원소의 합집합이 $\mathbb{R}$이고, $\mathscr{B}_l$에 속하는 두 원소 $[a,b)$과 $[c,d)$의 교집합이 $\varnothing$이 아니면 이 교집합이 $\mathscr{B}_l$에 속하기 때문에 [정리 4.14]에 의하여 $\mathbb{R}$위에는 $\mathscr{B}_l$를 기저로 가지는 위상이 유일하게 존재한다.

(2) (1)과 유사한 이유에서이다. ■

❙정리 4.17❙

$\mathscr{B} = \{[a, b) \mid a, b \in \mathbb{R}, a < b\}$를 기저로 갖는 하한위상공간 $(\mathbb{R}, \mathfrak{I}_l)$에 대해

(1) $(\mathbb{R}, \mathfrak{I}_l)$은 제2가산공간은 아니다

(2) $(\mathbb{R}, \mathfrak{I}_l)$은 린델뢰프공간이다.[3)]

증명 (1) $\mathscr{B}$를 하한위상 $\mathfrak{I}_l$의 임의의 기저라 하자. 각 $x \in \mathbb{R}$에 대하여 $[x, x+1) \in \mathfrak{I}_l$이다. 따라서 $x \in B_x \subset [x, x+1)$을 만족시키는 하나의 $B_x \in \mathscr{B}$를 택할 수 있다. 두 실수 $x, y \in \mathbb{R}$가 다르면 $B_x \neq B_y$이다. 그러므로 $\{B_x \mid x \in \mathbb{R}\}$는 비가산이고 $\{B_x \mid x \in \mathbb{R}\} \subset \mathscr{B}$이어서 $\mathscr{B}$는 비가산집합족이다.

(2) (i) $\mathcal{G} = \{[a_\lambda, b_\lambda) \mid \lambda \in \Lambda\}$를 $\mathbb{R}$의 열린피복이라 하자.

---

2) 연습문제 2번 풀 때 유의가 필요함.
3) 증명 중 6장에서 다루는 부분공간의 개념과 성질이 사용됨. 6장을 학습하고 다루는 것이 좋음.

$A = \bigcup_{\lambda \in \Lambda} (a_\lambda, b_\lambda)\,(\subset \mathbb{R})$로 두면 $\mathscr{H} = \{(a_\lambda, b_\lambda) \mid \lambda \in \Lambda\}$는 A의 $\mathfrak{I}_l$-열린피복이다. A를 $(\mathbb{R}, \mathcal{U})$의 부분집합의 관점에서 $\{(a_\lambda, b_\lambda) \mid \lambda \in \Lambda\}$는 A의 $\mathcal{U}$-열린피복이다. $(\mathbb{R}, \mathcal{U})$는 제2가산공간이고 제2가산공간의 부분공간도 제2가산공간이므로(따름정리 6.12) A는 $(\mathbb{R}, \mathcal{U})$의 부분공간으로 제2가산공간이다. 제2가산공간은 린델뢰프공간이므로(정리 4.11) A는 린델뢰프공간이다. 따라서, A는 $\mathcal{U}$에서 가산부분피복 $\{(a_{\lambda_n}, b_{\lambda_n}) \mid n \in \mathbb{N}\}$을 갖는다. 이것은 $\mathfrak{I}_l$에서도 A를 덮는 $\mathscr{H}$의 가산부분피복이 된다. 이제 $\mathbb{R} - A$가 가산집합임을 보인다. 각 $x \in \mathbb{R} - A$에 대하여 $x = a_{\lambda_x}$인 $\lambda_x \in \Lambda$을 잡자. 또한 유리수의 조밀성에 의해 $x = a_{\lambda_x} < q_x < b_{\lambda_x}$인 $q_x \in \mathbb{Q}$가 존재한다. 그러면 $(x, q_x) \subset (a_{\lambda_x}, b_{\lambda_x}) \subset A$이다.
$f : \mathbb{R} - A \to \mathbb{Q}$를 $f(x) = q_x$로 정의하자. 그러면 $x, y \in \mathbb{R} - A\ (x < y)$이면 $q_x < q_y$이다($\because q_x \geq q_y$이면 $x < y < q_y \leq q_x$이므로 $y \in (x, q_x) \subset A$이 되어 모순). 따라서 f는 단사함수이다. 그러므로 $\mathbb{R} - A$는 가산집합이다. $\mathbb{R} - A = \{x(n) \mid n \in \mathbb{N}\}$라 두자.
그러므로

$$\mathbb{R} = A \cup (\mathbb{R} - A) = \left(\bigcup_{n \in \mathbb{N}} (a_{\lambda_n}, b_{\lambda_n})\right) \cup \left(\bigcup_{n \in \mathbb{N}} [a_{\lambda_{x(n)}}, b_{\lambda_{x(n)}})\right)$$
$$= \left(\bigcup_{n \in \mathbb{N}} [a_{\lambda_n}, b_{\lambda_n})\right) \cup \left(\bigcup_{n \in \mathbb{N}} [a_{\lambda_{x(n)}}, b_{\lambda_{x(n)}})\right)$$

따라서 $\{[a_{\lambda_n}, b_{\lambda_n}) \mid n \in \mathbb{N}\} \cup \{[a_{\lambda_{x(n)}}, b_{\lambda_{x(n)}}) \mid n \in \mathbb{N}\}$은 $\mathbb{R}$을 덮는 $\mathcal{G}$는 가산부분피복이다.

(ii)[4] $\mathcal{G} = \{U_\alpha \mid \alpha \in \Lambda\}$를 $\mathbb{R}$의 임의의 열린피복이라 하자. 그러면 $x \in \mathbb{R}$이면 $x \in U_{\alpha(x)}$인 $\alpha(x) \in \Lambda$가 존재하고 $U_{\alpha(x)}$가 열린집합이므로 $x \in [a_{\alpha(x)}, b_{\alpha(x)}) \subset U_{\alpha(x)}$를 만족하는 $a_{\alpha(x)}, b_{\alpha(x)} \in \mathbb{R}$가 존재한다. $\{[a_{\alpha(x)}, b_{\alpha(x)}) \mid x \in \mathbb{R}\}$은 $\mathbb{R}$의 열린피복이다. (i)에 의해 $\mathbb{R}$을 덮는 가산부분피복 $\{[a_{\alpha(x_n)}, b_{\alpha(x_n)}) \mid n \in \mathbb{N}\}$이 존재한다. 이에 대응시킨 $\{U_{\alpha(x_n)} \mid n \in \mathbb{N}\}$는 $\mathbb{R}$을 덮는 $\mathcal{G}$의 가산부분피복이다. 그러므로 $(\mathbb{R}, \mathfrak{I}_l)$은 린델뢰프 공간이다. ■

다음의 정리는 집합 X위의 두 개의 기저 $\mathscr{B}_1$과 $\mathscr{B}_2$의 관계에서 생성되는 위상의 섬세성을 검증할 수 있음을 보여준다.

---

4) 열린집합과 기저와의 관계를 안다면 기저의 원소로 구성된 열린피복이 가산부분피복을 가지고 있음을 밝힌 것으로 증명은 되었다고 보아도 좋다. (ii)는 생략해도 된다.

❙정리 4.18❙

공집합이 아닌 집합 X위에서 $\mathscr{B}_1$과 $\mathscr{B}_2$가 기저자격을 가지고 각각이 생성한 위상을 $\mathfrak{I}_1$과 $\mathfrak{I}_2$라 하자. 그러면 다음은 동치이다.

(1) $\mathfrak{I}_2 \subset \mathfrak{I}_1$ (즉, $\mathfrak{I}_1$이 $\mathfrak{I}_2$보다 섬세하다.)

(2) $\mathscr{B}_2 \subset \mathfrak{I}_1$

(3) 임의의 $B \in \mathscr{B}_2$와 $x \in B$에 대하여, $x \in G \subset B$를 만족하는 $G \in \mathscr{B}_1$가 존재한다.

증명 (1) ⇔ (2) $\mathfrak{I}_2 \subset \mathfrak{I}_1$이면 $\mathscr{B}_2 \subset \mathfrak{I}_2$이므로 $\mathscr{B}_2 \subset \mathfrak{I}_1$이다. 역으로 $\mathscr{B}_2 \subset \mathfrak{I}_1$이라 하면 $\mathfrak{I}_2$의 임의의 원소 U는 $\mathscr{B}_2$의 원소들의 합집합으로 나타나고 $\mathscr{B}_2$의 각 원소는 $\mathscr{B}_1$의 원소들의 합집합으로 나타나서 U는 $\mathscr{B}_1$의 원소들의 합집합으로 나타난다. 따라서 $U \in \mathfrak{I}_1$이다. 그러므로 $\mathfrak{I}_2 \subset \mathfrak{I}_1$이다.

(2) ⇔ (3) (2)는 각각의 $B \in \mathscr{B}_2$가 $\mathscr{B}_1$의 원소들의 합집합으로 나타난다는 것을 의미하여 (3)과 동치임을 쉽게 알 수 있다. ■

예제 4.19

$\mathbb{R}$위에서 하한위상 $\mathfrak{I}_l$과 상한위상 $\mathfrak{I}_u$은 보통위상 $\mathcal{U}$보다 강한 위상이다.

풀이 하한위상의 경우에 대해서만 보인다. $\mathcal{U}$의 기저 $\mathscr{B} = \{(a,b) \mid a,b \in \mathbb{R}, a < b\}$에 속하는 원소 (a,b)가 다음과 같이 하한위상 $\mathfrak{I}_l$의 기저인 $\mathscr{B}_l = \{[a,b) \mid a,b \in \mathbb{R}, a < b\}$의 원소들의 합집합으로 나타난다.

$$(a,b) = \bigcup_{n \in \mathbb{N}} [a + \frac{b-a}{n+1}, b)$$

따라서 $(a,b) \in \mathfrak{I}_l$이다. 그러므로 $\mathscr{B} \subset \mathfrak{I}_l$이고 [정리 4.18]에 의해 $\mathcal{U} \subset \mathfrak{I}_l$이다. 한편 $[0,1)$은 $\mathscr{B}$에 속하는 개구간들의 합집합으로 나타낼 수 없어 $[0,1) \notin \mathcal{U}$이다. ■

예제 4.20

평면 $\mathbb{R}^2$에서 $\mathscr{B} = \{(a,b) \times (c,d) \mid a,b,c,d \in \mathbb{R}, a < b, c < d\}$를 축에 평행한 변을 가진 열린 직사각형판들의 집합족이라 하자.

(1) $\mathbb{R}^2$위에는 $\mathscr{B}$를 기저로 가지는 위상(이 위상을 '곱위상'이라 할 것이다.)이 존재한다. 왜냐하면 (i) $\mathbb{R}^2 = \bigcup \mathscr{B}$ 이고 (ii) $\mathscr{B}$에 속하는 두 열린 직사각형의 교집합은 공집합이

아니면 $\mathscr{B}$에 속하는 하나의 열린 직사각형이다. [정리 4.14]에 의하여 $\mathscr{B}$는 기저 자격을 가진다.

(2) $\mathscr{B}$에 의해 생성되는 $\mathbb{R}^2$위의 위상은 보통위상 $\mathcal{U}$과 같다. 왜냐하면, 평면 $\mathbb{R}^2$위의 보통위상 $\mathcal{U}$는 모든 열린 원판들의 집합족 즉,

$$\mathcal{O} = \left\{B((a_1,a_2),r) \mid (a_1,a_2)\in\mathbb{R}^2, r>0\right\}$$

을 기저로 하는 위상이다. 평면에서 $\mathcal{O}$에 속하는 임의의 열린 원판은 $\mathscr{B}$에 속하는 열린 직사각형들의 합집합으로 나타낼 수 있고, $\mathscr{B}$에 속하는 임의의 열린 직사각형은 $\mathcal{O}$에 속하는 열린 원판들의 합집합으로 나타낼 수 있기 때문이다. 상세한 검증은 학습자에게 맡긴다. 따라서 $\mathscr{B}$는 $\mathcal{U}$에 대한 기저이다.

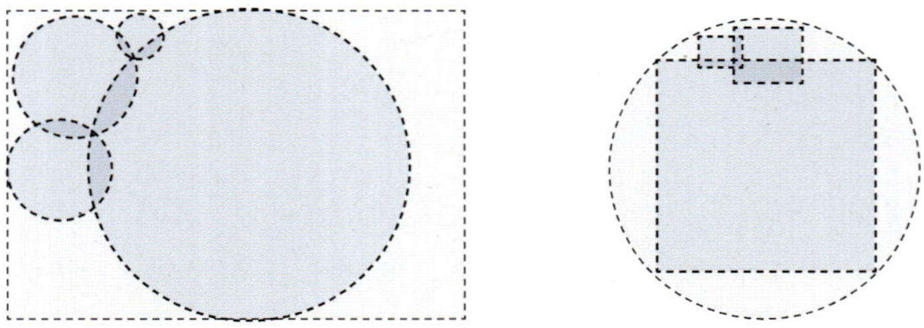

〈열린 직사각형판과 열린 원판 간의 관계〉

4.3 부분기저

❙정의 4.21❙

위상공간 $(X,\mathfrak{I})$에서 $\mathcal{S}$를 열린 부분집합들로 구성된 $\varnothing$이 아닌 집합족이라 하자. $\mathcal{S}$에 속하는 원소들의 유한교집합들을 모두 모은 집합족이 위상 $\mathfrak{I}$에 대한 기저가 될 때 $\mathcal{S}$를 $\mathfrak{I}$에 대한 부분기저(subbase)라 한다.

예제 4.22

(1) (a,∞) 또는 $(-\infty,b)$ 형태의 모든 구간들의 집합족은 $\mathbb{R}$위의 보통위상에 대한 부분기저이다.

(2) $[a,\infty)$ 또는 $(-\infty,b)$형태의 모든 구간들의 집합족은 $\mathbb{R}$위의 하한위상에 대한 부분기저이다.

(3) [예제 4.20]에서 $\mathscr{B}=\{(a,b)\times(c,d)\,|\,a,b,c,d\in\mathbb{R},\ a<b,\ c<d\}$는 $\mathbb{R}^2$의 보통위상에 한 기저이고 $(a,b)\times\mathbb{R}$, $\mathbb{R}\times(c,d)$ 형태를 모두 모은 집합족은 $\mathbb{R}^2$위의 보통위상에 대한 부분기저이다.

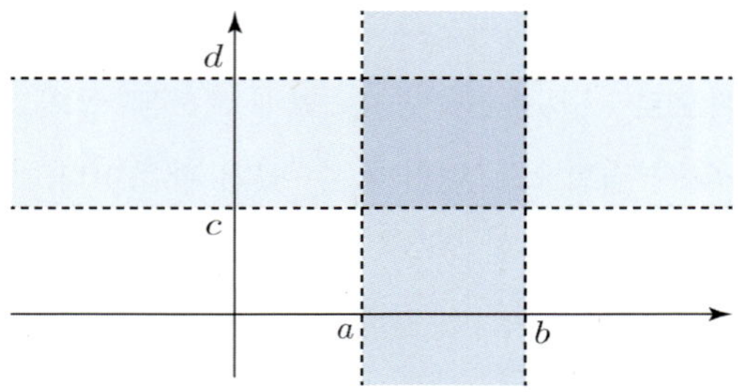

예제 4.23

$X=\{a,b,c,d\}$위의 위상은 $\mathfrak{I}=\{X,\varnothing,\{a\},\{b\},\{c\},\{b,c\},\{a,b\},\{a,c\},\{a,b,c\}\}$

(1) $\mathcal{S}_1=\{\{a,b\},\{b,c\},\{a,c\}\}$는 $\mathfrak{I}$에 대한 부분기저이다. 이것은 쉽게 보여진다.

(2) $\mathcal{S}_2=\{\{a\},\{a,c\},\{b,c\}\}$에 속하는 원소들의 유한교집합을 모두 모은 집합족('유교족'이라 하자)은 $\{\{a\},\{a,c\},\{b,c\},\{c\},X,\varnothing\}$이고 여기에 속하는 원소들의 임의합집합을 모두 모은 집합족('임합족'이라 하자.) $\{X,\varnothing,\{a\},\{a,c\},\{b,c\},\{c\},\{a,b,c\}\}$은 $\mathfrak{I}$와는 다른 X위의 위상임을 볼 수 있다. $\mathcal{S}_2$는 $\mathfrak{I}$에 대한 부분기저가 아니지만 $\mathcal{S}_2$로부터 유교족을 구성하고 이것으로 생성된 임합족이 위상이 됨을 볼 수 있다.

정리 4.24

집합 X의 부분집합들로 구성된 공집합이 아닌 한 집합족을 $\mathcal{S}$라 하자. 그러면 $\mathcal{S}$에 속하는 원소들의 유한교집합들을 모두 모은 집합족('유교족') $\mathscr{B}$은 항상 X위의 어떤 위상에 대한 기저이다.

증명 $\mathcal{S}$에 속하는 원소들에서 유한교집합들을 모두 모은 집합족 $\mathscr{B}$라 하자. 그러면

(a) X는 $\mathcal{S}$로부터의 empty intersection으로 주어지므로 $X\in\mathscr{B}$이고 $\bigcup\mathscr{B}=X$이다.

(b) $B_1,B_2\in\mathscr{B}$이면 이들은 $\mathcal{S}$에 속하는 적당한 원소들의 유한교집합들이어서 $B_1\cap B_2$ 또한

$\mathcal{S}$에 속하는 원소들에서 유한교집합으로 나타난다. 따라서 $B_1 \cap B_2 \in \mathscr{B}$이다. 그러므로 $\mathscr{B}$는 X위의 어떤 위상에 대한 기저이다. ■

- 집합 X의 부분집합들로 구성된 공집합이 아닌 한 집합족 $\mathcal{S}$가 기저이기 위해선 특정한 자격조건이 필요했으나(정리 4.14), $\mathcal{S}$를 부분기저로 가지는 위상은 항상 존재한다(정리 4.24). 이 위상은 $\mathcal{S}$를 포함한 가장 약한 위상이다. 이 위상을 $\mathcal{S}$에 의해 **생성된 위상**이라 한다.

- "~에 의해 생성..."는 것은 "~을 포함한 가장 작은"의 의미와 "~을 부분기저..." 의미를 함축하고 있다. 부분집합족에 의해 생성되는 위상은 이 집합족에 속한 원소들의 모든 유한교집합을 모으고('유교족') 여기에 속한 임의개의 합집합을 모두 모은 집합족('임합족')이다.

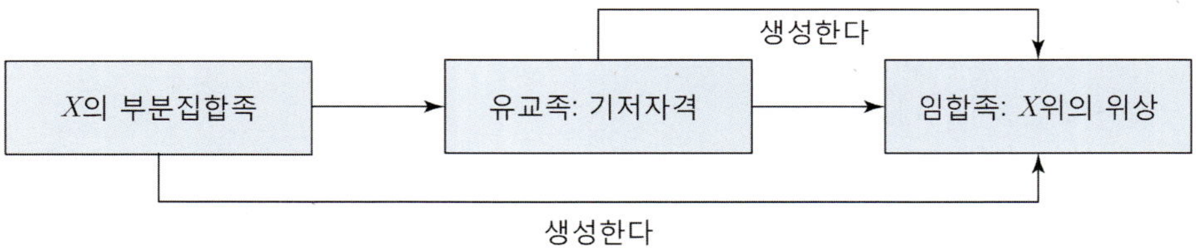

4.4 국소기저

국소기저는 한 점에 관련한 국소적 근접의 개념을 다룰 때 매우 유용하다.

| 정의 4.25 |

위상공간 $(X, \mathfrak{I})$에서 $\mathscr{B}_p$를 p에서 열린 근방들의 일부로 구성된 집합족 즉, $\mathscr{B}_p \subset \mathcal{N}_p \cap \mathfrak{I}$이라 하자($\mathcal{N}_p$는 p의 근방계이다). p의 임의의 열린 근방 U에 대하여 $B \subset U$을 만족하는 $B \in \mathscr{B}_p$가 존재할 때 $\mathscr{B}_p$를 p의 **국소기저(local base)**라 한다.

▸ 위상공간 $(X, \mathfrak{T})$에서 $\{p\} \in \mathfrak{T}$이면[5] $\{\{p\}\}$는 p의 국소기저이다.

예제 4.26

다음의 집합족들은 [기본성질 2.1]을 적용시키면 $\mathbb{R}$위의 보통위상에 대한 $p \in \mathbb{R}$의 국소기저임을 알 수 있다.

① $\{(a,b) \mid a,b \in \mathbb{R}, a < p < b\}$ ② $\{(p-\delta, p+\delta) \mid p \in \mathbb{R}, \delta > 0\}$

③ $\left\{(p-\frac{1}{n}, p+\frac{1}{n}) \mid p \in \mathbb{R}, n \in \mathbb{N}\right\}$

[예제 4.26]에서 국소기저 ①과 ②는 비가산 집합족인데 비해 국소기저 ③은 가산 집합족으로서 보통위상 $\mathcal{U}$에 대한 p의 국소기저(즉, '가산국소기저'이다.)가 된다는 것이다. 국소기저의 가산성은 위상구조의 특성을 다루는 매우 중요한 성질이다.

❙ 정의 4.27 ❙

위상공간 $(X, \mathfrak{T})$가 다음의 공리

"각 점 $p \in X$에서 가산국소기저가 존재한다."(제1가산공리)

을 만족할 때, $(X, \mathfrak{T})$를 **제1가산공간(first countable space)** 혹은 C_1**-공간**이라 한다.

❙ 정리 4.28 ❙

위상공간 $(X, \mathfrak{T})$에서

(1) $\mathscr{B}$가 $\mathfrak{T}$에 대한 기저(base)이면 $\mathscr{B}_p = \{B \in \mathscr{B} \mid p \in B\}$는 p의 국소기저이다.

(2) 각 점 $p \in X$에서 국소기저 $\mathscr{B}_p$가 주어지면 이들의 합집합 $\mathscr{B} = \bigcup_{p \in X} \mathscr{B}_p$는 $\mathfrak{T}$에 대한 기저이다.

증명 (1) p의 임의의 열린 근방 U에 대하여 $\mathscr{B}$가 기저이므로 $p \in B \subset U$인 $B \in \mathscr{B}$가 존재한다. $B \in \mathscr{B}_p$이므로 $\mathscr{B}_p$는 p의 국소기저이다.

(2) 임의의 $U \in \mathfrak{T}$와 임의의 $p \in U$에 대해 $p \in B_p \subset U$인 $B_p \in \mathscr{B}_p \subset \mathscr{B}$가 존재한다. 그러므

5) $\{p\} \in \mathfrak{T}$인 점 p을 X의 '고립점'이라 한다(정의5.1)

로 $U = \bigcup_{p \in U} \{p\} \subset \bigcup_{p \in U} B_p \subset U$로 $U = \bigcup_{p \in U} B_p$가 되어 (즉, [기본성질 4.2]에 의해) $\mathscr{B}$는 $\mathfrak{J}$에 대한 기저이다. ■

예제 4.29

$X = \{n \in \mathbb{N} | n \geq 2\}$의 각 원소 n에 대하여

$$B_n = \{k \in X | k\text{는 } n\text{의 약수}\},\ \mathscr{B} = \{B_n | n \in X\}$$

라 하자.[6] $\mathscr{B}$는 [정리 4.14]를 만족시키며 X위의 어떤 위상의 기저가 된다. 이 위상을 $\mathfrak{J}$라 두자. 위상공간 $(X, \mathfrak{J})$에서 다음을 알 수 있다.

① $\mathfrak{J}$는 이산위상이 아니다. ($\because \{4\} \notin \mathfrak{J}$)

② $\{n \in \mathbb{N} | n > 8\}$는 닫힌집합이다. ($\because \{n \in X \mid n \leq 8\} = B_8 \cup B_7 \cup B_6 \cup B_5 \in \mathfrak{J}$)

③ $\{2, 3, 5, 6, 9, 10\} \in \mathfrak{J}$ ($\because \{2, 3, 5, 6, 9, 10\} = B_{10} \cup B_9 \cup B_6 \in \mathfrak{J}$)

④ 각 $n \in X$에 대해 $\{B_n\}$은 n의 국소기저이다. ($\because \mathscr{B}_n = \{B \in \mathscr{B} | n \in B\} = \{B_n, B_{2n}, \cdots\}$이고 $B_n \subset K_{kn}$이므로 단집합족 $\{B_n\}$가 n의 국소기저이다.)

⑤ $\{2, 4, 6, 8, 10\} \notin \mathfrak{J}$ ($\because \{2, 3, 6, 8, 10\} \in \mathfrak{J}$라면 이것이 10의 열린 근방이므로 ④에 의해 B_{10}을 포함해야 한다. 그러나 그러지 못하다.)

⑥ P가 소수 전체의 집합이고 $A \subset P$이면 $A \in \mathfrak{J}$이다. ($\because A = \bigcup_{p \in A} B_p$이다.)

⑦ $\{8n | n \in \mathbb{N}\}$은 닫힌집합이다. ($\because$ 임의의 $k \in X - \{8n | n \in \mathbb{N}\}$에 대하여 $B_k \subset X - \{8n | n \in \mathbb{N}\}$이어서 $X - \{8n | n \in \mathbb{N}\} \in \mathfrak{J}$이다.)

| 따름정리 4.30 |

위상공간 $(X, \mathfrak{J})$가 제2가산공간이면 $(X, \mathfrak{J})$는 제1가산공간이다.

증명 $\mathscr{B}$가 $\mathfrak{J}$에 대한 가산기저이면 $\{B \in \mathscr{B}_p \mid p \in B\}$가 p의 가산국소기저이다. ■

예제 4.31

(1) 보통위상공간 $(\mathbb{R}, \mathcal{U})$은 $\{(a, b) | a, b \in \mathbb{Q},\ a < b\}$을 가산기저로 가지므로 제2가산공간이고 따라서 제1가산공간이다.

---

6) 2010년 중등임용문제 참조

(2) 하한위상공간 $(\mathbb{R}, \mathfrak{I}_l)$는 제2가산공간이 아니나 린델뢰프공간이다(정리 4.17). 또한 제1가산공간이다. 왜냐하면 임의의 점 $a \in \mathbb{R}$에서 $\left\{[a, a+\frac{1}{n}) \mid n \in \mathbb{N}\right\}$가 가산국소기저이기 때문이다.

예제 4.32

여유한위상공간 $(\mathbb{R}, \mathfrak{I}_{cf})$은 제1가산공간이 아니다. 실제, 어떠한 점에서도 가산국소기저를 가지지 않는다.

풀이 어떤 점 $p \in \mathbb{R}$에서 가산국소기저 $\mathscr{B}_p = \{G_n | n \in \mathbb{N}\}$를 가진다고 하자. 그러면 각 $n \in \mathbb{N}$에 대해 $\mathbb{R} - G_n$은 유한집합이다. 따라서 $\bigcup_{n \in \mathbb{N}} (\mathbb{R} - G_n)$은 가산집합이다. 또한 각 $x \in \mathbb{R} - \{p\}$에 대해 $\mathbb{R} - \{x\}$는 p의 열린 근방이므로 $G_n \subset \mathbb{R} - \{x\}$, 즉 $\{x\} \subset \mathbb{R} - G_n$가 되는 $n \in \mathbb{N}$가 존재한다. 따라서 임의의 $x \in \mathbb{R} - \{p\}$에 대해 $\{x\} \subset \bigcup_{n \in \mathbb{N}} (\mathbb{R} - G_n)$이다. 그러므로

$$\mathbb{R} - \{p\} = \bigcup_{x \in \mathbb{R} - \{p\}} \{x\} \subset \bigcup_{n \in \mathbb{N}} (\mathbb{R} - G_n)$$

이다. $\mathbb{R} - \{p\}$가 비가산집합이므로 $\bigcup_{n \in \mathbb{N}} (\mathbb{R} - G_n)$도 비가산집합이다. 따라서 모순이 발생한다. 그러므로 어떠한 점에서도 가산국소기저를 가지지 않는다. ■

❙ 기본성질 4.33 ❙

위상공간 $(X, \mathfrak{I})$에 대해 점 $p \in X$에서 가산기저를 가지면 '축소'가산국소기저가 구성된다. 따라서 제1가산공간에선 각 점에서 '축소'가산국소기저가 존재한다.

증명 $(X, \mathfrak{I})$가 점 p에서 가산국소기저 $\{G_n \mid n \in \mathbb{N}\}$을 가지면

$$B_1 = G_1, B_2 = B_1 \cap G_2, B_3 = B_2 \cap G_3, \cdots, B_n = B_{n-1} \cap G_n, \cdots$$

라 두면 $\{B_n \mid n \in \mathbb{N}\}$은 p에서 가산국소기저이고

$$B_1 \supset B_2 \supset B_3 \supset \cdots \text{ (축소된(nested) 조건)}$$

을 만족하는 축소가산국소기저이다. ■

4장 연습문제

1. 다음의 $\mathscr{B}$는 주어진 집합위에서 $\mathscr{B}$를 기저로 가지는 위상의 존재여부를 판별하고 그 이유를 설명하라.

   (1) $X=\{a,b,c,d,e,f\}$에서 $\mathscr{B}=\{\{a,b\},\{b\},\{b,c,d\},\{d,e,f\}\}$

   (2) $\mathbb{R}$위에서 $\mathscr{B}=\{(a,b]|a,b\in\mathbb{Q},\ a<b\}$

   (3) $\mathbb{R}$위에서 $\mathscr{B}=\{[a,b)|a\in\mathbb{R},\ b\in\mathbb{Q},\ a<b\}$

   (4) $\mathbb{R}$위에서 $\mathscr{B}=\{[a,b]|\ a,b\in\mathbb{R},\ a<b\}$

   (5) $\mathbb{R}$위에서 $A=\left\{\frac{1}{n}|n\in\mathbb{N}\right\}$이고

   $$\mathscr{B}=\{(a,b)|a,b\in\mathbb{R},a<b\}\cup\{(c,d)-A\,|\,c,d\in\mathbb{R},c<d\}$$

   (6) $\mathbb{R}$위에서 $\mathscr{B}=\{\{n\}\,|\,n\in\mathbb{Z}\}\cup\{(n,n+2^{-k})\,|\,n\in\mathbb{Z},k\in\mathbb{N}\cup\{0\}\}$

2. "열린"이란 경계가 제외됨을 의미한다. 아래의 <보기>에서

   (1) $\mathbb{R}$위에는 기저로 가지는 위상이 존재하는가?

   (2) $(\mathbb{R}^2,\mathcal{U})$에 대한 기저가 되는 것을 모두 골라라.

〈보기〉

㉠ 각 변이 축에 평행한 모든 열린 정사각형판들의 집합족

㉡ 모든 열린 정사각형판들의 집합족

㉢ 모든 열린 사각형판들의 집합족

㉣ 모든 열린 삼각형판들의 집합족

3. 다음의 $\mathcal{S}$에 의해 생성되는($\mathcal{S}$를 부분기저로 가지는) 위상을 구하여라.

   (1) $X=\{a,b,c,d\}$위에서 $\mathcal{S}=\{\{a,b\},\{b,c\}\}$

   (2) 공집합이 아닌 집합 X에서 $\mathcal{S}=\{X-\{p\}\,|\,p\in X\}$

4. $\mathscr{B}=\{(a,b]\,|\,a\in\mathbb{Q},b\in\mathbb{R},\ a<b\}$를 기저로 가지는 위상 $\mathfrak{I}$라 하자. 다음을 증명하라.

   (1) $\mathbb{R}$위에서 $\mathfrak{I}$는 보통위상 $\mathcal{U}$보다 강하다. 즉, $\mathcal{U}\subset\mathfrak{I}$이다.

   (2) $a,b\in\mathbb{R}(a<b)$에 대하여, $(a,b]$는 $(\mathbb{R},\mathfrak{I})$에서 열린닫힌집합이다.

(3) $(\mathbb{R},\mathfrak{I})$는 제1가산공간이다.

(4) $(\mathbb{R},\mathfrak{I})$는 제2가산공간이 아니다.

5. 문제 1(5)의 $\mathscr{B}$에 의해 생성된 위상공간은 린델뢰프공간인가? 제2가산공간인가? 참, 거짓을 정하고 이유를 밝혀라.

6. $\mathfrak{I}=\{U\subset\mathbb{R}\mid 0\not\in U\}\cup\{U\subset\mathbb{R}\mid\mathbb{R}-\{1,2\}\subset U\}$를 위상으로 가지는 위상공간 $(\mathbb{R},\mathfrak{I})$은 제1가산공간이고 린델뢰프공간이나 제2가산공간이 아님을 밝혀라.

7. $\mathfrak{I}_1,\mathfrak{I}_2$는 X위의 위상이다 그러면 $\mathfrak{I}_1\cup\mathfrak{I}_2$는 기저자격을 가지는가의 여부에 대해 설명하라.

5장

집합연산자: 도집합, 폐포, 내부, 외부, 경계

이 장에서는 위상구조를 특성짓는 기능을 가진 집합연산자들을 다룬다. 위상공간에서 부분집합이 주어지면 이 연산자들에 의해 새로운 집합이 구성된다. 이 장에서 다루는 연산자들이 가지는 성질과 그 성질의 적용은 위상수학을 학습하는 데 있어서 꼭 숙지하고 있어야 할 것들이다.

5.1 도집합과 폐포

실직선 $\mathbb{R}$에서 0가까이에 $\left\{\frac{1}{n} \mid n\in\mathbb{N}\right\}$의 원소들이 마치 집성촌처럼 촘촘하게 모여 있다고 할 수 있다. 어떠한 0의 근방을 잡더라도 이 근방에 A의 원소가 많이 들어 있기 때문이다. 이러한 상황을 위상공간에서 원소와 부분집합 간의 근접성을 다루는 개념으로 공식화한다.

| 정의 5.1 |

$(X,\mathfrak{I})$를 위상공간, A를 X의 부분집합이라 하자.

(1) $p\in X$의 모든 열린 근방 U가 p와는 다른 A의 점을 가지고 있을 때 p을 A의 **집적점**(accumulation point) 혹은 **극한점**(limit point)이라 한다. A의 집적점을 모두 모은 집합을 A의 **도집합** 혹은 **유도집합**(derived set)이라 하고 A' 혹은 위상공간을 구체화하여 A'_X로 나타내기도 한다.

(2) $p\in X$의 모든 열린 근방 U가 A의 점을 가지고 있을 때 p를 A의 **폐포점**(closure point) 혹은 **밀착점**(adherent point)이라 하고 p는 A에 임의로 **근접한다**(**밀착한다**, arbitrarily close)고도 한다. A의 폐포점을 모두 모은 집합을 A의 **폐포**(closure)이라 하고 $\overline{A}$ 혹은 $\mathrm{cl}(A)$로 나타낸다. 위상공간을 구체화하여 $\mathrm{cl}_X(A)$로도 나타낸다.

(3) $p\in A$이고 p의 열린 근방 $U\in\mathfrak{I}$가 존재하여 $U\cap A=\{p\}$를 만족시킬 때, 즉 $p\in A-A'$일 때 p를 A의 **고립점**(isolated point)이라 한다. A의 모든 고립점들의 집합은 $A-A'$이다.

▸ 위 정의에서 열린 근방을 대체하여 근방을 사용하여도 동치인 개념이 얻어진다.

| 기본성질 5.2 |

위상공간 $(X,\mathfrak{I})$에서 부분집합 A와 $p\in X$에 대하여

(1) ① $p \notin A' \Leftrightarrow \exists\, p$의 열린 근방 U $s.t.$ $A\cap(U-\{p\}) = \varnothing$

② $p \notin \overline{A} \Leftrightarrow \exists\, p$의 열린 근방 U $s.t.$ $A\cap U = \varnothing$

(2) $\mathscr{B}_p$를 p의 국소기저라 하자.

① $p\in A' \Leftrightarrow \forall B \in \mathscr{B}_p,\ A\cap(B-\{p\}) \neq \varnothing$

② $p\in \overline{A} \Leftrightarrow \forall B \in \mathscr{B}_p,\ A\cap B \neq \varnothing$

(3) $\{p\}\in\mathfrak{I}$(즉, p가 X의 고립점) 혹은 p가 A의 고립점 $\Rightarrow$ $p \notin A'$

(4) $\overline{A} = A\cup A'$

증명 (1) 정의의 대우를 적은 것이다.

(2) ① $(\Rightarrow)$ $B\in\mathscr{B}_p$이면 B는 p의 열린 근방이다. 정의에 의해 $A\cap(B-\{p\}) \neq \varnothing$.

$(\Leftarrow)$ p의 임의의 열린 근방 U에 대하여 국소기저의 정의에 의해 $p\in B\subset U$가 되는 $B\in\mathscr{B}_p$가 존재한다. 가정에 의해, $A\cap(U-\{p\}) \supset A\cap(B-\{p\}) \neq \varnothing$ 이다. 그러므로 $p\in A'$이다.

② ①과 같은 방법으로 보이면 된다.

(3) $\{p\}\in\mathfrak{I}$이면 $\{\{p\}\}$는 p의 국소기저이다. (2) 및 정의로부터 얻어진다.

(4) $(\subset)$ $p\in\overline{A}$ 이고 $p\notin A$일 때 p의 임의의 열린 근방 U에 대해 $A\cap(U-\{p\}) = A\cap U \neq \varnothing$ 이므로 $p\in A'$이다.

$(\supset)$ $p\in A\cup A'$이면 p의 임의의 열린 근방 U에 대하여 $p\in A$이면 $A\cap U \neq \varnothing$ 이고 $p\in A'$이더라도 $A\cap U \neq \varnothing$ 이다. 따라서 $p\in\overline{A}$이다. ■

예제 5.3

보통위상공간 $(\mathbb{R},\mathcal{U})$에서 다음 $A\subset\mathbb{R}$의 도집합과 폐포를 구해보자.

(1) $A=(0,1]$에 대해 $A'=[0,1]$이고 $\overline{A}=[0,1]$이다.

(2) $A=\left\{\frac{1}{n} \mid n\in\mathbb{N}\right\}$에 대해 $A'=\{0\}$이며 $\overline{A}=A\cup\{0\}$이다.

(3) $\mathbb{Q}'=\mathbb{R}$이고 $(\mathbb{R}-\mathbb{Q})'=\mathbb{R}$이고 $\overline{\mathbb{Q}}=\mathbb{R}$, $\overline{\mathbb{R}-\mathbb{Q}}=\mathbb{R}$이다.

(4) $A=\left\{\frac{1}{2^n}, 1-\frac{1}{2^{n+1}} \mid n\in\mathbb{N}\right\}$의 도집합 $A'=\{0,1\}$이고 $\overline{A}=A\cup\{0,1\}$이다.

(5) $A(\neq \varnothing) \subset \mathbb{R}$는 유계이면 하한(inf($A$))과 상한(sup($A$))이 존재하고 $\inf(A) \in \overline{A}$이고 $\sup(A) \in \overline{A}$이다

풀이 $\{(a,b) | a, b \in \mathbb{R}, a < p < b\}$와 $\{(p-\epsilon, p+\epsilon) | \epsilon > 0\}$가 p의 국소기저인 것과 [기본성질 5.2]를 활용하면 간편하다.

(1) (i) $a > 1$: $U = (1, \infty) \in \mathcal{U}$를 잡으면 $A \cap U = \varnothing$이므로 $a \notin \overline{A}$이고 $a \notin A'$,

(ii) $a \in [0,1]$: 임의의 $\epsilon > 0$에 대해 $A \cap ((a-\epsilon, a+\epsilon) - \{a\}) \neq \varnothing$이므로 $a \in A'$,

(iii) $a < 0$: $U = (-\infty, 0) \in \mathcal{U}$를 잡으면 $A \cap U = \varnothing$이므로 $a \notin \overline{A}$이고 $a \notin A'$이다.

(2) -1의 경우: $U = (-2, 0) \in \mathcal{U}$이고 $A \cap (U - \{-1\}) = \varnothing$이므로 $-1 \notin A'$이다.

$\frac{1}{5}$의 경우: $U = (\frac{1}{6}, \frac{1}{4}) \in \mathcal{U}$이고 $A \cap (U - \left\{\frac{1}{5}\right\}) = \varnothing$이므로 $\frac{1}{5} \notin A'$이다.

0의 경우: 임의의 $\epsilon > 0$에 대하여 $A \cap ((-\epsilon, \epsilon) - \{0\}) \neq \varnothing$이므로 $0 \in A'$이다. 일반적 $a(\neq 0) \in \mathbb{R}$에 대해 경우를 나누어 $a \notin A'$임을 밝히면 된다.

(3) 임의의 점 $a \in \mathbb{R}$에 대하여 a를 포함하는 개구간에는 유리수의 조밀성과 무리수의 조밀성에 의해 무수히 많은 유리수도 있고 무리수도 있기 때문이다.

(4), (5) 문제로 남긴다. ■

예제 5.4

$X = \{a, b, c, d, e\}$가 위상 $\mathfrak{I} = \{X, \varnothing, \{a\}, \{c,d\}, \{a,c,d\}, \{b,c,d,e\}\}$를 가진다. 그러면 $A = \{a,b,c\}$의 집적점에는 b, d, e가 있고 a, c는 A의 집적점이 아님을 정의에 따라 살펴보자.

풀이

점(p)	p의 열린 근방들 U_p	$A \cap (U_p - \{p\}) = \varnothing$인 U_p의 존재여부	$p \in A'$인가? 즉, A의 집적점인가?
a	$\{a\}, \{a,c,d\}, X$	존재 (예: $\{a\}$)	$a \notin A'$ (X의 고립점)
b	$\{b,c,d,e\}, X$	존재 안함	$b \in A'$
c	$\{c,d\}, \{a,c,d\}, \{b,c,d,e\}, X$	존재 (예: $\{c,d\}$)	$c \notin A'$(A의 고립점)
d	$\{c,d\}, \{a,c,d\}, \{b,c,d,e\}, X$	존재 안함	$d \in A'$
e	$\{b,c,d,e\}, X$	존재 안함	$e \in A'$

A의 집적점에는 b, d, e가 있고 a, c는 A의 집적점이 아님을 각 점에서의 국소기저를 적용하여 알아보자.

점(p)	p의 국소기저 $\mathscr{B}_p$	$A\cap(B-\{p\})=\varnothing$ 인 $B\in\mathscr{B}_p$의 존재여부	$p\in A'$인가? 즉, A의 집적점인가?
a	$\{\{a\}\}$	존재	$a\notin A'$ (집적점 아님)
b	$\{\{b,c,d,e\}\}$	존재 안함	$b\in A'$
c	$\{\{c,d\}\}$	존재	$c\notin A'$
d	$\{\{c,d\}\}$	존재 안함	$d\in A'$
e	$\{\{b,c,d,e\}\}$	존재 안함	$e\in A'$

■

▸ p의 열린 근방들이 유한개 있으면 이들을 모두 교집합한 집합이 p의 국소기저를 만든다.

예제 5.5

위상공간 $(X,\mathfrak{I})$에 대해 $\{p\}\in\mathfrak{I}$이고 $A\subset X$라 하자. 그러면 p는 X의 고립점으로 $\{\{p\}\}$가 p의 국소기저이다. 따라서 $p\notin A'$ 이다. 그러므로 $\mathfrak{I}=\mathcal{D}$(이산위상)이면 $\{x\}\in\mathfrak{I}$로 $A'=\varnothing$ 이다.

▌정리 5.6▐

위상공간 X의 부분집합 A에 대하여
(1) A가 닫힌집합일 필요충분조건은 $A'\subset A$인 것이다.
(2) A가 닫힌집합일 필요충분조건은 $\overline{A}=A$인 것이다.

증명 (1) ($\Rightarrow$) A를 닫힌집합이라 하고 $p\in X-A$라 하자. 그러면 $X-A$는 p의 열린 근방이고 $A\cap(X-A)=\varnothing$ 이다. [기본성질 5.2]에 의하여 $p\notin A'$이다. 그러므로 $A'\subset A$ 이다.

($\Leftarrow$) $A'\subset A$이라고 가정하자. 각 $q\in X-A$에 대하여 $q\notin A'$이다. 따라서 q의 적당한 열린 근방 U_q가 존재하여 $U_q\cap A=\varnothing$ 이고 $U_q\subset X-A$이다. 그러므로 $X-A$는 열린집합이고 A는 닫힌집합이다.

(2) $\overline{A}=A\cup A'$ 및 (1)로부터 얻어진다. ■

예제 5.7

보통 위상공간 $(\mathbb{R},\mathcal{U})$에서

(1) $(a,b]$ $(a<b)$는 닫힌집합이 아니다. 왜냐하면 a는 $(a,b]$의 집적점이고 $a \notin (a,b]$ 이기 때문이다.

(2) $A=\left\{\frac{1}{n} \mid n\in\mathbb{N}\right\}\cup\{0\}$는 닫힌집합이다. 왜냐하면 $A'=\{0\}\subset A$이기 때문이다.

(3) 유리수집합 $\mathbb{Q}$와 무리수집합 $\mathbb{R}-\mathbb{Q}$는 닫힌집합도 아니고, 열린집합도 아니다. 왜냐하면 $\mathbb{Q}'=\mathbb{R}\not\subset\mathbb{Q}$이고 $(\mathbb{R}-\mathbb{Q})'=\mathbb{R}\not\subset\mathbb{Q}$이기 때문이다.

| 기본성질 5.8 |

X를 위상공간이라 하고 $A\subset X$라 하자.

(1) $\overline{A}$는 A을 포함하는 모든 닫힌집합들의 교집합이다.

(2) $\overline{A}$는 A을 포함하는 가장 작은 닫힌집합이다.

(3) A가 닫힌집합 $\Leftrightarrow$ $\overline{A}=A$ $\Leftrightarrow$ $A'\subset A$.

증명 (1) "A을 포함하는 모든 닫힌집합들의 교집합"을 K라 두자. 즉,

$$K=\bigcap\{F\subset X \mid F: \text{닫힌 집합}, A\subset F\}.$$

(i) $\overline{A}$는 닫힌집합이다.

$X-\overline{A}$가 열린집합임을 밝히자. $p\in X-\overline{A}$라 하자. 그러면 $p\notin\overline{A}$이어서 $A\cap U=\varnothing$이 되는 p의 열린 근방 U가 존재한다. 임의의 $x\in U$에 대해 U는 x의 열린 근방이다. $U\cap A=\varnothing$이므로 $x\notin\overline{A}$이다. 따라서 $p\in U\subset X-\overline{A}$. 그러므로 $X-\overline{A}$는 열린집합이다.

(ii) $K\subset\overline{A}$이다. 왜냐하면 $\overline{A}$는 A을 포함하는 닫힌집합이기 때문이다.

(iii) $\overline{A}\subset K$ 이다.

F를 A을 포함하는 임의의 닫힌집합이라 하고 $p\notin F$라 하자. 그러면 $X-F$는 p의 열린 근방이고 $A\cap(X-F)=\varnothing$이다. 그러므로 $p\notin\overline{A}$이다. 따라서 $\overline{A}\subset F$이다. F가 임의이기 때문에 $\overline{A}\subset K$이다.

(2) F를 A을 포함하는 닫힌집합이라 하자. (1)을 적용하면 $\overline{A}$는 닫힌집합이고 $\overline{A}=K\subset F$이다. 그러므로 $\overline{A}$는 A을 포함하는 가장 작은 닫힌집합이다.

(3) 위의 (1)과 (2)로부터 (혹은 [정리 5.6]으로부터) 입증된다. ■

예제 5.9

$X=\{a,b,c,d,e\}$이고 위상이 $\mathfrak{I}=\{X,\varnothing,\{a\},\{c\},\{a,c\},\{c,d\},\{a,c,d\},\{b,c,d,e\}\}$일 때 닫힌집합들에는 $\varnothing, X, \{b,c,d,e\}, \{a,b,d,e\}, \{b,d,e\}, \{a,b,e\}, \{b,e\}, \{a\}$가 있다. 그러므로 $\{b\}$를 포함하는 가장 작은 닫힌집합은 $\{b,e\}$로 $\overline{\{b\}}=\{b,e\}$이다. 같은 방법으로 $\overline{\{a,c\}}=X$, $\overline{\{b,c\}}=\{b,c,d,e\}$이다.

▌정리 5.10▌

위상공간 $(X,\mathfrak{I})$와 $A,B\subset X$에 대하여

(1) $A\subset B$이면 $A'\subset B'$

(2) $(A\cup B)'=A'\cup B'$

(3) $(A\cap B)'\subset A'\cap B'$

증명 (1) 정의에 의해 명확하다.

(2) ($\supset$) (1)로부터 바로 얻어진다. ($\subset$) $p\notin A'\cup B'$이라 하자. 그러면 $p\notin A'$이고 $p\notin B'$이다. $p\notin A'$이므로 $A\cap(U-\{p\})=\varnothing$인 p의 열린 근방 U가 존재한다. 또한 $p\notin B'$이므로, $B\cap(V-\{p\})=\varnothing$인 p의 열린 근방 V가 존재한다. $W=U\cap V$는 p의 열린 근방이고

$$(A\cup B)\cap(W-\{p\})=[A\cap(W-\{p\})]\cup[(B\cap(W-\{p\})]=\varnothing$$

이다. 따라서 $p\notin(A\cup B)'$이다.

(3) (1)로부터 얻어진다. 여기서 $(A\cap B)'\neq A'\cap B'$일 수 있다. 그 사례로 $(\mathbb{R},\mathcal{U})$에서 $A=\mathbb{Q}$, $B=\mathbb{R}-\mathbb{Q}$라 하면, $A'=\mathbb{R}$, $B'=\mathbb{R}$, $(A\cap B)'=\varnothing'=\varnothing$이다. ■

▌정리 5.11▌

위상공간 $(X,\mathfrak{I})$와 $A,B\subset X$에 대하여

(1) $A\subset B$이면 $\overline{A}\subset\overline{B}$

(2) $\overline{A\cup B}=\overline{A}\cup\overline{B}$

(3) $\overline{A\cap B}\subset\overline{A}\cap\overline{B}$

증명 문제로 남긴다. ([정리 5.10]의 증명과 유사하게) ■

예제 5.12

위상공간 $(X,\mathfrak{I})$과 $A_\alpha \subset X\ (\alpha \in \Lambda)$에 대하여 $\bigcup_{\alpha \in \Lambda} \overline{A_\alpha} \subset \overline{\bigcup_{\alpha \in \Lambda} A_\alpha}$이다. 여기서 '='가 성립하지 않는 사례로 보통위상공간에서

$$\bigcup_{q \in \mathbb{Q}} \overline{\{q\}} = \bigcup_{q \in \mathbb{Q}} \{q\} = \mathbb{Q},\quad \overline{\bigcup_{q \in \mathbb{Q}} \{q\}} = \overline{\mathbb{Q}} = \mathbb{R}$$

를 들 수 있다.

예제 5.13

보통위상공간 $(\mathbb{R},\mathcal{U})$, 여유한위상공간 $(\mathbb{R},\mathfrak{I}_{cf})$, 여가산위상공간 $(\mathbb{R},\mathfrak{I}_{cc})$, 하한위상공간 $(\mathbb{R},\mathfrak{I}_l)$에 대하여 다음 집합의 도집합을 구해보자.

$$A=(0,1]\cup(3,5),\ B=\left\{\frac{1}{n} \mid n \in \mathbb{N}\right\},\ C=\left\{\frac{1}{2^n}, 1-\frac{1}{2^{n+1}} \mid n \in \mathbb{N}\right\},\ \mathbb{Q}\text{는 유리수집합}$$

풀이

	$(\mathbb{R},\mathcal{U})$	$(\mathbb{R},\mathfrak{I}_{cf})$	$(\mathbb{R},\mathfrak{I}_{cc})$	$(\mathbb{R},\mathfrak{I}_l)$
A'	$[0,1]\cup[3,5]$	$\mathbb{R}$	$\mathbb{R}$	$[0,1)\cup[3,5)$
B'	$\{0\}$	$\mathbb{R}$	$\varnothing$	$\{0\}$
C'	$\{0,1\}$	$\mathbb{R}$	$\varnothing$	$\{0\}$
$\mathbb{Q}'$	$\mathbb{R}$	$\mathbb{R}$	$\varnothing$	$\mathbb{R}$

■

정의 5.14

(1) 위상공간 $(X,\mathfrak{I})$에서 $\overline{A}=X$를 만족하는 X의 부분집합 A를 **조밀부분집합**(dense subset)이라 하고 A는 X에서 **조밀하다**(dense)고도 한다.

(2) 위상공간 $(X,\mathfrak{I})$가 가산인 조밀부분집합을 가질 때 이 위상공간을 **가분** 혹은 **분리가능 공간**(separable 공간)이라 한다.

예제 5.15

(1) $(\mathbb{R},\mathcal{U})$에서 유리수집합과 무리수집합은 조밀한 부분집합이다. 특히 부분집합 $\mathbb{Q}$가 가산조밀부분집합이므로 $(\mathbb{R},\mathcal{U})$는 분리가능공간이다

(2) [예제 5.9]에서 $\overline{\{a,c\}}=X$로 $\{a,c\}$는 X에서 조밀하고 X도 X에서 조밀하다. X는 가분공간이다. X가 유한집합이면 위상공간 X는 가분공간이다.

(3) X를 이산공간이라 하자. 그러면 X가 가분공간이기 위한 필요충분조건은 X가 가산집합인 것이다. 왜냐하면 X의 모든 부분집합이 닫힌집합으로 폐포가 자기 자신과 같기 때문이다.

(4) 여유한공간 $(\mathbb{R},\mathfrak{I}_{cf})$에서 $\overline{\mathbb{N}}=\mathbb{R}$이므로 $(\mathbb{R},\mathfrak{I}_{cf})$는 가분공간이나 여가산공간 $(\mathbb{R},\mathfrak{I}_{cc})$에선 모든 가산집합의 폐포가 자기자신이므로 $(\mathbb{R},\mathfrak{I}_{cc})$는 분리가능공간이 아니다.

| 정리 5.16 |

위상공간 $(X,\mathfrak{I})$가 제2가산공간이면 $(X,\mathfrak{I})$은 분리가능(가분)공간이다.

증명 $(X,\mathfrak{I})$를 제2가산공간이라 하고서 $\mathscr{B}=\{B_n \mid n\in\mathbb{N}\}$를 가산기저로 가진다고 하자. 각 $n\in\mathbb{N}$에 대하여 $a_n\in B_n$인 a_n를 하나씩 택하고 $A=\{a_n|n\in\mathbb{N}\}$이라 두자. $X\subset\overline{A}$만 밝히면 $(X,\mathfrak{I})$는 분리가능공간이 된다. $x\in X$라 하고 U를 x의 임의의 열린 근방이라 하면, $\mathscr{B}$가 기저이므로 $x\in B_n\subset U$인 $B_n\in\mathscr{B}$가 존재한다. 그러면 $a_n\in B_n\cap A\subset U\cap A$가 되어 $A\cap U\neq\varnothing$이다. 따라서 $x\in\overline{A}$이다. 그러므로 $X\subset\overline{A}$이다. ■

5.2 내부, 외부 및 경계

내부, 외부 및 경계는 일상적으로 흔하게 사용되는 용어이다. 이 용어는 위치와 형상을 다루는 위상수학에서 주요 용어로 자리 잡고 있다. 아래의 평면도형에서 보듯이 내부, 외부, 경계에 대한 개념이 일상용어로서의 의미와도 상통한다.

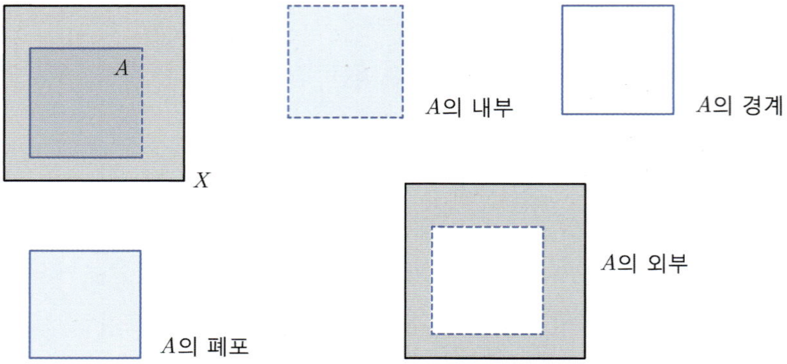

[그림] A의 내부, 외부, 경계 및 폐포

이들 용어들은 열린집합이나 열린 근방으로 정의되며 평면에서의 통상적이고 직관적인 관점을 확장하여 일반위상공간에서의 개념들로 공식화한다.

❙ 정의 5.17 ❙

$(X, \mathfrak{I})$를 위상공간, A를 X의 부분집합이라 하자.

(1) A에 포함된 p의 열린 근방이 존재할 때 $p \in A$을 A의 **내점** 혹은 **내부점**(interior point)이라 하고, A의 모든 내점들의 집합을 A의 **내부**(interior)라 하고 $\mathrm{int}(A)$ 혹은 A°로 나타낸다. 위상공간을 구체화하여 $\mathrm{int}_X(A)$로 나타내기도 한다.

(2) A와 서로소인 p의 열린 근방이 존재할 때 즉, $X-A$에 포함된 p의 열린 근방이 존재할 때, $p \in X-A$를 A의 **외점**(exterior point)이라 하고, A의 모든 외점들의 집합을 A의 **외부**(exterior)라 하고 $\mathrm{ext}(A)$로 나타낸다.

(3) $p \in X$가 A의 내점도 아니고 외점도 아닐 때 p를 A의 **경계점**(boundary point)이라 하고, A의 모든 경계점들의 집합을 A의 **경계**(boundary)라 하고 $b(A)$ 혹은 ∂A로 나타낸다.

❙ 기본성질 5.18 ❙

$(X, \mathfrak{I})$를 위상공간, A를 X의 부분집합이라 하자.

(1) A가 p의 근방 $\Leftrightarrow$ $p \in \mathrm{int}(A) \subset A$

(2) A가 열린집합 $\Leftrightarrow$ $\mathrm{int}(A) = A$

(3) $\mathrm{int}(A)$는 A에 포함되는 모든 열린집합들의 합집합으로 A에 포함된 가장 큰 열린집합이다.

(4) $X = \mathrm{int}(A) \sqcup \mathrm{ext}(A) \sqcup b(A)$ (분리합집합(pairwise disjoint union))

$\overline{A} = \mathrm{int}(A) \sqcup b(A) = A \cup b(A)$

(5) $b(A) = \overline{A} \cap \overline{X - A}$

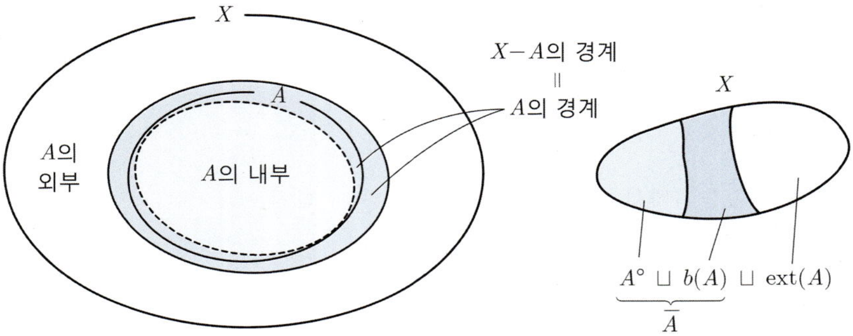

〈집합연산자 간의 관계 표상〉

예제 5.19

위상공간 $(X, \mathfrak{J})$와 부분집합 A에 대하여 다음이 성립한다.

(1) $\mathrm{ext}(A) = X - \overline{A}$, $\overline{A} = X - \mathrm{ext}(A)$, $\overline{A^c} = X - \mathrm{int}(A)$

(2) $b(A) = \overline{A} - A^{\circ} = \overline{A} \cap \overline{X - A} = b(X - A)$

(3) $A \in \mathfrak{J} \Leftrightarrow b(A) \cap A = \varnothing$

(4) A가 열린-닫힌집합 $\Leftrightarrow b(A) = \varnothing$

(5) $\mathrm{int}(A) = X - \overline{(X - \overline{A})}$

풀이 (1)~(4)가 성립함은 위의 그림으로 설명될 수 있다.

(5) $X - \overline{(X - \overline{A})} = X - \overline{\mathrm{ext}(A)} = X - [\mathrm{ext}(A) \cup b(X - A)]$

$= X - [\mathrm{ext}(A) \cup b(A)] = \mathrm{int}(A)$ ■

예제 5.20

$X = \{a, b, c, d, e\}$ 이고 위상이 $\mathfrak{J} = \{X, \varnothing, \{a\}, \{c\}, \{a,c\}, \{c,d\}, \{a,c,d\}, \{b,c,d,e\}\}$ 일

때 $\{a,b,e\}$의 내부는 $\{a\}$, 외부는 $\{c,d\}$이다. 경계는 $\{b,e\}$이다. $\{b\}$의 내부는 $\varnothing$, 외부는 $\{a,c,d\}$, 경계는 $\{b,e\}$이다. $\{b\}'=\{b,e\}$이다.

▸ $\overline{A}=A\cup A'=A\cup b(A)$라고 해서 $A'=b(A)$라고 단정해선 안된다.

예제 5.21

(1) 보통위상공간 $(\mathbb{R},\mathcal{U})$에서 $A=(0,1]\subset\mathbb{R}$과 $\mathbb{Q}$ 및 $\mathbb{Z}$에 대해

① $\text{int}(A)=(0,1)$, $\text{ext}(A)=(-\infty,0)\cup(1,\infty)$, $b(A)=\{0,1\}$, $A'=\{0,1\}$

② $\text{int}(\mathbb{Q})=\varnothing$, $\text{ext}(\mathbb{Q})=\varnothing$, $b(\mathbb{Q})=\mathbb{R}$, $\mathbb{Q}'=\mathbb{R}$,

③ $\text{int}(\mathbb{Z})=\varnothing$, $\text{ext}(\mathbb{Z})=\mathbb{R}-\mathbb{Z}$, $b(\mathbb{Z})=b(\mathbb{R}-\mathbb{Z})=\mathbb{Z}$, $\mathbb{Z}'=\varnothing$

(2) 여가산공간 $(\mathbb{R},\mathfrak{I}_{cc})$에서 $A=(0,1]\subset\mathbb{R}$ 및 $\mathbb{Q}$에 대해

① $\text{int}(A)=\varnothing$, $\text{ext}(A)=\varnothing$, $b(A)=\mathbb{R}$

② $\text{int}(\mathbb{Q})=\varnothing$, $\text{ext}(\mathbb{Q})=\mathbb{R}-\mathbb{Q}$, $b(\mathbb{Q})=\mathbb{Q}$

예제 5.22

함수 $f:\mathbb{R}\to\mathbb{R}$를 $f(x)=|x|$로 정의한다. $\mathbb{R}$위의 하한위상 $\mathfrak{I}_l$과 여유한위상 $\mathfrak{I}_{cf}$에 대하여 정의역 $\mathbb{R}$위의 위상을 다음과 같이 정의한다.

$$\mathfrak{I}_1=\left\{f^{-1}(G)\mid G\in\mathfrak{I}_l\right\},\ \mathfrak{I}_2=\left\{f^{-1}(H)\mid H\in\mathfrak{I}_{cf}\right\}$$

위상공간 $(\mathbb{R},\mathfrak{I}_l)$, $(\mathbb{R},\mathfrak{I}_{cf})$, $(\mathbb{R},\mathfrak{I}_1)$, $(\mathbb{R},\mathfrak{I}_2)$에서 집합 $A=(-3,2)$의 내부, 외부, 경계를 구하라.

풀이

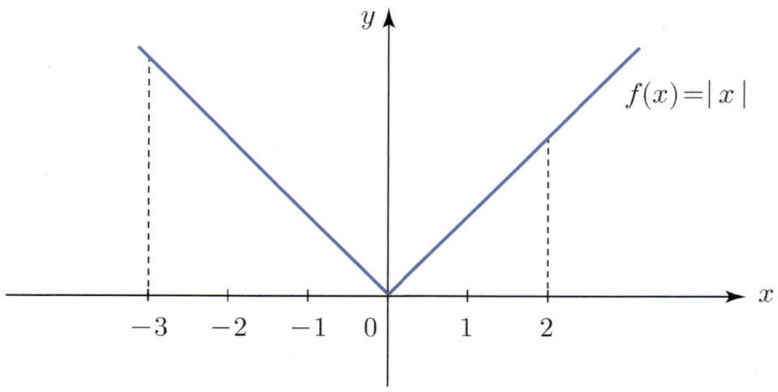

$$f^{-1}((-3,2)) = [-2,2),\ f^{-1}((-\infty,-3) \cup [2,\infty)) = (-\infty,-3) \cup [2,\infty),$$
$$f^{-1}(\mathbb{R} - \{-3,-2,-1,0,1,2\}) = (-\infty,\ -3) \cup [2,\infty),\ f^{-1}((-2,2)) = (-2,2).$$

$V \cap \{n \in \mathbb{Z} \mid |n| > 5\} = \varnothing$ 이 되는 $V \in \mathfrak{I}_{cf}$는 없다.

A	$(\mathbb{R},\mathfrak{I}_l)$	$(\mathbb{R},\mathfrak{I}_{cf})$	$(\mathbb{R},\mathfrak{I}_1)$	$(\mathbb{R},\mathfrak{I}_2)$
내부	$(-3,2)$	$\varnothing$	$(-2,2)$	$\varnothing$
외부	$(-\infty,-3) \cup [2,\infty)$	$\varnothing$	$(-\infty,-3] \cup [3,\infty)$	$\varnothing$
경계	$\{-3\}$	$\mathbb{R}$	$(-3,-2] \cup [2,3)$	$\mathbb{R}$

■

다음의 정리는 집합연산과 관련한 내부, 외부, 경계가 가지는 성질들을 보여준다.

▌정리 5.23▌

위상공간 $(X,\mathfrak{I})$와 부분집합 A, B에 대하여

(1) $A \subset B \Rightarrow \operatorname{int}(A) \subset \operatorname{int}(B),\ \operatorname{ext}(A) \supset \operatorname{ext}(B),\ b(A) \subset B \cup b(B)$

(2) $\operatorname{int}(A \cap B) = \operatorname{int}(A) \cap \operatorname{int}(B)$

(3) $\operatorname{int}(A \cup B) \supset \operatorname{int}(A) \cup \operatorname{int}(B)$

(4) $\operatorname{ext}(A \cup B) = \operatorname{ext}(A) \cap \operatorname{ext}(B)$

(5) $\operatorname{ext}(A \cap B) \supset \operatorname{ext}(A) \cup \operatorname{ext}(B)$

(6) $b(A \cup B) \subset b(A) \cup b(B)$

(7) $b(A \cap B) \subset b(A) \cap b(B)$

증명 문제로 남긴다. ■

예제 5.24

위상공간 $(X,\mathfrak{I})$과 $A_\alpha \subset X\ (\alpha \in \Lambda)$에 대하여 $(\bigcap_{\alpha \in \Lambda} A_\alpha)^\circ \subset \bigcap_{\alpha \in \Lambda} A_\alpha^\circ$ 이다 여기서 '='이 성립하지 않는 사례로 보통위상공간에서

$$\bigcap_{q \in \mathbb{Q}} (\mathbb{R} - \{q\})^\circ = \mathbb{R} - \mathbb{Q},\quad \left(\bigcap_{q \in \mathbb{Q}} (\mathbb{R} - \{q\})\right)^\circ = (\mathbb{R} - \mathbb{Q})^\circ = \varnothing$$

를 들 수 있다.

5.3 집합연산자와 위상의 구성

폐포, 내부, 도집합, 경계의 연산자는 위상의 구조를 특성화한다. X를 공집합이 아닌 집합이라 하자. 상세한 증명은 생략하고 위상구성의 관점에서 집합연산자가 갖는 의미를 소개한다.

1. (폐포가 가지는 성질을 공리로 사용) $\kappa : \wp(X) \to \wp(X)$가 다음을 만족한다고 가정하자. $A, B \subset X$에 대하여

(1) $\kappa(\varnothing) = \varnothing$ (2) $A \subset \kappa(A)$

(3) $\kappa(\kappa(A)) = A$ (4) $\kappa(A \cup B) = \kappa(A) \cup \kappa(B)$

그러면 $\mathrm{cl}_{\mathfrak{I}}(A) = \kappa(A)$를 만족하는 X위의 위상 $\mathfrak{I}$가 유일하게 존재한다. 이 연산자 κ를 Kuratowski **폐포연산자**라 한다. 이 위상은

$$\mathfrak{I} = \{ U \subset X \mid \kappa(X - U) = X - U \} = \{ X - \kappa(A) \mid A \subset X \}$$

로 주어진다.

2. (내부가 가지는 성질을 공리로 사용) $\iota : \wp(X) \to \wp(X)$가 다음을 만족한다고 가정하자. $A, B \subset X$에 대하여

(1) $\iota(X) = X$ (2) $\iota(A) \subset A$

(3) $\iota(\iota(A)) = A$ (4) $\iota(A \cap B) = \iota(A) \cap \iota(B)$

그러면 $\mathrm{int}_{\mathfrak{I}}(A) = \iota(A)$를 만족하는 X위의 위상이 유일하게 존재한다. 이 연산자 ι를 **내부연산자**(interior operator)라 한다. 이 위상은

$$\mathfrak{I} = \{ U \subset X \mid \iota(U) = U \} = \{ \iota(A) \mid A \subset X \}$$

로 주어진다.

3. (도집합이 가지는 성질을 공리로 사용) $\delta : \wp(X) \to \wp(X)$가 다음을 만족한다고 가정하자. $A, B \subset X$에 대하여

(1) $\delta(\varnothing) = \varnothing$ (2) $\delta(A \cup B) = \delta(A) \cup \delta(B)$

(3) $x \in \delta(A) \Rightarrow x \in \delta(A - \{ x \})\}$ (4) $\delta(\delta(A)) \subset A \cup \delta(A)$

그러면 $A' = \delta(A)$를 만족하는 X위의 위상이 유일하게 존재한다. 이 위상은

$$\mathfrak{I} = \{ U \subset X \mid \delta(X - U) \subset X - U \}$$

로 주어진다.

4. (경계가 가지는 성질을 공리로 사용) $\partial : \wp(X) \to \wp(X)$가 다음을 만족한다고 가정하자. $A, B \subset X$에 대하여

(1) $\partial(X) = \varnothing$ (2) $\partial(A) = \partial(X - A)$

(3) $\partial(A \cup B) \subset \partial(A) \cup \partial(B)$ (4) $A \subset B \Rightarrow \partial(A) \subset B \cup \partial(B)$

그러면 $b_{\mathfrak{I}}(A) = \partial(A)$를 만족하는 X위의 위상이 유일하게 존재한다. 이 위상은

$$\mathfrak{I} = \{ U \subset X \mid \partial(U) \cap U = \varnothing \}$$

로 주어진다.

5장 연습문제

1. $X = \{a, b, c, d, e\}$ 위의 위상
   $\mathfrak{I} = \{X, \varnothing, \{a\}, \{a, b\}, \{a, c, d\}, \{a, b, c, d\}, \{a, b, e\}\}$ 에서
   (1) 집합 $\{a\}, \{b\}$ 와 $\{c, e\}$ 의 폐포 및 경계를 구하라.
   (2) 조밀한 부분집합을 모두 구하라.
   (3) $A = \{a, c, e\}$ 의 고립점을 구하라.

2. 여유한공간 X 에서 임의의 $A \subset X$ 에 대하여 $A' = \begin{cases} \varnothing & (A\text{가 유한집합}) \\ X & (A\text{가 무한집합}) \end{cases}$ 임을 밝혀라.

3. 각 $n \in \mathbb{N}$ 에 대해 $E_n = \{k \in \mathbb{N} \mid k \geq n\}$ 이라 하고 $\mathfrak{I} = \{E_n \mid n \in \mathbb{N}\} \cup \{\varnothing\}$ 를 $\mathbb{N}$ 위의 위상이라 하자.
   (1) 7을 포함하는 열린집합의 수는?
   (2) $A = \{3, 5, 9, 35\}$ 의 도집합과 경계를 구하라.
   (3) 조밀한 부분집합을 3개 이상 들어 보라.
   (4) $\mathbb{N}$ 위의 여유한위상과 섬세성을 비교해 보라.

4. 실수 전체의 집합 $\mathbb{R}$ 의 임의의 부분집합 A 에 대하여 κ 가

$$\kappa(A) = \begin{cases} A & (A\text{는 가산집합}) \\ \mathbb{R} & (A\text{는 비가산집합}) \end{cases}$$

   로 주어진다.[1]
   (1) κ 가 폐포연산자임을 밝혀라(5.3절). κ 가 만든 위상을 $\mathfrak{I}$ 라 하자.
   (2) $(X, \mathfrak{I})$ 에서 $\text{int}(\mathbb{Z})$, $\text{int}([0,1])$, $b(\mathbb{R} - \mathbb{Z})$ 를 구하라.
   (3) $(X, \mathfrak{I})$ 에서 $A = \mathbb{R} - \mathbb{Q}$ 일 때 A 의 유도집합, 내부, 경계를 구하라.

5. 자연수 전체의 집합을 $\mathbb{N}$ 이라 하자. 집합 $X = \{n \in \mathbb{N} \mid n \geq 2\}$ 의 각 원소 n 에 대하여 $B_n = \{k \in X \mid k\text{는 } n\text{의 약수}\}$ 라 하고, $\{B_n \mid n \in X\}$ 를 기저로 하는 X 위

---

1) 2011년 중등임용문제 참조

에서의 위상을 $\mathfrak{I}$라 하자. 다음 집합에 대해 내부와 폐포를 구하라.[2)]

(1) $\{2, 4, 6, 8, 10\}$ (2) $\{p \mid p$는 소수$\}$ (3) $\{5, 8\}$

6. 위상공간 X에서 부분집합 A, B에 대해 옳은 것을 모두 골라라.[3)]

① $\text{int}(X-A) = X-\overline{A}$ ② $b(A\cup B) = b(A)\cup b(B)$

③ $\overline{\text{int}(\overline{A})} = \overline{A}$ ④ $X-\overline{A\cap B} = (X-\overline{A})\cup(X-\overline{B})$

7. 위상 $\mathfrak{I}$는 $\{U\subset\mathbb{R} \mid 0\in U\subset(-3,3)\}$에 의해 생성된다. 위상공간 $(\mathbb{R}, \mathfrak{I})$에서

(1) $\{-1, 0, 1, 2, 3, 4, 5\}$의 폐포와 경계를 구하여라.

(2) $(-1, 2)$의 도집합을 구하라.

(3) $(\mathbb{R}, \mathfrak{I})$는 가분공간인가 아닌가를 판별하라.

8. $\mathbb{R}$위의 위상 $\mathfrak{I} = \{U\subset\mathbb{R} \mid 0\not\in U\}\cup\{U\subset\mathbb{R} \mid \{1,2\}^c\subset U\}$에 대해

(1) 임의의 $A\subset\mathbb{R}$에 대하여 $\overline{A}\subset A\cup\{0\}$임을 밝히고 $\overline{A} = A$인 A를 모두 찾아라.

(2) $(\mathbb{R}, \mathfrak{I})$는 가분공간이 아님을 보여라.

9. $\mathbb{R}$위의 여가산위상공간 $(\mathbb{R}, \mathfrak{I}_{cc})$과 하한위상공간 $(\mathbb{R}, \mathfrak{I}_l)$에서 $\mathbb{Q}$, $\mathbb{R}-\mathbb{Q}$(무리수 집합)의 내부, 유도집합, 경계를 각각 구하라.

10. 위상공간 $(X, \mathfrak{I})$에서 A가 조밀하기 위한 필요충분조건은 $\text{int}(X-A) = \varnothing$임을 밝혀라.

11. 위상공간 X의 부분집합 A의 폐포가 내점을 갖지 않을 때 즉, $\text{int}(\text{cl}(A)) = \varnothing$일 때 A를 X에서 **조밀한 곳이 없는(nowhere dense)** 집합이라 한다.

(1) $\mathbb{N}$은 $\mathbb{R}$에서 조밀한 곳이 없음을 보여라.

(2) $\text{int}(\text{cl}(A)) = \text{cl}(\text{int}(A))$은 참이 아님을 밝혀라.

(3) $A\subset X$가 조밀한 곳이 없는 집합일 필요충분조건은 $X-\overline{A}$가 X의 조밀한 부분집합인 것임을 밝혀라.

---

2) 2010년 중등임용문제 참조
3) 2012년 중등임용문제 참조

12. 위상공간 X의 두 부분집합 A와 B가 각각 X에서 조밀하고 B가 X에서 열린집합이면 $A \cap B$가 X에서 조밀함을 증명하라.

13. $\mathfrak{I}_1, \mathfrak{I}_2$는 X위의 위상으로 $\mathfrak{I}_1 \subset \mathfrak{I}_2$이고 $A \subset X$라 하자. 그러면 $\mathfrak{I}_1$에 관한 A의 도집합이 $\mathfrak{I}_2$에 관한 A의 도집합을 포함함을 설명하라. 폐포, 내부, 경계에 대해서도 이처럼 말할 수 있을까?

14. 실수 전체의 집합 $\mathbb{R}$에서 함수 $f : \mathbb{R} \to \mathbb{R}$를

$$f(x) = \begin{cases} x & (x \in \mathbb{Q}) \\ 0 & (x \in \mathbb{R} - \mathbb{Q}) \end{cases}$$

로 정의하자. 공역 $\mathbb{R}$위의 보통위상 $\mathcal{U}$에 대하여 f에 의한 정의역 $\mathbb{R}$상의 약위상을 $\mathfrak{I}$라 하자. 즉,

$$\mathfrak{I} = \{ f^{-1}(V) \in \mathfrak{I} \mid V \in \mathcal{U} \}$$

위상공간 $(\mathbb{R}, \mathfrak{I})$에 대하여 참, 거짓을 정하여라.[4)]

① $\sqrt{2}$는 $\mathbb{R} - \mathbb{Q}$의 내점이다.

② $\mathbb{Q}$의 경계는 $(\mathbb{R} - \mathbb{Q}) \cup \{0\}$이다.

③ $(-1,1)^{\circ} = (-1,1)$이다.

④ $\overline{(-1,1)} = [-1,1]$이다.

⑤ 0은 $\mathbb{R} - \mathbb{Q}$의 집적점(극한점)이다.

15. $\mathbb{R}$위에 $\mathscr{B} = \{\{n\} \mid n \in \mathbb{Z}\} \cup \{(n, n+2^{-k}) \mid n \in \mathbb{Z}, k \in \mathbb{N} \cup \{0\}\}$를 기저로 하는 위상 $\mathfrak{I}$가 주어진다. 위상공간 $(\mathbb{R}, \mathfrak{I})$에서[5)]

(1) $\mathscr{B}$의 원소 중 $\frac{6}{5}$의 열린 근방인 것을 모두 구하여라.

(2) 집합 $A = \left\{ \frac{1}{2} \right\}$의 도집합 A'을 구하라.

16. 위상공간 X에서 A가 닫힌집합이면 A'도 닫힌집합임을 밝혀라.

---

4) 2012년 중등임용문제 참조

5) 2015년 중등임용문제 참조

6장

부분공간과 유한곱공간

이 장에서는 기존의 위상공간들로부터 새로운 위상공간을 생성하는 두 가지 방법을 다룬다. 하나는 위상공간 X에서 부분집합 A에 위상구조가 어떻게 전수되는가이고, 다른 하나는 여러 (여기선 유한으로 제한) 개의 위상공간들이 주어질 때 이들의 곱집합에다 기존의 위상들로부터 어떻게 새로운 위상구조를 부여하는가이다.

6.1 부분공간

위상공간 X의 부분집합 $A\,(\neq \varnothing)$은 X로부터 위상구조를 자연스럽게 부여받아 위상공간이 된다.

| 정의 6.1 |

$(X,\mathfrak{I})$를 위상공간이라 하고 $\varnothing \neq A \subset X$이라 하자. 그러면

$$\mathfrak{I}_A = \{A \cap U \mid U \in \mathfrak{I}\}$$

는 A위의 위상이다. 이 위상을 $\mathfrak{I}$로부터 유도된(생성된, 유전된) A위의 **상대위상**(relative topology) 또는 **부분위상**(subspace topology)이라 부른다. 위상공간 $(A,\mathfrak{I}_A)$을 $(X,\mathfrak{I})$의 (위상적) **부분공간**(topological subspace)이라 한다.

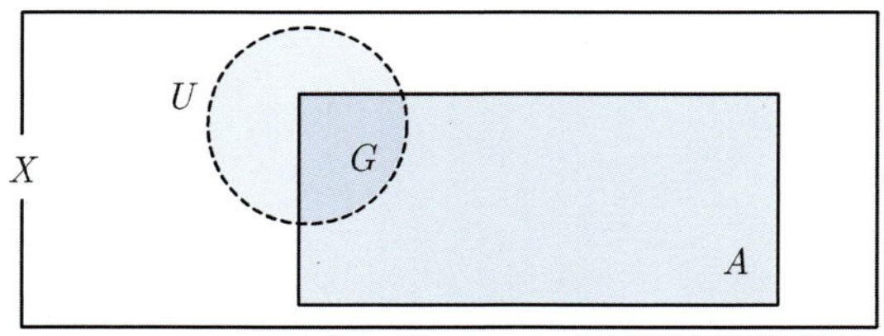

$G \in \mathfrak{I}_A \Leftrightarrow \exists\, U \in \mathfrak{I}\ s.t.\ G = A \cap U$

| 기본성질 6.2 |

위상공간 $(X,\mathfrak{I})$에서 상대위상 $\mathfrak{I}_A = \{U \cap A \mid U \in \mathfrak{I}\}$는 $A \subset X$위의 위상이다.

증명 (O1) $A = X \cap A$, $\varnothing = \varnothing \cap A$이므로 $A, \varnothing \in \mathfrak{I}_A$이다.

(O2) $G_1, G_2 \in \mathfrak{T}_A$라 하자. $G_1 = U_1 \cap A$, $G_2 = U_2 \cap A$가 되는 $U_1, U_2 \in \mathfrak{T}$가 존재한다.

$$G_1 \cap G_2 = (U_1 \cap A) \cap (U_2 \cap A) = (U_1 \cap U_2) \cap A$$

이고 $U_1 \cap U_2 \in \mathfrak{T}$이므로 $G_1 \cap G_2 \in \mathfrak{T}_A$이다.

(O3) $G_\alpha \in \mathfrak{T}_A (\alpha \in \Lambda)$라 하자. 각 $G_\alpha \in \mathfrak{T}_A$에 대해 $G_\alpha = U_\alpha \cap A$가 되는 $U_\alpha \in \mathfrak{T}$가 존재한다.

$$\bigcup_{\alpha \in \Lambda} G_\alpha = \bigcup_{\alpha \in \Lambda} (U_\alpha \cap A) = (\bigcup_{\alpha \in \Lambda} U_\alpha) \cap A$$

이고 $\bigcup_{\alpha \in \Lambda} U_\alpha \in \mathfrak{T}$이므로 $\bigcup_{\alpha \in \Lambda} G_\alpha \in \mathfrak{T}_A$이다. ■

예제 6.3

$X = \{a, b, c, d, e\}$ 위의 위상을 $\mathfrak{T} = \{X, \varnothing, \{a\}, \{b,c\}, \{a,b,c\}, \{b,c,d,e\}\}$라 하고 $A = \{a,c,e\}$라 하자. 그러면 A위의 상대위상은 $\mathfrak{T}_A = \{A, \varnothing, \{a\}, \{c\}, \{a,c\}, \{c,e\}\}$이다.

예제 6.4

보통위상공간 $(\mathbb{R}, \mathcal{U})$에 대한 다음 A위의 상대위상 $\mathcal{U}_A$에 대해 살펴보자.

(1) $A = (0,3]$; $(1,3] \notin \mathcal{U}$이나 $(1,3] = (1,4) \cap A$이므로 $(1,3] \in \mathcal{U}_A$. 더욱이 $(0,2]$는 $\mathcal{U}$-닫힌집합이 아니지만, $A - (0,2] = (2,3] \in \mathcal{U}_A$으로 $(0,2]$는 $\mathcal{U}_A$-닫힌집합이다.

(2) $A = \left\{\frac{1}{n} | n \in \mathbb{N}\right\}$; 상대위상 $\mathcal{U}_A$은 이산위상이다. 왜냐하면, 각 $n \in \mathbb{N} (n > 1)$에 대하여 $\left\{\frac{1}{n}\right\} = A \cap (\frac{1}{n+1}, \frac{1}{n-1}) \in \mathcal{U}_A$이고 $\{1\} = A \cap (\frac{1}{2}, 2) \in \mathcal{U}_A$이기 때문이다.

(3) $A = \left\{\frac{1}{n} | n \in \mathbb{N}\right\} \cup \{0\}$; 상대위상 $\mathcal{U}_A$은 이산위상이 아니다. 왜냐하면 0의 $\mathcal{U}$-열린근방 U에 대하여 $(-\epsilon, \epsilon) \subset U$인 $\epsilon > 0$이 존재한다. $0 \in (-\epsilon, \epsilon) \cap A \neq \{0\}$이므로 $\{0\} \notin \mathcal{U}_A$이기 때문이다.

▌기본성질 6.5▌ (상대위상의 추이성(transitivity))

$(X, \mathfrak{T})$는 위상공간이고 $B \subset A \subset X$이다. 그러면 $(\mathfrak{T}_A)_B = \mathfrak{T}_B$. 즉, X위의 위상 $\mathfrak{T}$에 의해 유도된 A위의 상대위상은 $\mathfrak{T}_A$, B위의 상대위상은 $\mathfrak{T}_B$이고 $\mathfrak{T}_B$는 $\mathfrak{T}_A$에 의하여 B위에 유도된 상대위상 $(\mathfrak{T}_A)_B$과 같다.

증명 $((\mathfrak{I}_A)_B \subset \mathfrak{I}_B)$: $H \in (\mathfrak{I}_A)_B$이면 $H = G \cap B$인 $G \in \mathfrak{I}_A$가 존재하고 $G = U \cap A$인 $U \in \mathfrak{I}$가 존재한다. 그러면 $H = (U \cap A) \cap B = U \cap (A \cap B) = U \cap B$이다. 따라서 $H \in \mathfrak{I}_B$이다.

$((\mathfrak{I}_A)_B \supset \mathfrak{I}_B)$: $H \in \mathfrak{I}_B$이면 $H = U \cap B$인 $U \in \mathfrak{I}$가 존재한다. 그러면 $U \cap A \in \mathfrak{I}_A$이고 $H = U \cap B = (U \cap A) \cap B$이므로 $H \in (\mathfrak{I}_A)_B$이다. ■

예제 6.6

여유한위상공간 $(X, \mathfrak{I}_{cf})$의 부분공간 $A \subset X$의 위상 또한 여유한위상이다.

풀이 $G \subset A$이고 $G \neq \varnothing$일 때 "G가 부분공간 A에서 열린집합 $\Leftrightarrow$ $A - G$가 유한집합"임을 밝히면 된다.

$(\Rightarrow)$ $G = U \cap A$가 되는 $U \in \mathfrak{I}_{cf}$가 존재한다. $X - U$는 유한집합이다.

$$A - G = A - (U \cap A) = (A - U) \cup (A - A) = A - U \subset X - U$$

로 $A - G$는 유한집합이다.

$(\Leftarrow)$ $A - G$는 유한집합이라 하자. $U = X - (A - G)$라 두면 $U \in \mathfrak{I}_{cf}$이고

$$U \cap A = (X - (A - G)) \cap A = (A^c \cup G) \cap A = (A^c \cap A) \cup (G \cap A) = G$$

이다. 그러므로 G는 A에서 열린집합이다. ■

예제 6.7

이산위상공간 $(X, \mathcal{D})$의 부분공간 A의 위상 $\mathcal{D}_A$는 이산위상이다. 왜냐하면 각 $a \in A$에 대해 $\{a\} \in \mathcal{D}$이므로 $\{a\} = \{a\} \cap A \in \mathcal{D}_A$이기 때문이다.

| 정리 6.8 |

위상공간 $(X, \mathfrak{I})$과 부분공간 $(A, \mathfrak{I}_A)$에 대하여 $K \subset A$가 $\mathfrak{I}_A$-닫힌집합이기 위한 필요충분조건은 $K = A \cap F$을 만족하는 $\mathfrak{I}$-닫힌집합 F가 존재하는 것이다.

증명 K가 $\mathfrak{I}_A$-닫힌집합이라 하면 $A - K$는 $\mathfrak{I}_A$-열린집합이므로 $A - K = U \cap A$를 만족하는 $\mathfrak{I}$-열린집합 U가 존재한다.

$$K = A - (A - K) = A - (U \cap A) = (X - U) \cap A$$

그러므로 $F = X - U$는 $\mathfrak{T}$-닫힌집합이고 $K = A \cap F$을 만족한다.
역으로 $K = A \cap F$을 만족하는 $\mathfrak{T}$-닫힌집합 F가 존재하면 $U = X - F$는 $\mathfrak{T}$-열린집합이고

$$A - K = A - (A \cap F) = A \cap (X - F) = A \cap U$$

이다. 그러므로 $A - K$는 $\mathfrak{T}_A$-열린집합이고 K는 $\mathfrak{T}_A$-닫힌집합이다. ▪

❙정리 6.9❙

Lindelöf공간의 닫힌부분공간은 Lindelöf공간이다.

증명 A를 Lindelöf공간 $(X, \mathfrak{T})$의 닫힌부분공간이라 하고 $\mathcal{G} = \{U_\alpha | \alpha \in \Lambda\}$를 A의 임의의 $(\mathfrak{T}$-)열린피복이라 하자. 그러면 $\mathcal{G} \cup \{A^c\}$는 X의 열린피복이다. X가 Lindelöf공간이므로 Λ의 가산부분집합 C가 존재해서 $X = A^c \cup (\bigcup_{\alpha \in C} U_\alpha)$를 만족시킨다. 따라서 $A \subset \bigcup_{\alpha \in C} U_\alpha$이 성립되어 $\{U_\alpha \mid \alpha \in C\}$는 A를 덮는 $\mathcal{G}$의 가산부분피복이다. 그러므로 A는 Lindelöf공간이다. ▪

❙정리 6.10❙ (부분공간의 기저)

위상공간 $(A, \mathfrak{T}_A)$을 위상공간 $(X, \mathfrak{T})$의 부분공간이라 하자. $\mathscr{B}$가 $\mathfrak{T}$에 대한 기저이면 $\mathscr{B}_A = \{A \cap B | B \in \mathscr{B}\}$는 상대위상 $\mathfrak{T}_A$에 대한 기저이다.

증명 임의의 $G \in \mathfrak{T}_A$에 대하여 $G = U \cap A$이 되는 $U \in \mathfrak{T}$가 존재한다. $U = \bigcup_{B \in \mathcal{B}'} B$인 $\mathcal{B}' \subset \mathscr{B}$가 존재한다. 그러면 $G = A \cap (\bigcup_{B \in \mathcal{B}'} B) = \bigcup_{B \in \mathcal{B}'} (A \cap B)$이다. 따라서 G는 $\mathscr{B}_A$의 원소들의 합집합으로 나타난다. 그러므로 $\mathscr{B}_A$는 $\mathfrak{T}_A$에 대한 기저이다. ▪

❙따름정리 6.11❙

$(X, \mathfrak{T})$가 제2가산공간이면 부분공간 $(A, \mathfrak{T}_A)$도 제2가산공간이다.

위상공간 X로부터 유도되는 상대위상을 가지는 부분공간에서 도집합, 폐포, 내부는 모공간 X의 연산자와 관련있을 것으로 예상할 수 있다. 그 관계는 다음과 같다.

| 정리 6.12 |

위상공간 $(X,\mathfrak{I})$와 $B\subset A\subset X$에 대하여 다음이 성립한다.

(1) $B'_A\subset B'_X$ (2) $B'_A=A\cap B'_X$

(3) $\mathrm{cl}_A(B)\subset \mathrm{cl}_X(B)$ (4) $\mathrm{cl}_A(B)=A\cap \mathrm{cl}_X(B)$

(5) $\mathrm{int}_X(B)\subset \mathrm{int}_A(B)$ (6) $\mathrm{int}_X(B)=\mathrm{int}_A(B)\cap \mathrm{int}_X(A)$

증명 (1) $p\in B'_A\subset A$이라 하자. p를 포함하는 임의의 열린집합 $U\in\mathfrak{I}$에 대해, $p\in U\cap A\in \mathfrak{I}_A$이므로 $B\cap(U\cap A-\{p\})\neq\varnothing$이다. 따라서 $B\cap(U-\{p\})\neq\varnothing$ 그러므로 $p\in A\cap B'_X\subset B'_X$이다.

(2) $(\subset)$은 (1)로부터 얻어진다.

$(\supset)$ $p\in A\cap B'_X$이라 하고, G를 p를 포함하는 $\mathfrak{I}_A$-열린집합이라 하자. 그러면 $p\in A$이다. 또한 $G=U\cap A$인 p를 포함하는 $\mathfrak{I}$-열린집합 U가 존재하고$B\cap(U-\{p\})\neq\varnothing$이다. 따라서 $B\cap(U\cap A-\{p\})\neq\varnothing$, 즉 $B\cap(G-\{p\})\neq\varnothing$이다. 그러므로 $p\in B'_A$이다.

(3) $(\subset)$ $\mathrm{cl}_X(B)$는 X의 닫힌집합이므로 $\mathrm{cl}_X(B)\cap A$는 B를 포함하는 A의 닫힌집합이다. $\mathrm{cl}_A(B)$는 B를 포함하는 A의 닫힌집합 중에서 최소이다. 그러므로 $\mathrm{cl}_A(B)\subset \mathrm{cl}_X(B)\cap A$이다.

(4) $(\supset)$ $\mathrm{cl}_A(B)$는 부분공간 A에서 닫힌집합이므로 $\mathrm{cl}_A(B)=F\cap A$가 되는 X의 적당한 닫힌집합 F가 존재한다. 그런데 $B\subset \mathrm{cl}_A(B)$이고 $\mathrm{cl}_A(B)\subset F$이므로 F는 B를 포함하는 X의 닫힌집합이다. 따라서 $\mathrm{cl}_X(B)\subset F$이고 $\mathrm{cl}_X(B)\cap A\subset F\cap A=\mathrm{cl}_A(B)$이다.

(5) $(\subset)$ $B\subset A$이므로 $B^\circ\subset A^\circ$이다. 그리고 $p\in B^\circ$이면 X의 열린집합 U가 존재하여 $p\in U\subset B$를 만족한다. 이때 $U\cap A$는 A의 열린집합이고 $p\in U\cap A\subset B$이므로, $p\in(B^\circ)_A$이다. 따라서 $B^\circ\subset(B^\circ)_A$이다. 그러므로 $B^\circ\subset(B^\circ)_A\cap A^\circ$이다.

(6) $(\supset)$ $p\in(B^\circ)_A\cap A^\circ$이면 $p\in(B^\circ)_A$이고 $p\in A^\circ$이다. 그러면 A에서 열린집합 G가 존재하여 $p\in G\subset B$이고 또한 X의 열린집합 U가 존재하여 $p\in U\subset A$이다. 그런데 G은 A의 열린집합이므로 X의 어떤 열린집합 V가 존재하여 $p\in G=V\cap A$이다. $U\cap V$는 X의 열린집합이고 $p\in U\cap V\subset A\cap V=G\subset B$이다. 따라서 $p\in B^\circ$이다. 그러므

로 $(B^\circ)_A \cap A^\circ \subset B^\circ$ 이다. ■

예제 6.13

$X=\{a, b, c, d, e, f\}$이고 $\mathfrak{I}=\{\varnothing, X, \{a, b, c, d\}, \{c, d\}, \{c, d, e, f\}\}$일 때, 위상공간 $(X, \mathfrak{I})$와 $A=\{a, c, e\}$에 대하여 $\mathfrak{I}_A=\{\varnothing, A, \{a, c\}, \{c\}, \{c, e\}\}$이다. 그러므로

① $\{a,c\}'_A=\{a,e\}$　　② $\{a,c\}'_X=\{a, b, d, e, f\}$

③ $\mathrm{cl}_A(\{a,c\})=A$　　④ $\mathrm{cl}_X(\{a, c\})=X$

⑤ $\mathrm{int}_A(\{a, c\})=\{a,c\}$　　⑥ $\mathrm{int}_X(\{a, c\})=\varnothing$

이다. [정리 6.12]를 적용시켜 보라.

6.2 유한곱공간

위상공간 $(X, \mathfrak{I}_1)$, $(Y,\mathfrak{I}_2)$가 주어져 있을 때 이들 위상구조를 가지고 곱집합 $X\times Y=\{(x,y) | x\in X,\ y\in Y\}$위에 위상구조를 도입하는 자연스런 방법을 다룬다.

예제 6.14

$X=Y=(\mathbb{R},\mathcal{U})$를 보통위상공간이라 하고 $\mathcal{U}$의 기저로 $\{(a,b) \mid a,b\in\mathbb{R}, a<b\}$를 잡자. 그러면

$$\mathscr{B}=\{(a,b)\times(c,d) \mid a,b, c, d\in\mathbb{R}, a<b,\ c<d\}$$

은 좌표축과 평행한 변을 가진 경계가 없는 직사각형판으로 구성된 것이다. $\mathscr{B}$는 $\mathbb{R}^2=\mathbb{R}\times\mathbb{R}$위의 '어떤 위상'의 기저이다. 즉 $\mathscr{B}$가 기저자격을 가진다(예제 4.14).

이제 [예제 6.14]를 본보기로 하여 다음의 정리로 생각을 확장할 수 있다.

| 정리 6.15 |

$\mathscr{B}_1$과 $\mathscr{B}_2$가 각각 위상공간 $(X,\mathfrak{I}_1)$와 $(Y,\mathfrak{I}_2)$의 기저라면

$$\mathscr{B} = \{ U \times V \mid U \in \mathscr{B}_1,\ V \in \mathscr{B}_2 \}$$

는 $X \times Y$위의 '어떤 위상'에 대한 기저이다.

증명 [정리 4.14]를 적용한다. (a) $(x,y) \in X \times Y$에 대하여 $x \in X$, $y \in Y$이므로 $x \in B_1$인 $B_1 \in \mathscr{B}_1$과 $y \in B_2$인 $B_2 \in \mathscr{B}_2$가 존재한다. 따라서 $(x,y) \in B_1 \times B_2 \in \mathscr{B}$이고 $(x,y) \in \cup\mathscr{B}$이다. 그러므로 $\cup\mathscr{B} = X \times Y$가 성립한다.

(b) $G, H \in \mathscr{B}$ 이고 $(a,b) \in G \cap H$라고 하자. 그러면 $G = U_1 \times V_1$, $H = U_2 \times V_2$를 만족하는 $U_1, U_2 \in \mathscr{B}_1$와 $V_1, V_2 \in \mathscr{B}_2$가 존재한다. 한편,

$$(a,b) \in G \cap H = (U_1 \times V_1) \cap (U_2 \times V_2) = (U_1 \cap U_2) \times (V_1 \cap V_2)$$

이고 $a \in U_1 \cap U_2$, $b \in V_1 \cap V_2$이다. $\mathscr{B}_1$, $\mathscr{B}_2$가 기저이므로 $a \in B_1 \subset U_1 \cap U_2$ 되는 $B_1 \in \mathscr{B}_1$와 $b \in B_2 \subset V_1 \cap V_2$ 되는 $B_2 \in \mathscr{B}_2$가 존재한다. 따라서 $B_1 \times B_2 \in \mathscr{B}$, $(a,b) \in B_1 \times B_2 \subset G \cap H$ 이다. 그러므로 $\mathscr{B}$는 기저자격을 가진다. ■

| 정의 6.16 |

$(X,\mathfrak{I}_1)$, $(Y,\mathfrak{I}_2)$를 위상공간이라 하고 $\mathscr{B}_1$, $\mathscr{B}_2$를 각각의 기저라 하자.

$$\mathscr{B} = \{ B_1 \times B_2 \mid B_1 \in \mathscr{B}_1,\ B_2 \in \mathscr{B}_2 \}$$

를 기저로 가지는 곱집합 $X \times Y$위의 위상을 **곱위상(적위상, product topology)**이라 하고 곱위상을 가지는 위상공간 $(X \times Y, \text{곱위상})$을 **곱공간(적공간, product space)**이라 한다. 이 공간을 $(X,\mathfrak{I}_1) \times (Y,\mathfrak{I}_2)$ 혹은 $X \times Y$로 나타내기로 한다.

▸ 여기서 다음의 의문이 생긴다. 인자공간의 기저 선택에 따라 곱위상에 어떠한 변화가 있는가에 관한 것이다. 다음의 정리로 의문이 해소될 것이다.

▌기본성질 6.17▐

$(X, \mathfrak{I}_1)$, $(Y, \mathfrak{I}_2)$를 위상공간이라 하고 $\mathscr{B}_1$, $\mathscr{B}_2$를 각각의 기저라 하자. $X \times Y$위에서 기저자격을 가진 다음의 $\mathscr{W}$와 $\mathscr{B}$는 같은 위상을 생성한다.

$$\mathscr{W} = \{ U \times V \mid U \in \mathfrak{I}_1,\ V \in \mathfrak{I}_2 \},\ \mathscr{B} = \{ B_1 \times B_2 \mid B_1 \in \mathscr{B}_1,\ B_2 \in \mathscr{B}_2 \}$$

증명 $\mathscr{W}$에 의해 생성되는 즉, 임의합집합을 모두 모은 위상을 $\mathfrak{I}^*$, $\mathscr{B}$에 의해 생성되는 위상을 $\mathfrak{I}$라 하자. $\mathfrak{I}^* = \mathfrak{I}$임을 밝히기 위하여 [정리 4.18]을 활용한다.

(i) $\mathscr{B} \subset \mathscr{W} \subset \mathfrak{I}^*$이므로 $\mathfrak{I} \subset \mathfrak{I}^*$이다.

(ii) $\mathfrak{I} \supset \mathfrak{I}^*$임을 밝히기 위하여 $\mathscr{W} \subset \mathfrak{I}$임을 보이자. $U \times V \in \mathscr{W}$라 하고 $(x, y) \in U \times V$라 하자. $x \in U$, $y \in V$이므로 $x \in B_1 \subset U$이 되는 $B_1 \in \mathscr{B}_1$과 $y \in B_2 \subset V$되는 $B_2 \in \mathscr{B}_2$가 존재한다. 따라서 $B_1 \times B_2 \in \mathscr{B}$이면서 $(x, y) \in B_1 \times B_2 \subset U \times V$이 된다. 이것은 $U \times V$가 $\mathscr{B}$의 원소들의 합집합으로 나타남을 함의하고 $U \times V \in \mathfrak{I}$이다. 그러므로 $\mathscr{W} \subset \mathfrak{I}$이다. ■

▸ 위상공간 $(X, \mathfrak{I}_1)$, $(Y, \mathfrak{I}_2)$에 대해 $X \times Y$을 위상공간으로 다룰 때 위상에 대한 언급이 없을 시에는 항상 곱위상이 주어진 걸로 간주한다.

예제 6.18

보통위상공간 $(\mathbb{R}, \mathcal{U})$의 곱위상은 보통위상과 같음을 알 수 있다.

$\{(a, b) \mid a, b \in \mathbb{R}, a < b\}$는 보통위상공간 $(\mathbb{R}, \mathcal{U})$의 기저이다. 곱집합 $\mathbb{R}^2$ 위에서

$$\mathscr{B} = \{ (a, b) \times (c, d) \mid a, b, c, d \in \mathbb{R}, a < b, c < d \}$$

즉, 특수한 열린직사각형판들의 모은 집합족은 두 보통위상공간의 곱공간 $\mathbb{R}^2$의 곱위상에 대한 기저이다. 이 곱위상을 $\mathfrak{I}$라 하자. $\mathbb{R}^2$에는 모든 열린 원판족을 기저로 가지는 유클리드위상(보통위상) $\mathcal{U}$가 있다. [예제 4.20]에서 보았듯이 이 두 위상은 같다. 따라서 유클리드위상공간 $\mathbb{R}^2$은 보통위상공간 $\mathbb{R}$들의 곱공간이기도 하다.

예제 6.19

$X = Y = (\mathbb{R}, \mathfrak{I}_{cf})$를 여유한위상공간이라 하자. 그러나 곱공간 $X \times Y$는 여유한위상

공간이 아니다. 왜냐하면 $U=\mathbb{R}-\{0\}$, $V=\mathbb{R}-\{1\}\in\mathfrak{I}_{cf}$이므로 $U\times V\in\mathfrak{I}$이나, $(\mathbb{R}\times\mathbb{R})-(U\times V)$는 $\mathbb{R}\times\mathbb{R}$도 아니고 유한집합도 아니다(이 차집합은 $\{(0,1)\}$이 아님에 유의). 따라서 $U\times V$는 $X\times Y$위의 여유한위상에 대한 열린집합이 아니다.

▸ $(X\times Y)-(A\times B)=[(X-A)\times Y]\cup[X\times(Y-B)]$

예제 6.20

위상공간 $(X,\mathfrak{I}_1)$, $(Y,\mathfrak{I}_2)$에서 $X=\{a,b,c\}$, $Y=\{x,y,z\}$이고 $\mathfrak{I}_1$과 $\mathfrak{I}_2$는 다음의 $\mathscr{B}_1$, $\mathscr{B}_2$를 기저로 가진다.

$$\mathscr{B}_1=\{\{a\},\{b,c\}\},\ \mathscr{B}_2=\{\{x\},\{x,z\}\}$$

다음에서 ②와 ④는 곱공간 $(X,\mathfrak{I}_1)\times(Y,\mathfrak{I}_2)$의 위상에 포함되나 ①과 ③은 이 곱위상에 포함되지는 않는다.

① $\{(a,x),(a,z),(b,x)\}$ ② $\{(a,x),(a,z)\}$

③ $\{a,x,z\}$ ④ $\{(a,x),(b,x),(b,z),(c,x),(c,z)\}$

곱집합 $X\times Y=\{(a,x),(a,y),(a,z),(b,x),(b,y),(b,z),(c,x),(c,y),(c,z)\}$위의 곱위상의 기저로

$$\begin{aligned}\mathscr{B}&=\{\{a\}\times\{x\},\{a\}\times\{x,z\},\{b,c\}\times\{x\},\{b,c\}\times\{x,z\}\}\\&=\{\{(a,x)\},\{(a,x),(a,z)\},\{(b,x),(c,x)\},\{(b,x),(b,z),(c,x),(c,z)\}\}\end{aligned}$$

를 잡을 수 있다.

예제 6.21

[예제 6.20]에서 곱공간 $(X,\mathfrak{I}_1)\times(Y,\mathfrak{I}_2)$에서

$$\{a,b\}\times\{x\}\cup\{b\}\times\{z\}=\{(a,x),(b,x),(b,z)\}$$

의 폐포, 내부, 도집합, 경계를 $\mathscr{B}$를 활용하여 구해보고 다음의 정리를 적용시켜보라.

정리 6.22

X, Y를 위상공간, $A \subset X$, $B \subset Y$라 하자. 곱공간 $X \times Y$에서 다음이 성립한다.

(1) $\mathrm{cl}(A \times B) = \mathrm{cl}(A) \times \mathrm{cl}(B)$

(2) $\mathrm{int}(A \times B) = \mathrm{int}(A) \times \mathrm{int}(B)$

(3) $(A \times B)' = [A' \times \mathrm{cl}(B)] \cup [\mathrm{cl}(A) \times B']$

(4) $b(A \times B) = (b(A) \times \mathrm{cl}(B)) \cup (\mathrm{cl}(A) \times b(B))$

증명 (1) ($\subset$) $X \times Y - (\overline{A} \times \overline{B}) = [(X - \overline{A}) \times Y] \cup [X \times (Y - \overline{B})]$는 $X \times Y$에서 열린집합이다. 따라서 $\overline{A} \times \overline{B}$는 닫힌집합이고 $A \times B \subset \overline{A} \times \overline{B}$이므로 $\overline{A \times B} \subset \overline{A} \times \overline{B}$이다.

($\supset$) $(x,y) \in \overline{A} \times \overline{B}$이라 하고 W를 (x,y)의 임의의 열린 근방이라 하자. $(x,y) \in U \times V \subset W$를 만족하는 X에서 x의 열린 근방 U와 Y에서 y의 열린 근방 V가 존재한다. $x \in \overline{A}$, $y \in \overline{B}$이므로 $U \cap A \neq \varnothing$, $V \cap B \neq \varnothing$이다. 따라서 $\varnothing \neq (U \cap A) \times (V \cap B) = (U \times V) \cap (A \times B) \subset W \cap (A \times B)$이다.

$W \cap (A \times B) \neq \varnothing$이어서 $(x,y) \in \overline{A \times B}$이다. 따라서 $\overline{A} \times \overline{B} \subset \overline{A \times B}$이다.

(2) ($\subset$) $\mathrm{int}(A) \times \mathrm{int}(B) \subset A \times B$이고 $\mathrm{int}(A) \times \mathrm{int}(B)$는 $X \times Y$에서 열린집합이므로 $\mathrm{int}(A) \times \mathrm{int}(B) \subset \mathrm{int}(A \times B)$이다.

($\supset$) $(a,b) \in \mathrm{int}(A \times B)$라 하자. $(a,b) \in W \subset A \times B$인 열린집합 W가 존재한다. 따라서 $(a,b) \in U \times V \subset W$인 a의 열린 근방 U와 b의 열린 근방 V가 존재한다. $a \in U \subset A$, $b \in V \subset B$이므로 $a \in \mathrm{int}(A)$, $b \in \mathrm{int}(B)$이다. 그러므로 $(a,b) \in \mathrm{int}(A) \times \mathrm{int}(B)$이다.

(3) 문제로 남긴다.

(4) $b(A \times B) = \overline{A \times B} - \mathrm{int}(A \times B) = \overline{A} \times \overline{B} - \mathrm{int}(A) \times \mathrm{int}(B)$

$$= [(\overline{A} - \mathrm{int}(A)) \times \overline{B}] \cup [\overline{A} \times (\overline{B} - \mathrm{int}(B))]$$

$$= (b(A) \times \overline{B}) \cup (\overline{A} \times b(B))$$

■

예제 6.23

실수 전체의 집합 $\mathbb{R}$ 위의 두 위상 $\mathfrak{I}_1$, $\mathfrak{I}_2$를

$$\mathfrak{I}_1 = \{\mathbb{R}, \varnothing, \mathbb{Q}, \mathbb{R} - \mathbb{Q}\}, \quad \mathfrak{I}_2 = \{\mathbb{R}, \varnothing, \mathbb{N}, \mathbb{R} - \mathbb{N}\}$$

으로 정의하자. $(\mathbb{R}, \mathfrak{I}_1)$과 $(\mathbb{R}, \mathfrak{I}_2)$의 적공간(곱공간) $(\mathbb{R}, \mathfrak{I}_1)\times(\mathbb{R}, \mathfrak{I}_2)$에 대하여

$$([0,1]\times[0,1])' = [0,1]'\times\overline{[0,1]}\cup\overline{[0,1]}\times[0,1]' = \mathbb{R}\times\mathbb{R}$$
$$([0,1]\times[0,1])^\circ = [0,1]^\circ\times[0,1]^\circ = \varnothing$$
$$b([0,1]\times[0,1]) = \overline{[0,1]\times[0,1]} - ([0,1]\times[0,1])^\circ = \mathbb{R}\times\mathbb{R}$$
$$\overline{(\{0,1,\sqrt{2}\}\times\{0,1,2,\sqrt{3}\})} = \overline{\{0,1,\sqrt{2}\}}\times\overline{\{0,1,2,\sqrt{3}\}} = \mathbb{R}\times\mathbb{R}$$

이다.

예제 6.24

하한위상공간 $(\mathbb{R},\mathfrak{I}_l)$, 상한위상공간 $(\mathbb{R},\mathfrak{I}_u)$와 곱공간 $(\mathbb{R},\mathfrak{I}_l)\times(\mathbb{R},\mathfrak{I}_u)$에서

(1) $\mathscr{B} = \{[a,b)\times(c,d] \mid a,b,c,d\in\mathbb{R}, a<b, c<d\}$은 곱위상에 대한 기저이다. 왜냐하면, $\mathscr{B}_l = \{[a,b) \mid a,b\in\mathbb{R}, a<b\}$은 $\mathfrak{I}_l$에 대한 기저이고, $\mathscr{B}_u = \{(c,d] \mid c,d\in\mathbb{R}, c<d\}$은 $\mathfrak{I}_u$에 대한 기저이기 때문이다.

(2) $(\mathbb{R},\mathfrak{I}_l)$과 $(\mathbb{R},\mathfrak{I}_u)$에서 $\overline{\mathbb{Q}} = \mathbb{R}$로 이들은 가분공간이고 $\overline{\mathbb{Q}\times\mathbb{Q}} = \overline{\mathbb{Q}}\times\overline{\mathbb{Q}} = \mathbb{R}^2$이므로 곱공간 $(\mathbb{R},\mathfrak{I}_l)\times(\mathbb{R},\mathfrak{I}_u)$ 역시 가분공간이다.

(3) $(\mathbb{R},\mathfrak{I}_l)$과 $(\mathbb{R},\mathfrak{I}_u)$의 곱공간의 위상을 $\mathfrak{I}$라 두고 $L=\{(x,x) \mid x\in\mathbb{R}\}\subset\mathbb{R}^2$이라 하자. 그러면 임의의 $(x,x)\in L$에 대하여 $[x,x+1)\times(x-1,x]\in\mathscr{B}\subset\mathfrak{I}$이고 $\{(x,x)\} = [x,x+1)\times(x-1,x]\cap L\in\mathfrak{I}_L$이다. 그러므로 $(L,\mathfrak{I}_L)$은 이산공간이고 L가 비가산이므로 가분공간이 아니다.[1)]

(4) $(\mathbb{R},\mathfrak{I}_l)$과 $(\mathbb{R},\mathfrak{I}_u)$은 린델뢰프 공간이나(정리 4.17) 곱공간 $(\mathbb{R},\mathfrak{I}_l)\times(\mathbb{R},\mathfrak{I}_u)$는 린델뢰프 공간이 아니다. 왜냐하면 $L=\{(x,x) \mid x\in\mathbb{R}\}\subset\mathbb{R}^2$에 대해

$$\mathcal{G} = \{\mathbb{R}^2 - L\}\cup\{[x,x+1)\times(x-1,x] \mid x\in\mathbb{R}\}$$

는 $\mathbb{R}^2$의 열린피복이나 가산부분피복을 가지지 않는다. $\mathcal{G}$의 모든 부분피복은 비가산족 $\{[x,x+1)\times(x-1,x] \mid x\in\mathbb{R}\}$을 포함해야 하기 때문이다.

---

1) 가분공간의 열린부분공간은 가분공간이다.

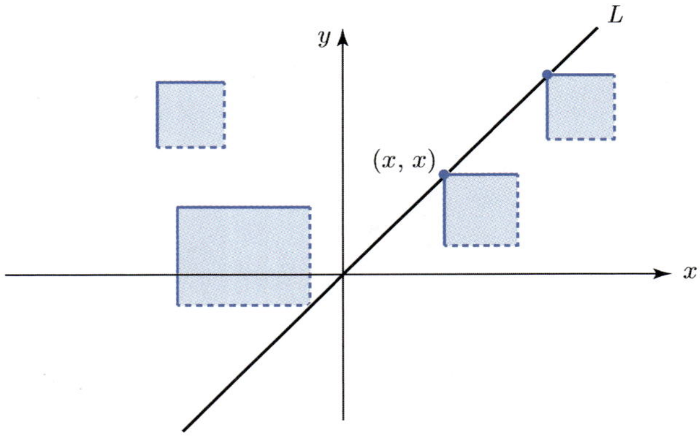

❙정리 6.25❙

X, Y를 위상공간이라 하자.

(1) X, Y가 C_1-공간이면 곱공간 $X \times Y$도 C_1-공간이다.

(2) X, Y가 C_2-공간이면 곱공간 $X \times Y$도 C_2-공간이다.

(3) X, Y가 가분공간이면 곱공간 $X \times Y$도 가분공간이다.

증명 문제로 남긴다. ■

두 위상공간에 대한 곱공간의 개념을 유한개 위상공간들의 곱공간의 개념으로 일반화시킬 수 있다.

❙정의 6.26❙

$(X_i, \mathfrak{I}_i)$들을 위상공간이라 하고, $\mathscr{B}_i$를 $\mathfrak{I}_i$에 대한 기저라 하자($i = 1, 2, \cdots, n$). 곱집합

$$X = X_1 \times X_2 \times \cdots \times X_n = \{(x_1, x_2, \cdots, x_n | x_i \in X_i (i = 1, 2, \cdots, n)\}$$

위의 곱위상(product topology)은

$$\mathscr{B} = \{B_1 \times B_2 \times \cdots \times B_n \,|\, B_1 \in \mathscr{B}_1, B_2 \in \mathscr{B}_2, \cdots, B_n \in \mathscr{B}_n\}$$

를 기저로 가지는 위상이다.

▸ $X=\prod_{i=1}^{n} X_i$의 곱위상은 각 위상공간 X_i의 기저의 선택에 영향을 받지 않는다.

$\mathscr{B}=\{U_1\times U_2\times\cdots\times U_n \mid U_1\in\mathfrak{I}_1, U_2\in\mathfrak{I}_2, \cdots, U_n\in\mathfrak{I}_n\}$도 곱위상의 기저이다.

예제 6.27

보통위상공간의 곱공간 $\mathbb{R}^3=\mathbb{R}\times\mathbb{R}\times\mathbb{R}$의 기저로

$$\mathscr{B}=\{(a,b)\times(c,d)\times(e,f) \mid a,b,c,d,e,f\in\mathbb{R},\ a<b,\ c<d,\ e<f\}$$

가 있다. 이것은 $\mathbb{R}^3$에서 특정한 입체인 '직육면체내부'들을 모은 집합족이다.

이 절에서 유한개 위상공간의 곱집합에다 위상을 도입하는 방법을 살펴보았다. 일반적인 경우 특히 무한개 위상공간의 곱집합 정의와 이 곱집합에 위상을 도입하는 방법은 8장에서 다룬다.

1. 위상공간 $(A, \mathfrak{I}_A)$가 위상공간 $(X,\mathfrak{I})$의 부분공간이라 하자. $\mathcal{S}$가 $\mathfrak{I}$에 대한 부분기저이면 $\mathcal{S}_A = \{A \cap S \mid S \in \mathcal{S}\}$는 상대위상 $\mathfrak{I}_A$에 대한 부분기저임을 밝혀라.

2. 다음을 밝혀라.
(1) $(\mathbb{R},\mathcal{U})$의 부분공간 $\mathbb{Z}$의 위상은 이산위상이다.
(2) $(\mathbb{R},\mathcal{U})$의 부분공간 $\mathbb{Q}$의 위상은 이산위상임이 아이다..
(3) 여가산위상공간 $(X, \mathfrak{I}_{cc})$의 부분공간 A의 위상 역시 여가산위상이다.

3. 집합 $X = \{1, 2, 3, 4, 5\}$에 주어진 위상이 $\mathfrak{I} = \{X, \varnothing, \{1, 2, 3\}, \{2, 3, 4\}, \{2, 3\}\}$일 때, X의 부분집합 $A = \{1, 3, 5\}$에서 상대위상을 구하고, 부분공간위상 $\mathfrak{I}_A$에서 $B = \{3, 5\}$의 폐포 및 내부를 구하라.

4. 실수집합 $\mathbb{R}$과 부분집합 $A = [0,1)$에 대하여 함수 $f : \mathbb{R} \to A$을 $f(x) = x - [x]$로 정의한다. A가 $(\mathbb{R},\mathcal{U})$의 부분공간으로 상대위상 $\mathcal{U}_A$을 가질 때 정의역 $\mathbb{R}$위의 위상을 $\mathfrak{I}_1$과 정의역 $\mathbb{R}$가 보통위상 $\mathcal{U}$를 가질 때 A위의 위상 $\mathfrak{I}_2$를 다음과 같이 정의한다.

$$\mathfrak{I}_1 = \{f^{-1}(G) \mid G \in \mathcal{U}_A\},\ \mathfrak{I}_2 = \{V \subset [0,1) \mid f^{-1}(V) \in \mathcal{U}\}$$

다음 중 옳은 것을 모두 찾아라.

① $[0, \frac{1}{2}) \in \mathcal{U}_A$
② $(-1,2) \in \mathfrak{I}_1$
③ $\mathbb{R} - \mathbb{N}$은 0의 $\mathfrak{I}_1$-근방
④ $\mathbb{R} - \{0\} \in \mathcal{U} \cap \mathfrak{I}_1$
⑤ $\mathbb{Z}$는 $\mathfrak{I}_1$-닫힌집합
⑥ $(\frac{1}{2}, \frac{2}{3}) \in \mathfrak{I}_2$
⑦ $[0, \frac{1}{2}) \in \mathfrak{I}_2$
⑧ $[0, \frac{1}{3}) \cup (\frac{2}{3}, 1) \in \mathfrak{I}_2$

5. 위상공간 $(X,\mathfrak{I})$와 한 점 $p \not\in X$에 대하여 $Y = X \cup \{p\}$라 하고

$$\mathfrak{I}^* = \{\{p\} \cup U \subset Y \mid U \in \mathfrak{I}\} \cup \{\varnothing\}$$

라 두자.

(1) $\mathfrak{I}^*$는 Y위의 위상임을 밝혀라.

(2) 위상공간 $(Y, \mathfrak{I}^*)$에 대한 X의 상대위상 $\mathfrak{I}^*_X$이 $\mathfrak{I}$와 같음을 보여라.

여기서 $\mathfrak{I}$가 이산위상일 때 $\mathfrak{I}^*$을 특이점 위상(particular point topology)이라 한다.

(3) $\{\{a,b\}, \varnothing, \{a\}\}$는 특이점 위상임을 설명해보라. 이 위상을 시어핀스키(Sierpinski) 위상이라 한다.

6. $(A, \mathfrak{I}_A)$가 위상공간 $(X, \mathfrak{I})$의 부분공간이고 $B \subset A$라 하자. 점 $a \in A$가 부분공간위상 $\mathfrak{I}_A$에 관하여 B의 집적점(극한점)일 필요충분조건이 a가 위상 $\mathfrak{I}$에 관하여 B의 집적점이 되는 것임을 증명하라.

7. 다음의 각 곱공간에서 열린집합이 되는 것을 <보기>에서 모두 골라라.

$\mathcal{U}$:보통위상, $\mathfrak{I}_l$:하한위상, $\mathfrak{I}_u$:상한위상, $\mathcal{D}$:이산위상

(1) $(\mathbb{R}, \mathcal{U}) \times (\mathbb{R}, \mathfrak{I}_l)$

(2) $(\mathbb{R}, \mathfrak{I}_l) \times (\mathbb{R}, \mathfrak{I}_l)$

(3) $(\mathbb{R}, \mathfrak{I}_u) \times (\mathbb{R}, \mathfrak{I}_l)$

(4) $(\mathbb{R}, \mathfrak{I}_l) \times (\mathbb{R}, \mathcal{D})$

〈보기〉

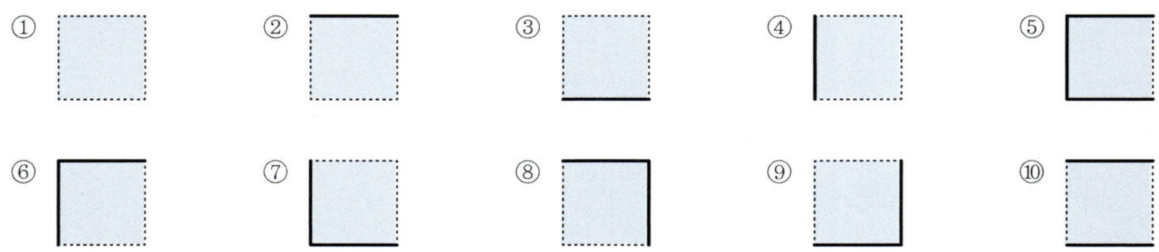

8. 실수 전체의 집합 $\mathbb{R}$에 대하여

$$X_1 = (\mathbb{R}, \mathcal{U}),\ X_2 = (\mathbb{R}, \mathcal{D})$$

라고 하자. 여기서 $\mathcal{U}$는 보통위상이고 $\mathcal{D}$는 이산위상이다. $X = X_1 \times X_2$를 X_1와 X_2의 곱공간이라 하자. X의 부분집합 $A = (-1, 1) \times (-1, 1)$에 대하여 A의 폐포와 경계를 각각 그림으로 나타내라.[2)]

2) 2007년 중등임용문제 참조

9. 보통위상공간 $\mathbb{R}^2$에서 다음 집합들의 도집합을 구하라.

(1) $A = \left\{(x, \sin\frac{1}{x}) \mid 0 < x < 1\right\}$　　　(2) $B = \left\{(\frac{1}{m}, \frac{1}{n}) \mid m, n \in \mathbb{N}\right\}$

10. $\mathbb{R}$위의 보통위상을 $\mathfrak{I}$, 함수 $f : \mathbb{Z} \to \mathbb{R}$를 $f(n) = n^2$이라 하고 $\mathbb{Z}$위의 위상 $\mathfrak{I}_1$을 $\mathfrak{I}_1 = \{f^{-1}(G) \mid G \in \mathfrak{I}\}$라 하자. $A = \{0\} \cup \mathbb{N}$, $B = \{-1, 1\}$이라 할 때, 적공간 $(\mathbb{Z}, \mathfrak{I}_1) \times (\mathbb{Z}, \mathfrak{I}_1)$에서 $A \times B$의 폐포 $\overline{A \times B}$와 $A \times B$의 내부 $(A \times B)^\circ$를 구하시오. 이를 이용하여 $(\mathbb{Z}, \mathfrak{I}_1) \times (\mathbb{Z}, \mathfrak{I}_1)$에서 $A \times B$의 경계 $b(A \times B)$를 구하라.[3)]

11. 실수 전체의 집합 $\mathbb{R}$에서 $\{[a, b) \mid a, b \in \mathbb{R}\}$를 기저로 하는 위상을 $\mathfrak{I}_l$이라 하고, $\{(a, b] \mid a, b \in \mathbb{R}\}$를 기저로 하는 위상을 $\mathfrak{I}_u$라 하자. 적공간(곱공간) $(\mathbb{R}, \mathfrak{I}_l) \times (\mathbb{R}, \mathfrak{I}_u)$에서 집합

$$A = \{(x, y) \in \mathbb{R} \times \mathbb{R} \mid x^2 + y^2 \leq 1\}$$

의 내부 A°, 폐포 $\overline{A}$와 A의 경계 $b(A)$를 구하라.[4)]

12. X, Y, Z를 위상공간, $A \subset X$, $B \subset Y$, $C \subset Z$라 하자. 곱공간 $X \times Y \times Z$에서 다음은 어떻게 주어지는가? 인자공간의 연산으로 나타내어라.

(1) $b(A \times B \times C)$　　　(2) $(A \times B \times C)'$

3) 2014년 중등임용문제 참조
4) 2016년 중등임용문재 참조

7장

연속함수

2.2절에서 한 점에서 f의 연속성에 대한 직관적인 정의로부터 $\epsilon-\delta$정의 그리고 $\mathcal{U}$-열린집합에 의한 정의를 다룬 바 있다. 함수 $f:\mathbb{R}\to\mathbb{R}$의 점에서의 연속을 정의하는데 사용한 $\epsilon-\delta$정의는 '절댓값', '연산'이나 '거리'의 개념이 없는 일반 위상공간에서 유효하지 않다는 것이다. 그러나 일반 위상의 열린집합이 $\mathcal{U}$-열린집합의 기본성질에서 공리화 되었음을 고려할 때 $\mathcal{U}$-열린집합에 의한 정의가 일반 위상공간에서 연속을 정의하는 데 유용한 도구가 될 수 있을 짐작할 수 있을 것이다. 수학적 구조와 이에 따른 개념을 '대상(objects)'과 'morphisms(화살표, 사상)'로 이루어진 범주에 의해 형식화하는 범주론의 관점에서 보면, 선형 대수학에서 대상은 벡터공간이고 morphism은 선형변환이고, 군론에서 대상은 군(group)이고 morphism은 준동형사상이다. 위상수학에서 대상은 위상공간이고 morphism은 연속사상이다.[1] 연속사상(함수)는 위상구조의 근원인 근접성을 보존하는 함수로 위상수학하면 연속함수를 떠올릴 만큼 연속함수에 대한 이해가 중요하다.

7.1 국소적 연속성과 대역적 연속성

위상공간에서 연속의 개념은 2.2절에서 다룬 $\mathbb{R}$에서 $\mathcal{U}$-열린집합에 의한 연속의 정의를 발판으로 도입된다. 국소적 연속성은 한 점에서 연속인가에 관련되고 대역적 연속성은 정의역 전체에서 연속인가에 관련된다.

▍정의 7.1▍

X, Y를 위상공간이라 하고 $p\in X$라 하자. 함수 $f:X\to Y$가 p에서 **연속**(continuous at p)이라 함은 $f(p)$의 임의의 열린 근방 V에 대하여 $f(U)\subset V$를 만족시키는 p의 열린 근방 U가 존재함을 의미한다.

- $f(U)\subset f(f^{-1}(V))\subset V \Leftrightarrow U\subset f^{-1}(f(U))\subset f^{-1}(V)$이므로 f가 $p\in X$에서 연속 $\Leftrightarrow$ $f(p)$의 임의의 열린 근방 V의 역상 $f^{-1}(V)$가 p의 근방.

---

1) 사상은 수학적 구조와 결부하여 주로 사용되나 여기서 사상을 구분하지 않고 포괄적으로 함수라고 할 것이다.

기본성질 7.2

(1) f가 $p\in X$에서 불연속일 필요충분조건은 $f^{-1}(V)$가 p의 근방이 되지 않는 $f(p)$의 열린 근방 V가 존재하는 것이다.

(2) p가 X의 고립점, 즉 $\{p\}$가 X에서 열린집합이면 f는 $p\in X$에서 연속이다.

예제 7.3

X, Y를 위상공간이라 하고 $c\in Y$라 하자. 함수 $f: X\to Y$가 모든 $x\in X$에 대해 $f(x)=c$로 정의된다. 즉, f는 상수함수이다. 그러면 f는 각 점 $p\in X$에서 연속이다. 왜냐하면 $f(p)=c$의 열린 근방 V에 대하여 p의 열린 근방으로 $U=X$를 잡으면 $f(U)\subset V$를 만족하기 때문이다.

예제 7.4

$X=\{a, b, c, d, e\}$는 위상 $\mathfrak{I}_1=\{X, \varnothing, \{a\}, \{a,e\}, \{b,c\}, \{a,b,c\}, \{a,b,c,e\}\}$을 가지고 $Y=\{x,y,z\}$의 위상은 $\mathfrak{I}_2=\{Y, \varnothing, \{x\}, \{y\}, \{x,y\}\}$이다. $f: X\to Y$가 다음과 같이 정의된다.

$$f(a)=f(c)=f(e)=x, f(b)=y, f(d)=z$$

f는 a, c, e의 각각에서 연속 여부를 살펴보자.

$f(a)=x$의 열린 근방은 $\{x\}$, $\{x,y\}$, Y이다. 이들의 역상을 보면 $f^{-1}(\{x\})=\{a,c,e\}$는 a의 근방이다. $f^{-1}(\{x,y\})=\{a,b,c,e\}$와 $f^{-1}(Y)=X$도 a의 근방이다. 따라서 f는 a에서 연속이다.[2] 여기서 주시해야 할 것은

"$f^{-1}(\{x\})=\{a,c,e\}$는 a의 근방이나 열린 근방은 아니다."

라는 것이다. 이것은 f가 a에서 연속이면 $f(a)=f(c)=f(e)=x$로 보아 c나 e중 적어도 하나에서 불연속임을 암시하고 f는 연속함수(정의 7.7)가 되지 않는다.

실제로, $\{x\}$는 $f(c)=x$의 열린 근방이나 $f^{-1}(\{x\})=\{a,c,e\}$가 c의 근방이 되지 않아서 c에서 불연속이다. 정의에 따르면 e에서는 연속이다.

---

2) 사실, a가 고립점이라서 a에서 연속임을 알 수 있다.

예제 7.5

(1) 다음과 같이 정의된 함수 $f:\mathbb{R}\to\mathbb{R}$을 생각하자. ($\mathbb{R}$에는 보통위상이 주어져 있다.)

$$f(x)=\begin{cases}2x-1 & (x\le 1)\\ x+1 & (x>1)\end{cases}$$

그러면 $(0,2)$는 $f(1)=1$의 ($\mathcal{U}$-)열린 근방이나 역상 $f^{-1}((0,2))=(\frac{1}{2},1]$은 1의 근방이 아니다. 따라서 f는 1에서 불연속이다. 한편 1이 아닌 점에선 연속이다.

(2) 다음과 같이 정의된 함수 $f:\mathbb{R}\to\mathbb{R}$을 생각하자.

$$f(x)=\begin{cases}1 & (x\in\mathbb{Q})\\ 0 & (x\in\mathbb{R}-\mathbb{Q})\end{cases}$$

f는 어느 점에서도 연속이 아니다. 왜냐하면 a가 유리수이면 $f(a)=1$의 열린 근방 $V=(0,2)$에 대해 $f^{-1}(V)=\mathbb{Q}$가 a의 근방이 아니다. 또한 b가 무리수인 경우 $f(b)=0$의 열린 근방으로 $V=(-1,1)$을 잡으면 $f^{-1}(V)=\mathbb{R}-\mathbb{Q}$가 b의 근방이 아니다.

| 정리 7.6 |

$X=(X,\mathfrak{I}_1)$, $Y=(Y,\mathfrak{I}_2)$, $Z=(Z,\mathfrak{I}_3)$는 위상공간이다. 함수 $f:X\to Y$가 $a\in X$에서 연속이고 함수 $g:Y\to Z$가 $f(a)$에서 연속이면, 합성함수 $g\circ f:X\to Z$가 a에서 연속이다.

증명 W를 $(g\circ f)(a)=g(f(a))$의 열린 근방이라 하자. g가 $f(a)$에서 연속이므로 $g^{-1}(W)$는 $f(a)$의 근방이다. 즉, $f(a)$의 열린 근방 V가 존재하여 $V\subset g^{-1}(W)$를 만족한다. f가 a에서 연속이므로 $f^{-1}(V)$가 a의 근방이고 $f^{-1}(V)\subset f^{-1}(g^{-1}(W))$이다. 따라서 $(g\circ f)^{-1}(W)=f^{-1}(g^{-1}(W))$가 a의 근방이다. 그러므로 $g\circ f$가 a에서 연속이다. ■

| 정의 7.7 |

두 위상공간 $X=(X,\mathfrak{I}_1)$, $Y=(Y,\mathfrak{I}_2)$에 대해 함수 $f:X\to Y$가 X의 각 점에서 연속이 될 때 f를 **연속함수**(continuous function) 혹은 f는 **연속**이라 한다. 부분집합 $A\subset X$의 모든 점에서 연속이 될 때 f는 A에서 **연속**(continuous on A)이라 한다.

| 정리 7.8 |

두 위상공간 $X=(X,\mathfrak{I}_1), Y=(Y,\mathfrak{I}_2)$와 $f: X \to Y$에 대해 다음은 모두 동치이다.

(1) f가 연속함수 (즉, $\forall x \in X$, f가 x에서 연속)

(2) $\forall V \in \mathfrak{I}_2, f^{-1}(V) \in \mathfrak{I}_1$

(3) $\forall F$: Y의 폐부분집합, $f^{-1}(F)$: X의 폐부분집합

(4) $\forall A \subset X, f(\overline{A}) \subset \overline{f(A)}$ (즉, $x \in \overline{A}$이면 $f(x) \in \overline{f(A)}$)

(5) $\forall A \subset X, f(A') \subset \overline{f(A)}$

(6) $\forall B \subset Y, \overline{f^{-1}(B)} \subset f^{-1}(\overline{B})$

(7) $\forall B \subset Y, f^{-1}(B^\circ) \subset (f^{-1}(B))^\circ$

▸ (4)는 "x가 임의적으로 A에 근접할 때 $f(x)$가 $f(A)$에 임의적으로 근접함"으로 연속성은 근접성 보존을 함의한다.

증명 (1), (2), (3), (4)가 동치임을 밝히고 나머진 문제로 남긴다.

(1) ⇒ (2) $V \in \mathfrak{I}_2$라 하자. 각 $p \in f^{-1}(V)$에 대해, $f(p) \in V$이고 f가 p에서 연속이므로 $U_p \subset f^{-1}(V)$가 되는 p의 열린 근방 U_p가 존재한다. 따라서 $f^{-1}(V)$의 모든 점이 $f^{-1}(V)$의 내점이다. 그러므로 $f^{-1}(V) \in \mathfrak{I}_1$이다.

(2) ⇒ (3) F를 Y의 임의의 닫힌집합이라 하면, $Y-F \in \mathfrak{I}_2$이다. (2)에 의해 $f^{-1}(Y-F) \in \mathfrak{I}_1$이다. 그리고 $f^{-1}(Y-F) = f^{-1}(Y) - f^{-1}(F) = X - f^{-1}(F)$이다. 따라서 $f^{-1}(F)$가 X에서 닫힌집합이다.

(3) ⇒ (4) $A \subset X$라 하자. 그러면 $\overline{f(A)}$는 Y에서 폐집합이다. (3)에 의해, $f^{-1}(\overline{f(A)})$는 X에서 닫힌집합이다. $A \subset f^{-1}(f(A)) \subset f^{-1}(\overline{f(A)})$이므로 $\overline{A} \subset f^{-1}(\overline{f(A)})$이다. 그러므로 $f(\overline{A}) \subset f(f^{-1}(\overline{f(A)}) \subset \overline{f(A)}$이다.

(4) ⇒ (1) x를 X의 임의의 점, V를 $f(x)$의 임의의 열린 근방이라 하자. 그러면 $x \in f^{-1}(V)$이다. $A = X - f^{-1}(V)$라 두면

$$f(\overline{A}) \subset \overline{f(A)} \subset \overline{f(X) - f(f^{-1}(V))} \subset \overline{Y-V} = Y-V.$$

따라서 $\overline{A} \subset f^{-1}(f(\overline{A})) \subset f^{-1}(Y-V) = X - f^{-1}(V) = A$로 A는 닫힌집합이다. 그러므로 $f^{-1}(V)$는 x의 근방이다. f는 x에서 연속이다. ■

예제 7.9

함수에서 정의역의 위상은 강할수록 공역의 위상은 약할수록 연속이 될 가능성이 높아짐을 알 수 있다.

(1) 이산위상공간 X에서 위상공간 $(Y, \mathfrak{I})$로의 모든 함수는 연속이다.

(2) 위상공간 $(X, \mathfrak{I})$에서 밀착위상공간 Y로의 모든 함수는 연속이다.

(3) 항등함수 $i:(X,\mathfrak{I}_1)\to(X,\mathfrak{I}_2)$가 연속일 필요충분조건은 $\mathfrak{I}_2 \subset \mathfrak{I}_1$ ($\mathfrak{I}_1$이 더 섬세)

❙ 정리 7.10 ❙

두 위상공간 $X=(X,\mathfrak{I}_1), Y=(Y,\mathfrak{I}_2)$과 $f: X\to Y$에 대해 다음은 모두 동치이다.

(1) $\forall V\in \mathfrak{I}_2, f^{-1}(V)\in \mathfrak{I}_1$ (즉 f가 연속함수)

(2) $\mathscr{B}$는 $\mathfrak{I}_2$의 기저일 때 $\forall B\in\mathscr{B},\ f^{-1}(B)\in\mathfrak{I}_1$

(3) $\mathcal{S}$는 $\mathfrak{I}_2$의 부분기저일 때 $\forall S\in\mathcal{S},\ f^{-1}(S)\in\mathfrak{I}_1$

증명 (1) ⇒ (2) $B\in\mathscr{B}$ 이면 $B\in\mathfrak{I}_2$이므로 $f^{-1}(B)\in\mathfrak{I}_1$이다.

(2) ⇒ (1) $V\in\mathfrak{I}_2$이면 $V=\bigcup_{B\in\beta}B$인 $\beta\subset\mathscr{B}$가 존재한다. $f^{-1}(V)=\bigcup_{B\in\beta}f^{-1}(B)$이고 $f^{-1}(B)\in\mathfrak{I}_1$이므로 $f^{-1}(V)\in\mathfrak{I}_1$이다.

(1) ⇒ (3) $S\in\mathcal{S}$이면 $S\in\mathfrak{I}_2$이므로 $f^{-1}(S)\in\mathfrak{I}_1$이다.

(3) ⇒ (1) $\mathcal{S}$의 유한개 원소의 교집합으로 만들어진 기저를 $\{B_\alpha \mid \alpha\in\Lambda\}$라 하자. $V\in\mathfrak{I}_2$이면 $V=\bigcup_{\alpha\in\Gamma}B_\alpha$로 나타낼 수 있게 하는 $\Gamma\subset\Lambda$가 존재한다. 각 $\alpha\in\Gamma$에 대하여 $B_\alpha=\bigcap_{S\in k_\alpha}S$가 되게 하는 유한족 $k_\alpha\subset\mathcal{S}$가 존재한다. 그러므로 $V=\bigcup_{\alpha\in\Gamma}(\bigcap_{S\in k_\alpha}S)$이고

$$f^{-1}(V)=f^{-1}\Big(\bigcup_{\alpha\in\Gamma}\big(\bigcap_{S\in k_\alpha}S\big)\Big)=\bigcup_{\alpha\in\Gamma}\Big(\bigcap_{S\in k_\alpha}f^{-1}(S)\Big)$$

이다. 따라서 $f^{-1}(S)\in\mathfrak{I}_1$이므로 $f^{-1}(V)\in\mathfrak{I}_1$이다. ■

❙ 정리 7.11 ❙

X, Y를 위상공간이라 하고 $p\in X$라 하자. 함수 $f: X\to Y$에 대해 다음 내용들은 동치이다. $\mathscr{B}$, $\mathcal{S}$는 Y의 위상에 대한 기저, 부분기저이다.

(1) f가 $p\in X$에서 연속이다.

(2) $f(p)$를 포함하는 $B\in\mathscr{B}$에 대해 $f^{-1}(B)$가 p의 근방이다.

(3) $f(p)$를 포함하는 $S\in\mathcal{S}$에 대해 $f^{-1}(S)$ 가 p의 근방이다.

증명 문제로 남긴다. ■

예제 7.12

[예제 7.4]에서 $Y=\{x,y,z\}$의 위상 $\mathfrak{I}_2$은 $\{\{x\},\{y\}\}$에 의해 생성된다. 따라서 $\{\{x\},\{y\}\}$는 $\mathfrak{I}_2$에 대한 부분기저이다.

(1) $f^{-1}(\{y\})=\{b\}\not\in\mathfrak{I}_1$이므로 f는 연속함수가 아니다.

(2) $f(a)=x$이고 $f^{-1}(\{x\})=\{a,c,e\}$가 a의 근방이므로 f는 a에서 연속이다.

(3) $f(c)=x$이고 $f^{-1}(\{x\})=\{a,c,e\}$가 c의 근방이 아니므로 f는 c에서 불연속이다.

(4) $f(d)=z$이고 "만약 S가 z를 포함하는 $\mathcal{S}$의 원소라면 $f^{-1}(S)$가 d의 근방이다"라는 명제가 참이기 때문에 f는 d에서 연속이다.

▌정리 7.13▐

두 위상공간 $(X,\mathfrak{I}),(Y,\mathfrak{I}^*)$와 함수 $f:X\to Y$ 및 $a\in A\subset X$에 대하여

(1) f가 연속함수이면 제한함수 $f|_A:A\to Y$도 연속함수

(2) f가 $a\in A$에서 연속이면 $f|_A:A\to Y$ 도 a에서 연속

(3) f가 연속함수이면 $\hat{f}(x)=f(x)$로 정의된 함수 $\hat{f}:X\to f(X)$도 연속함수

증명 (1) $V\in\mathfrak{I}^*$라 하자. $f^{-1}(V)\in\mathfrak{I}$이므로 $A\cap f^{-1}(V)\in\mathfrak{I}_A$이고 $A\cap f^{-1}(V)=f|_A^{-1}(V)$이므로 $f|_A^{-1}(V)\in\mathfrak{I}_A$이다. 그러므로 $f|_A$는 연속함수이다.

(2) $V\subset Y$을 $f(a)$의 열린 근방이라 하자. f가 a에서 연속이므로 $a\in U\subset f^{-1}(V)$인 $U\in\mathfrak{I}$가 존재하고, $a\in A\cap U\subset A\cap f^{-1}(V)=f|_A^{-1}(V)$가 성립한다. 여기서 $a\in A\cap U\in\mathfrak{I}_A$이므로 $f|_A^{-1}(V)$는 a의 근방이다. 그러므로 $f|_A$는 a에서 연속이다.

(3) $H\subset f(X)$를 $f(X)$에서 열린집합이라 하면 $H=V\cap f(X)$인 $V\in\mathfrak{I}^*$가 존재한다. f가 연속이므로 $f^{-1}(V)\in\mathfrak{I}$이고

$$\hat{f}^{-1}(H) = f^{-1}(H) = f^{-1}(V \cap f(X)) = f^{-1}(V) \cap f^{-1}(f(X)) = f^{-1}(V)$$

이다. 그러므로 $\hat{f}^{-1}(H) \in \mathfrak{J}$이다. ■

예제 7.14

함수 $f : \mathbb{R} \to \mathbb{R}$가

$$f(x) = \begin{cases} 1 & (x \in \mathbb{Q}) \\ 0 & (x \in \mathbb{R} - \mathbb{Q}) \end{cases}$$

로 정의될 때 f는 연속함수가 아니지만, 제한함수 $f|_{\mathbb{Q}}$는 상수함수로 연속함수이다.

▎정리 7.15▎ (붙임정리, Lifting lemma)

두 위상공간 $(X, \mathfrak{J})$, $(Y, \mathfrak{J}^*)$과 $X = A \cup B$인 두 폐부분공간 $A, B \subset X$에 대하여 $f : A \to Y$와 $g : B \to Y$가 연속함수이며 '$\forall x \in A \cap B$, $f(x) = g(x)$'라 하자. 그러면 다음처럼 정의되는 함수 $h : X \to Y$는 연속함수이다.

$$h(x) = \begin{cases} f(x) & (x \in A) \\ g(x) & (x \in B) \end{cases}$$

증명 F를 Y에서 임의의 닫힌집합이라 하자. 그러면

$$h^{-1}(F) = h^{-1}(F) \cap (A \cup B) = (h^{-1}(F) \cap A) \cup (h^{-1}(F) \cap B) = f^{-1}(F) \cup g^{-1}(F)$$

이다. f와 g가 연속함수이므로 $f^{-1}(F)$는 부분공간 A에서 닫힌집합이고 $g^{-1}(F)$는 부분공간 B에서 닫힌집합이다. A와 B가 X에서 닫힌집합이므로, $f^{-1}(F)$와 $g^{-1}(F)$가 X에서 닫힌집합이다. 따라서 $h^{-1}(F) = f^{-1}(F) \cup g^{-1}(F)$가 X의 닫힌집합이다. 그러므로 h는 연속함수이다. ■

예제 7.16

$f : [0,1] \to X$, $g : [0,1] \to X$가 연속함수들이고 $f(1) = g(0)$이다. 그러면

$$h(x) = \begin{cases} f(2x) & (x \in [0, \frac{1}{2}]) \\ g(2x-1) & (x \in [\frac{1}{2}, 1]) \end{cases}$$

로 정의된 함수 $h:[0,1]\to X$는 연속함수이다.

풀이 $[0,\frac{1}{2}]$과 $[\frac{1}{2},1]$은 $[0,1]$의 닫힌집합이고 이들의 합집합은 $[0,1]$이다.

$$s(x)=2x,\ t(x)=2x-1$$

로 정의된 함수 $s:[0,\frac{1}{2}]\to[0,1]$와 $t:[\frac{1}{2},1]\to[0,1]$는 연속함수이다. 따라서 합성함수

$$f\circ s:[0,\frac{1}{2}]\to[0,1],\ g\circ t:[0,\frac{1}{2}]\to[0,1]$$

은 연속함수이고 $f(s(\frac{1}{2}))=g(t(\frac{1}{2}))$이므로 붙임정리에 의해 h는 연속함수이다. ■

7.2 점열의 수렴성과 점열연속성

실수열의 수렴을 나타내는 기호 $a_n\to a$ 혹은 $\lim_{n\to\infty}a_n=a$, 즉 실수열 $\{a_n\}$이 실수 a로 수렴한다(converge)에 대한 엄밀한 정의로 $\epsilon-N$(혹은 n_0) 정의를 2.2절에서 다룬 바 있다. 일반 위상공간으로 수열의 수렴개념을 확장하는 데 이 정의는 사용되지 못하고 동치로 도입된 $\mathcal{U}$-열린집합에 의한 정의(2.2절의 (정의 F))가 확장될 수 있는 길을 열어 준다.

▌정의 7.17▐

$\{x_n\}$을 위상공간 $(X,\mathfrak{I})$상의 수열(혹은 점열)이라 하고 $p\in X$라 하자.

(1) p의 임의의 열린 근방 U에 대하여 $\exists N\in\mathbb{N}$ $s.t$ $n\geq N\Rightarrow x_n\in U$일 때 점열 $\{x_n\}$은 p에 **수렴한다(converge)**고 하고 p를 점열 $\{x_n\}$의 **극한(limit)**이라 한다.[3] 이 상황을 $x_n\to p$로 나타낸다.

(2) $(X,\mathfrak{I})$상의 수열(혹은 점열) $\{x_n\}$이 **수렴수열(convergent sequence)**이라 함은 $x_n\to p$를 만족시키는 어떤 점 $p\in X$가 존재함을 뜻한다.

---

3) 점열의 극한과 집합의 극한점 간에 차이점이 있으니 유의해야 함.

예제 7.18

$X=\{a,b,c,d,e\}$ 위에는 다음의 위상 $\mathfrak{I}$가 주어져 있다.

$$\mathfrak{I}=\{X, \varnothing, \{a\}, \{c\}, \{a,c\}, \{b,c\}, \{c,e\}, \{a,b,c\}, \{b,c,e\}, \{a,c,e\}, \{a,b,c,e\}\}$$

X에서 점열 $\{a_n\}$은

$$a_n=\begin{cases} c & (n\text{이 짝수}) \\ e & (n\text{이 홀수}) \end{cases}$$

로 정의된다. 점열 $\{a_n\}$은 d, e에 수렴하나 a, b, c에는 수렴하지 않는다.

(i) $a_n \to e$이다. 왜냐하면 e의 열린 근방으로 $\{c,e\}, \{a,c,e\}, \{b,c,e\}, \{a,b,c,e\}$가 있으며 각각은 모든 항 a_n을 포함하고 있기 때문이다.

(ii) $a_n \not\to b$이다. 왜냐하면 b의 열린 근방 중에 $\{b, c\}$를 잡으면 어떠한 자연수 n에 대해서도 $a_m \notin \{b, c\}$인 $m>n$이 존재하기 때문이다.

| 기본성질 7.19 |

$\mathscr{B}_x$가 x의 국소기저일 때 $x_n \to x$일 필요충분조건은 임의의 $B \in \mathscr{B}_x$에 대하여 자연수 N이 존재하여 $n \geq N$인 자연수에 대해 $x_n \in B$를 만족하는 것이다.

증명 ($\Rightarrow$) $B \in \mathscr{B}_x$라 하자. 그러면 B는 x의 열린 근방이므로 자연수 N가 존재하여 $n \geq N$일 때 $x_n \in B$을 만족시킨다.

($\Leftarrow$) x의 임의의 열린 근방 U에 대하여 $x \in B \subset U$인 $B \in \mathscr{B}_x$를 택하면 자연수 N가 존재하여 $n \geq N$일 때 $x_n \in B \subset U$이다. 그러므로 $x_n \to x$이다. ■

아래의 정리는 위상에 비해 작은 규모인 기저나 부분기저로도 점열의 극한을 규명할 수 있음을 보여준다.

| 정리 7.20 |

$\{x_n\}$을 $(X,\mathfrak{I})$에서 점열이라 하고 $\mathscr{B}$와 $\mathcal{S}$는 각각 $\mathfrak{I}$의 기저와 부분기저라 하자. 다음들은 동치이다.

(1) $x_n \to x$

(2) x를 포함하는 임의의 $B \in \mathscr{B}$에 대하여 $\exists\, N \in \mathbb{N}\ \ s.t\ \ n \geq N \Rightarrow x_n \in B$

(3) x를 포함하는 임의의 $S \in \mathcal{S}$에 대하여 $\exists\, N \in \mathbb{N}\ \ s.t\ \ n \geq N \Rightarrow x_n \in S$

증명 (1) ⇔ (2) $\{B \in \mathscr{B} \mid x \in B\}$가 국소기저이므로 [기본성질 7.19]에 의해 성립한다.

(1) ⇒ (3) x를 포함하는 임의의 $S \in \mathcal{S}$에 대해 $x \in S \in \mathfrak{J}$이므로 성립한다.

(3) ⇒ (1) x의 임의의 열린 근방 U에 대하여 $\mathcal{S}$의 유한개의 원소 $S_1, \cdots, S_n$가 존재하여

$$x \in \bigcap_{i=1}^{n} S_i \subset U$$

를 만족시킨다. 각 $S_i\ (1 \leq i \leq n)$에 대하여 $\exists\, N_i \in \mathbb{N}\ \ s.t\ \ n \geq N_i \Rightarrow x_n \in S_i$. 따라서 $N = \max\{N_1, N_2, \cdots, N_n\}$를 택하면 $n \geq N$일 때

$$x_n \in S_1 \cap S_2 \cap \cdots \cap S_n \subset U$$

가 성립한다. 그러므로 $x_n \to x$이다. ■

예제 7.21

실수집합 $\mathbb{R}$위의 위상이 다음과 같이 주어지고 수열 $\{a_n\}$에서 $a_n = \dfrac{1}{n}$이다.

(1) 보통위상에서 $a_n \to 0$ 이다.

(2) 여유한위상에서 모든 $a \in \mathbb{R}$가 $\{a_n\}$의 극한이다.

(3) 상한위상에서 $\{a_n\}$의 극한은 없다.

(4) 하한위상에서 $a_n \to 0$ 이다.

풀이 (1) $\forall\, \delta > 0,\ n_0 > \dfrac{1}{\delta}$인 $n_0 \in \mathbb{N}$를 택하면 $n \geq n_0$일 때 $0 < \dfrac{1}{n} < \delta$이므로 $a_n \to 0$ 이다.

(2) $a \in \mathbb{R}$를 임의의 실수라 하고 U를 a의 임의의 열린 근방이라 하자. 그러면 $\mathbb{R} - U$는 유한집합이다. 항 a_n이 모두 다른 값이므로 유한개의 항을 제외하고 $a_n \in U$이다.

(3) 실수 α로의 수렴여부를 따져보자.

(i) $\alpha > 0$이면, α의 열린 근방 $(\dfrac{\alpha}{2}, \alpha]$에 오직 유한개의 a_n만이 포함되므로, 수열은 α에

수렴할 수 없다. ($n_0 > \frac{2}{\alpha}$인 자연수 $n_0 \in \mathbb{N}$를 존재하고 $n \geq n_0$이면 $\frac{1}{n} \not\in (\frac{\alpha}{2}, \alpha]$ 이다.)

(ii) $\alpha = 0$이면, 0의 열린 근방 $(-1, 0]$에 a_n이 하나도 포함되지 않으므로, 수열은 0에 수렴할 수 없다.

(iii) $\alpha < 0$이면, α의 열린 근방 $(2\alpha, \alpha]$에 a_n이 하나도 포함되지 않는다. 따라서 수열은 α에 수렴할 수 없다.

(4) 문제로 남긴다. ■

예제 7.22

$X = \{a, b, c, d, e\}$상의 위상 $\mathfrak{I}$는 $\mathcal{S} = \{\{a\}, \{b, c\}, \{c, e\}\}$에 의해 생성된다. X에서 점열 $\{a_n\}$이 다음과 같이 주어진다.

$$a_n = \begin{cases} c & (n\text{이 짝수}) \\ e & (n\text{이 홀수}) \end{cases}$$

점열 $\{a_n\}$의 극한은 d, e이다. (예제 7.18 참조)

풀이 $\mathcal{S}$는 $\mathfrak{I}$의 부분기저이다. 위의 정리를 적용하여 보자.

(i) d를 포함하는 $\mathcal{S}$의 원소는 없다. d는 $\{a_n\}$의 극한이다. 왜냐하면 "d를 포함한 임의의 $U \in \mathcal{S}$에 대해, $\exists N \in \mathbb{N}\ s.t.\ n \geq N \Rightarrow a_n \in U$"는 참이기 때문이다.

(ii) e를 포함하는 $\mathcal{S}$의 원소는 $\{c, e\}$뿐이고 "자연수 $n \geq 1$에 대하여 $a_n \in \{c, e\}$" 그러므로 e는 극한이다.

(iii) a를 포함하는 $\mathcal{S}$의 원소 $\{a\}$의 경우 "모든 자연수 n에 대하여 $a_n \not\in \{a\}$". 그러므로 a는 극한이 아니다.

(iv) b, c의 경우 $\mathcal{S}$의 원소 $\{b, c\}$에 대해 "자연수 $n \geq N$에 대하여 $a_n \in \{b, c\}$"이 되게 하는 자연수 N은 존재하지 않는다. 그러므로 b, c는 극한이 아니다. ■

예제 7.23

위상공간 X가 여가산위상공간이면, X에서 점열 $\{a_n\}$이 수렴하기 위한 필요충분조건은 점 $p \in X$가 유일하게 존재하고 $n_0 \in \mathbb{N}$가 존재하여 $n \geq n_0$ 인 모든 자연수 n에 대하여 $a_n = p$을 만족시킨다.

증명 수열 $\{a_n\}$이 점 p에 수렴한다고 하고 $A = \{m \mid a_m \neq p\}$라 두자. 그러면 $\{a_m | m \in A\}$

은 p를 포함하지 않는 가산집합이다. 여가산위상의 정의에 의하여 $U = X - \{a_m \mid m \in A\}$는 열린집합이고, p를 포함한다. 한편, 수열 $\{a_n\}$이 점 p에 수렴하므로 적당한 자연수 n_0가 존재하여 $n \geq n_0$인 모든 n에 대하여 $a_n \in U$이다. A의 구성에 의해서 U에 속하는 a_n들은 모두 p이다. 그러므로 $a_n = p\,(n \geq n_0)$이고 여가산공간 $\mathbb{R}$에서 수렴하는 수열의 극한점은 오직 하나이다. 역은 수렴의 정의로부터 쉽게 얻어진다. ■

❙ 기본성질 7.24 ❙

위상공간 X, 부분집합 A와 $x \in X$에 대해

(1) 위상공간 X가 C_1공간이면 각 점에서 축소가산국소기저가 존재한다.

(2) 위상공간 $(X, \mathfrak{I})$에서 $\{B_n \mid n \in \mathbb{N}\}$가 점 p에서 축소가산국소기저이면 각 $n \in \mathbb{N}$에 대하여 $x_n \in B_n$인 점열 $\{x_n\}$은 p에 수렴한다.

증명 (1) [기본성질 4.33]이다.

(2) p의 임의의 열린 근방 U에 대해 $B_{n_0} \subset U$가 되는 $n_0 \in \mathbb{N}$가 존재한다. 축소의 조건으로부터 $n \geq n_0$인 자연수 n에 대해 $B_n \subset B_{n_0}$이므로 $x_n \in B_{n_0} \subset U$가 되기 때문이다. ■

❙ 정리 7.25 ❙

위상공간 X, 부분집합 A와 $x \in X$에 대해

(1) $x_n \to x$인 A상의 수열 $\{x_n\}$이 존재하면 $x \in \overline{A}$이다.

(2) X가 C_1-공간이고 $x \in \overline{A}$이면 $x_n \to x$되는 A상의 수열 $\{x_n\}$이 존재한다.

증명 (1) $x_n \to x$인 A상의 수열 $\{x_n\}$이 존재하면, x를 포함하는 열린집합 G에 대해 $n_0 \in \mathbb{N}$가 존재하여 $n \geq n_0$이면 $a_n \in G$이므로 $G \cap A$는 공집합이 아니다. 따라서 $x \in \overline{A}$이다.

(2) X가 제1가산공간이므로 x에서 축소가산국소기저가 존재한다. 이것을 $\{B_n \mid n \in \mathbb{N}\}$이라 두자. $x \in \overline{A}$이므로 각 자연수 n에 대해 $B_n \cap A \neq \varnothing$이다. $B_n \cap A$에서 한 원소를 택해 x_n이라 두자. 그러면 $\{x_1, x_2, \cdots\}$은 A에서 점열이다. [기본성질 7.24]에 의해 $x_n \to x$이다. ■

▸ 보통위상공간 $\mathbb{R}$은 C_1-공간이고 $\overline{\mathbb{Q}} = \mathbb{R}$이므로 각각의 무리수(가령, $\sqrt{2}$, π, e 등)에 수렴하는 유리수 수열이 있다.

미분적분학이나 해석학에서 함수 $f : \mathbb{R} \to \mathbb{R}$가 $a \in \mathbb{R}$에서 연속일 필요충분조건은 수열 $\{x_n\}$가 a에 수렴한다면 수열 $\{f(x_n)\}$이 $f(a)$에 수렴하는 것, 즉 f가 a에서 점열연속인 것이다. 일반위상공간에 대해서도 그런가?

일반위상공간으로 확장하여 이 관계를 살펴본다.

정의 7.26

두 위상공간 $X = (X, \mathfrak{I}_1)$, $Y = (Y, \mathfrak{I}_2)$과 함수 $f : X \to Y$에 대해

(1) f가 $p \in X$에서 **점열연속**(sequently continuous at p)이라 함은 점열 $\{x_n\}$가 p에 수렴한다면 점열 $\{f(x_n)\}$이 $f(p)$에 수렴하는 것을 의미한다.

(2) f가 각각의 점에서 점열연속이 될 때 f를 **점열연속함수**(sequently continuous function)라 한다.

정리 7.27

X, Y를 위상공간이라 하고 $f : X \to Y$를 함수라 하자.

(1) 함수 f가 $p \in X$에서 연속이면 p에서 점열연속이다.

(2) 함수 f가 $p \in X$에서 점열연속이더라도 p에서 연속하지 않을 수도 있다.

(3) X가 C_1-공간이고 함수 f가 $p \in X$에서 점열연속이면 p에서 연속이다.

증명 (1) $x_n \to p$라 하고 V를 Y에서 $f(p)$의 임의의 열린 근방이라 하자. f는 p에서 연속이므로 $f^{-1}(V)$는 p의 근방이다. $x_n \to p$이므로 $n \geq N$인 모든 자연수 n에 대하여 $x_n \in f^{-1}(V)$를 만족시키는 $N \in \mathbb{N}$가 존재한다. 따라서 $n \geq N$이면 $f(x_n) \in V$도 성립하므로 $f(x_n) \to f(p)$이다.

(2) 여가산위상공간 $X = (\mathbb{R}, \mathfrak{I}_{cc})$, 보통위상공간 $Y = (\mathbb{R}, \mathcal{U})$에 대해 $f(x) = x$로 주어진 함수 $f : X \to Y$는 점 0에서 점열연속이나 연속은 아니다.

(i) X에서 $\{x_n\}$이 0에 수렴한다면 " $n \geq n_0$ 인 모든 자연수 n에 대하여 $x_n = 0$"을 만족시키는 자연수 n_0가 존재한다. 따라서 $n \geq n_0$ 인 모든 자연수 n에 대하여 $f(x_n) = f(0)$을 만족한다. 그러므로 점열 $\{f(x_n)\}$이 $f(0)$에 수렴한다. f는 0에서 점열연속이다.

(ii) Y에서 $f(0) = 0$의 열린 근방 $(-1,1)$에 대하여 X에서 $f^{-1}(-1,1) = (-1,1)$은 0의 근방이 아니다. 그러므로 f는 0에서 연속이 아니다.

(3) 만약 p에서 연속이 아니라고 하자. X가 C_1-공간이므로 p에서 축소가산국소기저를 잡을 수 있고 이것을 $\{B_n | n \in \mathbb{N}\}$이라 하자. 그러면 $f(p)$의 열린 근방 V가 존재하여 각 $n \in \mathbb{N}$에 대하여 $B_n \not\subset f^{-1}(V)$ (즉 $B_n - f^{-1}(V) \neq \varnothing$)을 만족시킨다. 따라서 각 $n \in \mathbb{N}$에 대하여 $a_n \in B_n - f^{-1}(V)$을 택하자. 그러면 $a_n \in B_n$이고 $f(a_n) \notin V$이다. 그러므로 $a_n \to p$이고 $f(a_n) \not\to f(p)$이다. f는 p에서 점열연속이 아니다. ■

7.3 열린함수와 닫힌함수

| 정의 7.28 |

두 위상공간 $X = (X, \mathfrak{T}_1)$, $Y = (Y, \mathfrak{T}_2)$과 함수 $f : X \to Y$에 대해

(1) 임의의 $U \in \mathfrak{T}_1$에 대하여 $f(U) \in \mathfrak{T}_2$일 때 f를 **열린함수**(open function)라고 한다.

(2) X에서 임의의 닫힌집합 F에 대하여 $f(F)$가 Y의 닫힌집합일 때 f를 **닫힌함수**(closed function)라 한다.

| 정리 7.29 |

$f : X \to Y$를 위상공간 $(X, \mathfrak{T}_1)$에서 위상공간 $(Y, \mathfrak{T}_2)$로의 함수라 하자.

(1) 다음은 동치이다.

① f는 열린함수

② $\mathscr{B}$가 $\mathfrak{T}_1$에 대한 기저일 때 $\forall B \in \mathscr{B}$, $f(B) \in \mathfrak{T}_2$

③ $\forall A \subset X$, $f(\text{int}(A)) \subset \text{int}(f(A))$

(2) f가 닫힌함수 $\Leftrightarrow \forall A \subset X$, $\overline{f(A)} \subset f(\overline{A})$

증명 (1) ① ⇒ ③ $A \subset X$에 대하여 $\text{int}(A) \subset A$이므로 $f(\text{int}(A)) \subset f(A)$이다. f가 열린함수이므로 $f(\text{int}(A))$가 열린집합이다. 따라서 $f(\text{int}(A)) \subset \text{int}(f(A))$이다.

③ ⇒ ① $U \in \mathfrak{I}_1$이라 하면 $\text{int}(U) = U$이다. ③에 의해

$$\text{int}(f(U)) \subset f(U) = f(\text{int}(U)) \subset \text{int}(f(U))$$

이다. 그러므로 $f(U) \in \mathfrak{I}_2$이다.

① ⇒ ② $B \in \mathscr{B}$이라 하면 $B \in \mathfrak{I}_1$이므로 $f(B) \in \mathfrak{I}_2$이다.

② ⇒ ① $U \in \mathfrak{I}_1$이라 하면 $U = \bigcup_{B \in \beta} B$되는 $\beta \subset \mathscr{B}$가 존재한다. 그러면

$$f(U) = f(\bigcup_{B \in \beta} B) = \bigcup_{B \in \beta} f(B)$$

이다. ②에 의해 $f(B) \in \mathfrak{I}_2$이므로 열린집합의 합집합 $f(U) \in \mathfrak{I}_2$이다.

(2) (⇒) 임의의 $A \subset X$에 대하여 $f(A) \subset f(\overline{A})$이다. $f(\overline{A})$가 닫힌집합이므로 $\overline{f(A)} \subset \overline{f(\overline{A})} = f(\overline{A})$이다.

(⇐) $F \subset X$를 닫힌집합이라 하자. 그러면

$$\overline{F} = F,\ f(F) \subset \overline{f(F)} \subset f(\overline{F}) = f(F)$$

이다. 그러므로 $f(F) = \overline{f(F)}$는 Y의 닫힌집합이다. ■

예제 7.30

(1) $f : \mathbb{R} \to \mathbb{R}$, $f(x) = x^2$는 연속함수이고 닫힌함수[4)]이나 열린함수가 아니다. 가령, 열린집합 $(-1,1)$이나 $f(-1,1) = [0,1)$은 열린집합이 아니다.

(2) $f(x) = [x]$로 정의된 $f : \mathbb{R} \to \mathbb{Z}$는 닫힌함수이고 열린함수이나 연속함수는 아니다. $\mathbb{Z}$가 가지는 위상은 $\mathcal{U}$로부터 유도된 상대위상으로 이산위상을 가진다. $\{1\}$은 $\mathbb{Z}$에서 열린집합이나 그 역상 $f^{-1}(\{1\}) = [1,2)$은 $\mathbb{R}$에서 열린집합이 아니다.

(3) $f(x,y) = x$로 정의된 함수 $f : \mathbb{R}^2 \to \mathbb{R}$는 연속함수이고 열린함수이나 닫힌함수가 아니다. 예를 들어 $A = \left\{(x, \frac{1}{x}) | x \in \mathbb{R} - \{0\}\right\}$는 $\mathbb{R}^2$에서 닫힌집합이나 $f(A) = \mathbb{R} - \{0\}$은 $\mathbb{R}$에서 닫힌집합이 아니다.

---

4) 닫힌함수임을 밝히는 것은 열린함수(기저이용가능(정리7.29))에 비해 까다롭다.

(4) 보통위상공간 $\mathbb{R}$의 부분공간 $X=[0,3]\cup[4,5)\cup[6,8]$와 $Y=[0,3]$에 대하여 함수 $f:X\rightarrow Y$가

$$f(x)=\begin{cases} x & (0\le x\le 3) \\ x-4 & (4\le x<5) \\ x-5 & (6\le x\le 8) \end{cases}$$

로 정의된다. 그러면 f가 전사인 연속함수이면서 f는 열린함수도 아니고 닫힌함수도 아니다. 왜냐하면 $[6,8]$는 X에서 열린집합이나 $f([6,8])=[1,3]$은 Y에서 열린집합이 아니다. 또한 $[4,5)$는 X에서 닫힌집합이나 $f([4,5))=[0,1)$은 Y에서 닫힌집합이 아니다. f가 연속함수임은 기저를 활용하면 쉽게 증명된다. 문제로 남긴다.

▸ 열린함수, 닫힌함수 및 연속함수는 서로 독립된 함수들이다.

7.4 위상동형함수 및 위상동형

집합 $X=\{a,b,c,d\}$위의 위상들

$$\mathfrak{I}_1=\{X,\varnothing,\{a,b\},\{c,d\}\},\ \mathfrak{I}_2=\{X,\varnothing,\{a,c\},\{b,d\}\}$$

$Y=\{w,x,y,z\}$위의 위상

$$\mathfrak{I}_3=\{Y,\varnothing,\{w,x\},\{y,z\}\}$$

을 비교해 볼 때, 이들 간에 집합이나 원소 명칭 차이 외에 위상구조적 차이가 없음을 짐작할 수 있다. 함수 $f:(X,\mathfrak{I}_1)\rightarrow(X,\mathfrak{I}_2)$와 $g:(X,\mathfrak{I}_1)\rightarrow(Y,\mathfrak{I}_3)$를

$$f(a)=a,f(b)=c,f(c)=b,f(d)=d,\ \ g(a)=w,g(b)=x,g(c)=y,g(d)=z$$

로 정의하면 f,g가 전단사이고 연속함수이며 그 역함수도 연속함수이다. 위상구조가 같다는 것은 위와 같은 함수의 존재성에 의해 특성화된다.

▌정의 7.31▌

$X=(X,\mathfrak{I}_1)$과 $Y=(Y,\mathfrak{I}_2)$을 위상공간이라 하자.

(1) 함수 $f: X \to Y$가 전단사, 연속함수이고 역함수 $f^{-1}: Y \to X$가 연속함수일 때 함수 f를 **위상동형함수**(homeomorphism)라고 한다.

(2) X에서 Y로의 위상동형함수가 적어도 하나 존재할 때 X와 Y는 **위상동형**(homeomorphic)이라 하고, $X \approx Y$로 나타낸다.

▌정리 7.32▌

$(X,\mathfrak{I}_1)$, $(Y,\mathfrak{I}_2)$를 위상공간, $f: X \to Y$를 전단사함수라 하자. 다음은 동치이다.

(1) f는 위상동형함수이다.

(2) f는 연속인 열린함수이다.

(3) f는 연속인 닫힌함수이다.

(4) 임의의 $A \subset X$에 대하여 $f(\overline{A}) = \overline{f(A)}$

증명 f가 전단사함수일 때

$$f^{-1}:\text{연속} \Leftrightarrow f:\text{열린함수},\quad f^{-1}:\text{연속} \Leftrightarrow f:\text{닫힌함수}$$

임이 f^{-1}의 역함수가 f이기에 쉽게 유도된다. 따라서 (1), (2), (3)은 동치이다.
(3) ⇔ (4) [정리 7.8] 및 [정리 7.29]로부터 쉽게 입증된다. ■

▌정리 7.33▌

(1) $X=(X,\mathfrak{I}_1)$에서 $X=(X,\mathfrak{I}_1)$로의 항등함수는 위상동형함수이다.

(2) $f:(X, \mathfrak{I}_1) \to (Y, \mathfrak{I}_2)$가 위상동형함수이면 $f^{-1}: (Y, \mathfrak{I}_2) \to (X, \mathfrak{I}_1)$도 위상동형함수이다.

(3) $f:(X, \mathfrak{I}_1) \to (Y, \mathfrak{I}_2)$, $g: (Y, \mathfrak{I}_2) \to (Z, \mathfrak{I}_3)$가 위상동형함수이면 합성함수 $g \circ f: (X, \mathfrak{I}_1) \to (Z, \mathfrak{I}_3)$도 위상동형함수이다.

증명 (1)과 (2)는 정의로부터 쉽게 얻어진다.

(3) $g \circ f$가 전단사임을 쉽게 입증된다. 이제 $U \in \mathfrak{I}_3$라 하자. g가 위상동형함수이므로 $g^{-1}(U) \in \mathfrak{I}_2$이다. 또 f가 위상동형함수이므로 $f^{-1}(g^{-1}(U)) \in \mathfrak{I}_1$이고 $f^{-1}(g^{-1}(U)) = (g \circ f)^{-1}(U)$이다. 따라서 $g \circ f$는 연속함수이다. 다음으로 $V \in \mathfrak{I}_1$에 대하여 f가 열린함수이므로 $f(V) \in \mathfrak{I}_2$이고 g가 열린함수이므로 $g(f(V)) \in \mathfrak{I}_3$이다. $(g \circ f)(V) \in \mathfrak{I}_3$로 $g \circ f$가 열린함수이다. [정리 7.32]에 의하여 $g \circ f$는 위상동형함수이다. ■

▸ 위상동형 관계($\approx$)는 반사적, 대칭적, 추이적으로 위상공간들에서 동치관계이다.

예제 7.34

$\mathbb{R}$에서 임의의 구간은 $(0,1)$, $[0,1)$, $[0,1]$ 중 하나와 위상동형이다.

(1) (a,b), (a,∞), $(-\infty,a)$, $\mathbb{R}$는 모두 $(0,1)$과 위상동형이다.

(2) $[a,b)\,(a<b)$, $[a,\infty)$, $(-\infty,a]$는 모두 $[0,1)$과 위상동형이다.

(3) $[a,b]\,(a<b)$는 모두 $[0,1]$과 위상동형이다.

풀이 (1) ① $f(x) = a(1-x)+bx$ 로 정의된 $f:(0,1) \to (a,b)$는 위상동형함수이다. 그러므로 열린구간 $(0,1)$과 $(a,b)\,(a<b)$는 위상동형이다.

② $f:(-\pi/2, \pi/2) \to \mathbb{R}$를 $f(x) = \tan x$로 정의하면 f는 위상동형함수이다. $(-\pi/2, \pi/2)$와 $\mathbb{R}$는 위상동형이다.

(2), (3)은 문제로 남긴다. ■

❙정리 7.35❙

$f:(X,\mathfrak{I}) \to (Y,\mathfrak{I}^*)$가 위상동형함수이고 $A \subset X$이면 제한함수 $f|_A : (A,\mathfrak{I}_A) \to (f(A),\mathfrak{I}^*_{f(A)})$ 역시 위상동형함수이다.

증명 $f(A) = B$라 하자. f가 전단사함수이므로 $f|_A : A \to B$는 전단사함수이다. 또 [정리 7.13]에 의해 $f|_A$는 연속함수이다. 이제 $f|_A$가 열린함수임을 밝히면 $f|_A$는 위상동형함수이다. $G \in \mathfrak{I}_A$라 하자. $G = U \cap A$가 되는 $U \in \mathfrak{I}$가 존재하고 f가 단사이므로 $f(U \cap A) = f(U) \cap f(A)$이다. 그러므로

$$f|_A(G) = f(G) = f(U \cap A) = f(U) \cap f(A) = f(U) \cap B$$

가 성립한다. f가 열린함수이고 $U \in \mathfrak{I}$이므로, $f(U) \in \mathfrak{I}^*$이다. 따라서 $f|_A(G) = f(U) \cap B \in \mathfrak{I}_B^*$이다. 그러므로 $f|_A$는 열린함수이다. ■

예제 7.36

$\mathbb{R}$의 부분공간 $[0,1]$, $[0,1)$, $(0,1)$은 서로 위상동형일까?

풀이 $[0,1]$과 $(0,1)$이 위상동형이라 하자. 그러면 위상동형함수 $f:[0,1] \to (0,1)$가 존재한다. 그러면 [정리 7.35]에 의하여 $g(x) = f(x)$로 정의된 $g:[0,1]-\{0\} \to (0,1)-\{f(0)\}$ 역시 위상동형함수이다. 따라서 $[0,1]-\{0\}$와 $(0,1)-\{f(0)\}$는 위상동형이다. 그러나 $[0,1]-\{0\} = (0,1]$, $(0,1)-f(0) = (0,f(0)) \sqcup (f(0),1)$로 열린-닫힌 집합의 수가 달라 이들은 위상동형이 아니다. 모순이 일어난다. 그러므로 $[0,1]$과 $(0,1)$은 위상동형이 아니다. 다른 경우에 대해선 문제로 남긴다. ■

예제 7.37

$\mathbb{R}$의 부분공간 $A = (0,1) \cup (1,2)$, $B = (0,1) \cup (2,3)$에 대하여 함수 $f: A \to B$가

$$f(x) = \begin{cases} x & (x \in (0,1)) \\ x+1 & (x \in (1,2)) \end{cases}$$

로 정의된다. f는 위상동형함수이다. 그러므로 A, B가 위상동형이다. 그러나 $F(A) = B$인 위상동형함수 $F: \mathbb{R} \to \mathbb{R}$은 존재하지 않는다. 만약 존재한다면 $F: \overline{A} \to F(\overline{A})$가 위상동형함수이고 $\overline{A} = [0,2]$와 $F(\overline{A}) = \overline{F(A)} = \overline{B} = [0,1] \cup [2,3]$가 위상동형이 되어야 한다. 모순이 발생한다.

| 정의 7.38 |

위상동형인 위상공간들이 항상 함께 공유하는 성질을 **위상적 성질**(topological property), 위상적 불변성 혹은 **위상적 불변량**(topological invariant)이라 한다.

- 위상적 성질임을 알고 있으면 위상공간 $(X,\mathfrak{I})$가 어떤 위상적 성질을 가지고 $(Y,\mathfrak{I}^*)$가 이 성질을 가지고 있지 않을 때 이들은 위상동형이 될 수 없음을 판단할 수 있다.

▌탐구 7.39▐ (위상적 성질의 예)[5]

위상적 성질																			
이산성	비이산성	여유한성	여가산성	제1가산성	제2가산성	린델뢰프성	가분성	거리화가능성	T_1성	하우스도르프성	정칙성	정규성	완전정칙성	연결성	경로연결성	국소연결성	컴팩트성	가산컴팩트성	점열컴팩트성

▸ 위상적 성질이 아닌 예: 거리공간의 유계성, 완비성, 완전유계성(13장)

▸ 위상수학(topology)이란 위상적 성질들을 다루는 수학의 분야라 할 수 있다. 위상수학의 목적 중 하나는 여러 위상적 불변성들을 다루는 것이고 이를 기준으로 사용하여 어떤 위상공간들이 위상적 동형인지 아닌지를 결정하도록 하는 것이다. 위상수학의 또 하나의 목적은 여러 위상적 성질들 간의 관계를 설정하고 위상적 성질들의 어떤 결합들이 동치인가를 보여주며 어떤 형태의 공간인지를 기술하고 특성화하는 것이다.

▸ $\mathbb{R}$의 모든 구간은 $[0,1]$, $[0,1)$, $(0,1)$중 오직 하나와 위상동형이다. $[0,1]$, $[0,1)$, $(0,1)$은 서로 간에 위상동형이 아니다. 이것은 연결성(11장)과 컴팩트성(12장)과 같은 위상적 성질을 알고 활용하면 쉽게 해결될 수 있다.

---

5) 일부는 다룬 바 있고 앞으로 다루게 되는 핵심개념들이다.

7장 연습문제

1. 위상공간 $X=\{a,b,c,d\}$의 위상이 $\mathfrak{I}=\{X, \varnothing, \{a\}, \{b,c\}, \{b,c,d\}, \{a,b,c\}\}$이다. $f(a)=f(c)=a$, $f(b)=f(d)=b$로 정의된 함수 $f:X\rightarrow X$는 어느 점에서 연속인가?

2. $f:\mathbb{R}\rightarrow\mathbb{R}$가 $f(x)=\begin{cases} x & (x\in\mathbb{Q}) \\ 0 & (x\in\mathbb{Q}^c)\end{cases}$로 정의된다면 f는 0에서만 연속임을 밝혀라.

3. $f:(\mathbb{R}, \mathfrak{I}_u)\rightarrow(\mathbb{R},\mathcal{U})$가 $f(x)=x$로 정의된다. 다음의 성립 여부를 판정하라.
   (1) f는 연속　　(2) f^{-1}는 열린함수　　(3) f^{-1}는 닫힌함수

4. 함수 $f:\mathbb{R}\rightarrow\mathbb{R}$ 가 $f(x)=\begin{cases} 1 & (x\geq 0) \\ x-1 & (x<0)\end{cases}$로 정의된다. 다음의 위상공간에 맞추어 f는 연속함수인가 아닌가를, 열린함수인가 아닌가를 판정하여라.
   (1) $X=(\mathbb{R}, \mathcal{U})$, $Y=(\mathbb{R}, \mathfrak{I}_l)$　　(2) $X=(\mathbb{R}, \mathfrak{I}_l)$, $Y=(\mathbb{R}, \mathfrak{I}_{cc})$
   (3) $X=(\mathbb{R}, \mathcal{U})$, $Y=(\mathbb{R}, \mathfrak{I}_{cf})$　　(4) $X=(\mathbb{R}, \mathfrak{I}_l)$, $Y=(\mathbb{R},\mathcal{U})$

5. $f:X\rightarrow Y$가 단사인 열린함수이고 $\varnothing\neq A\subset X$일 때 $f|_A:A\rightarrow Y$도 열린함수이다. 이것은 참이 아님을 보여라.

6. $X=\{1,2,3,4,5\}$ 위의 이산위상 $\mathcal{D}$와 다음 위상 $\mathfrak{I}$에 대하여[6)]

$$\mathfrak{I}=\{X, \varnothing, \{1,2\}, \{2\}, \{3,4,5\}, \{2,3,4,5\}, \{4\}, \{1,2,4\}, \{2,4\}\}$$

   (1) $f(1)=f(2)=1$, $f(3)=f(4)=f(5)=3$로 정의된 함수 $f:(X,\mathfrak{I})\rightarrow(X,\mathcal{D})$가 연속임을 밝혀라.
   (2) $\{2\},\{4\}$의 폐포를 구하라.
   (3) $f(2)=1$, $f(4)=3$을 만족하는 연속함수 $f:(X,\mathfrak{I})\rightarrow(X,\mathcal{D})$는 몇 개인가? 그 이유는?

---

6) 2002년 중등임용문제 참조

7. 위상공간 X에서 Y로의 함수 f 에 대해 동치임을 밝혀라.

① $\forall A \subset X, f(A') \subset \overline{f(A)}$ ② $\forall A \subset Y, \overline{f^{-1}(A)} \subset f^{-1}(\overline{A})$

③ $\forall A \subset Y, f^{-1}(A^\circ) \subset (f^{-1}(A))^\circ$ ④ f가 연속함수

8. X, Y, Z를 위상공간, $f : X \to Y$, $g : Y \to Z$를 위상공간 간의 함수라 하자. 다음을 증명하라.

(1) $g \circ f$가 열린함수이고 g가 단사인 연속함수이면 f는 열린함수이다.

(2) $g \circ f$가 열린함수이고 f가 전사인 연속함수이면 g는 열린함수이다.

9. 보통위상공간 $\mathbb{R}$의 부분공간 $X = \{0\} \cup \mathbb{N}$과 $Y = \{0\} \cup \left\{\frac{1}{n} \mid n \in \mathbb{N}\right\}$사이의 함수 $f : X \to Y$가 다음처럼 정의될 때 다음 중 옳은 것을 모두 골라라.

$$f(n) = \begin{cases} \frac{1}{n} & (n \in \mathbb{N}) \\ 0 & (n = 0) \end{cases}$$

① X는 이산공간이다. ② Y는 이산공간이다.

③ f는 연속이다. ④ f는 열린함수이다.

⑤ f^{-1}는 연속이다. ⑥ f는 닫힌함수

10. 두 위상공간 $(X, \mathfrak{I}_1)$과 $(Y, \mathfrak{I}_2)$에서 모든 함수 $f : X \to Y$가 연속이면 $\mathfrak{I}_1$이 이산위상이거나 $\mathfrak{I}_2$가 비이산위상임을 밝혀라.

11. $X = [0, \infty)$위에 위상 $\mathfrak{I} = \{\varnothing, X, (a, \infty) \mid a \geq 0\}$가 주어진다. 보통위상공간 $(\mathbb{R}, \mathcal{U})$의 부분공간 $[0, 2]$에서 X로 가는 다음 함수가 연속함수인지를 판정하라.

(1) $f(x) = \begin{cases} x & (x \in [0, 1)) \\ 3 - x & (x \in [1, 2]) \end{cases}$ (2) $f(x) = \begin{cases} x & (x \in [0, 1]) \\ x + 1 & (x \in (1, 2]) \end{cases}$

(3) $f(x) = [x]$, 여기서 $[x]$는 x를 넘지 않는 최대의 정수이다.

12. $\mathcal{S} = \{[a, b) \mid a, b \in \mathbb{R}, a < b\} \cup \{\mathbb{Q}\}$을 부분기저로 갖는 $\mathbb{R}$위의 위상 $\mathfrak{I}$에 대해 $f(\mathbb{Q}) = \{1\}$인 연속함수 $f : \mathbb{R} \to \mathbb{R}$는 상수함수임을 보여라.

13. 여유한위상공간 $(\mathbb{N}, \mathfrak{I}_{cf})$에서 여가산위상공간 $(\mathbb{N}, \mathfrak{I}_{cc})$으로의 함수 f가

$$f(n) = \begin{cases} 1 & (1 \le n < 3) \\ 2 & (3 \le n < 7) \\ 3 & (7 \le n) \end{cases}$$

로 정의된다.

(1) f가 불연속인 점들을 모두 구하여라.

(2) f가 점열 불연속인 점들을 모두 구하여라.

14. X는 실수집합 $\mathbb{R}$에서 여유한위상 $\mathfrak{I}_{cf}$을 가지는 위상공간이다.

(1) $f : X \to (\mathbb{R}, \mathcal{U})$가 연속함수이면 f는 상수함수이다.

(2) X에서 여러 극한을 가지는 수열과 수렴하지 않는 수열의 예를 들어라.

(3) 다음과 같이 정의된 X에서 수열 $\{a_n\}$의 극한을 모두 구하라.

$$a_n = \begin{cases} n & (n\text{는 홀수}) \\ 3 & (n\text{는 짝수}) \end{cases}$$

15. $X = \{a, b, c, d, e\}$상의 위상 $\mathfrak{I}$가 $\{\{a\}, \{a, b, c, d\}, \{a, b, e\}\}$에 의해 생성된다. X에서 다음과 같이 정의되는 점열 $\{a_n\}$의 극한을 모두 구하라.

$$a_n = \begin{cases} a & (n\text{가 홀수}) \\ b & (n\text{가 짝수}) \end{cases}$$

16. $\mathbb{R}^2 - \{(0, 0)\}$와 $\mathbb{R}^2 - \{(x, y) \mid x^2 + y^2 \le 1\}$가 위상동형임을 밝혀라.

17. 위상공간 $(X, \mathfrak{I})$에서 $X = \{a, b, c, d\}$이고 $\mathfrak{I}$는 $\{\{a\}, \{b\}, \{b, c, d\}\}$를 기저로 가지는 위상이다.

(1) $(X, \mathfrak{I})$에서 $(X, \mathfrak{I})$로의 위상동형함수를 모두 구하라.

(2) $(X, \mathfrak{I})$에서 $(X, \mathfrak{I})$로의 연속함수는 모두 몇 개인가?

(3) 위상공간 $(X, \mathfrak{I}^*)$가 $(X, \mathfrak{I})$와 위상동형이 되게 하는 X위의 위상 $\mathfrak{I}^*$는 모두 몇 개인가?

8장

약위상과 강위상: 부분공간, 곱공간과 상공간

기존의 위상공간들로부터 새로운 위상공간을 생성하는 방법으로 부분공간과 유한곱공간을 다룬 바 있다. 이 장에서는 함수의 연속성 관점에서 위상을 생성하는 방법인 '약위상'과 '강위상'의 개념을 살펴본다. 전자는 함수의 정의역이 집합이고 공역이 위상공간인 경우, 후자는 정의역이 위상공간이고 공역이 집합인 경우 이 함수를 연속함수로 만들도록 각 집합에다 위상을 부여하는 방법과 관련된다. 약위상과 강위상을 기반으로 부분공간, 곱공간과 상공간을 다룬다.

8.1 함수에 의해 유도된 약위상과 강위상

집합 X에서 위상공간 $(Y, \mathfrak{I})$로의 함수 $f: X \to Y$에 대해

$$\mathfrak{I}_{\{f\}} = \{ f^{-1}(V) \mid V \in \mathfrak{I} \}$$

는 X위의 위상이고(예제 3.13) 또한 위상공간 $(X, \mathfrak{I})$에서 집합 Y로의 함수 $g: X \to Y$에서

$$\mathfrak{I}^{\{g\}} = \{ V \subset Y \mid g^{-1}(V) \in \mathfrak{I} \}$$

는 Y위의 위상이다(예제 3.14). 이들 위상은 다음의 기본성질로 특성화된다.

▍기본성질 8.1▍

(1) 위상 $\mathfrak{I}_1$가 $f: X \to (Y, \mathfrak{I})$를 연속함수로 만드는 X위의 위상 $\Leftrightarrow$ $\mathfrak{I}_{\{f\}} \subset \mathfrak{I}_1$
따라서 $\mathfrak{I}_{\{f\}}$는 f를 연속함수로 만드는 X위의 가장 약한 위상이다.

(2) 위상 $\mathfrak{I}_2$가 $g: (X, \mathfrak{I}) \to Y$을 연속되게 하는 Y위의 위상 $\Leftrightarrow$ $\mathfrak{I}_2 \subset \mathfrak{I}^{\{g\}}$
따라서 $\mathfrak{I}^{\{g\}}$는 g를 연속함수로 만드는 Y위의 가장 강한 위상이다.

이를 일반화한 다음의 두 질문을 살펴보자.

(1) 집합 X와 각 $i \in \Lambda$에 대하여 위상공간 $(Y_i, \mathfrak{I}_i)$와 함수 $f_i: X \to Y_i$가 주어져 있다. 모든 함수 f_i들을 연속이 되도록 하는 X위의 위상은? 특히 가장 약한 위상은 어떻게 주어지는가?

(2) 집합 Y와 각 $i \in \Lambda$에 대하여 위상공간 $(X_i, \mathfrak{I}_i)$와 함수 $g_i: X_i \to Y$가 주어져 있다. 모든 함수 g_i들을 연속함수가 되도록 하는 Y위의 위상은? 특히 가장 강한 위상은 어

떻게 주어지는가?

(1)의 경우: f_i들을 연속이 되도록 하는 X위의 위상은 $\bigcup_{i\in\Lambda}\mathfrak{I}_{\{f_i\}}$를 포함하는 X위의 위상이고, 가장 약한 위상은 $\bigcup_{i\in\Lambda}\mathfrak{I}_{\{f_i\}}$를 포함하는 X위의 가장 약한 위상으로 이것을 부분기저(정의부분기저라 한다)로 가지는 위상, 다시 말해 이것에 의해 생성되는 위상이다. 이 위상을 $\{f_i\}_{i\in\Lambda}$에 의해 유도된 X위의 **약위상**(the weakest topology)이라 하고 $\mathfrak{I}_{\{f_i\}_{i\in\Lambda}}$로 나타낸다.

(2)의 경우: g_i들을 연속되게 하는 Y위의 위상은 $\bigcap_{i\in\Lambda}\mathfrak{I}^{\{g_i\}}$에 포함되는 Y위의 위상이고, 가장 강한 위상은 $\bigcap_{i\in\Lambda}\mathfrak{I}^{\{g_i\}}$이다. 이 위상을 $\{g_i\}_{i\in\Lambda}$에 의해 유도된 Y위의 **강위상**(the strongest topology)이라 하고 $\mathfrak{I}^{\{g_i\}_{i\in\Lambda}}$로 나타낸다.

▸ $\mathfrak{I}_i(i\in\Lambda)$들이 X위의 위상일 때 $\bigcup_{i\in\Lambda}\mathfrak{I}_i$은 위상이 아닐 수 있으나 $\bigcap_{i\in\Lambda}\mathfrak{I}_i$는 위상이다.

예제 8.2

집합 $X=\{a,b,c,d,e\}$, $Y=\{w,x,y,z\}$, $Z=\{1,2,3\}$에 대해 함수 $f:X\to Y$와 $g:X\to Z$가 다음과 같이 정의된다.

$$f(a)=w, f(b)=x, f(c)=f(d)=y, f(e)=z,$$
$$g(a)=1, g(b)=2, g(c)=g(d)=g(e)=3$$

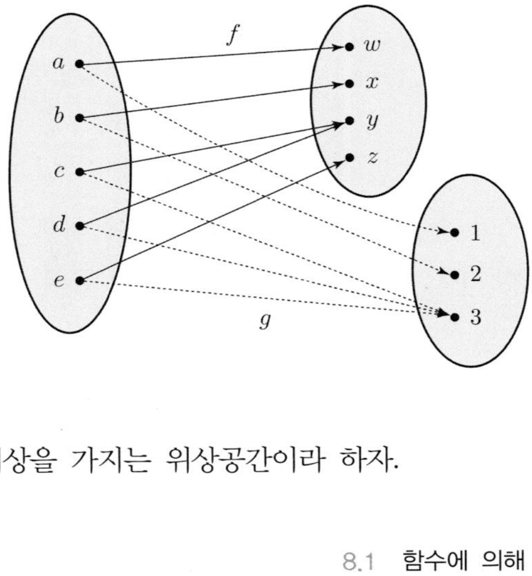

(1) Y, Z가 다음의 위상을 가지는 위상공간이라 하자.

$$\mathfrak{I}_1 = \{\, Y, \varnothing, \{x\}, \{x,y\}, \{x,z\}, \{x,y,z\}\,\},\ \mathfrak{I}_2 = \{Z, \varnothing, \{1\}, \{2,3\}\}$$

① 각각의 함수 f, g을 연속함수로 만드는 X위의 가장 약한 위상, 즉 $\{f\}$, $\{g\}$에 의해 유도된 각각의 약위상 $\mathfrak{I}_{\{f\}}$, $\mathfrak{I}_{\{g\}}$은 다음처럼 주어진다.

$$\begin{aligned}\mathfrak{I}_{\{f\}} &= \left\{f^{-1}(V) \mid V \in \mathfrak{I}_1\right\} = \{\, X, \varnothing, \{b\}, \{b,c,d\}, \{b,e\}, \{b,c,d,e\}\,\} \\ \mathfrak{I}_{\{g\}} &= \left\{g^{-1}(W) \mid W \in \mathfrak{I}_2\right\} = \{\, X, \varnothing, \{a\}, \{b,c,d,e\}\,\}\end{aligned}$$

② f, g 모두를 연속함수로 만드는 X위의 가장 약한 위상(약위상) $\mathfrak{I}_{\{f,g\}}$는

$$\mathfrak{I}_{\{f\}} \cup \mathfrak{I}_{\{g\}} = \{\, X, \varnothing, \{b\}, \{b,c,d\}, \{b,e\}, \{b,c,d,e\}, \{a\}\,\}$$

를 부분기저로 하는 위상으로 다음처럼 주어진다.

$$\mathfrak{I}_{\{f,g\}} = \{\, X, \varnothing, \{b\}, \{b,c,d\}, \{b,e\}, \{b,c,d,e\}, \{a\}, \{a,b\}, \{a,b,c,d\}, \{a,b,e\}\}$$

(2) X는 다음의 위상을 가지는 위상공간이라 하자.

$$\mathfrak{I} = \{\, X, \varnothing, \{b\}, \{b,c,d\}, \{b,e\}, \{b,c,d,e\}\,\}$$

함수 f을 연속함수로 만드는 Y위의 가장 강한 위상 $\mathfrak{I}^{\{f\}}$는

$$\mathfrak{I}^{\{f\}} = \{\, V \subset Y \mid f^{-1}(V) \in \mathfrak{I}\} = \{\, Y, \varnothing, \{x\}, \{x,y\}, \{x,z\}, \{x,y,z\}\,\}$$

로 주어지고 이것은 f에 의해 유도된 강위상이다.

예제 8.3

실수집합 $\mathbb{R}$과 부분집합 $A = [0,1)$에 대하여 함수 $f : \mathbb{R} \to A$을 다음처럼 정의한다.

$$f(x) = x - [x]$$

A가 $(\mathbb{R}, \mathcal{U})$의 부분공간으로 상대위상 $\mathcal{U}_A$을 가질 때 f에 의해 유도된 정의역 $\mathbb{R}$위의 약위상을 $\mathfrak{I}_1$, $\mathbb{R}$이 보통위상 $\mathcal{U}$를 가질 때 f에 의해 유도된 공역 A위의 강위상을 $\mathfrak{I}_2$라 하자. 그러면

$$\mathfrak{I}_1 = \{f^{-1}(G) \subset \mathbb{R} \mid G \in \mathcal{U}_A\},\ \mathfrak{I}_2 = \{\, V \subset [0,1) \mid f^{-1}(V) \in \mathcal{U}\}$$

로 주어진다. 다음에 대해 참 거짓을 정하고 그 이유를 알아보자.[1]

① $(-1,2) \in \mathfrak{I}_1$　　② $\mathbb{R}-\mathbb{N}$은 0의 $\mathfrak{I}_1$-근방　　③ $\mathbb{R}-\{0\} \in \mathfrak{I}_1$

④ $\mathbb{Z}$는 $\mathfrak{I}_1$-폐집합　　⑤ $(\frac{1}{2},\frac{2}{3}) \in \mathfrak{I}_2$　　⑥ $[0,\frac{1}{2}) \in \mathfrak{I}_2$

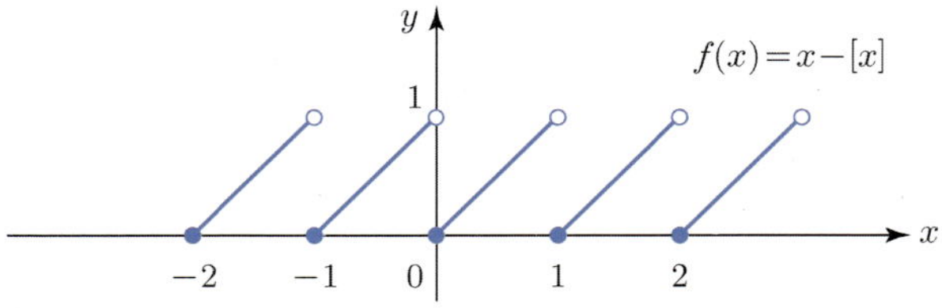

풀이 ① 거짓: $f^{-1}(G)=(-1,2)$인 $G \in \mathcal{U}_A$가 존재한다면 $f(0)=0 \in G$이고 $f^{-1}(\{0\})=\mathbb{Z} \subset f^{-1}(G)=(-1,2)$가 되어 모순이 발생한다. 그러므로 $(-1,2) \not\in \mathfrak{I}_1$

② 거짓: $\mathbb{R}-\mathbb{N}$이 0의 $\mathfrak{I}_1$-근방이라면 $f^{-1}(G) \subset \mathbb{R}-\mathbb{N}$인 $G \in \mathcal{U}_A$가 존재한다. $0=f(0) \in G$, $f^{-1}(\{0\})=\mathbb{Z} \subset f^{-1}(G) \subset \mathbb{R}-\mathbb{N}$가 되어 모순이 발생한다.

③ 거짓: $\mathbb{R}-\{0\} \in \mathfrak{I}_1$이라 하면 $f^{-1}(G)=\mathbb{R}-\{0\}$인 $G \in \mathcal{U}_A$가 존재한다. $f(1)=0 \in G$, $f^{-1}(\{0\})=\mathbb{Z} \subset f^{-1}(G)=\mathbb{R}-\{0\}$가 되어 모순이 발생한다. 그러므로 $\mathbb{R}-\{0\} \not\in \mathfrak{I}_1$

④ 참: $\mathbb{R}-\mathbb{Z}=f^{-1}((0,1))$로 $\mathbb{R}-\mathbb{Z} \in \mathfrak{I}_1$

⑤ 참: $f^{-1}(\frac{1}{2},\frac{2}{3})=\bigcup_{n\in\mathbb{Z}}(n+\frac{1}{2},n+\frac{2}{3}) \in \mathcal{U}$이므로 $(\frac{1}{2},\frac{2}{3}) \in \mathfrak{I}_2$

⑥ 거짓: $f^{-1}([0,\frac{1}{2}))=\bigcup_{n\in\mathbb{Z}}[n,n+\frac{1}{2}) \not\in \mathcal{U}$이므로 $[0,\frac{1}{2}) \not\in \mathfrak{I}_2$ ■

| 기본성질 8.4 |

$(X,\mathfrak{I})$를 위상공간, A를 X의 부분집합이라 하고 함수 $i : A \to X$를 $i(x)=x$로 정의하자. 그러면 A위의 상대위상 $\mathfrak{I}_A$는 포함함수 i에 의해 유도된 약위상 $\mathfrak{I}_{\{i\}}$와 같다.

증명 $\mathfrak{I}_{\{i\}}=\{i^{-1}(U) | U \in \mathfrak{I}\}=\{U \cap A \mid U \in \mathfrak{I}\}=\mathfrak{I}_A$ ■

1) 2011년 중등임용문제 참조

8.2 곱공간

6장에서 유한곱공간에 대해 다루었다. 그 장에서 유한개의 위상공간이 주어질 때 각 인자공간의 기저(위상자체도 기저가 됨)를 이용하여 곱집합위의 기저를 구성하였고 이 기저에 의해 생성되는 위상을 곱공간이라 하였다. 이 절에서 곱공간을 사영함수의 연속성 관점에서 살펴본다. 유한곱공간으로 한정하지 않고 무한개의 위상공간의 곱공간을 포함시켜 전체를 아우르는 곱공간을 다룬다.

먼저 유한개의 곱공간을 검토한다. n개의 집합들 $X_i(i=1,2,\cdots,n)$이 주어지면 이들의 곱집합과 n개의 사영함수는 다음과 같이 주어진다.

$$X=\prod_{i=1}^{n}X_i=X_1\times X_2\times\cdots\times X_n=\{(x_1,x_2,\cdots,x_n)\mid x_i\in X_i(i=1,2,\cdots,n)\}$$

$$\pi_i:X\to X_i,\ (x_1,x_2,\cdots,x_n)\mapsto x_i$$

| 정리 8.5 |

$(X_i,\mathfrak{I}_i)\,(i=1,2,\cdots,n)$들을 위상공간이라 하자. 곱집합 $X=\prod_{i=1}^{n}X_i$위의 곱공간은 모든 사영함수 $\pi_i:X\to X_i\ (1\le i\le n)$들을 연속되게 하는 X위의 가장 약한 위상이다.

증명 모든 사영함수 $\pi_i:X\to X_i(1\le i\le n)$들을 연속함수로 만드는 X위의 가장 약한 위상, 즉 사영함수들에 의해 유도된 약위상은

$$\mathcal{S}=\bigcup^{n}\mathfrak{I}_{\{\pi_i\}}=\bigcup_{i=1}^{n}\{\pi_i^{-1}(U_i)\mid U_i\in\mathfrak{I}_i\}$$

를 부분기저로 가지는 위상이다.

$$\pi_i^{-1}(U_i)=X_1\times\cdots\times U_i\times\cdots\times X_n$$
$$\pi_i^{-1}(U_i)\cap\pi_j^{-1}(U_j)=X_1\times\cdots\times U_i\times\cdots\times U_j\times\cdots\times X_n$$

이다. 부분기저 $\mathcal{S}$에 포함된 유한개 원소들의 교집합은

$$\pi_1^{-1}(U_1)\cap\pi_2^{-1}(U_2)\cap\cdots\cap\pi_n^{-1}(U_n)=U_1\times U_2\times\cdots\times U_n$$
$$(\text{여기서 } U_1\in\mathfrak{I}_1,\ U_2\in\mathfrak{I}_2,\ \cdots,\ U_n\in\mathfrak{I}_n)$$

의 형태로 나타낼 수 있다. 따라서 $\mathcal{S}$로부터 유한교집합을 통해 얻어지는 기저는

$$\{U_1\times U_2\times\cdots\times U_n\,|\,U_1\in\mathfrak{I}_1,\ U_2\in\mathfrak{I}_2,\ \cdots,\ U_n\in\mathfrak{I}_n\}$$

이다. 이 기저는 6장에서 곱위상을 정의하는 기저이다. 그 역도 성립한다. 따라서 사영함수들에 의해 유도된 약위상은 곱위상과 일치한다. ■

예제 8.6

위상공간 $(X_1,\mathfrak{I}_1)$과 $(X_2,\mathfrak{I}_2)$는 다음과 같이 주어진다.

$$X_1=\{a,b\},\ \mathfrak{I}_1=\{X_1,\varnothing,\{a\}\}$$
$$X_2=\{x,y,z\},\ \mathfrak{I}_2=\{X_2,\varnothing,\{x\},\{y,z\}\}$$

곱집합 $X_1\times X_2=\{(a,x),(a,y),(a,z),(b,x),(b,y),(b,z)\}$ 위의 곱위상의 기저는

$$\begin{aligned}\mathscr{B}&=\{\pi_1^{-1}(U_1)\cap\pi_2^{-1}(U_2)\,|\,U_1\in\mathfrak{I}_1,U_2\in\mathfrak{I}_2\}=\{U_1\times U_2\,|\,U_1\in\mathfrak{I}_1,U_2\in\mathfrak{I}_2\}\\&=\{X_1\times X_2,\varnothing,X_1\times\{x\},X_1\times\{y,z\},\{a\}\times X_2,\{a\}\times\{x\},\{a\}\times\{y,z\}\}\end{aligned}$$

이다. 일반적으로 $\mathscr{B}$는 $X_1\times X_2$ 위의 위상은 아니다.

이제 무한개의 위상공간의 곱집합의 정의와 이 집합에 위상을 도입하는 방법을 알아보자. 무한곱집합의 원소표현부터 잘 숙지하여야 한다.

집합 $X_\alpha\,(\alpha\in\Lambda)$들에 대해 Λ가 가산무한집합이면 가령, $X_i\,(i\in\mathbb{N})$일 때 곱집합 $X=\prod_{i\in\mathbb{N}}X_i$의 원소는 유한곱집합의 원소를 n-튜플로 표현하듯이 $(x_1,x_2,\cdots)$처럼 배열 표현도 가능하나 Λ가 비가산집합인 경우 불가능하다. 따라서 전체를 아우르는 곱집합의 원소를 표현하는 방법이 필요하다.

두 곱집합 $X_1\times X_2=\{(x_1,x_2)\,|\,x_1\in X_1,\ x_2\in X_2\}$의 원소 (x_1,x_2)를 $x(1)=x_1\in X_1$, $x(2)=x_2\in X_2$를 만족하는 함수 $x:\{1,2\}\to X_1\cup X_2$로 표현을 바꾼다.

$$X_1\times X_2=\{x:\{1,2\}\to X_1\cup X_2\ \mid\ x(1)\in X_1,\ x(2)\in X_2\}$$

로 볼 수 있다. 일반화하여 $X = \prod_{\alpha \in \Lambda} X_\alpha$의 원소는 다음과 같은 함수로 표현한다.

$$x \in X = \prod_{\alpha \in \Lambda} X_\alpha \quad \Leftrightarrow \quad x : \Lambda \to \bigcup_{\alpha \in \Lambda} X_\alpha \ \ s.t.\ \forall \alpha \in \Lambda,\ x(\alpha) \in X_\alpha$$

이때 $x(\alpha)$를 x_α로 나타내고 $x \in X$를 $(x_\alpha)_{\alpha \in \Lambda}$ 간단히 (x_α)로 나타낸다. 그리고 임의의 $x \in X = \prod_{\alpha \in \Lambda} X_\alpha$에 대해

$$\pi_\alpha(x) = x(\alpha) = x_\alpha$$

로 정의된 함수 $\pi_\alpha : X \to X_\alpha$를 α번째 **사영함수(projection)**라고 한다.

위상공간들 $(X_\alpha, \mathfrak{I}_\alpha)(\alpha_\alpha \in \Lambda)$에 대해 곱집합 $X = \prod_{\alpha \in \Lambda} X_\alpha$에다 위상을 주는 다음과 같은 두 방법을 고려해 보자.

(1) 모든 사영함수 $\pi_\alpha : X \to X_\alpha$ 들을 연속함수로 만드는 가장 약한 위상 $\mathfrak{I}_{\{\pi_\alpha | \alpha \in \Lambda\}}$

(2) $\left\{ \prod_{\alpha \in \Lambda} U_\alpha \mid U_\alpha \in \mathfrak{I}_\alpha(\alpha \in \Lambda) \right\}$(기저자격을 가짐)을 기저로 가지는 위상 $\mathfrak{I}_{box}$

(1)의 위상을 **곱위상(product topology)** 혹은 **적위상**이라 하고 위상공간 $(X, \mathfrak{I}_{\{\pi_\alpha \mid \alpha \in \Lambda\}})$를 **곱공간(product space)** 혹은 **적공간**이라 한다.

(2)의 위상을 **상자위상(box topology)**이라 하고 $(X, \mathfrak{I}_{box})$를 **상자위상공간**이라 한다.

▸ 유한곱집합위에서 곱위상과 상자위상은 서로 같으나 무한 곱집합위에서는 차이가 남에 유의하여야 한다. 상자위상은 곱위상보다 강한 위상이다. 상자위상보다 곱위상이 훨씬 유용하며 곱집합위의 위상개념을 논하면서 위상에 대한 특별한 언급이 없으면 곱위상이 개입되어 있다고 본다.

❙ 기본성질 8.7 ❙

다음은 곱공간 $X = \prod_{\alpha \in \Lambda} X_\alpha$위의 곱위상의 기저이다.

$$\left\{ \prod_{\alpha \in \Lambda} U_\alpha \mid \text{유한개의 } \alpha\text{를 제외하고 } U_\alpha = X_\alpha \text{이고 그 유한개의 } \alpha\text{에 대해 } U_\alpha \in \mathfrak{I}_\alpha \right\}$$

이 기저를 곱공간(의 곱위상)에 대한 **정의기저(defining base)**라 한다.

증명 곱공간 $X=\prod_{\alpha\in\Lambda}X_\alpha$ 위의 곱위상은

$$\mathcal{S}=\bigcup_{\alpha\in\Lambda}\mathfrak{I}_{\{\pi_\alpha\}}=\bigcup_{\alpha\in\Lambda}\{\pi_\alpha^{-1}(U_\alpha)\mid U_\alpha\in\mathfrak{I}_\alpha\}=\bigcup_{\alpha\in\Lambda}\left\{(\prod_{\gamma\in\Lambda-\{\alpha\}}X_\gamma)\times U_\alpha\mid U_\alpha\in\mathfrak{I}_\alpha\right\}$$

을 부분기저로 ($\mathcal{S}$를 **정의부분기저**(defining subbase)라 한다) 가지는 위상이다. 이 부분기저 $\mathcal{S}$에 포함된 원소들의 유한 교집합

$$\pi_{\alpha_1}^{-1}(U_{\alpha_1})\cap\pi_{\alpha_2}^{-1}(U_{\alpha_2})\cap\cdots\cap\pi_{\alpha_n}^{-1}(U_{\alpha_n})$$

은 다음의 형태로 표현할 수 있다.

$$(\prod_{\gamma\in\Lambda-\{\alpha_1,\cdots,\alpha_n\}}X_\gamma)\times U_{\alpha_1}\times U_{\alpha_2}\times\cdots\times U_{\alpha_n}$$

이러한 형태를 모두 모은 집합족이 곱위상의 기저이다. ■

❙기본성질 8.8❙

곱공간 $X=\prod_{\alpha\in\Lambda}X_\alpha$에서 X_α으로의 사영함수 $\pi_\alpha: X\to X_\alpha$는 연속인 열린함수이다.

증명 곱위상의 정의에 의해 $\pi_\alpha: X\to X_\alpha$는 연속함수이다. 이제 $\mathscr{B}$를 X에 대한 정의기저 (기본성질 8.7)라 하고 $B\in\mathscr{B}$라 하고

$$B=(\prod_{\alpha\in\Lambda-\{\alpha_1,\cdots,\alpha_n\}}X_\alpha)\times U_{\alpha_1}\times\cdots\times U_{\alpha_n}$$

라 두자. 그러면

$$\pi_\alpha(B)=\begin{cases}U_\alpha & (\alpha\in\{\alpha_1,\cdots,\alpha_n\})\\ X_\alpha & (\alpha\notin\{\alpha_1,\cdots,\alpha_n\})\end{cases}$$

이므로 $\pi_\alpha(B)$는 열린집합이다. [정리 7.29]에 의해 π_α는 열린함수이다. ■

❙정리 8.9❙

위상공간 Y에서 곱공간 $X=\prod_{\alpha\in\Lambda}X_\alpha$로의 함수 $F: Y\to X$에 대해 다음은 동치이다.

(1) F는 연속함수이다,

(2) 각 사영함수 π_α에 대해 $f_\alpha = \pi_\alpha \circ F: Y \to X_\alpha$가 연속함수이다.

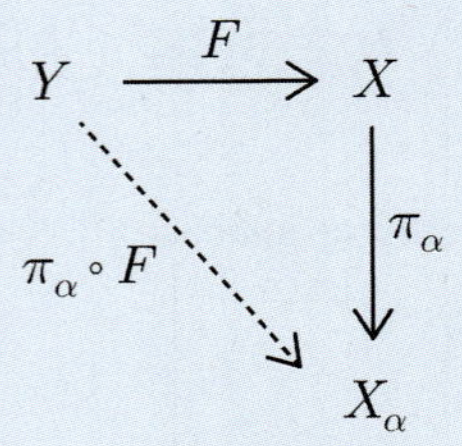

증명 (1) ⇒ (2) 연속함수의 합성함수는 연속함수이다.

(2) ⇒ (1) X의 정의부분기저의 임의의 원소 $\pi_\alpha^{-1}(U_\alpha)$에 대하여

$$F^{-1}(\pi_\alpha^{-1}(U_\alpha)) = (\pi_\alpha \circ F)^{-1}(U_\alpha)$$

는 Y에서 열린집합이다. 그러므로 F는 연속함수이다. ■

예제 8.10

(1) $\alpha(t) = (3\cos t, 3\sin t)$로 정의된 $\alpha : \mathbb{R} \to \mathbb{R}^2$는 연속함수이다. 왜냐하면

$$(\pi_1 \circ \alpha)(t) = 3\cos t,\ (\pi_2 \circ \alpha)(t) = 3\sin t$$

로 $\pi_1 \circ \alpha : \mathbb{R} \to \mathbb{R}$와 $\pi_2 \circ \alpha : \mathbb{R} \to \mathbb{R}$가 연속함수이기 때문이다.

(2) $f(x) = (x, \sin\frac{1}{x})$로 정의된 함수 $f: (0,1] \to \mathbb{R}$은 연속함수이다. 왜냐하면

$$(\pi_1 \circ f)(x) = x\ (x \in (0,1]),\ (\pi_2 \circ f)(x) = \sin\frac{1}{x}\ \ (x \in (0,1])$$

들이 연속함수이기 때문이다.

▌정리 8.11▐

곱공간 $X = \prod_{\alpha \in \Lambda} X_\alpha$에서 점열 $\{x_n\}$에 대해

$x_n \to x$일 필요충분조건은 각 $\alpha \in \Lambda$에 대하여 $\pi_\alpha(x_n) \to \pi_\alpha(x)$인 것이다.

(여기서 $x_n = (\pi_\alpha(x_n))_{\alpha \in \Lambda} = (\pi_\alpha(x_n)) = (x_n(\alpha))$,

$x = (\pi_\alpha(x))_{\alpha \in \Lambda} = (\pi_\alpha(x)) = (x(\alpha))$로 표현할 수 있다.)

증명 (⇒) 각 $\alpha \in \Lambda$에 대하여 사영함수 $\pi_\alpha : X \to X_\alpha$가 연속함수이므로 점열연속함수이다. 그러므로 $x_n \to x$이면 $\pi_\alpha(x_n) \to \pi_\alpha(x)$이다.

(⇐) $x = (\pi_\alpha(x)) \in X$라 하자. x를 포함하는 임의의 정의부분기저의 원소 $\pi_\beta^{-1}(G)$에 대하여, 즉 $x \in \pi_\beta^{-1}(G) = \prod_{\alpha \in \Lambda - \{\beta\}} X_\alpha \times G$에 대하여, $\pi_\beta(x) \in G$이고 $\pi_\beta(x_n) \to \pi_\beta(x)$이므로

$$\exists N \in \mathbb{N} \ s.t \ n \geq N \Rightarrow \pi_\beta(x_n) \in G$$

이다. $\alpha \in \Lambda - \{\beta\}$의 경우에 모든 자연수 $n \in \mathbb{N}$에 대해 $\pi_\alpha(x_n) \in X_\alpha$이다. 그러므로

$$x_n = (\pi_\alpha(x_n)) \in \prod_{\alpha \in \Lambda - \{\beta\}} X_\alpha \times G = \pi_\beta^{-1}(G)$$

이다. 따라서 $x_n \to x$이다. ■

▸ $\{(a_n, b_n)\}$이 곱공간 $X \times Y$에서 점열 ⇔ $\{a_n\}$, $\{b_n\}$이 각각 X, Y에서 점열

$$(a_n, b_n) \to (a, b) \Leftrightarrow a_n \to a, \ b_n \to b$$

❙ 정리 8.12 ❙

$X, Y, X_{\alpha(\alpha \in \Lambda)}$를 위상공간이라 하고 $A \subset X$, $B \subset Y$, $A_\alpha \subset X_\alpha$라 하자. 그러면

(1) $\overline{\prod_{\alpha \in \Lambda} A_\alpha} = \prod_{\alpha \in \Lambda} \overline{A_\alpha}$

(2) $\text{int}(A \times B) = \text{int}(A) \times \text{int}(B)$

(3) $\text{int}(\prod_{\alpha \in \Lambda} A_\alpha) \subset \prod_{\alpha \in \Lambda} \text{int}(A_\alpha)$

(4) $b(A \times B) = (\overline{A} \times b(B)) \cup (b(A) \times \overline{B})$

(5) $(A \times B)' = (\overline{A} \times B') \cup (A' \times \overline{B})$

증명 문제로 남긴다. ■

❙ 정리 8.13 ❙

가산개의 가분공간 $X_n (n \in \mathbb{N})$의 곱공간은 $X = \prod_{n \in \mathbb{N}} X_n$은 가분공간이다.

증명 각 $n\in\mathbb{N}$에 대하여 X_n이 가분공간이므로 가산조밀부분집합 A_n이 존재한다. 각 $n\in\mathbb{N}$에 대하여 $a_n\in A_n$을 선택해 두고

$$C_n = A_1\times A_2\times\cdots\times A_n\times\{a_{n+1}\}\times\{a_{n+2}\}\times\cdots$$

라 하자. 그러면 C_n은 X의 가산부분집합이다. 그러므로

$$C=\bigcup_{n\in\mathbb{N}} C_n$$

도 X의 가산부분집합이다. 이 C가 X의 조밀부분집합임을 밝히자.
$x\in X$를 임의의 점이라 하고 B를 x를 포함한 정의기저의 임의의 원소라 하자. 그러면 [기본성질 8.7]을 적용하여 B를 다음과 같은 형태로 둘 수 있다.

$$B= U_1\times U_2\times\cdots\times U_{n_0}\times\prod_{k=n_0+1}^{\infty}X_k$$

각 $n\in\mathbb{N}\,(1\le n\le n_0)$에 대하여 $\overline{A_n}=X_n$이기 때문에 $U_n\cap A_n\neq\varnothing$이다. 각 $n\in\mathbb{N}$ $(n>n_0)$에 대하여 $X_n\cap\{a_n\}=\{a_n\}\neq\varnothing$이다. 따라서 $\varnothing\neq C_{n_0}\cap B\subset C\cap B$이다. 그러므로 $x\in\overline{C}$이다. ■

8.3 상공간

| 정의 8.14 |

함수 $f: X\to Y$는 위상공간 $(X,\mathfrak{I})$에서 집합 Y로의 전사함수이다. f에 의해 유도된 X위의 강위상

$$\mathfrak{I}^{\{f\}}=\{\,V\subset Y\,|\,f^{-1}(V)\in\mathfrak{I}\}$$

를 f에 의한 Y위의 상위상(quotient topology by f)이라하고 위상공간 $(Y,\mathfrak{I}^{\{f\}})$를 f에 의한 X의 상공간(quotient space)이라 한다. 그리고 $f:(X,\mathfrak{I})\to(Y,\mathfrak{I}^{\{f\}})$를 상함수(상사상, quotient map)라 한다.

▸ 전사함수 $f:(X,\mathfrak{I}_1)\to(Y,\mathfrak{I}_2)$가 상함수라 함은 $\mathfrak{I}_2=\mathfrak{I}^{\{f\}}$가 되어짐을 의미한다.

예제 8.15

하한위상공간 $(\mathbb{R}, \mathfrak{I}_l)$과 집합 $A=\{-1,0,1,2\}$에 대하여 다음과 같이 정의된 함수 $f:(\mathbb{R},\mathfrak{I}_l)\to A$를 생각하자.

$$f(x)=\begin{cases} -1, & (x<0) \\ 0, & (x=0) \\ 1, & (0<x\le 1) \\ 2, & (x>1) \end{cases}$$

함수 f에 의한 A위에서의 상위상을 $\mathfrak{I}$라 할 때, 위상공간 $\mathfrak{I}$에서 모든 열린집합을 구하라.[2)]

풀이 $\mathfrak{I}=\mathfrak{I}^{\{f\}}=\{V\subset A \mid f^{-1}(V)\in\mathfrak{I}\}$이고 '$V\in\mathfrak{I}\Leftrightarrow f^{-1}(V)\in\mathfrak{I}_l$'을 적용하여 A의 모든 부분집합에 대해 검토하면 다음과 같이 얻어진다.

$$\mathfrak{I}=\{A,\varnothing,\{-1\},\{2\},\{-1,2\},\{1,2\},\{-1,1,2\},\{0,1,2\}\}$$

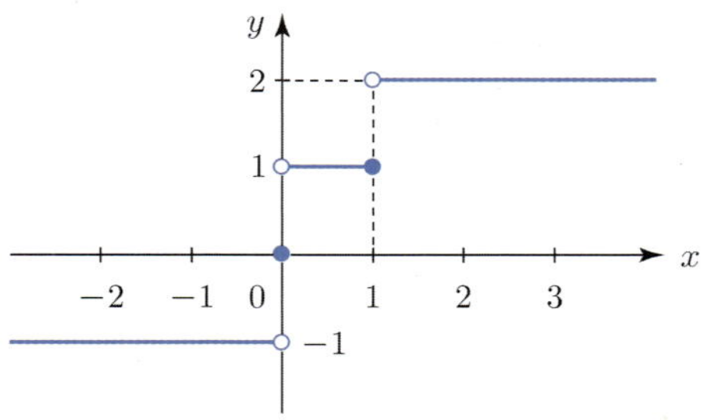

❙정리 8.16❙

X, Y, Z를 위상공간이라 하자. 전사함수 $f: X\to Y$가 상함수이다. 그러면 함수 $g: Y\to Z$가 연속되기 위한 필요충분조건은 $g\circ f: X\to Z$가 연속이 되는 것이다.

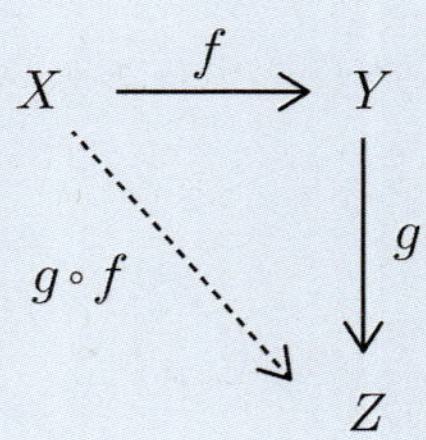

2) 2010년 중등 임용문제 참조

증명 ($\Rightarrow$) f, g가 연속이므로 합성함수 $g \circ f$가 연속이다.

($\Leftarrow$) Z에서 임의의 열린집합 V에 대하여 $g \circ f$가 연속이므로 $(g \circ f)^{-1}(V) = f^{-1}(g^{-1}(V))$는 X에서 열린집합이다. Y의 위상이 f에 의한 강위상으로 $g^{-1}(V)$는 Y에서 열린집합이다 그러므로 g는 연속함수이다. ■

❚정리 8.17❚

$f:(X,\mathfrak{I}_1)\to(Y,\mathfrak{I}_2)$를 전사인 연속함수라 하자. f가 열린함수이거나 닫힌함수이면 $\mathfrak{I}_2 = \mathfrak{I}^{\{f\}}$이다. 즉, f가 상함수이다.

증명 여기선 f가 열린함수인 경우에 대해서 밝히고 f가 닫힌함수인 경우도 유사하게 증명될수 있으며 문제로 남긴다.

($\subset$) $\mathfrak{I}^{\{f\}}$는 f를 연속이게 하는 가장 강한 위상이므로 $\mathfrak{I}_2 \subset \mathfrak{I}^{\{f\}}$이다.

($\supset$) 임의의 열린집합 $V \in \mathfrak{I}^{\{f\}}$에 대하여 강위상의 정의에 의해 $f^{-1}(V) \in \mathfrak{I}_1$이다. f가 전사이므로 $V = f(f^{-1}(V))$이고 열린함수이므로 $V = f(f^{-1}(V)) \in \mathfrak{I}_2$이다. 그러므로 $\mathfrak{I}^{\{f\}} \subset \mathfrak{I}_2$이다. ■

예제 8.18

보통위상공간 $\mathbb{R}$의 부분공간 $X = [0,3] \cup [4,5) \cup [6,8]$와 $Y = [0,3]$에 대하여 함수 $f: X \to Y$가

$$f(x) = \begin{cases} x & (0 \le x \le 3) \\ x-4 & (4 \le x < 5) \\ x-5 & (6 \le x \le 8) \end{cases}$$

로 정의된다. f는 전사인 연속함수로 f는 열린함수도 아니고 닫힌함수도 아니다.(예제 7.30) 그러나 $\mathcal{U}_Y = \mathfrak{I}^{\{f\}}$로 f는 상함수이다.

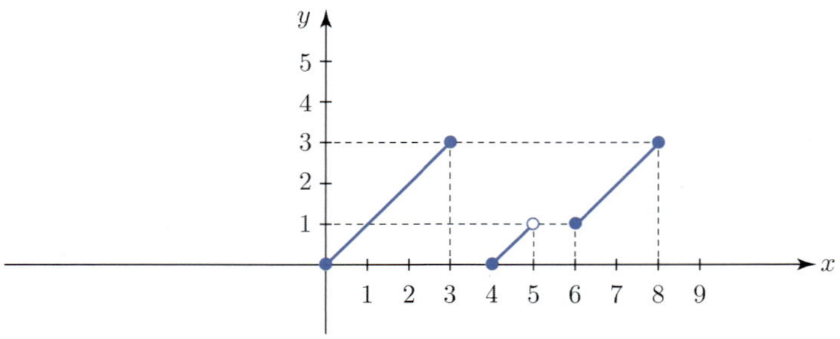

풀이 X의 위상은 $\mathcal{U}_X$이고 Y의 위상은 $\mathcal{U}_Y$이다.

(i) f가 연속함수이므로 $\mathcal{U}_Y \subset \mathfrak{I}^{\{f\}} = \{V \subset A \mid f^{-1}(V) \in \mathcal{U}_X\}$이다.

(ii) $g(y) = y$로 정의된 $g: Y \to X$는 연속함수이고 $f \circ g: Y \to Y$는 항등함수이다.

만약 $V \in \mathfrak{I}^{\{f\}}$이면 $f^{-1}(V) \in \mathcal{U}_X$이다. g가 연속이므로 $g^{-1}(f^{-1}(V)) \in \mathcal{U}_Y$이고 $g^{-1}(f^{-1}(V)) = (f \circ g)^{-1}(V) = V$이어서 $V \in \mathcal{U}_Y$. 따라서 $\mathfrak{I}^{\{f\}} \subset \mathcal{U}_Y$이다.

그러므로 f는 상함수이다. ■

❙정의 8.19❙

$(X,\mathfrak{I})$는 위상공간이고, ε는 X위의 동치관계이다. x의 동치류를 $[x]$로 나타내고 X/ε는 이런 모든 동치류들을 모은 상집합이라 하자. 그리고 $q: X \to X/\varepsilon$는 $q(x) = [x]$로 정의되는 **표준함수**(canonical function)를 나타낸다고 하자. q에 의한 상위상, 즉 q에 의해 유도된 강위상 $\mathfrak{I}^{\{q\}}$을 동치관계 ε에 의한 **상위상**(the quotient topology by ε) 혹은 **동일화위상**(identification topology)이라 하고 $\mathfrak{I}^{\varepsilon}$로 나타낸다.

- $\mathfrak{I}^{\varepsilon} = \{V \subset X/\varepsilon \mid q^{-1}(V) \in \mathfrak{I}\} = \mathfrak{I}^{\{q\}}$이고 '$V \in \mathfrak{I}^{\varepsilon} \Leftrightarrow q^{-1}(V) \in \mathfrak{I}$'이다.

- $(X,\mathfrak{I})$는 위상공간이고 X의 분할이 있으면 분할위에서 자연스럽게 '상위상'이 정의되어진다. [예제 1.19]에서 언급하였던 바 X위의 동치관계 $\sim$에 의해 만들어진 상집합 $X/\sim$은 X의 분할이 된다. 또한, X의 분할 $\mathcal{P}$가 있으면 분할의 한 집합에 동시에 포함될 때 관계가 있는 걸로 즉 "$p\varepsilon x \Leftrightarrow \exists A \in \mathcal{P} s.t.\ p, x \in A$" 로 정의하면 ε는 동치관계이며 $X/\varepsilon = \mathcal{P}$이다.

❙정의 8.20❙

위상공간 $(X,\mathfrak{I})$와 X의 분할 $\mathcal{P}$에 대해 위의 진술처럼 대응하는 동치관계 ε에 의한 상위상 $\mathfrak{I}^{\varepsilon}$을 분할 $\mathcal{P}$위의 상위상이라 하고 $\mathfrak{I}^{\mathcal{P}}$로도 나타낸다. 이 경우 $(X/\varepsilon, \mathfrak{I}^{\varepsilon}) = (\mathcal{P}, \mathfrak{I}^{\mathcal{P}})$이고 이 상공간을 **동일화공간**(identification space)이라 한다.

예제 8.21

보통위상공간 $(\mathbb{R}^2,\mathcal{U})$위에 동치관계 $\sim$을 다음과 같이 정의하자.

$$(x,y)\sim(x',y') \Leftrightarrow (x,y)=(tx',ty')\text{인 실수 } t\neq 0\text{가 존재한다.}$$

$Y=\mathbb{R}^2/\sim$를 $\sim$에 의한 상공간이라 하고 상위상을 $\mathfrak{I}$로 (x,y)의 동치류를 $[x,y]$로 나타내자. 그러면 $[0,0]$을 포함하는 $\mathfrak{I}$의 원소는 Y뿐이고 Y의 공집합이 아닌 부분집합의 폐포는 $[0,0]$을 포함한다.3)

풀이 $q:\mathbb{R}^2\to\mathbb{R}^2/\sim$를 $q(x)=[x]$로 정의되는 상함수라 하자. V가 $[0,0]$을 포함하는 열린집합이면 $q^{-1}(V)\in\mathcal{U}$이고 $(0,0)\in q^{-1}(V)$이다. 따라서 $B((0,0),\delta)\subset q^{-1}(V)$인 $\delta>0$가 존재한다. 임의의 $(x,y)\in\mathbb{R}^2$에 대하여 $(tx,ty)\in B((0,0),\delta)$인 실수 $t\neq 0$가 존재한다. 따라서

$$[x,y]=[tx,ty]\in q(B((0,0),\delta)\subset V$$

그러므로 $V=Y$이다. $[0,0]$의 열린 근방은 Y뿐이다. 그러므로 임의의 $(x,y)\in\mathbb{R}^2$에 대하여 $[0,0]\in\overline{\{[x,y]\}}$이다.

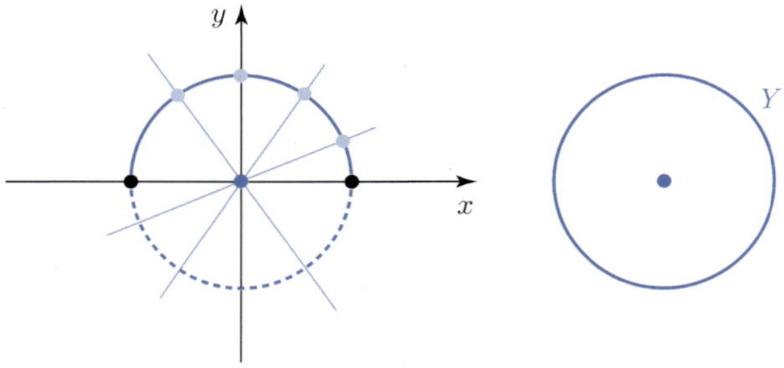

정리 8.22

위상공간 $(X,\mathfrak{I})$에서 집합 Y로의 함수 $f:X\to Y$를 전사함수라 하자. 임의의 $x,t\in X$에 대하여

$$x\,\varepsilon\,t \Leftrightarrow f(x)=f(t)$$

로 정의하면 ε는 X에서 동치관계이다(예제 1.22). 그러면 x의 동치류 $[x]$에 대해

3) 2021년 중등임용문제 참조

$$F([x]) = f(x)$$

로 정의된 함수 $F:(X/\varepsilon, \mathfrak{T}^{\varepsilon}) \to (Y, \mathfrak{T}^{\{f\}})$는 잘 정의된 함수로 위상동형함수이다. 따라서 f에 의한 상공간 $(Y, \mathfrak{T}^{\{f\}})$과 동치관계 ε에 의한 상공간 $(X/\varepsilon, \mathfrak{T}^{\varepsilon})$은 위상동형이다.

증명 $\mathfrak{T}^{\varepsilon}$는 $x \mapsto [x]$로 정의된 $q: X \to X/\varepsilon$에 의한 상위상 $\mathfrak{T}^{\{q\}}$와 같고 q는 상함수이다.

(i) F는 잘 정의된 함수이다: $[x] = [t]$이면 $F([x]) = f(x) = f(t) = F([t])$이기 때문이다.

(ii) F는 단사이다: 왜냐하면 $F([x]) = F([y])$라 하면 $f(x) = f(y)$이므로 $x \varepsilon y$이 되고 $y \in [x]$가 되어 $[x] = [y]$이기 때문이다.

(iii) F는 전사이다: 왜냐하면 임의의 $y \in Y$에 대해 f가 전사함수이므로 $f(x) = y$되는 $x \in X$가 존재한다. 이 x에 대해 $[x] \in X/\varepsilon$이고 $F([x]) = f(x) = y$이기 때문이다.

(iv) F는 연속함수이다: $x \in X$에 대해 $F(q(x)) = F([x]) = f(x)$이다. 따라서 $F \circ q = f$가 연속함수이고 $q: X \to X/\varepsilon$가 상함수이므로 [정리 8.17]에 의해 F는 연속함수이다.

(v) F^{-1}는 연속함수이다: $F^{-1} \circ f = q$가 연속함수이고 f가 상함수이므로 [정리 8.17]에 의해 F^{-1}이 연속함수이다.

따라서 $F:(X/\varepsilon, \mathfrak{T}^{\varepsilon}) \to (Y, \mathfrak{T}^{\{f\}})$는 위상동형함수이고 $(X/\varepsilon, \mathfrak{T}^{\varepsilon}) \approx (Y, \mathfrak{T}^{\{f\}})$ 이다. ■

- 일반적으로 강위상은 f가 전사함수가 아니더라도 정의된다. 그러나 상위상이려면 전사의 가정이 필요하다. 함수에 의한 동치관계와 분할을 만드는 데 전사가 유용하게 작용한다.

| 따름정리 8.23 |

위상공간 $X = (X, \mathfrak{T}_1)$, $Y = (Y, \mathfrak{T}_2)$에 대해 함수 $f: X \to Y$를 전사인 연속함수라 하자. $x \varepsilon t \Leftrightarrow f(x) = f(t)$로 주어지는 X위의 동치관계 ε에 대하여 $F: X/\varepsilon \to Y$를 $F([x]) = f(x)$로 정의하자. 만약 f가 열린함수이거나 닫힌 함수이면 F는 위상동형함수이고 $(X/\varepsilon, \mathfrak{T}^{\varepsilon})$은 $(Y, \mathfrak{T}_2)$와 위상동형이다.

증명 [정리 8.18]에 의하여 $\mathfrak{T}_2 = \mathfrak{T}^{\{f\}}$이고 f는 상함수이다. [정리 8.22]에 의하여 F는 위상동형함수이고 $(Y, \mathfrak{T}^{\{f\}})$와 $(X/\varepsilon, \mathfrak{T}^{\varepsilon})$는 위상동형이다. 따라서 $(X/\varepsilon, \mathfrak{T}^{\varepsilon})$는 $(Y, \mathfrak{T}_2)$와 위상동형이다. ■

예제 8.24

곱공간 $X\times Y$에서 X로의 사영함수를 π_1이라 하자.

(1) $A=X\times\{p\}$라 하면 $\pi_1|_A : A\to X$는 위상동형함수이다.

(2) π_1는 $X\times Y$위의 동치관계 ε를 유도한다. 즉, ε는 다음과 같이 정해진다.

$$(x,y)\,\varepsilon\,(x',y')\Leftrightarrow \pi_1(x,y)=\pi_1(x',y')$$

$F([x,y])=\pi_1(x,y)=x$로 정의된 함수 $F:(X\times Y)/\varepsilon\to X$는 전단사이고 열린 연속함수로 위상동형함수이다. 동치류 $[x,y]\in(X\times Y)/\varepsilon$는 $[x,y]=\{x\}\times Y$로 주어진다.

8.4 상공간의 예들

예제 8.25

$\mathbb{R}$은 보통위상공간이고 단위원 $S=\{(x,y)\in\mathbb{R}^2 \mid x^2+y^2=1\}$는 $\mathbb{R}^2$의 부분공간이다. 함수 $g:\mathbb{R}\to S$를 $g(x)=(\cos 2\pi x,\sin 2\pi x)$로 정의하자. $s\,\varepsilon_g\,t\Leftrightarrow s-t\in\mathbb{Z}$로 정의된 동치관계 ε_g에 대하여 $(\mathbb{R}/\varepsilon_g,\mathfrak{I}^{\varepsilon_g})$와 $(S,\mathcal{U}_S)$은 위상동형이다.

풀이 g는 전사인 연속함수이고 열린함수로 g는 상함수이다. 그러므로 $\mathcal{U}_S=\mathfrak{I}^{\{g\}}$이다. 한편 $s\,\varepsilon_g\,t\Leftrightarrow g(s)=g(t)$이므로 $(\mathbb{R}/\varepsilon_g,\mathfrak{I}^{\varepsilon_g})$와 $(S,\mathfrak{I}^{\{g\}})$가 위상동형이다. 그러므로 $(\mathbb{R}/\varepsilon_g,\mathfrak{I}^{\varepsilon_g})$와 $(S,\mathcal{U}_S)$은 위상동형이다.

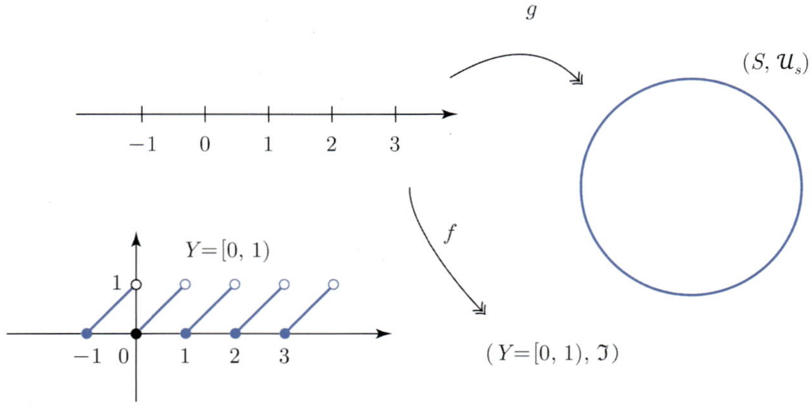

예제 8.26

$\mathbb{R}$은 보통위상 $\mathcal{U}$을 가진다. 함수 $f:\mathbb{R}\to[0,1)$을 $f(x)=x-[x]$로 정의하자. 집합 $[0,1)$위의 위상 $\mathfrak{I}$을

$$\mathfrak{I}=\{G\subset[0,1)\mid f^{-1}(G)\in\mathcal{U}\}$$

로 정의하자. 위상공간 $([0,1),\mathfrak{I})$는 $\mathbb{R}^2$의 부분공간인 단위원 $S=\{(x,y)\in\mathbb{R}^2\mid x^2+y^2=1\}$와 위상동형이다.

풀이 $\mathfrak{I}=\mathfrak{I}^{\{f\}}$이다. $s\,\varepsilon_f\,t\Leftrightarrow f(s)=f(t)$로 정의된 동치관계 ε_f에 대하여 $([0,1),\mathfrak{I})$와 $(\mathbb{R}/\varepsilon_f,\mathfrak{I}^{\varepsilon_f})$는 위상동형이다. $g(x)=(\cos2\pi x,\sin2\pi x)$로 정의된 함수 $g:\mathbb{R}\to S$는 상함수이고(예제 8.25),

$$s\,\varepsilon_f\,t\Leftrightarrow f(s)=f(t)\Leftrightarrow g(s)=g(t)\Leftrightarrow s\,\varepsilon_g\,t$$

이다. 동치관계 ε_f와 ε_g는 $\mathbb{R}$위에서 서로 같은 동치관계임을 알 수 있다. 따라서 $(\mathbb{R}/\varepsilon_f,\mathfrak{I}^{\varepsilon_f})=(\mathbb{R}/\varepsilon_g,\mathfrak{I}^{\varepsilon_g})$이다. [예제 8.25]에 의해 $(\mathbb{R}/\varepsilon_g,\mathfrak{I}^{\varepsilon_g})$와 $(S,\mathcal{U}_S)$은 위상동형이므로 $([0,1),\mathfrak{I})$와 $(S,\mathcal{U}_S)$은 위상동형이다. ■

이제부턴 유클리드 평면 $\mathbb{R}^2$의 부분공간 $X=[0,1]\times[0,1]$위의 동치관계에 의해 구성된 동일화공간과 동형인 위상공간의 모형을 알아본다. 12장에서 다루어지는 Heine-Berel 정리와 [정리 12.22]를 미리 적용한다.

예제 8.27

$\mathbb{R}^2$의 부분공간 $X=[0,1]\times[0,1]$에서 동치관계 $\sim$와 이 동치관계에 대응하는 분할 $\wp$은 다음과 같다.

$$(x_1,y_1)\sim(x_2,y_2)\Leftrightarrow[x_1=x_2,\ y_1=y_2]\ \text{또는}\ [|x_1-x_2|=1,y_1=y_2]$$
$$\wp=\{\{(x,y)\}\mid 0<x<1,0\le y\le 1\}\cup\{\{(0,y),(1,y)\}\mid 0\le y\le 1\}$$

아래의 왼쪽 그림은 동치관계나 분할에 의한 X의 상공간 $X/\sim$을 나타내고 오른쪽 그림은 $\mathbb{R}^3$의 한 부분공간으로 원통 $C=\{(x,y,z)\mid x^2+y^2=1,0\le z\le 1\}$이다. 이들은 위상동형이다.

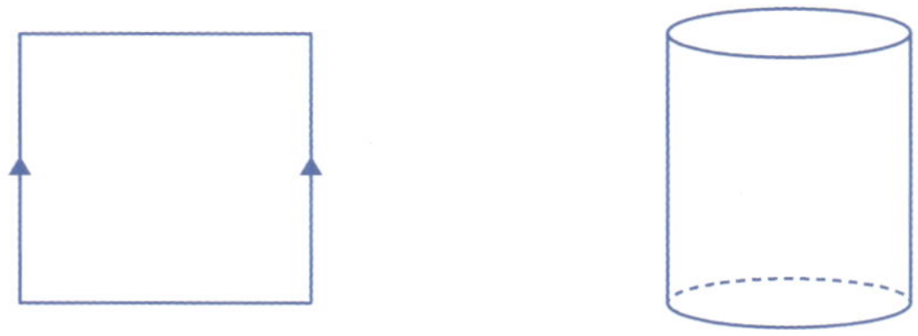

〈원통〉

좀 더 구체적으로 이들의 위상동형관계를 살펴보자.

$$f(x,y) = (\cos 2\pi x, \sin 2\pi x, y)$$

로 정의된 함수 $f : X \to C$는 전사인 연속함수이다. X가 컴팩트공간이고(Heine-Borel 정리) C가 T_2공간이므로 f는 닫힌함수이다(정리 12.22) 그러므로 f는 상함수이고 C의 보통위상은 f에 의한 C위의 상위상과 같다. 한편

$$(x_1, y_1) \sim (x_2, y_2) \Leftrightarrow [x_1 = x_2,\ y_1 = y_2] \text{ 또는 } [\ |x_1 - x_2| = 1, y_1 = y_2]$$
$$\Leftrightarrow f(x_1, y_1) = f(x_2, y_2)$$

[정리 8.23]에 의해 f에 의한 C위의 상공간과 동치관계 $\sim$에 의한 상공간 $(X/\varepsilon, \mathfrak{I}^{\varepsilon})$이 위상동형이다. 즉 상공간 $X/\sim$와 원통 C는 위상동형이다.

예제 8.28

$X = [0,1] \times [0,1]$에서 동치관계 $\sim$와 이 동치관계에 대응하는 분할 $\wp$은 다음과 같다.

$$(x_1, y_1) \sim (x_2, y_2) \Leftrightarrow [x_1 = x_2,\ y_1 = y_2] \text{ 또는 } [|x_1 - x_2| = 1,\ y_1 = y_2] \text{ 또는 }$$
$$[x_1 = x_2,\ |y_1 - y_2| = 1] \text{ 또는 } [|x_1 - x_2| = 1,\ |y_1 - y_2| = 1]$$
$$\wp = \{\{(x,y)\} \mid 0 < x < 1, 0 < y < 1\} \cup \{\{(0,y),(1,y)\} \mid 0 < y < 1\}$$
$$\cup \{\{(x,0),(x,1)\} | 0 < x < 1\} \cup \{\{(0,0),(1,0),(0,1),(1,1)\}\}$$

아래의 왼쪽 그림은 동치관계 혹은 분할에 의한 X의 상공간 $X/\sim$을 나타내고 있으며 오른쪽 그림은 $\mathbb{R}^3$의 한 부분공간인 토러스이다. 이들은 위상동형이다.

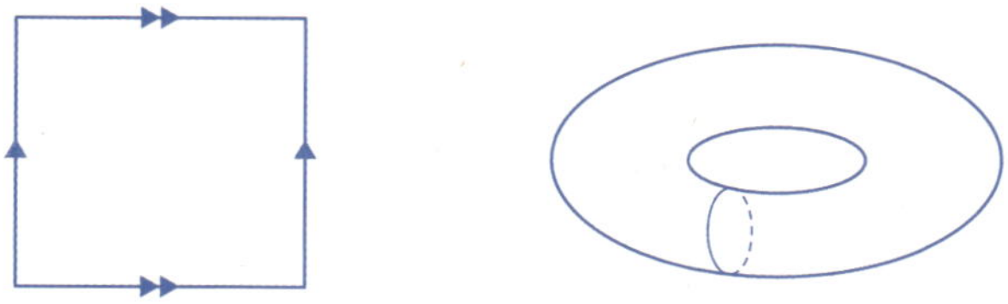

〈토러스〉

좀 더 구체적으로 이들의 위상동형관계를 살펴보자.

아래 그림처럼 xz-평면에 있는 중심이 $(4,0,0)$이고 반지름이 1인 원 S은 z-축을 축으로 하여 회전시키면 하나의 회전면을 만들고 이 회전면이 토러스 T이다. T는 $\mathbb{R}^3$의 부분공간이다.

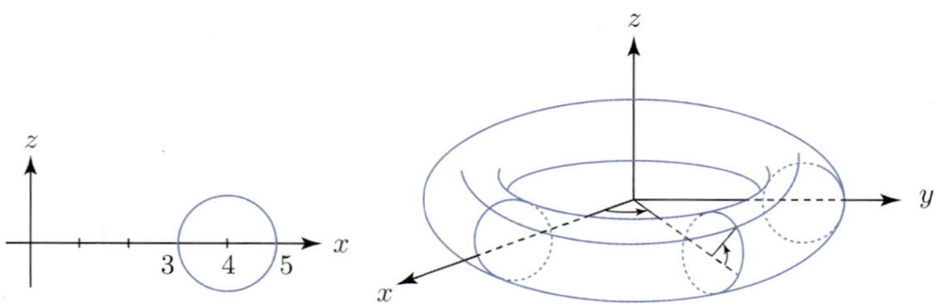

$$f(x,y)=((4+\cos 2\pi x)\cos 2\pi y,\ (4+\cos 2\pi x)\sin 2\pi y,\ \sin 2\pi x)$$

로 정의된 함수 $f: X\to T$는 전사인 연속함수이다. 또한 f는 닫힌함수이다. X가 컴팩트공간이고 T가 T_2공간이기 때문이다. 그러므로 f는 상함수이고 T의 위상은 f에 의한 상위상과 같다. 한편

$$(x_1,y_1)\sim(x_2,y_2)\ \Leftrightarrow\ f(x_1,y_1)=f(x_2,y_2)$$

이다. 그러므로 f에 의한 T위의 상공간과 동치관계 $\sim$에 의한 상공간 X/ε은 위상동형이다. 따라서 상공간 $X/\sim$은 토러스 T와 위상동형이다.

예제 8.29

$X=[0,1]\times[0,1]$에서 동치관계 $\sim$와 이 동치관계에 대응하는 분할 $\wp$은 다음과 같다.

$$(x_1,y_1)\sim(x_2,y_2)\Leftrightarrow[x_1=x_2,\ y_1=y_2]\ \text{또는}\ [|x_1-x_2|=1,\ y_1+y_2=1]$$
$$\wp=\{\{(x,y)\}\,|\,0<x<1,0\le y\le 1\}\cup\{\{(0,y),(1,1-y)\}\,|\,0\le y\le 1\}$$

아래의 왼쪽 그림은 동치관계와 분할에 의한 X의 상공간 $X/\sim$을 나타내고 오른쪽 그림은 $\mathbb{R}^3$의 부분공간으로 뫼비우스 밴드이다. 이들은 위상동형이다.

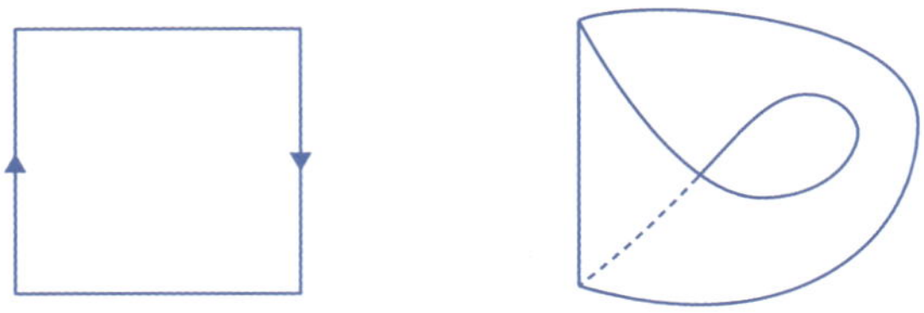

〈뫼비우스 밴드〉

8.5 New 위상공간으로의 위상적 성질의 보존성

1. Old 위상공간으로부터 구성되는 New 위상공간(연속함수의 관점)

(1) $A \overset{id}{\hookrightarrow} X$(위상공간)　A위의 상대위상 (포함함수 id에 의해 유도된 A위의 약위상)

(2) $X = \prod_i X_i \overset{\pi_i}{\rightarrow} X_i$(위상공간)　X위의 곱위상 (사영함수들 π_i에 의해 유도된 X위의 약위상)

(3) X(위상공간) $\overset{q}{\twoheadrightarrow} Y$　Y위의 상위상 (상함수 q에 의해 유도된 Y위의 강위상)

2. 관찰해야 할 성질의 유형

(1) hereditary(유전적) 성질: 위상공간이 '성질 $\mathcal{P}$'을 가질 때 모든 부분공간이 또한 '성질 $\mathcal{P}$'을 가질 때 성질 $\mathcal{P}$를 hereditary(유전적 성질)이라 한다.

(2) productive 성질: '성질 $\mathcal{P}$'를 가지는 위상공간들의 곱공간이 '성질 $\mathcal{P}$'을 가질 때 성질 $\mathcal{P}$를 productive라 한다.

(3) divisible 성질: '성질 $\mathcal{P}$'를 가지는 각 위상공간의 상공간이 '성질 $\mathcal{P}$'을 가질 때 성질 $\mathcal{P}$를 divisible라 한다.

위상적 성질의 보존여부	Old 위상공간으로부터 New 위상공간으로 보존성		
	부분공간(상대위상)	곱공간(곱위상)	상공간(상위상)
	hereditary(H)	productive(P)	divisible(D)

▎탐구 8.30▐ (위상적 성질과 H.P.D 성질의 보존여부)

		위상적 성질												
성질코드		C_1	C_2	L	S	M	T_1	T_2	R	N	CR	CN	PCN	CP
H	일반	+	+	-	-	+	+	+	+	-	+	-	-	-
	닫힌	+	+	+	-	+	+	+	+	+	+	-	-	+
	열린	+	+	-	+	+	+	+	+	-	+	-	-	-
P	유한	+	+	-	+	+	+	+	+	-	+	+	+	+
	가산	+	+	-	+	+	+	+	+	-	+	+	+	+
	모두	-	-	-	-	-	+	+	+	-	+	+	+	+
D		-	-	+	+	-	-	-	-	-	-	+	+	+

C_1: 제1가산성, C_2: 제2가산성, L: 린델뢰프성, S: 가분성, M: 거리화가능성, T_1: T_1공리성, T_2: T_2공리성, R: 정칙성, N: 정규성, CR: 완전정칙성, CN: 연결성, PCN: 경로연결성, CP: 컴팩트성, H=hereditary, P=productive, D=divisible

이 표를 검토하려면 많은 증명과 아닌 사례의 제시가 필요함을 짐작할 것이다. 관련 영역을 학습하면서 일부는 증명과 함께 다루고 일부는 생략한다. (+인 경우는 증명해야 정리들이 나오는 경우이고, −인 경우는 성립하지 않는 사례를 들어 보여야 하는 경우이다.)

8장 연습문제

1. $X=\{a, b, c, d\}$는 $\mathfrak{I}=\{X, \varnothing, \{a\}, \{b\}, \{a,b\}, \{a,b,c\}\}$를 위상으로 갖는다. $Y=\{x, y, z\}$이고 함수 $f: X \to Y$는 $f(a)=x$, $f(b)=y$, $f(c)=f(d)=z$로 정의된다. f에 의해 유도된 Y위의 강위상을 구하라.

2. 각 $n \in \mathbb{N}$에 대해 $A_\alpha=\{0,1\}$일 때 $\prod_{n \in \mathbb{N}} A_n$가 비가산집합임을 밝혀라.

3. 각 $\alpha \in \Lambda$에 대해 X_α는 위상공간이고 $A_\alpha \subset X_\alpha$이라 하자. $\prod_{\alpha \in \Lambda} A_\alpha$가 $\prod_{\alpha \in \Lambda} X_\alpha$가 조밀부분집합일 필요충분조건은 각 A_α가 X_α의 조밀부분집합이 됨을 밝혀라.

4. 보통위상공간 $\mathbb{R}$의 부분공간 $X=[0,1) \sqcup [3,4]$와 부분집합 $[0,2]$에 대하여 함수 $f: X \to Y$가

$$f(x)=\begin{cases} x & (0 \le x < 1) \\ x-2 & (3 \le x \le 4) \end{cases}$$

로 정의된다.

(1) Y가 $\mathbb{R}$의 부분공간이라 할 때 f는 연속함수임을 밝혀라.

(2) f에 의해 유도된 Y위의 강위상은 Y의 상대위상과 같지 않음을 밝혀라.

5. 보통위상공간 $(\mathbb{R}, \mathcal{U})$에서 $[0,1)$로의 함수 $f: \mathbb{R} \to [0, 1)$를

$$f(x)=x-[x]$$

로 정의하고, f에 의해 유도된 $[0, 1)$위의 강위상을 $\mathfrak{I}^{\{f\}}$라 하자. 때 참, 거짓을 판별하고 그 이유를 밝혀라.[4)]

(1) $\mathcal{U}_{[0,1)}$와 $\mathfrak{I}^{\{f\}}$ 간의 섬세성을 설명하라.

(2) $g(x)=1-x$로 정의된 함수 $h: ([0, 1), \mathfrak{I}^{\{f\}}) \to (\mathbb{R}, \mathcal{U})$는 연속함수인가를 판정하여라.

---

4) 2011년 중등임용문제 참조

6. 실수 전체의 집합 $\mathbb{R}$위의 두 위상 $\mathfrak{I}_1$, $\mathfrak{I}_2$를

$$\mathfrak{I}_1 = \{\mathbb{R}, \varnothing, \mathbb{N}, \mathbb{R}-\mathbb{N}\}, \quad \mathfrak{I}_2 = \{\mathbb{R}, \varnothing, \mathbb{Q}, \mathbb{R}-\mathbb{Q}\}$$

라 하자. 함수들 $F, G : (\mathbb{R}, \mathfrak{I}_2) \to (\mathbb{R}, \mathfrak{I}_1) \times (\mathbb{R}, \mathfrak{I}_2)$를

$$F(x) = \begin{cases} (1, 2x) & (x \in \mathbb{Q}) \\ (0, x) & (x \in \mathbb{R}-\mathbb{Q}) \end{cases}, \quad G(x) = \begin{cases} (1, 2x) & (x \in \mathbb{N}) \\ (0, x) & (x \in \mathbb{R}-\mathbb{N}) \end{cases}$$

로 정의하자. F, G가 연속함수인지를 판정하여라.

7. $(\mathbb{R}, \mathcal{U})$를 보통위상공간이라 하고, 임의의 $a, b \in \mathbb{R}$에 대하여 $f_{a,b} : \mathbb{R} \to (\mathbb{R}, \mathcal{U})$를 $f_{a,b}(x) = ax + b$로 정의하자. $\{f_{a,b} | a, b \in \mathbb{R}\}$에 의하여 만들어진 약위상은 보통위상 $\mathcal{U}$와 일치함을 보여라.

8. 자연수 전체의 집합 $\mathbb{N}$과 자연수 n에 대하여 $A_n = \{k \in \mathbb{N} \mid k \geq n\}$이라 하고, $\{A_n | n \in \mathbb{N}\}$을 기저로 하는 $\mathbb{N}$위의 위상을 $\mathfrak{I}$라 하자. $X = (\mathbb{N}, \mathfrak{I})$이라 하고 $Y = [0, 1]$을 $(\mathbb{R}, \mathcal{U})$의 부분공간이라 할 때, 적공간 $X \times Y$에 대하여 참, 거짓을 판별하고 그 이유를 설명하라.[5)]

(1) 집합 $\{2n \mid n \in \mathbb{N}\} \times (Y \cap \mathbb{Q})$는 $X \times Y$에서 조밀하다.

(2) 함수 $f : X \to X \times Y$를 $f(n) = \left(2n, \dfrac{1}{n}\right)$로 정의하면 f는 연속함수이다.

9. Λ는 무한집합, $\alpha \in \Lambda$에 대하여 X_α는 두 점 이상을 가진 이산위상공간이라 하자.

(1) 상자위상공간 $\prod_{\alpha \in \Lambda} X_\alpha$ 역시 이산위상공간임을 밝혀라.

(2) 곱공간 $\prod_{\alpha \in \Lambda} X_\alpha$은 이산위상공간이 아님을 밝혀라.

10. $f : X \to Y$는 전사인 연속함수이고 $g : Y \to X$는 연속함수이다. $g \circ f : Y \to Y$가 항등함수이면 f는 상사상임을 밝혀라.

11. X가 린델뢰프공간이면 X의 상공도 린델뢰프공간임을 밝혀라.

5) 2013년 중등임용문제 참조

12. 보통위상공간 $\mathbb{R}$에서 $\mathbb{Z}$로의 전사함수 $f:\mathbb{R}\to\mathbb{Z}$, $f(x)=[x]$에 의해 유도된 $\mathbb{Z}$위의 상위상을 구하라.

13. 위상공간 $(\mathbb{R}^2, \mathfrak{I}_u)$의 다음 부분공간 A와 다음의 집합 X

$$A=\{(x,y)\in\mathbb{R}^2 \mid x^2+y^2<4\},\ X=\{-3,-2,-1,0,1,2,3\}$$

대하여 함수 $f:A\to X$를

$$f(x,y)=[x^2+y^2]$$

으로 정의하자. f에 의한 상위상을 $\mathfrak{I}$라 할 때

(1) 3을 원소로 갖는 X의 모든 열린집합의 개수는? 그 이유는?

(2) 위상공간 $(X,\mathfrak{I})$에서 집합 $B=\{1,2\}$의 도집합 B'을 구하라.[6)]

---

6) 2018년 중등임용문제 참조

9장

거리공간

일상적으로 거리를 가지고 가깝다 멀다를 판단한다. 일상에서 볼 수 있는 거리의 특성을 추출하여 거리의 개념이 수학적인 용어로 형식화된다. 실수집합 $\mathbb{R}$에서 $\epsilon-\delta$정의나 $\epsilon-N$정의를 써서 함수의 연속성이나 수열의 극한 개념을 다루었다. 여기에는 수직선에서 두 수 차의 절댓값에 의해 구체화된 거리의 개념이 작용한다. 거리공간은 위상수학에서 다루는 여러 개념의 구성에 동기를 부여하고 풍부한 예들을 제공하는 원천으로 삼을 때가 많다.

9.1 거리함수의 정의와 예

평면에서 통상 생각하는 거리(보통 '유클리드거리')가 가지는 특성을 살펴보면 다음의 4가지를 대표적으로 들 수 있다. 두 지점 a, b간의 거리를 $d(a,b)$로 나타낸다면

(i) $d(a,b) \ge 0$;

(ii) $d(a,b)=0$일 필요충분조건은 $a=b$이다;

(iii) $d(a,b)=d(b,a)$;

(iv) $d(a,c) \le d(a,b)+d(b,c)$로 당나귀도 안다는 '삼각부등식'이다.

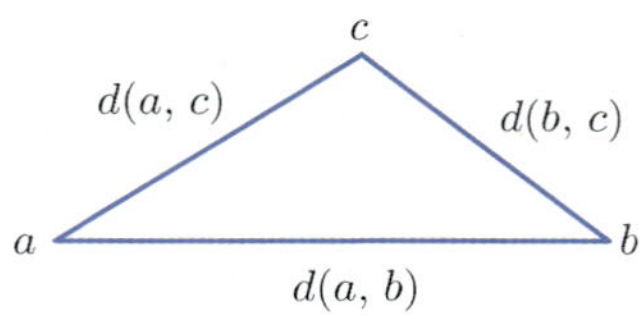

이들 성질들은 거리의 개념을 일반화하는 중요한 본질로 작용하여 다음의 정의로 공식화된다.

| 정의 9.1 |

X를 공집합이 아닌 집합이라 하고, d를 $X \times X$위에 정의된 실숫값을 가지는 함수라 하자. 임의의 $a, b, c \in X$에 대하여 다음의 공리들

(M1) $d(a,b) \ge 0$;

(M2) $d(a,b)=0$일 필요충분조건은 $a=b$이다;

(M3) $d(a,b)=d(b,a)$;

(M4) $d(a,c) \le d(a,b)+d(b,c)$ (삼각부등식: triangular inequality)

을 만족할 때 d을 X위의 거리함수(metric, distance function)라 하고 (X,d)을 거리공간(metric space)이라 한다. $d(a,b)$을 점 a와 b사이의 거리(distance)라 한다.

예제 9.2

(1) 임의의 $a, b \in \mathbb{R}$에 대해 $d(a,b) = |b-a|$로 정의된 함수 $d: \mathbb{R} \times \mathbb{R} \to \mathbb{R}$는 실수집합 $\mathbb{R}$ 위의 거리함수이다.

풀이 공리 (M1)~(M3)가 성립함은 쉽게 입증된다. 삼각부등식(M4)이 성립함을 밝히면 된다. $|x+y| \leq |x| + |y|$으로부터 다음이 얻어진다.

$$d(a,c) = |a-c| = |a-b+b-c| \leq |a-b| + |b-c| = d(a,b) + d(b,c).$$ ■

(2) 임의의 $a = (a_1, a_2),\ b = (b_1, b_2) \in \mathbb{R}^2$에 대하여

$$d(a,b) = \|b-a\| = \sqrt{(b_1 - a_1)^2 + (b_2 - a_2)^2}$$

로 정의된 함수 $d: \mathbb{R}^2 \times \mathbb{R}^2 \to \mathbb{R}$는 $\mathbb{R}^2$에서 거리함수이다.

(3) 일반적으로 자연수 n에 대하여 다음과 같이 $\mathbb{R}^n \times \mathbb{R}^n$에서 $\mathbb{R}$로 정의된 함수 d는 거리함수이다. 임의의 $a = (a_1, \cdots, a_n),\ b = (b_1, \cdots, b_n) \in \mathbb{R}^n$에 대하여

$$d(a,b) = \|b-a\| = \sqrt{(b_1 - a_1)^2 + \cdots + (b_n - a_n)^2}$$

이 거리함수를 보통거리함수(usual metric) 혹은 유클리드거리함수(Euclidean metric)라 한다.

풀이 거리함수의 공리 (M1)에서 (M3)를 만족하는 것은 d의 정의로부터 쉽게 증명된다. 공리 (M4)의 삼각부등식이 성립함은 Cauchy-Schwarz 부등식을 활용하여 입증되는 Minkowski 부등식(연습문제)을 적용하면 다음처럼 밝혀진다.

$$d(a,c) = \|a-c\| = \|(a-b) + (b-c)\| \leq \|a-b\| + \|b-c\| = d(a,b) + d(b,c)$$ ■

예제 9.3

임의의 $a = (a_1, a_2),\ b = (b_1, b_2) \in \mathbb{R}^2$에 대하여

(1) $d_1((a_1, a_2), (b_1, b_2)) = |b_1 - a_1| + |b_2 - a_2|$로 정의된 함수 $d_1: \mathbb{R}^2 \times \mathbb{R}^2 \to \mathbb{R}$는 $\mathbb{R}^2$위에서

거리함수이다. 이 거리함수를 taxicab거리함수라 한다.

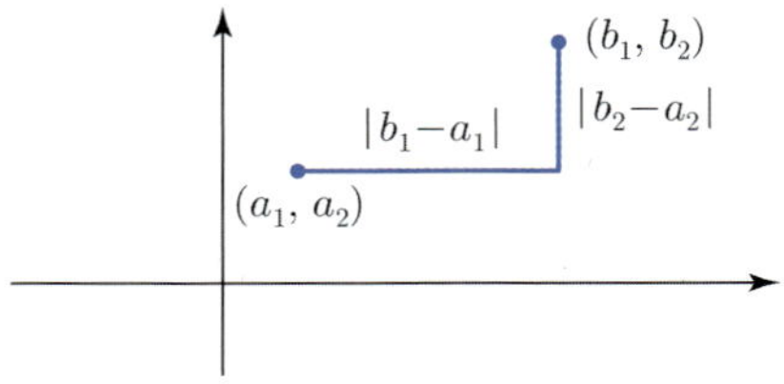

(2) $d_2((a_1,a_2), (b_1,b_2)) = \max\{|a_1-b_1|,|a_2-b_2|\}$로 정의된 함수 $d_2 : \mathbb{R}^2 \times \mathbb{R}^2 \to \mathbb{R}$는 $\mathbb{R}^2$ 위에서 거리함수이다. 이 거리함수를 max거리함수라 한다.

예제 9.4

X을 공집합이 아닌 집합이라 하고

(1) $d : X \times X \to \mathbb{R}$을 다음과 같이 정의한다.

$$d(a,b) = \begin{cases} 1 & (a \neq b) \\ 0 & (a = b) \end{cases}$$

그러면 d는 X위의 거리이고 이 거리함수를 **이산거리함수**(discrete metric)라 한다.

(2) $d : X \times X \to \mathbb{R}$을 다음과 같이 정의한다.

$$d(a,b) = \begin{cases} 5 & (a \neq b) \\ 0 & (a = b) \end{cases}$$

그러면 d는 X위의 거리함수이다.

예제 9.5

유계폐구간 $[0,1]$에서 정의된 모든 실수치 연속함수들을 모은 것을 $C[0,1]$로 나타낸다. 두 함수 $f, g \in C(0,1]$에 대하여

$$d(f,g) = \int_0^1 |g(x) - f(x)| dx$$

로 정의하면 d는 $C[0,1]$위의 거리함수이다.

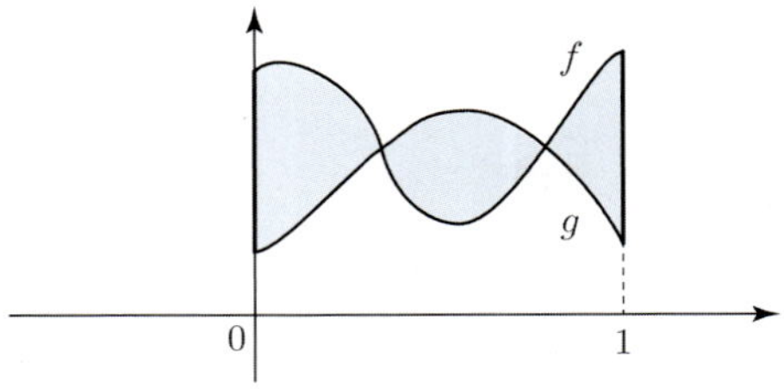

예제 9.6

d가 X위의 거리함수이면

$$d_1(x,y)=\frac{d(x,y)}{1+d(x,y)}$$

로 정의된 함수 d_1도 거리함수이다.

풀이 거리함수의 공리 (M1)에서 (M3)를 만족하는 것은 쉽게 증명된다. 공리 (M4)를 만족함을, 즉 임의의 $x, y, z\in X$에 대하여, $d_1(x,z)\le d_1(x,y)+d_1(y,z)$임을 증명하자. $a=d(x,y)$, $b=d(y,z)$, $c=d(x,z)$라 두자.

$$\begin{aligned} d_1(x,y)+d_1(y,z)-d_1(x,z) &= \frac{a}{1+a}+\frac{b}{1+b}-\frac{c}{1+c} \\ &= \frac{a(1+b)(1+c)+b(1+a)(1+c)-c(1+a)(1+b)}{(1+a)(1+b)(1+c)} \\ &= \frac{(a+b-c)+(2ab+abc)}{(1+a)(1+b)(1+c)}\ge 0 \end{aligned}$$

■

예제 9.7

d가 X위의 거리함수이면

$$d_2(x,y)=\min\{1, d(x,y)\}$$

로 정의된 함수 d_2도 거리함수이다.

거리공간에서 점과 부분집합 간의 거리, 부분집합들 간의 거리, 부분집합의 유계성 및 직경을 정의할 수 있다.

| 정의 9.8 |

(X,d)를 거리공간이라 하자.

(1) 점 $p \in X$와 $A \subset X$사이의 거리(distance)는

$$d(p, A) = \inf\{d(p,a) \mid a \in A\}$$

(2) $A \subset X$와 $B \subset X$사이의 거리는

$$d(A, B) = \inf\{d(a,b) \mid a \in A, b \in B\}$$

로 정의하고 편의상 $d(p, \varnothing) = \infty$, $d(A, \varnothing) = d(\varnothing, A) = \infty$로 정한다.

(3) $\{d(a,a') \mid a, a' \in A\} \subset \mathbb{R}$가 상계를 가질 때, 즉 유계집합일 때 A를 **유계집합**(bounded set)이라 한다.

(4) A의 **직경**(diameter)은

$$\mathrm{diam}(A) = \{d(a,a') \mid a, a' \in A\}$$

로 정의하고 편의상 $\mathrm{diam}(\varnothing) = -\infty$로 정한다.

(5) X가 유계집합일 때 (X,d)를 **유계거리공간**(bounded metric space)이라 하고 d를 **유계거리함수**(bouned metric)라 한다.

▸ [예제 9.4], [예제 9.6], [예제 9.7]에 주어진 거리함수들은 유계거리함수이다.

예제 9.9

보통거리공간 $(\mathbb{R}^2,d)$에서 디스크 $\{(x,y) \mid x^2+y^2 < 4\}$ 및 $\{(x,y) \mid x^2+y^2 \le 4\}$의 직경은 4이고 원 $\{(x,y) \mid x^2+y^2 = 4\}$의 직경도 4이다.

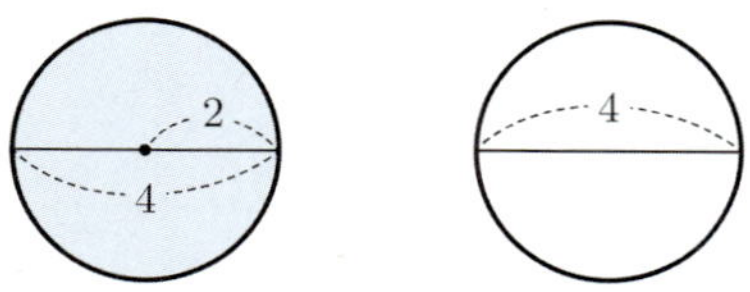

예제 9.10

$\mathbb{R}^2$에서 $A = \{(x,y) \mid -1 < x < 1, 0 \le y \le 1\}$에 대해

(1) 보통거리함수에 의하면 A의 직경은 $\sqrt{5}$

(2) 택시캡거리함수에 의하면 A의 직경은 3

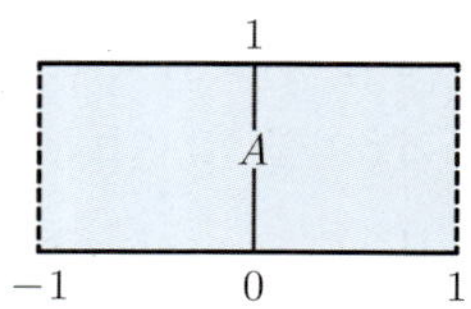

(3) 맥스거리함수에 의하면 A의 직경은 2

(4) 이산거리함수에 의하면 A의 직경은 1

9.2 거리위상

$\mathbb{R}$에서 유계개구간들의 집합족은 보통위상을 구성하는 기저로 작용하였고, 이들의 합집합으로 구성된 집합족에서 추출된 공리("열린집합의 공리")는 일반 위상을 정의하는 본질로 활용되었다. 이러한 유계개구간들은 두 실수간의 통상의 거리로 정의하는 함수 $d:\mathbb{R}\times\mathbb{R}\to\mathbb{R}$에 의해 표현될 수 있다. 점 $p\in\mathbb{R}$와 실수 $r>0$에 대하여, $B(p,r)=\{x\in\mathbb{R}\,|\,d(p,x)<r\}$로 나타낸다면 $B(p,r)=(p-r,p+r)$이고, 유계개구간 (a,b)는 중심 $p=\dfrac{a+b}{2}$이고 반경 $r=\dfrac{b-a}{2}$인 $B(p.r)$로 나타난다. 모든 유계개구간 (a,b)을 모은 집합족은 $\{B(p,r)\,|\,p\in\mathbb{R},r>0\}$와 같다. 두 실수 간의 거리를 절대치로 나타내는 함수인 d가 보통위상의 기저를 구성하게 함을 보여준다. 이처럼 거리공간 (X,d)는 자연스럽게 열린볼의 도입과 이들로서 기저자격을 가진 집합족을 구성하여 위상을 생성한다.

정의 9.11

거리공간 (X,d)에서 다음의 집합

$$B_d(p,\delta)=\{x\in X\,|\,d(p,x)<\delta\}$$

을 중심이 p이고 반경이 δ를 가지는 '**열린볼**(open ball)'라 한다. $B_d(p,\delta)$에서 첨자로 나타낸 거리함수 d를 정황상 알 수 있다면 생략할 수 있다.

예제 9.12

(1) 보통거리공간 $(\mathbb{R},d)$에서 열린볼 $B(a,\delta)$는 열린구간 $(a-\delta,a+\delta)$이다.

(2) 유클리드거리 d를 가지는 거리공간 $(\mathbb{R}^2,d)$에서, 중심이 p이고 반경이 r인 열린볼 $B_d(p,r)$는 경계선을 포함하지 않은(즉, 열린) 원형디스크이다.

(3) 택시캅거리 d_1를 가지는 거리공간 $(\mathbb{R}^2,d_1)$에서, 중심이 p이고 반경이 r인 열린볼 $B_{d_1}(p,r)$는 열린 다이아몬드판이다.

(4) max거리 d_2를 가지는 거리공간 $(\mathbb{R}^2, d_2)$에서, 중심이 p이고 반경이 r인 열린볼 $B_{d_2}(p, r)$는 열린 정사각형판이다.

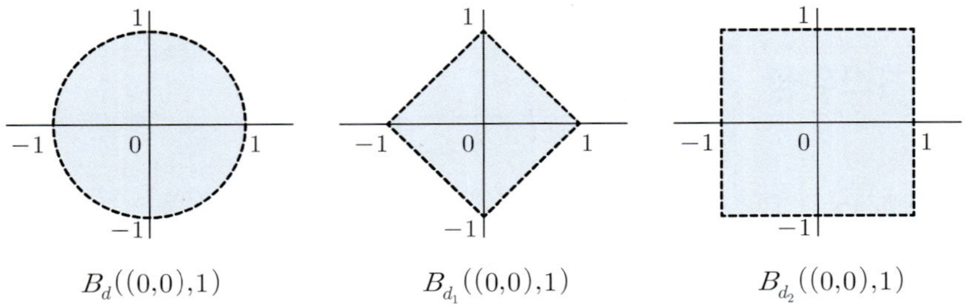

예제 9.13

이산거리공간 (X,d)에서

$$B(p,\delta) = \{x \in X \mid d(p,x) < \delta\} = \begin{cases} \{p\} : \delta \le 1 \\ X \quad : \delta > 1 \end{cases}$$

❙정리 9.14❙

(X,d)을 거리공간이라 하고 열린볼들의 집합족

$$\mathscr{B} = \{B(p,\delta) \mid p \in X, \delta > 0\}$$

는 X위의 어떤(유일) 위상에 대한 기저이다. 이 위상을 $\mathfrak{T}_d$로 나타낸다.

증명 (a) $X \subset \cup \{B(p,1) \mid p \in X\} \subset \cup \mathscr{B}$이므로 $X = \cup \mathscr{B}$이다.

(b) $a, b \in X$와 실수 $\delta_1, \delta_2 > 0$에 대하여 만약 $c \in B(a,\delta_1) \cap B(b,\delta_2)$이면, $\delta = \min\{\delta_1 - d(a,c), \delta_2 - d(b,c)\} > 0$로 잡으면 $B(c,\delta) \subset B(a,\delta_1) \cap B(b,\delta_2)$를 만족시킨다. [정리 4.14]에 의하여 $\mathscr{B}$는 기저자격을 가진다. ■

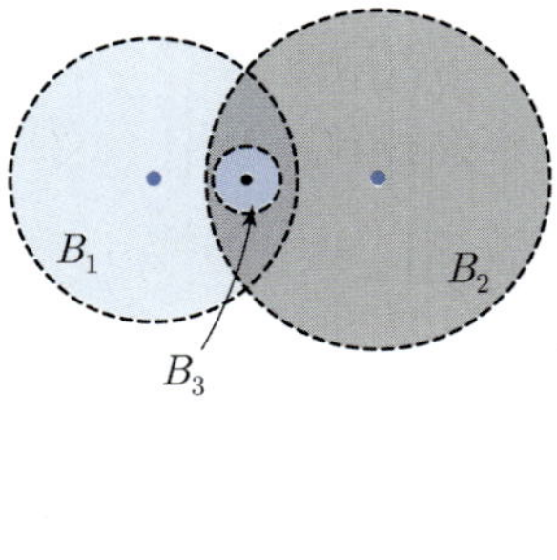

▌정의 9.15▐

$\mathscr{B} = \{B(p,\delta) | p \in X, \delta > 0\}$을 기저로 가지는 위상 $\mathfrak{I}_d$을 거리 d에 의하여 유도된 거리위상(metric topology induced by the metric d)이라 하고, 위상공간 $(X, \mathfrak{I}_d)$를 거리위상공간(induced topological space)이라 한다. 거리공간 (X,d)은 항상 거리위상 $\mathfrak{I}_d$을 가지는 거리위상공간 $(X, \mathfrak{I}_d)$을 함의하고 있는 걸로 간주한다.

▌기본성질 9.16▐

(X,d)을 거리공간이라 하자.

$U \in \mathfrak{I}_d$ 즉, U가 열린볼들의 합집합이다.

$\Leftrightarrow$ 각 $p \in U$에 대하여 $B(p,\delta) \subset U$를 만족시키는 $\delta > 0$가 존재한다.

예제 9.17

만약 d가 $\mathbb{R}$위의 보통거리이면, $B(a,\delta) = (a-\delta, a+\delta)$이므로 거리 d에 의하여 유도된 거리위상 $\mathfrak{I}_d$에 대한 기저는 열린볼들의 집합이다. 따라서 $\mathfrak{I}_d$는 $\mathbb{R}$위의 보통위상 $\mathcal{U}$와 같다. 이것은 $\mathbb{R}$위의 보통거리는 $\mathbb{R}$위의 보통위상을 유도함을 보여준다.

예제 9.18

만약 d가 집합 X위의 이산거리이면, 각 $x \in X$에 대하여 $B(x,1) = \{x\}$이다. 따라서 모든 단집합 $\{x\}$은 $\mathfrak{I}_d$-열린집합이다. 따라서 $\mathfrak{I}_d$는 이산위상과 같다. 이것은 X위의 이산거리가 이산위상을 유도함을 보여준다.

▌정리 9.19▐

거리공간 (X,d)는 제1가산공간이다.

증명 임의의 점 $p \in X$에 대해

$$\left\{B(p, \frac{1}{n}) \mid n \in \mathbb{N}\right\}$$

는 p의 가산국소기저이다. 특히 이 기저는

$$B(p,1) \supset B(p,\frac{1}{2}) \supset B(p,\frac{1}{3}) \supset \cdots$$

을 만족하여 축소된(nested) 가산국소기저이다. ■

| 정리 9.20 |

거리공간 (X,d)에서 X가 가분공간 $\Leftrightarrow$ X가 C_2-공간 $\Leftrightarrow$ X가 Lindelöf공간

증명 (1) X가 C_2-공간이면 X가 가분공간임을 [정리 5.16]에서 밝혔다. 이제 거리공간 X가 가분공간이라 하고 A를 X는 가산조밀집합이라 하자. 다음의 가산집합족

$$\mathscr{B} = \{B(p,\delta) \mid p \in A,\ \delta \in \mathbb{Q}, \delta > 0\}$$

이 거리위상 $\mathfrak{I}_d$에 대한 기저임을 밝힌다. 임의의 열린집합 $U \in \mathfrak{I}_d$에서 $x \in U$를 임의의 점이라 하자. 그러면 $B(x,\epsilon) \subset U$인 $\epsilon > 0$이 존재한다. A가 조밀하므로 $B(x,\frac{\epsilon}{3}) \cap A \neq \varnothing$이다. $p \in B(x,\frac{\epsilon}{3}) \cap A$라 하고 $\frac{\epsilon}{3} < \delta < \frac{2\epsilon}{3}$인 $\delta \in \mathbb{Q}$를 택하자. 임의의 $y \in B(p,\delta)$에 대하여

$$d(x,y) \leq d(x,p) + d(p,y) < \frac{\epsilon}{3} + \delta < \epsilon$$

이다. 따라서 $y \in B(x,\epsilon)$이다. 그러므로

$$x \in B(p,\delta) \subset B(x,\epsilon) \subset U$$

이다. 그러므로 $\mathscr{B}$가 가산기저이다. X가 C_2-공간이다.

(2) X가 C_2-공간이면 X는 Lindelöf공간임을 [정리 4.11]에서 밝혔다. 역으로, X가 Lindelöf공간이라 하자. 각 $n \in \mathbb{N}$에 대해 $\left\{B(x,\frac{1}{n}) \mid x \in X\right\}$은 X의 열린피복으로 가산부분피복 $\mathscr{B}_n$을 가진다. $\mathscr{B} = \bigcup_{n \in \mathbb{N}} \mathscr{B}_n$이라 두자. 그러면 $\mathscr{B}$는 X의 가산열린피복이다. 이제 $\mathscr{B}$가 $\mathfrak{I}_d$에 대한 기저임을 밝히자. 임의의 열린집합 $U \in \mathfrak{I}_d$에서 임의의 점 $x \in U$에 대해 $B(x,\frac{1}{n}) \subset U$인 $n \in \mathbb{N}$가 존재한다. 또한 $\mathscr{B}_{2n}$이 X의 열린피복이므로 $x \in B(p,\frac{1}{2n}) \in \mathscr{B}_{2n} \subset \mathscr{B}$인 $p \in X$가 존재한다. 임의의 점 $y \in B(p,\frac{1}{2n})$에 대해

$$d(x,y) \le d(x,p)+d(p,y) < \frac{1}{2n}+\frac{1}{2n}=\frac{1}{n}$$

따라서 $y\in B(x,\frac{1}{n})$이고 $x\in B(p,\frac{1}{2n})\subset B(x,\frac{1}{n})\subset U$이다. 그러므로 [기본성질 4.2]에 의해 $\mathscr{B}$는 $\mathfrak{I}_d$에 대한 기저이고 가산족이다. X가 C_2-공간이다. ■

❙정리 9.21❙

$X=(X,d)$를 거리공간 그리고 $\{x_n\}$을 X에서의 점열이라 하자. 그러면 $x_n\to x\in X$일 필요충분조건은 $\forall\epsilon>0,\ \exists N\in\mathbb{N}\, s.t.\ n\ge N\Rightarrow d(x,x_n)<\epsilon$이다.

증명 $\{B(x,\epsilon)|\epsilon>0\}$가 x의 '국소기저이고 $x_n\in B(x,\delta)\Leftrightarrow d(x,x_n)<\delta$'를 적용하면 쉽게 입증된다. ■

❙정리 9.22❙

$X=(X,d)$, $Y=(Y,e)$를 거리공간이라 하자. 함수 $f:X\to Y$가 p에서 연속이기 위한 필요충분조건은 임의의 양수 $\epsilon>0$이 주어질 때, $\delta>0$가 존재하여 $d(p,x)<\delta$인 $x\in X$에 대해서 $e(f(p),f(x))<\epsilon$이 성립하는 것이다.

증명 ($\Rightarrow$) f가 p에서 연속이라 하자. $\{B_e(f(p),\epsilon)\mid\epsilon>0\}$가 $f(p)$의 국소기저이다. 임의의 양수 $\epsilon>0$, 즉 $B(f(p),\epsilon)$에 대해 p의 열린 근방 U가 존재하여 $f(U)\subset B_e(f(p),\epsilon)$를 만족한다. $\{B(p,\delta)\mid\delta>0\}$가 p의 국소기저이므로 $B(p,\delta)\subset U$되는 $\delta>0$가 존재한다. 그러면 $f(B(p,\delta))\subset f(U)\subset B_e(f(p),\epsilon)$이 성립한다. 따라서 $x\in B(p,\delta)$이면 $f(x)\in B_e(f(p),\epsilon)$이다. 즉, $d(x,p)<\delta$이면 $e(f(p),f(x))<\epsilon$이다.

($\Leftarrow$) $f(p)$의 임의의 열린 근방 V에 대하여 "$\exists\epsilon>0\ s.t.\ B(f(p),\epsilon)\subset V$"이다. 가정에 의해 "$\exists\delta>0\ s.t.\ d(p,x)<\delta\Rightarrow e(f(p),f(x))<\epsilon$"이다. 따라서 $U=B(p,\delta)$는 p의 열린 근방이고 $x\in U$이면

$$f(x)\in B_e(f(p),\epsilon)\subset V,\ \text{즉}\ f(U)\subset B_e(f(p),\epsilon))\subset V$$

를 만족한다. 그러므로 f는 p에서 연속이다. ■

▌정리 9.23▐

(X,d)는 거리공간이고 $A \subset X$라 하자. 그러면 $\overline{A} = \{x \in X \mid d(x,A) = 0\}$이다.

증명 ($\subset$) $d(x, A) = \epsilon > 0$이라 하면 $B(x, \frac{\epsilon}{2}) \cap A = \phi$이다. 그러므로 $x \not\in \overline{A}$이다.

($\supset$) $\{B(x,\epsilon) | \epsilon > 0\}$는 x의 국소기저이다. $d(x, A) = \inf\{d(x,a) \mid a \in A\} = 0$이면 임의의 $\epsilon > 0$에 대하여 $B(x,\epsilon) \cap A \neq \phi$이다. 그러므로 $x \in \overline{A}$이다. ■

▌따름정리 9.24▐

(X,d)를 거리공간, $p \in X$라 하자. 그러면 $\overline{\{p\}} = \{p\}$이다. 따라서 X에서 모든 유한집합은 닫힌집합이다.

- 모든 단집합이 닫힌집합이 되는 위상공간을 T_1-공간이라 한다.[1)] 따라서 거리공간은 T_1-공간이다.

▌정리 9.25▐

거리공간 (X,d)에서 $A, B \subset X$는 서로소인 닫힌집합이다. 그러면 $A \subset U$와 $B \subset V$를 만족하고 서로소인 열린집합 U, V가 존재한다.

증명 $A, B \subset X$를 서로소인 닫힌집합이라 하자. (i) $A = \phi$ 혹은 $B = \phi$이면 명백하다.

(ii) $A \neq \phi$이고 $B \neq \phi$이라 하자. 각 $a \in A$에 대하여 $a \not\in B = \overline{B}$이므로 $B(a, \delta_a) \cap B = \varnothing$ 되는 $\delta_a > 0$을 잡을 수 있다. 또 각 $b \in B$에 대하여 $B(b, \epsilon_b) \cap A = \varnothing$ 되는 $\epsilon_b > 0$를 잡자. 그러면 $a \in A$, $b \in B$에 대하여 $d(a,b) \geq \delta_a$, $d(a,b) \geq \epsilon_b$이다.

$$U = \bigcup_{a \in A} B(a, \frac{1}{3}\delta_a), \; V = \bigcup_{b \in B} B(b, \frac{1}{3}\epsilon_b)$$

라 두자. 그러면 U와 V는 열린집합으로 $A \subset U$, $B \subset V$을 만족한다. 만약 $U \cap V \neq \varnothing$

1) $\mathfrak{T}_1$-공간은 모든 유한집합이 닫힌집합되는 위상공간으로 여유한위상보다 강한 위상을 가지는 위상공간이다(10장).

이라 하면, $B(a,\frac{1}{3}\delta_a)\cap B(b,\frac{1}{3}\epsilon_b)\neq\varnothing$을 만족하는 $a\in A$, $b\in B$가 존재한다. $c\in B(a,\frac{1}{3}\delta_a)\cap B(b,\frac{1}{3}\epsilon_b)$라 하자. 그러면

$$d(a,b)\le d(a,c)+d(c,b)\le\frac{1}{3}\delta_a+\frac{1}{3}\epsilon_b\le\frac{1}{3}(d(a,b)+d(a,b))<d(a,b)$$

이므로 모순이 발생한다. 따라서 $U\cap V=\varnothing$이다. ■

- 서로소인 두 닫힌집합 $A, B\subset X$에 대해 $A\subset U$와 $B\subset V$를 만족하는 서로소인 열린집합 U, V가 존재하는 위상공간을 **정규공간**(normal space)이라 한다(10장 참고). 따라서 거리공간은 정규공간이다.

| 따름정리 9.26 |

거리공간 (X,d)에서 A를 닫힌집합, $p\in X-A$라 하자. 그러면 $A\subset U$와 $p\in V$를 만족하고 서로소인 열린집합 U, V가 존재한다.

증명 거리공간에서 단집합은 닫힌집합이므로(따름정리 9.24) 위의 정리를 적용하면 바로 얻어진다. ■

9.3 동치거리

집합 X에는 여러 가지의 거리함수가 있을 수 있고 이들 거리는 각각 거리위상을 유도한다. 만약 두 거리함수가 같은 위상을 유도한다면 거리공간의 관점에서 이들이 구별되더라도 위상공간의 관점에서 근접성을 다루는 도구로는 이들을 구별하지 않는다.

| 정의 9.27 |

집합 X위의 두 거리 d_1, d_2가 X위에서 같은 위상을 유도하면, 즉 $\mathfrak{I}_{d_1}=\mathfrak{I}_{d_2}$일 때 d_1, d_2를 **동치인**(equivalent) 거리함수라 한다.

❙정리 9.28❙

$X_1=(X,d_1)$, $X_2=(X,d_2)$를 거리공간이라 하자. 다음은 동치이다.

(1) $\mathfrak{I}_{d_2}\subset\mathfrak{I}_{d_1}$

(2) 임의의 점 $p\in X$에서 임의의 $\epsilon>0$에 대하여 $B_{d_1}(p,\delta)\subset B_{d_2}(p,\epsilon)$을 만족하는 $\delta>0$가 존재한다.

증명 (1) ⇒ (2) 임의의 $p\in X$와 $\epsilon>0$에 대하여 $B_{d_2}(p,\epsilon)\in\mathfrak{I}_{d_2}\subset\mathfrak{I}_{d_1}$이다. $\{B_{d_1}(p,\delta)\mid\delta>0\}$가 p의 $\mathfrak{I}_{d_1}$-국소기저이므로 $B_{d_1}(p,\delta)\subset B_{d_2}(p,\epsilon)$을 만족하는 $\delta>0$가 존재한다.

(2) ⇒ (1) $U\in\mathfrak{I}_{d_2}$이라 하고 p를 U의 임의의 점이라 하자. 그러면 $B_{d_2}(p,\epsilon)\subset U$되는 $\epsilon>0$ 이 존재한다. 가정에 의해 $B_{d_1}(p,\delta)\subset B_{d_2}(p,\epsilon)$인 $\delta>0$ 이 존재한다. 따라서 $p\in B_{d_1}(p,\delta)\subset U$이다. U의 모든 점이 U의 $\mathfrak{I}_{d_1}$-내점이다. 그러므로 $U\in\mathfrak{I}_{d_1}$이다. ■

예제 9.29

[예제 9.2, 9.3, 9.4]에서 $\mathbb{R}^2$에서 서로 다른 거리함수로 유클리드거리, 택시거리, max거리를 다루었다. 이들 거리함수 d, d_1, d_2라 하자. 이들에 의해 유도된 위상들이 서로 같다. 즉, $\mathfrak{I}_d=\mathfrak{I}_{d_1}=\mathfrak{I}_{d_2}$ 이다.

풀이 [정리 9.28]의 (2)을 활용하여 $\mathfrak{I}_{d_2}\subset\mathfrak{I}_{d_1}\subset\mathfrak{I}_d\subset\mathfrak{I}_{d_2}$임을 밝힐 수 있다.

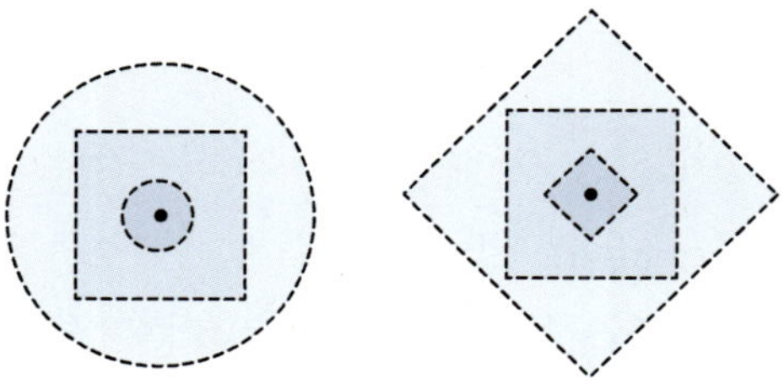

■

예제 9.30

d를 공집합이 아닌 집합 X위의 거리함수라 하자. d에 대해 다음과 같이 정의된 유계인 거리함수를 d_1과 d_2라 하자. $a,b\in X$에 대해

$$d_1(a,b) = \frac{d(a,b)}{1+d(a,b)}, \quad d_2(a,b) = \min\{1, d(a,b)\}$$

라 하면 d, d_1, d_2는 동치인 X위의 거리함수이다.

풀이 $\mathfrak{T}_d = \mathfrak{T}_{d_1}$임을 보이기 위해 (i) $\mathfrak{T}_d \subset \mathfrak{T}_{d_1}$이고 (ii) $\mathfrak{T}_{d_1} \subset \mathfrak{T}_d$임을 밝히자. 이를 위해 $f(x) = \dfrac{x}{1+x}$가 증가함수($\because f'(x) > 0$)라는 것과 [정리 9.28]을 이용한다.

(i) $p \in X$와 $\epsilon > 0$ (즉, $B_d(p, \epsilon)$)에 대해, $\delta = \dfrac{\epsilon}{1+\epsilon}$라 하고 $B_{d_1}(p, \delta) \subset B_d(p, \epsilon)$를 밝히자. $x \in B_{d_1}(p, \delta)$이면 $\dfrac{d(p, x)}{1+d(p, x)} = d_1(p,x) < \delta = \dfrac{\epsilon}{1+\epsilon}$이다. $f(x) = \dfrac{x}{1+x}$는 증가함수이므로 $d(p, x) < \epsilon$이다. 따라서 $B_{d_1}(p, \delta) \subset B_d(p, \epsilon)$이다. 그러므로 $\mathfrak{T}_d \subset \mathfrak{T}_{d_1}$이다.

(ii) $p \in X$와 $\epsilon > 0$(즉, $B_{d_1}(p, \epsilon)$)에 대해, $\delta = \epsilon$로 잡고 $B_d(p, \delta) \subset B_{d_1}(p, \epsilon)$를 밝히자. $x \in B_d(p, \delta)$이면 $d(p, x) < \delta$이고 $d_1(p, x) = \dfrac{d(p, x)}{1+d(p, x)} < \dfrac{\delta}{1+\delta} < \delta = \epsilon$이다. 따라서 $x \in B_{d_1}(p, \epsilon)$이고 $B_d(p, \delta) \subset B_{d_1}(p, \epsilon)$이다. 그러므로 $\mathfrak{T}_{d_1} \subset \mathfrak{T}_d$이다.

$\mathfrak{T}_d = \mathfrak{T}_{d_2}$임은 문제로 남긴다. ■

예제 9.31

[따름정리 9.24]으로부터 유한집합에서 거리함수에 의해 유도되는 위상은 이산위상이다. 따라서 유한집합에서 정의되는 모든 거리함수는 이산거리함수와 동치이다. 왜냐하면 거리공간은 T_1-공간이기 때문이다.

9.4 거리화가능 공간

집합 X위의 모든 거리함수는 집합 X위의 위상을 유도한다는 것을 보았다. 역으로 집합 X위의 모든 위상이 X위의 어떤 거리함수에 의하여 유도될 수 있을까? 그렇지는 않다는 것을 보게 될 것이다.

예제 9.32

(1) 보통위상공간 $(\mathbb{R},\mathcal{U})$에서 $\mathcal{U}$는 $d(x,y)=|x-y|$로 주어진 보통거리함수에 대해 유도된 거리위상과 같다.

(2) 이산위상공간 $(X,\mathcal{D})$에서 $\mathcal{D}$는 이산거리함수에 의해 유도된 거리위상과 같다.

(3) $X=\{a,b,c\}$위의 위상 $\mathfrak{I}=\{X,\phi,\{b\},\{a,b\},\{b,c\}\}$는 어떠한 거리위상과도 같을 수 없다. 왜냐하면 거리위상에서 모든 단집합은 닫힌집합이다(따름정리 9.24). 그러나 $\mathfrak{I}$에서 단집합 $\{b\}$가 닫힌집합이 아니기 때문이다.

| 정의 9.33 |

$(X,\mathfrak{I})$를 위상공간이라 하자. 집합 X위에 거리 d가 존재하여 $\mathfrak{I}$가 d에 의하여 유도된 위상 $\mathfrak{I}_d$와 일치할 때 $(X,\mathfrak{I})$를 **거리화가능(metrizable) 공간**이라 부른다.

예제 9.34

X가 무한집합으로 여유한위상을 갖는다면 거리화가능 공간이 아니다.

풀이 X가 거리화 가능하고 $X=(X,d)$라 하자. $a,b\in X\,(a\neq b)$이라 하면 $\{a\},\{b\}$는 서로소인 닫힌집합이다. 그러면 [정리 9.25]에 의해 $\{a\}\subset U$, $\{b\}\subset V$이고 $U\cap V=\varnothing$인 열린집합 U,V가 존재한다. 따라서 U^c과 V^c는 유한집합이고 $X=(U\cap V)^c=U^c\cup V^c$이 유한집합이다. 이것은 X가 무한집합이라는 사실에 모순된다. ■

| 정리 9.35 | (위상적 성질)

$X=(X,d)$를 거리공간, $Y=(Y,\mathfrak{I})$를 위상공간이라 하자. $f:X\to Y$가 위상동형함수라 하자. 임의의 $y_1,y_2\in Y$에 대하여, $e(y_1,y_2)=d(f^{-1}(y_1),f^{-1}(y_2))$로 정의하면 e는 Y위의 거리함수이고 $\mathfrak{I}=\mathfrak{I}_e$이다. 따라서 Y는 거리화가능 공간이다.

증명 'e가 Y위의 거리함수이다'의 증명은 문제로 남긴다. $f(B_d(p,\delta))=B_e(f(p),\delta)$가 성립하고 $\mathfrak{I}=\mathfrak{I}_e$의 증명은 이로부터 쉽게 얻어진다. ■

❙정리 9.36❙ (유전적 성질)

$X=(X,d)$를 거리공간, $A \subset X$에 대하여 $d_A = d|_{A \times A}$는 A위의 거리함수이고 $(\mathfrak{I}_d)_A = \mathfrak{I}_{d_A}$이다. 그러므로 거리위상공간의 부분공간은 거리화가능 공간이다.[2)]

증명 'd_A가 A위의 거리함수이다'의 증명은 쉽게 입증된다. $B_d(p,\delta) \cap A = B_{d_A}(p,\delta)$가 성립하고 이로부터 $(\mathfrak{I}_d)_A = \mathfrak{I}_{d_A}$임을 얻을 수 있다. ■

9.5 거리공간의 곱공간

거리공간은 위상공간으로 그 위상구조가 거리함수에 의해 유도된 거리위상이다. $\{(X_\alpha, d_\alpha) \mid \alpha \in \Lambda\}$를 거리공간족이라 하자. 그러면 각 거리공간이 위상공간이기 때문에 곱위상을 가진 곱공간 $X = \prod_{\alpha \in \Lambda} X_\alpha$을 생각할 수 있다. 이 곱공간은 거리화가 가능할까? 이때 주어질 거리함수는 각 인자(factor) 공간의 거리함수와는 어떻게 관련되어 있는가에 대해 다룬다. 다음의 정리들은 Λ가 유한집합이거나 가부번 무한집합일 경우에 가능함을 보여 준다.

❙정리 9.37❙

$X_1 = (X_1, d_1)$ $X_2 = (X_2, d_2)$가 거리공간이면 다음의 각각은 곱집합 $X_1 \times X_2$위의 거리함수이며 이들에 의해 유도된 거리위상은 곱위상과 같으며 곱공간은 거리화가능 공간이다. 임의의 $a=(a_1, a_2)$, $b=(b_1, b_2) \in X_1 \times X_2$에 대하여

(1) $e_1(a,b) = \sqrt{d_1(a_1,b_1)^2 + d_2(a_2,b_2)^2}$

(2) $e_2(a,b) = d_1(a_1,b_1) + d_2(a_2,b_2)$

(3) $e_3(a,b) = \max\{d_1(a_1,b_1), d_2(a_2,b_2)\}$

증명 [정리 9.28]을 적용하면 쉽게 증명된다. ■

---

2) 보통거리공간 $(\mathbb{R},d)$의 부분공간 (A,d_A)도 보통거리공간 A라 칭할 것이다.

위 정리는 유한곱공간으로 일반화되며 다음은 가부번무한 곱집합의 경우이다.

▌정리 9.38▐

(X_1,d_1), (X_2,d_2), (X_3,d_3), $\cdots$는 가부번무한개의 거리공간들이다. 곱집합 $X=\prod_{n=1}^{\infty} X_n$의 임의의 원소 $a=(a_1, a_2, a_3, \cdots)$, $b=(b_1, b_2, b_3, \cdots)$에 대하여

$$d(a,b)=\sum_{n=1}^{\infty}\frac{1}{2^n}\frac{d_n(a_n,b_n)}{1+d_n(a_n,b_n)}$$

으로 정의하면 d는 X위의 거리함수이고 이 거리함수에 의해 유도된 거리위상은 곱위상과 같다. 따라서 가부번무한 곱공간은 거리화가능 공간이다.

증명 문제로 남긴다. ■

예제 9.39

유클리드공간 $\mathbb{R}^n$은 n개의 보통거리공간 $\mathbb{R}$의 곱공간으로 다음의 거리 d를 가지는 거리공간이다. $\mathbb{R}^n$의 임의의 원소 $a=(a_1, a_2, \cdots, a_n)$, $b=(b_1, b_2, \cdots, b_n)$에 대하여

$$d(a,b)=\sqrt{(a_1-b_1)^2+(a_2-b_2)^2+\cdots+(a_n-b_n)^2}$$

d에 의해 유도된 거리위상은 보통위상 혹은 유클리드 위상이라 하였다. 이 위상은 곱위상과 같다.

▌정의 9.40▐

거리공간 (X,d)에서 거리공간 (Y,e)로의 거리를 보존(즉, 모든 $p, q\in X$에 대하여 $d(p,q)=e(f(p),f(q))$를 만족)하는 전단사함수가 존재할 때 (X,d)와 (Y,e)는 **등거리동형(isometric)**이라 하고 함수 f를 **등거리함수(isometry)**라 한다.

▌정리 9.41▐

거리공간 $X=(X,d)$와 $Y=(Y,e)$가 등거리동형이면 X, Y는 위상동형이다.

증명 X, Y가 등거리동형이면, 등거리함수 $f : X \to Y$가 존재하여 $f(B_d(x,\delta)) = B_e(f(p),\delta)$이므로 f가 열린함수이고 연속함수임이 유도된다. f는 위상동형함수이고 X, Y는 위상동형이다. ■

▌정의 9.42▌

각 항의 제곱으로 이루어진 급수 $\sum_{n=1}^{\infty} x_n^2$가 수렴하는 $(x_1, x_2, x_3, \cdots) \in \prod_{n=1}^{\infty} \mathbb{R}$들의 집합을 $\mathbb{R}^{\infty}$라 하자. 즉, $\mathbb{R}^{\infty} = \left\{(x_1, x_2, x_3, \cdots) \mid \sum_{n=1}^{\infty} x_n^2 < \infty\right\} \subset \prod_{n=1}^{\infty} \mathbb{R}$.

$\mathbb{R}^{\infty}$의 임의의 원소 $a = (a_1, a_2, a_3, \cdots)$, $b = (b_1, b_2, b_3, \cdots)$에 대하여

$$d(a,b) = \sqrt{\sum_{n=1}^{\infty} |a_n - b_n|^2}$$

으로 정의하면 d는 $\mathbb{R}^{\infty}$ 위의 거리함수이다(연습문제로 남긴다). 이 거리함수를 l_2-거리함수라 하고 $(\mathbb{R}^{\infty}, d)$를 l_2-공간 혹은 Hilbert공간이라 하고 $\mathbb{H}$로 나타낸다.

예제 9.43

(1) $(1, 2, 3, \cdots) \notin \mathbb{R}^{\infty}$, $\left(1, \frac{1}{\sqrt{2}}, \frac{1}{\sqrt{3}}, \cdots\right) \notin \mathbb{R}^{\infty}$이나 $\left(1, \frac{1}{2}, \frac{1}{3}, \cdots\right) \in \mathbb{R}^{\infty}$이다.

(2) $\mathbb{H}_m = \{(x_1, x_2, x_3, \cdots) \in \mathbb{H} \mid x_{m+1} = x_{m+2} = \cdots = 0\}$을 $\mathbb{H}$의 부분공간이라 하자.
$j : \mathbb{R}^m \to \mathbb{H}_m$, $(x_1, x_2, \cdots, x_m) \mapsto (x_1, x_2, \cdots, x_m, 0, \cdots)$는 위상동형함수이다.

(3) $\mathbb{H}^* = \{(x_1, x_2, x_3, \cdots) \in \mathbb{H} \mid x_1 = 0\}$을 $\mathbb{H}$의 부분공간이라 하자.
$f : \mathbb{H} \to \mathbb{H}^*$, $(x_1, x_2, \cdots) \mapsto (0, x_1, x_2, \cdots)$는 등거리함수로 위상동형함수이다.

예제 9.44

힐버트공간 $\mathbb{H}$에서 다음과 같이 주어지는 수열 $\{h_n\}$에서 각 $i \in \mathbb{N}$에 대하여 $\mathbb{R}$에서 수열 $\{\pi_i(h_n)\}_{n \in \mathbb{N}}$은 0에 수렴한다.

$$h_1 = (1, 0, 0, 0, \cdots),\ h_2 = (0, 1, 0, 0, \cdots),\ h_3 = (0, 0, 1, 0, \cdots),\ \cdots$$

그러나 점열 $\{h_n\}$은 수렴하지도 않고 수렴하는 부분수열을 가지지도 않는다.
왜냐하면 $m \neq n$이면 $d(h_m, h_n) = \sqrt{2}$이고 $d(h_n, (0,0,\cdots)) = 1$이기 때문이다.

9장 연습문제

1. 다음의 함수들이 거리함수임을 밝혀라.

(1) $d:\mathbb{R}\times\mathbb{R}\to\mathbb{R}$가 $d(x,y)=\left|\frac{x}{1+|x|}-\frac{y}{1+|y|}\right|$로 정의될 때 d는 거리함수이다.

(2) 유계폐구간 $[0,1]$에서 정의된 모든 실수치 연속함수들을 모은 것을 $\mathcal{C}[0,1]$로 나타낸다. 두 함수 $f,g\in\mathcal{C}[0,1]$에 대하여 $d(f,g)=sup\{|g(x)-f(x)|\ |x\in[0,1]\}$로 정의하면 d는 $\mathcal{C}[0,1]$위의 거리이다.

(3) 좌표평면 $\mathbb{R}^2$의 taxicab거리함수 $d((x,y),(a,b))=|x-a|+|y-b|$에 대하여 $\mathbb{R}^2$에서 e를 다음과 같이 정의하면

$$e(p,q)=\begin{cases}d((0,0),p)+d((0,0),q) & (p\neq q)\\ 0 & (p=q)\end{cases}$$

e는 $\mathbb{R}^2$위의 거리함수이다.

(4) 좌표평면 $\mathbb{R}^2$에서 함수 $d:\mathbb{R}^2\times\mathbb{R}^2\to\mathbb{R}$는

$$d(p,q)=\begin{cases}\max\{\|p\|,\ \|q\|\} & (p\neq q)\\ 0 & (p=q)\end{cases}$$

로 정의된다. d는 $\mathbb{R}^2$상의 거리함수이다.

(5) d는 $\mathbb{R}^2$상의 보통거리이다.

$$e(p,q)=\begin{cases}d(p,0)+d(q,0) & ((p,0)\neq d(q,0))\\ d(p,q) & (d(p,0)=d(q,0))\end{cases}$$

e는 $\mathbb{R}^2$위의 거리함수이다. 여기서 0는 원점을 나타낸다.

(6) $d:\mathbb{H}\times\mathbb{H}\to\mathbb{R}$는

$$d(a,b)=\sqrt{\sum_{n=1}^{\infty}|a_n-b_n|^2}$$

으로 정의하면 d는 $\mathbb{H}$위의 거리함수이다.

2. $\mathbb{R}^n$공간에서 다음의 Cauchy-Schwarz 부등식이 성립함을 밝혀라.

$a=(a_1,a_2,\cdots,a_n),\ b=(b_1,b_2,\cdots,b_n)\in\mathbb{R}^n$에 대해 $|a\cdot b|\leq\|\mathrm{a}\|\ \|\mathrm{b}\|$

3. $\mathbb{R}^n$공간에서 Minkowski 부등식을 증명하라.

$a=(a_1,a_2,\cdots,a_n),\ b=(b_1,b_2,\cdots,b_n)\in\mathbb{R}^n$에 대해 $\|a+b\|\leq\|\mathrm{a}\|+\|\mathrm{b}\|$

4. 거리공간 (X,d)에서 $U \in \mathfrak{I}_d$일 필요충분조건이 각 $p \in U$에 대하여 $d(p, X-U) > 0$ 임을 밝혀라.

5. (X,d)가 거리공간이고 $p \in X$, $A, B \subset X$에 대해
   (1) $d(p, A \cup B) \le \min\{d(p,A), d(p,B)\}$임을 밝혀라.
   (2) $\text{diam}(A \cup B) < \text{diam}(A) + \text{diam}(B)$, $\text{diam}(A \cup B) > \text{diam}(A) + \text{diam}(B)$인 예를 각각 들어라.
   (3) A, B는 닫힌집합, $A \cap B = \varnothing$이고 $d(A,B) = 0$인 예를 들어보라.

6. X가 유한집합이면 위상공간이 거리화가능 공간이이 위한 필요충분조건은 거리위상이 이산위상인 것임을 밝혀라.

7. (X,d)가 거리공간이고 $A \subset X$에 대해 $p \in b(A) \Leftrightarrow d(p,A) = 0,\ d(p, X-A) = 0$ 임을 밝혀라.

8. (X,d)가 거리공간이고 $B_\delta(x)$는 중심 $x \in X$이고 반경 $\delta > 0$인 열린볼이다. $\overline{B_r(x)} \ne \{y \in X \mid d(x,y) \le \delta\}$인 거리공간의 예를 들어라.

9. (X,d)를 거리공간이라 하고 $p \in X$를 고정된 원소라 하자. 다음을 밝혀라.
   (1) d는 곱공간 $X \times X$에서 $\mathbb{R}$로의 연속함수이다
   (2) 함수 $f : X \to \mathbb{R}$, $f(x) = d(p,x)$는 연속함수이다.

10. $(X,\ d)$가 거리공간이고 (x_n)과 (y_n)이 X에서 수열들이라 하자. 이때 $x_n \to x$이고 $y_n \to y$이면 $d(x_n, y_n) \to d(x,y)$임을 증명하라.

11. 거리공간 $(X,\ d)$에서 닫힌집합 F가 어느 곳에서도 조밀하지 않을 필요충분조건이 여집합 F^c가 모든 곳에서 조밀한 것임을 증명하라.

12. 평면 $\mathbb{R}^2$위의 Taxicab거리함수 $d : \mathbb{R}^2 \times \mathbb{R}^2 \to \mathbb{R}$에 대하여 $\mathbb{R}^2$에서 거리함수 e가 다음과 같이 정의된다.

$$e(p,q)=\begin{cases} d((0,0),p)+d((0,0),q) & (p\neq q) \\ 0 & (p=q) \end{cases}$$

거리공간 $(\mathbb{R}^2, e)$에서

(1) 두 점 $(2,3)$과 $(-1,2)$사이의 거리를 구하라.

(2) 집합 $B=\{(x,y)\in\mathbb{Z}\times\mathbb{Z} \mid e((x,y),(2,3))<3\}$에 속하는 원소의 개수를 구하라.[3)]

(3) $A=\{(0,0),(1,-1)\}$의 내부 및 폐포를 구하라.

13. X가 비가산 무한집합으로 여가산위상을 갖는다면 X는 거리화가능 공간이 아님을 보여라.

14. (X,d)가 거리공간의 위상부분공간 A가 거리화가능 공간임을 밝혀라.

15. d는 $\mathbb{R}^2$상의 보통거리이고 $o=(0,0)$는 원점을 나타낸다.

$$e(p,q)=\begin{cases} d(p,o)+d(q,o) & (d(p,o)\neq d(q,o)) \\ d(p,q) & (d(p,o)=d(q,o)) \end{cases}$$

로 정의된 거리함수 e를 갖는 거리공간 $(\mathbb{R}^2, e)$에 대하여

(1) 열린볼 $B_e((0,0),1)$, $B_e((1,0),1)$, $B_e((1,0),2)$를 기술하여라.

(2) $(\mathbb{R}^2,e)$가 가분공간이 아님을 밝히고 제2가산이 아님을 설명하라.

---

3) 2020년 중등임용문제 참조

10장

분리공리

위상공간 X의 분리공리는 열린집합의 분포에 관한 것으로 서로 다른 점이나 서로소인 집합들을 구별시키는데 열린집합들에 의해 둘러쌓이는지를 기술하여 위상공간의 특성을 규정하는 성질이다. 일부 분리공리는 열린집합들이 많을수록 만족될 가능성이 높으며 열린집합의 분포상태에 따라 분리공리의 성질들이 결정된다.

$\mathbb{R}$에서 어떤 수열이 수렴한다면 그 극한은 유일하다는 것은 분리공리의 중요한 성질 중 하나이다. 서로소인 열린집합들을 가지고 서로 다른 두 점을 구분할 수 있다는 $\mathbb{R}$의 보통위상이 가진 특별한 분리 성질이 작용한다. 열린집합으로 점들, 점과 특수한 집합을 혹은 집합들의 분리를 다룬다.

10.1 T_0, T_1 및 T_2-공간

이 절에서는 서로 다른 두 점이 열린집합들에 의해 분리되는 성질을 다룬다.

| 정의 10.1 |

위상공간 $(X, \Im)$에 대하여

(1) X의 서로 다른 두 점 p, q에 대해 $q \not\in U$인 p의 열린 근방 U가 존재하거나 $p \not\in V$인 q의 열린 근방 V가 존재(즉 T_0-공리를 만족)할 때, $\Im$를 T_0-위상이라 하고 $(X, \Im)$를 T_0-공간이라 한다.

(2) X의 서로 다른 두 점 p, q에 대해 $p \not\in V$와 $q \not\in U$를 만족시키는 p의 열린 근방 U와 q의 열린 근방 V가 존재(즉 T_1-공리를 만족)할 때, $\Im$를 T_1-위상이라 하고 $(X, \Im)$를 T_1-공간이라 한다.

(3) X의 서로 다른 두 점 p, q에 대해 $U \cap V = \varnothing$을 만족시키는 p의 열린 근방 U와 q의 열린 근방 V가 존재(즉 T_2-공리를 만족)할 때, $\Im$를 T_2(혹은 Hausdorff)-위상이라 하고 $(X, \Im)$를 T_2(혹은 Hausdorff)-공간이라 한다.

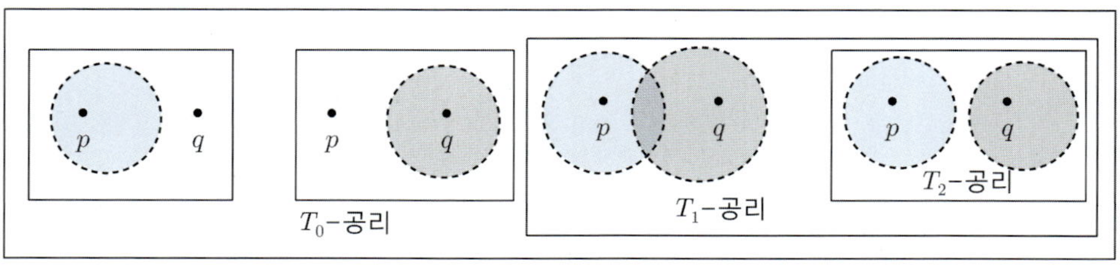

예제 10.2

(1) $X=\{a,b\}$ 위에 위상 $\mathfrak{I}=\{X,\varnothing,\{a\}\}$가 주어질 때 위상공간 $(X,\mathfrak{I})$는 T_0-공간이나 T_1-공간은 아니다.

(2) 거리공간 (X,d)은 T_2-공간이다.

풀이 (2) 서로 다른 두 점을 $p,q\in X$라 하자. 그러면 $\delta=d(p,q)>0$이다. 두 열린볼 $B(p,\frac{\delta}{2})$, $B(q,\frac{\delta}{2})$는 각각 p,q를 포함하고 서로소인 열린집합이다. ▪

▌정리 10.3▐

$(X,\mathfrak{I})$를 위상공간이라 하자. 다음은 동치이다

(1) X는 T_1-공간이다.

(2) 각 점 $p\in X$에 대하여 $\{p\}$가 닫힌집합이다

(3) 각 점 $p\in X$에 대하여 $\{p\}=\cap\{U\in\mathfrak{I}\mid p\in U\}$이다.

증명 (1) ⇒ (2) $p\in X$라 하고 $\{p\}^c$이 열린집합임을 밝히자. $x\in\{p\}^c$이면 $x\neq p$이고 X가 T_1-공간이므로 $x\in U, p\notin U$인 열린집합 U가 존재한다. 따라서 $x\in U\subset\{p\}^c$으로 x는 $\{p\}^c$의 내점이다. 그러므로 $\{p\}^c$는 열린집합이다.

(2) ⇒ (3) $p\in X$라 하자. 각 $x\in X$에 대하여 $X-\{x\}$는 열린집합이다.

$$\{p\}=\cap\{X-\{x\}\mid x\neq p\}\supset\cap\{U\in\mathfrak{I}\mid p\in U\}\supset\{p\}$$

이다. 그러므로 (3)이 성립한다.

(3) ⇒ (1) $p\neq q$라 하자. (3)에 의해

$$\{p\}=\cap\{U\in\mathfrak{I}\mid p\in U\},\ \{q\}=\cap\{V\in\mathfrak{I}\mid q\in V\}$$

이다. 따라서 $p\in U, q\notin U$인 $U\in\mathfrak{I}$가 존재하고, $q\in V, p\notin V$인 $V\in\mathfrak{I}$이 존재한다. 그러므로 X는 T_1-공간이다. ▪

▌따름정리 10.4▐

$(X,\mathfrak{I})$를 위상공간이라 하자. 다음은 동치이다

(1) X는 T_1-공간이다.

(2) X의 모든 유한부분집합이 닫힌집합이다.

(3) $\mathfrak{I}$는 X위의 여유한위상보다 섬세한 위상이다.

▸ 유한집합위의 T_1-위상은 이산위상뿐이다.

예제 10.5

X가 무한집합으로 여유한위상을 가지면 X는 T_1-공간이나 T_2공간이 아니다.

풀이 [따름정리 10.4]에 의해 X는 T_1-공간이다. 여유한위상공간 X를 T_2-공간이라 하면 서로소인 $\varnothing$이 아닌 두 열린집합 U, V가 존재한다. 그러면 $X-U$, $X-V$는 유한집합이고 $(X-U)\cup(X-V)$도 유한집합이다. 따라서 $(X-U)\cup(X-V)=X-(U\cap V)=X$가 유한집합이다. 따라서 X가 무한집합이면 X는 T_2-공간이 아니다. ■

| 정리 10.6 |

X는 T_1-공간이라 하고 $A\subset X$라 하자.

(1) A'는 닫힌집합이다.

(2) $A'\neq\varnothing$이면 A는 무한집합이다.

증명 (1) $p\in(A')'$라 하고 U를 p의 임의의 열린 근방이라 하자. 그러면 $A'\cap(U-\{p\})\neq\varnothing$이다. $a\in A'\cap(U-\{p\})$라 하자. X가 T_1-공간이므로 $\{p\}$는 닫힌집합이어서 $U-\{p\}$가 열린집합이고 a를 포함한다. $a\in A'$이므로 $A\cap(U-\{p,a\})\neq\varnothing$이고 $A\cap(U-\{p\})\neq\varnothing$이다. 따라서 $p\in A'$이다. 그러므로 $(A')'\subset A'$으로 A'는 닫힌집합이다.

(2) A를 유한집합이라 하면 A는 닫힌집합이고 $A'\subset A$이다. A의 모든 점이 고립점이 됨(즉, $A\subset A-A'$)을 밝히면 $A'=\varnothing$되어 입증된다. $p\in A$라 하자. X가 T_1-공간이므로 $A-\{p\}$는 닫힌집합이고 그 여집합 $(X-A)\cup\{p\}$는 p의 열린 근방이다. 그러면 $A\cap[(X-A)\cup\{p\}]=\{p\}$이다. 따라서 $p\notin A'$이고 p는 A의 고립점이다. ■

| 정리 10.7 |

$(X, \mathfrak{T})$를 위상공간이라 하자. 다음은 서로 동치이다.

(1) X가 T_2-공간이다.

(2) 서로 다른 임의의 두 점 $p, q \in X$에 대해 $q \notin \overline{U}$(즉, $p \in U \subset \overline{U} \subset \{q\}^c$)가 되는 p의 열린 근방 U가 존재한다.

(3) $\Delta = \{(x,x) | x \in X\}$가 곱공간 $X \times X$에서 닫힌집합이다.

증명 (1) $\Rightarrow$ (2) $p \neq q$라 하자. X가 T_2-공간이므로 $p \in U, q \in V$와 $U \cap V = \varnothing$을 만족시키는 열린집합 U, V가 존재한다. 그러면

$$p \in U \subset V^c \subset \{q\}^c,\ U \subset \overline{U} \subset \overline{V^c} = V^c$$

이 성립한다. 그러므로 $p \in U$이고 $q \notin \overline{U}$이다.

(2) $\Rightarrow$ (1) $p \neq q$라 하면 가정에 의해 $p \in U$이고 $q \notin \overline{U}$인 열린집합 U가 존재한다. $V = \overline{U}^c$라 두자. 그러면 U, V는 열린집합, $p \in U, q \in V$이고 $U \cap V \subset \overline{U} \cap \overline{U}^c = \varnothing$을 만족한다. 그러므로 X는 T_2-공간이다.

(1) $\Rightarrow$ (3) Δ^c가 열린집합임을 밝히자. $(p,q) \in \Delta^c$이라 하자. 그러면 $p \neq q$이고 X가 T_2-공간이므로 $p \in U, q \in V$이고 $U \cap V = \varnothing$인 열린집합 U, V가 존재한다. 따라서 $(p,q) \in U \times V$이고 $U \times V$는 $X \times X$에서 열린집합이다. $U \cap V = \varnothing$이므로 $U \times V \subset \Delta^c$이다.

(3) $\Rightarrow$ (1) $p \neq q$라 하자. 그러면 $(p,q) \notin \Delta$, 즉 $(p,q) \in \Delta^c$이다. Δ^c가 열린집합이므로 $p \in U, q \in V, U \times V \subset \Delta^c$를 만족시키는 열린집합 U, V가 존재한다. $U \times V \subset \Delta^c$이므로 $U \cap V = \varnothing$이다. 그러므로 X는 T_2-공간이다. ■

| 정리 10.8 |

위상공간 $(X, \mathfrak{T})$에 대해

(1) X가 T_2-공간이면 수렴하는 점열의 극한은 유일하다.

(2) X가 C_1-공간이고 수렴하는 모든 점열이 유일한 극한을 가지면 X는 T_2-공간이다.

증명 (1) $\{a_n\}$을 $a_n \to a,\ a_n \to b$을 만족하는 X위의 점열이라 하자. 만약 $a \neq b$이면, X는

T_2이므로 열린집합 U, V가 존재해서 $a \in U$, $b \in V$ 이고 $U \cap V = \varnothing$. $a_n \to a$, $a_n \to b$이므로

$$\exists\, n_1 \in \mathbb{N}\, s.t.\ n \geq n_1 \Rightarrow a_n \in U,\ \ \exists\, n_2 \in \mathbb{N}\, s.t.\ n \geq n_2 \Rightarrow a_n \in V$$

이다. $n \geq \max\{n_1, n_2\}$ 인 자연수 n에 대해 $a_n \in U \cap V$이므로 $U \cap V = \varnothing$ 이라는 사실에 모순이다. 따라서 $a = b$이고 $\{a_n\}$은 유일한 극한을 갖는다.

(2) X를 T_2가 아니라 가정하자. 그러면 $a \neq b$이고 a의 임의의 열린집합 U와 b의 임의의 열린집합 V에 대해서 $U \cap V \neq \varnothing$ 을 만족하는 $a, b \in X$가 존재한다.
$\{G_n\}$, $\{H_n\}$을 각각 a와 b의 축소가산국소기저를 잡자(근거:X가 C_1이므로). 그러면 모든 $n \in \mathbb{N}$에 대해서 $G_n \cap H_n \neq \varnothing$ 이다. 그러므로

$$a_1 \in G_1 \cap H_1,\ a_2 \in G_2 \cap H_2,\ \cdots,\ a_n \in G_n \cap H_n,\ \cdots$$

을 만족하는 X상의 점열 $\{a_n\}$을 택할 수 있다. [기본성질 7.24]에 의해 $a_n \to a$, $a_n \to b$이다. $\{a_n\}$이 수렴하는 수열로 단 하나의 극한을 갖는다는 것에 모순이다. 따라서 X는 T_2이다. ■

예제 10.9

여가산위상공간 $(\mathbb{R}, \mathfrak{I}_{cc})$에서 수렴하는 모든 수열의 극한은 유일하게 존재하나 T_2-공간은 아니다.

풀이 여가산위상공간 $(\mathbb{R}, \mathfrak{I}_{cc})$에서 "$x_n \to p \Leftrightarrow \exists\, n \in \mathbb{N}\ s.t.\ n \geq n_0 \Rightarrow x_n = p$"이기 때문에 수렴하는 모든 수열의 극한은 하나뿐이다. 만약 여가산위상공간 $(\mathbb{R}, \mathfrak{I}_{cc})$은 T_2-공간이라 하면 서로소인 열린집합 U, V가 존재하여 $-1 \in U$, $1 \in U$과 $U \cap V = \varnothing$를 만족한다. U^c, V^c이 가산집합이고 $\mathbb{R} = (U \cap V)^c = U^c \cup V^c$가 가산집합이 되어 모순이 일어난다. ■

| 정리 10.10 |

위상공간 $(X, \mathfrak{I})$에서 T_2-공간 $(Y, \mathfrak{I}^*)$로의 연속함수 $f, g : X \to Y$에 대하여 다음이 성립한다.

(1) $A = \{x \in X \mid f(x) = g(x)\}$는 닫힌집합이다

(2) $G = \{(x, f(x)) \mid x \in X\}$가 $X \times Y$에서 닫힌집합이다(G는 f의 그래프(graph))

(3) $F = \{(x_1, x_2) \mid f(x_1) = f(x_2)\}$는 곱공간 $X \times X$에서 닫힌집합이다.

증명 (1) A^c가 X에서 열린집합임을 밝히자. $p\in A^c$라 하자. 그러면 $f(p)\neq g(p)$이다. Y가 T_2-공간이므로 $f(p)\in U$, $g(p)\in V$이고 $U\cap V=\varnothing$이 되는 Y에서 열린집합들 U, V가 존재한다. $G=f^{-1}(U)\cap g^{-1}(V)$라 두면 $p\in G$이고 f, g가 연속이므로 G는 X에서 열린집합이다. 이제 $G\subset A^c$임을 밝히면 p가 A^c의 내점이 되어 A^c가 열린집합이다. $x\in G$라면 $f(x)\in U$, $g(x)\in V$이다. $U\cap V=\varnothing$이므로 $f(x)\neq g(x)$이다. 그러므로 $x\in A^c$이다.

(2) $G^c=X\times Y-G$가 열린집합임을 밝히자. $(p,q)\in G^c$라 하면 $f(p)\neq q$이다. Y가 T_2-공간이므로 $f(p)\in U$, $q\in V$이고 $U\cap V=\varnothing$이 되는 Y에서 열린집합 U, V가 존재한다. f가 연속이므로 $f^{-1}(U)$는 p를 포함한 열린집합이고 $f^{-1}(U)\times V$는 $X\times Y$에서 열린집합이고 $(p,q)\in f^{-1}(U)\times V$이다. $f^{-1}(U)\times V\subset G^c$임을 밝히면 (p,q)가 G^c의 내점이 되어 G^c가 열린집합이다. $(x,y)\in f^{-1}(U)\times V$라면 $f(x)\in U$, $y\in V$이다. $U\cap V=\varnothing$이므로 $f(x)\neq y$이다. 그러므로 $(x,y)\in G^c$이다.

(3) F^c이 열린집합임을 증명하기 위해 $(p,q)\in F^c$가 F^c의 내점임을 밝히자. $f(p)\neq f(q)$이고 Y가 T_2-공간이므로 $f(p)\in U$, $f(q)\in V$이고 $U\cap V=\varnothing$이 되는 Y에서 열린집합 U, V가 존재한다. f가 연속이므로 $f^{-1}(U)$, $f^{-1}(V)$는 각각 p, q를 포함한 열린집합이고 $f^{-1}(U)\times f^{-1}(V)$는 (p,q)의 열린 근방이다.

$$f^{-1}(U)\cap f^{-1}(V)=f^{-1}(U\cap V)=\varnothing \text{으로 } [f^{-1}(U)\times f^{-1}(V)]\cap F=\varnothing$$

이다. 그러므로 $[f^{-1}(U)\times f^{-1}(V)]\subset F^c$이고 (p,q)가 F^c의 내점이다. ■

▌따름정리 10.11▐

f, g를 위상공간 $(X, \mathfrak{I})$에서 T_2-공간 Y로의 연속함수라 하자. D가 X의 조밀부분집합이고 D위에서 $f=g$ $(\forall x\in D,\ f(x)=g(x))$이면 $f=g$이다.

증명 $D\subset\{x\in X \mid f(x)=g(x)\}\subset X$이므로

$$X=\overline{D}\subset \mathrm{cl}(\{x\in X \mid f(x)=g(x)\})=\{x\in X \mid f(x)=g(x)\}\subset X$$

이다. 그러므로 $f=g$이다. 즉, $\forall x\in X,\ f(x)=g(x)$이다. ■

예제 10.12

$f, g: \mathbb{R} \to \mathbb{R}$가 연속함수이다.

(1) 모든 유리수 x에 대해 $f(x)=g(x)$이면 $\mathbb{R}$ 전체에서 $f=g$이다.

(2) 모든 유리수 x에 대해 $f(x)=k$(상수)이면 $\mathbb{R}$ 전체에서 $f=k$(상수)이다.

정리 10.13

위상공간 $(X, \mathfrak{T})$에 대하여 다음 사실들은 동치이다.

(1) X가 T_2-공간이면 부분공간 $A \subset X$도 T_2-공간이다.

(2) T_2-공간들의 곱공간은 T_2-공간이다. 곱공간이 T_2-공간이면 각 인자공간도 T_2-공간이다.

증명 (1) $p, q \in A$이고, $p \neq q$라 하자. 그러면 $p, q \in X$이고 X가 T_2-공간이므로 $p \in U$, $q \in V$이고 $U \cap V = \varnothing$인 열린집합 U, V가 존재한다. $G = U \cap A$, $H = V \cap A$라 두면 G와 H는 A에서 열린집합이면서 $p \in G$, $q \in H$이고 $G \cap H = \varnothing$이다. 그러므로 $A \subset X$도 T_2-공간이다.

(2) $(x_\alpha), (y_\alpha) \in \prod_{\alpha \in \Lambda} X_\alpha$, $(x_\alpha) \neq (y_\alpha)$이라 하자. 그러면 $x_{\alpha_0} \neq y_{\alpha_0}$인 $\alpha_0 \in \Lambda$가 존재한다. X_{α_0}가 T_2-공간이므로 $x_{\alpha_0} \in U_{\alpha_0}$, $y_{\alpha_0} \in V_{\alpha_0}$, $U_{\alpha_0} \cap V_{\alpha_0} = \varnothing$을 만족시키는 X_{α_0}에서 열린집합 U_{α_0}, V_{α_0}가 존재한다. 그러면 $\pi_{\alpha_0}^{-1}(U_{\alpha_0})$와 $\pi_{\alpha_0}^{-1}(V_{\alpha_0})$는 $\prod_{\alpha \in \Lambda} X_\alpha$에서 열린집합이고

$$(x_\alpha) \in \pi_{\alpha_0}^{-1}(U_{\alpha_0}),\ (y_\alpha) \in \pi_{\alpha_0}^{-1}(V_{\alpha_0}),\ \pi_{\alpha_0}^{-1}(U_{\alpha_0}) \cap \pi_{\alpha_0}^{-1}(V_{\alpha_0}) = \pi_{\alpha_0}^{-1}(U_{\alpha_0} \cap V_{\alpha_0}) = \varnothing$$

이다. 따라서 $\prod_{\alpha \in \Lambda} X_\alpha$는 T_2-공간이다. ■

정리 10.14

(1) T_0, T_1, T_2성질들은 위상적 성질이다.

(2) T_0, T_1, T_2성질들은 유전적(hereditary) 성질과 productive 성질을 지닌다.

(3) T_0, T_1, T_2성질들은 divisible 성질이 아니다.

증명 (1), (2)는 문제로 남긴다.

(3) 보통거리공간 $\mathbb{R}$에서 집합 $\{0,1\}$로의 전사함수 $f:\mathbb{R}\to\{0,1\}$가

$$f(x)=\begin{cases}0 & (x\in\mathbb{Q})\\ 1 & (x\in\mathbb{R}-\mathbb{Q})\end{cases}$$

로 정의된다. f에 의한 상위상은 $\mathfrak{I}^{\{f\}}=\{\{0,1\},\varnothing\}$로 $(\{0,1\},\mathfrak{I}^{\{f\}})$는 T_0-공간이 아니다. ■

10.2 T_3 및 T_4-공간

점과 이 점을 포함하지 않은 폐집합이 서로소인 열린집합들에 의하여 분리되는 성질과 서로소인 두 폐집합이 서로소인 열린집합에 의하여 분리되는 성질을 다룬다. 각 단집합(한 점집합)이 폐집합이 즉, T_1-공간이 되도록 요구함으로써 공간의 분리성을 강화시킬 수 있다.

▎정의 10.15 ▎

위상공간 $(X,\mathfrak{I})$에 대하여

(1) X에서 폐집합 C와 점 $p\notin C$에 대하여 서로소인 p의 열린 근방 U와 A를 포함하는 열린집합 V가 존재('정칙공리'를 만족)할 때 $\mathfrak{I}$를 **정칙위상**이라 하고 $(X,\mathfrak{I})$를 **정칙공간**(regular space)이라 한다.

(2) X가 정칙공간이면서 T_1-공간이 될 때 $\mathfrak{I}$를 T_3-**위상**이라 하고 $(X,\mathfrak{I})$를 T_3-**공간**이라 한다.

(3) X에서 서로소인 폐집합 C_1, C_2에 대하여 C_1, C_2를 각각 포함하는 열린집합 U, V가 존재하여 $U\cap V=\varnothing$를 만족('정규공리'를 만족)할 때 $\mathfrak{I}$를 **정규위상**이라 하고 $(X,\mathfrak{I})$를 **정규공간**(normal space)이라 한다.

(4) X가 정규공간이면서 T_1-공간이 될 때 $\mathfrak{I}$를 T_4-**위상**이라 하고 $(X,\mathfrak{I})$를 T_4-**공간**이라 한다.[1]

---

1) 책에 따라 T_1이면서 정칙(정규)공리를 만족하는 공간을 정칙(정규)공간이라 하기도 한다.

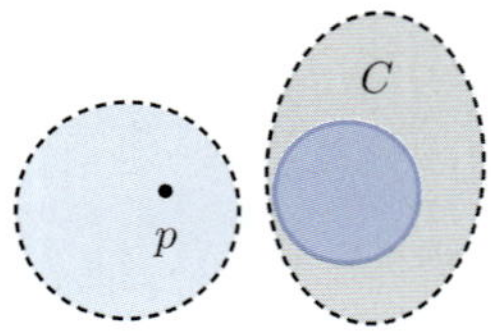

〈정칙공리〉

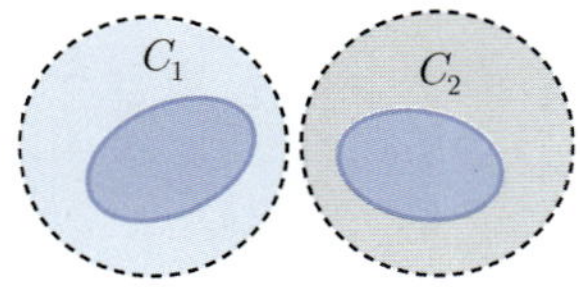

〈정규공리〉

❙정리 10.16❙

위상공간 $(X, \mathfrak{I})$에 대하여 다음 사실들은 동치이다.

(1) X가 정칙공간이다.

(2) 임의의 점 p와 p를 포함한 열린집합 U에 대하여 $p \in V \subset \overline{V} \subset U$를 만족시키는 열린집합 V가 존재한다.

증명 (1) ⇒ (2) U를 p의 열린 근방이라 하자. U^c는 닫힌집합이고 $p \notin U^c$이다. X가 정칙이므로 $p \in V$, $U^c \subset W$, $V \cap W = \varnothing$을 만족하는 열린집합 V, W가 존재한다. 따라서 $V \subset W^c$이고 W^c가 닫힌집합이며 $\overline{V} \subset W^c \subset U$를 만족한다. 그러므로 열린집합 V는 $p \in V \subset \overline{V} \subset U$를 만족시킨다.

(2) ⇒ (1) F를 닫힌집합, $p \notin F$라 하고 $U = F^c$라 하자. U는 p의 열린 근방이다. (2)에 의해 $p \in V \subset \overline{V} \subset U$인 열린집합 V가 존재한다. 그러면 V, $\overline{V}^c$는 열린집합으로 $p \in V$, $F = U^c \subset \overline{V}^c$, $V \cap \overline{V}^c = \varnothing$를 만족시킨다. 그러므로 X는 정칙공간이다. ■

❙정리 10.17❙

위상공간 $(X, \mathfrak{I})$ 대하여 다음 사실들은 동치이다.

(1) X가 정규공간이다.

(2) 임의의 닫힌집합 $A \subset X$와 A를 포함한 열린집합 U에 대하여 $A \subset V \subset \overline{V} \subset U$를 만족시키는 열린집합 V가 존재한다.

증명 (1) ⇒ (2) U를 닫힌집합 A를 포함한 열린집합이라 하자. 그러면 U^c는 닫힌집합으로 $A \cap U^c = \varnothing$이다. X가 정규공간이므로 $A \subset V$, $U^c \subset W$, $V \cap W = \varnothing$을 만족하는 열린집합 V, W가 존재한다. 따라서 $V \subset W^c$이고 W^c가 닫힌집합이고, $\overline{V} \subset W^c \subset U$를 만족한다. 그러므로 열린집합 V는 $A \subset V \subset \overline{V} \subset U$를 만족시킨다.

(2) $\Rightarrow$ (1) A, B를 서로소인 닫힌집합이라 하자. $U = A^c$라 두면 U는 B를 포함한 열린집합이다. (2)에 의해 $B \subset V \subset \overline{V} \subset U$인 열린집합 V가 존재한다. 그러면 V, $\overline{V}^c$는 열린집합으로 $B \subset V$, $A = U^c \subset \overline{V}^c$, $U \cap \overline{V}^c = \varnothing$를 만족시킨다. 그러므로 X는 정규공간이다. ■

▌정리 10.18▐

거리공간 (X, d)은 T_4-공간이다.

증명 [따름정리 9.24]와 [정리 9.25]로부터 얻어진다. ■

▌기본성질 10.19▐

위상공간 X가 거리공간 $\Rightarrow$ T_4-공간 $\Rightarrow$ T_3-공간 $\Rightarrow$ T_2-공간 $\Rightarrow$ T_1-공간

증명 $(T_3 \Rightarrow T_2)$ 위상공간 X가 T_3-공간이고 p, q가 서로 다른 점이면 $C = \{q\}$는 p를 포함하지 않는 폐집합이다. 그러므로 $U \cap V = \varnothing$를 만족시키는 p의 열린 근방 U와 q의 열린 근방 V가 존재한다. 그러므로 T_3-공간은 T_2-공간이다.

$(T_4 \Rightarrow T_3)$ X가 T_4-공간이고 C가 폐집합이고 $p \notin C$이면, $\{p\}$와 C는 서로소인 폐집합이다. 그러므로 $\{p\} \subset U$, $C \subset V$이고 $U \cap V = \phi$인 열린집합 U, V가 존재한다. ■

▸ 위상공간의 T_1-성, 정칙성 및 정규성간에 함의성은 없다.

예제 10.20

(1) 위상 $\mathfrak{I} = \{X, \varnothing, \{a\}, \{b\}, \{a,b\}\}$를 가지는 위상공간 $X = \{a,b,c\}$은 정규공간이나 정칙공간은 아니다. T_1-공간도 되지 않는다.

(2) 위상 $\mathfrak{I} = \{X, \varnothing, \{a\}, \{b, c\}\}$를 가지는 위상공간 $X = \{a,b,c\}$은 정규공간이고 정칙공간이나 T_1-공간은 아니다.

(3) 여유한위상공간 $(\mathbb{R}, \mathfrak{I}_{cf})$은 T_1-공간이나 정규공간도 아니고 정칙공간도 아니다.

(4) 하한위상공간 $(\mathbb{R}, \mathfrak{I}_l)$의 곱공간 $(\mathbb{R}, \mathfrak{I}_l) \times (\mathbb{R}, \mathfrak{I}_l)$은 정칙공간이나 정규공간이 아니다 (예제 10.24). 정규공간의 곱공간은 정규공간이 아닐 수 있다.

| 정리 10.21 |

위상공간 $(X, \mathfrak{I})$가 Lindelöf인 정칙공간이면 X는 정규공간이다. 따라서 제2가산인 정칙공간은 정규공간이다.

증명 A, B를 서로소인 닫힌집합이라 하자. X가 정칙이므로 각 점 $a \in A$와 닫힌집합 B에 대하여 $a \in U_a, B \subset V^a$이고 $U_a \cap V^a = \varnothing$인 열린집합 U_a와 V^a가 존재한다. 그러면 $A \subset \bigcup_{a \in A} U_a$ 이고 $B \subset \bigcap_{a \in A} V^a$이고 $\left(\bigcup_{a \in A} U_a\right) \bigcap \left(\bigcap_{a \in A} V^a\right) = \varnothing$ 이다. X가 Lindelöf공간이고 A가 닫힌집합이므로 A도 Lindelöf이다(정리 6.9). 따라서 A의 가산부분집합 $\{a_1, a_2, \cdots\}$이 존재하여 $A \subset \bigcup_{n=1}^{\infty} U_{a_n}$, $B \subset \bigcap_{n=1}^{\infty} V^{a_n}$을 만족시킨다.

같은 방법으로 각 점 $b \in B$와 닫힌집합 A에 대하여 $b \in G_b$, $A \subset H^b$이고 $G_b \cap H^b = \varnothing$인 열린집합 G_b와 H^b가 존재한다. X가 Lindelöf공간이고 B가 닫힌집합이므로 B의 가산부분집합 $\{b_1, b_2, \cdots\}$이 존재하여 $B \subset \bigcup_{m=1}^{\infty} G_{b_m}$, $A \subset \bigcap_{m=1}^{\infty} H^{b_m}$을 만족시킨다.

$$U = \bigcup_{n=1}^{\infty}\left(U_{a_n} \cap H^{b_1} \cap \cdots \cap H^{b_n}\right),\ V = \bigcup_{m=1}^{\infty}\left(G_{b_m} \cap V^{a_1} \cap \cdots \cap V^{a_m}\right)$$

이라 두면 U, V는 열린집합이다. (i) $A \subset U$, $B \subset V$이고 (ii) $U \cap V = \varnothing$ 임을 밝히자.

(i) $$A = \left(\bigcup_{n=1}^{\infty} U_{a_n}\right) \cap A = \bigcup_{n=1}^{\infty}\left(U_{a_n} \cap A\right) \subset \bigcup_{n=1}^{\infty}\left(U_{a_n} \cap H^{b_1} \cap \cdots \cap H^{b_n}\right) = U$$

$$B = \left(\bigcup_{m=1}^{\infty} G_{b_m}\right) \cap B = \bigcup_{m=1}^{\infty}\left(G_{b_m} \cap B\right) \subset \bigcup_{m=1}^{\infty}\left(G_{b_m} \cap V^{b_1} \cap \cdots \cap V^{b_m}\right) = V$$

(ii) $$U \cap V = \bigcup_{n=1}^{\infty}\left(U_{a_n} \cap H^{b_1} \cap \cdots \cap H^{b_n}\right) \cap \bigcup_{m=1}^{\infty}\left(G_{b_m} \cap V^{a_1} \cap \cdots \cap V^{a_m}\right)$$

$$= \bigcup_{n=1}^{\infty} \bigcup_{m=1}^{\infty}\left[\left(U_{a_n} \cap H^{b_1} \cap \cdots \cap H^{b_n}\right) \cap \left(G_{b_m} \cap V^{a_1} \cap \cdots \cap V^{a_m}\right)\right]$$

여기서 $m \geq n$이면

$$U_{a_n} \cap \left(V^{a_1} \cap \cdots \cap V^{a_m}\right) \subset U_{a_n} \cap V^{a_n} = \varnothing,$$

$m < n$이면

$$G_{b_m} \cap \left(H^{b_1} \cap \cdots \cap H^{b_n}\right) \subset G_{b_m} \cap H^{b_m} = \varnothing$$

이다. 그러므로

$$\left(U_{a_n} \cap H^{b_1} \cap \cdots \cap H^{b_n}\right) \cap \left(G_{b_m} \cap V^{a_1} \cap \cdots \cap V^{a_m}\right) = \varnothing$$

이고 $U \cap V = \varnothing$ 이다. 그러므로 X는 정규공간이다.

[정리 4.11]에 의해 제2가산이면 Lindelöf이므로 제2가산 정칙공간은 정규공간이다. ■

예제 10.22

하한위상공간 $X = (\mathbb{R}, \mathfrak{I}_l)$에 대하여 다음이 성립한다.

(1) X는 T_2-공간이다.

(2) X는 정칙공간이다.

(3) X는 Lindelöf공간이다.

(4) X는 정규공간이다.

풀이 $X = (\mathbb{R}, \mathfrak{I}_l)$는 하한위상공간으로 $\mathscr{B}_l = \{[a,b) \mid a, b \in \mathbb{R},\ a < b\}$을 기저로 가진다.

(1) 하한위상은 보통위상보다 강하고 보통위상공간은 T_2-공간이다.

(2) $p \in X$라 하고 U를 p의 열린 근방이라 하자. 그러면 $p \in V = [a,b) \subset U$인 $V \in \mathscr{B}_l$가 존재한다. 또한

$$\overline{V} = \overline{[a,b)} = [a,b) = V$$

이다. 그러므로 [정리 10.16]에 의해 X는 정칙이다.

(3) [정리 4.17]에서 하한위상공간은 제2가산공간이 아니나 린델뢰프공간임을 보여준다.

(4) A, B를 서로소인 닫힌집합이라 하자. 각 점 $a \in A$에 대해 $a \in B^c$이고 B^c는 열린집합이므로 $a \in [a, \beta^a) \subset B^c$인 $[a, \beta^a) \in \mathscr{B}_l$가 존재하여 $[a, \beta^a) \cap B = \varnothing$ 이다. 또한 각 점 $b \in B$에 대해 $b \in A^c$이고 A^c는 열린집합이므로 $b \in [b, \alpha^b) \subset A^c$인 $[b, \alpha^b) \in \mathscr{B}_l$가 존재하여 $[b, \alpha^b) \cap A = \varnothing$ 이다. $U = \bigcup_{a \in A} [a, \beta^a)$, $V = \bigcup_{b \in B} [b, \alpha^b)$라 두면

$$A \subset U,\ B \subset V,\ U \cap V = \varnothing$$

를 만족한다. $U \cap V = \varnothing$ 임을 보이기 위해 $U \cap V \neq \varnothing$ 이라 하면 $[a, \beta^a) \cap [b, \alpha^b) \neq \varnothing$ 이게 하는 $a \in A$, $b \in B$가 존재한다. 만약 $c \in [a, \beta^a) \cap [b, \alpha^b)$라 하고 $a < b$라 하면 $a < b \le c < \beta^a$로 $b \in [a, \beta^a) \cap B = \varnothing$ 로 모순이 일어난다. 따라서 X는 정규공간이다. ■

❙정리 10.23❙

(1) 정칙성과 정규성은 위상적 성질이다.

(2) 정칙공간의 부분공간은 정칙공간이다.

(3) 정칙공간들의 곱공간은 정칙공간이다.

(4) 정규공간의 닫힌부분공간은 정규공간이다.[2)]

증명 (1) 문제로 남긴다.

(2) A를 정칙공간 X의 부분공간이라 하자. C가 A의 닫힌부분집합이고 $p \in A-C$이면 X에서 닫힌집합 F가 존재하여 $C=A\cap F$을 만족하고 $p \notin F$이다. X가 정칙이므로 $p\in U$, $F\subset V$, $U\cap V=\varnothing$ 되는 X에서 열린집합 U, V가 존재한다. $G=A\cap U$, $H=A\cap V$라 두면 G, H는 A에서 열린집합으로 다음을 만족시킨다.

$$p\in G,\ C\subset H,\ G\cap H=\varnothing$$

그러므로 A는 정칙이다.

(3) $x\in X=\prod_{\alpha\in\Lambda}X_\alpha$ 이고 U는 x를 포함하는 열린집합이라 하자. $\mathscr{B}$를 곱공간 X에서 정의 기저라 하자. 그러면 $x\in B\subset U$인 $B=\bigcap_{k=1}^{n}\pi_{\alpha_k}^{-1}(U_{\alpha_k})\in\mathscr{B}$가 존재한다. U_{α_k}는 $\pi_{\alpha_k}(x)$를 포함하는 열린집합이다. X_{α_k}가 정칙이므로 $\pi_{\alpha_k}(x)\in V_{\alpha_k}\subset\overline{V_{\alpha_k}}\subset U_{\alpha_k}$를 만족시키는 열린집합 V_{α_k}가 존재한다. $V=\bigcap_{k=1}^{n}\pi_{\alpha_k}^{-1}(V_{\alpha_k})$라 두면 π_{α_k}들이 연속함수이므로 V는 곱공간 X에서 열린집합으로

$$x\in V\subset\overline{V}\subset\bigcap_{k=1}^{n}\overline{\pi_{\alpha_k}^{-1}(V_{\alpha_k})}\subset\bigcap_{k=1}^{n}\pi_{\alpha_k}^{-1}(\overline{V_{\alpha_k}})\subset\bigcap_{k=1}^{n}\pi_{\alpha_k}^{-1}(U_{\alpha_k})=B\subset U$$

를 만족한다. 그러므로 X는 정칙공간이다.

(4) A를 정규공간 X의 닫힌부분공간이라 하자. C, D가 A에서 서로소인 닫힌부분집합이라 하면 X에서도 닫힌집합이다. $C\subset U$, $D\subset V$, $U\cap V=\varnothing$ 되는 X에서 열린집합 U, V가 존재한다. $G=A\cap U$, $H=A\cap V$라 두면 G, H는 A에서 열린집합으로 다음을 만족시킨다.

$$C\subset G,\ D\subset H,\ G\cap H=\varnothing$$

그러므로 A는 정규이다. ■

---

2) 정규공간의 부분공간은 정규공간이 아닐 수 있다

예제 10.24

하한위상공간 $X=(\mathbb{R},\mathfrak{I}_l)$에 대하여 다음이 성립한다.

(1) 곱공간 $X\times X$은 정칙공간이다.

(2) 곱공간 $X\times X$은 정규공간이 아니다.

(3) 곱공간 $X\times X$은 Lindelöf공간이 아니다.

풀이 곱공간은 $X\times X$는 $\mathscr{B}=\{[a,b)\times[c,d)\mid a,b\in\mathbb{R},a<b,c<d\}$를 기저로 가진다.

(1) $(p,q)\in X\times X$라 하고 U를 (p,q)의 열린 근방이라 하자. 그러면 $(p,q)\in V=[a,b)\times[c,d)\subset U$인 $V\in\mathscr{B}$가 존재한다. 또한

$$\overline{V}=\overline{[a,b)\times[c,d)}=\overline{[a,b)}\times\overline{[c,d)}=[a,b)\times[c,d)=V$$

이다. 그러므로 $X\times X$는 정칙이다. [예제 10.22]와 [정리 10.23]을 적용시킬 수도 있다.

(6) $L=\{(x,y)\in\mathbb{R}\times\mathbb{R}\mid x+y=0\}$는 $X\times X$에서 닫힌집합이고 부분공간으로서 이산공간이다. $A=\{(x,y)\in L\mid x\in\mathbb{Q}\}$, $B=\{(x,y)\in L\mid x\in\mathbb{R}-\mathbb{Q}\}$를 잡으면 A,B는 $X\times X$에서 서로소인 닫힌집합이다. 그러나 A,B를 각각 포함하는 서로소인 열린집합은 존재하지 않음을 직관할 수 있다.

(7) $L=\{(x,-x)\mid x\in\mathbb{R}\}$는 $X\times X$에서 닫힌집합이다.

$$\mathcal{G}=\{L^c\}\cup\{[a,a+1)\times[-a,-a+1)\mid a\in\mathbb{R}\}$$

는 $X\times X$의 열린피복이다. $\mathcal{G}$의 부분피복은 $\{[a,a+1)\times[-a,-a+1)\mid a\in\mathbb{R}\}$을 포함해야 하므로 가산부분피복을 가지지 못한다. ■

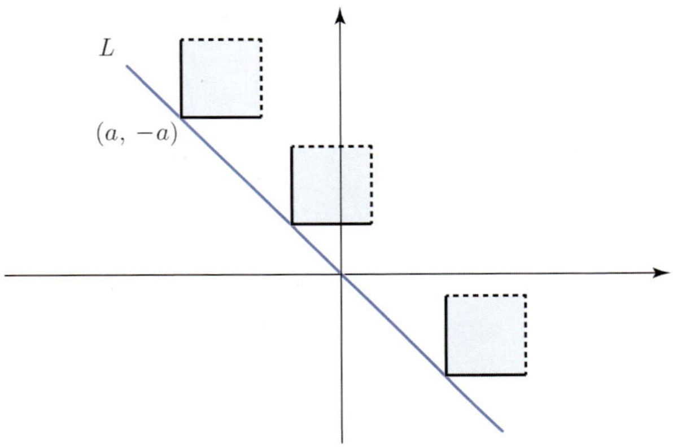

10.3 Urysohn의 정리와 완전정칙공간

정칙공간이나 정규공간은 연속함수의 확장 문제를 해결함에 있어 좋은 결과를 얻는 데 유용한 분리공리인 것으로 알려져 있다. 또한 거리화가능 공간의 문제에 대한 부분적인 답을 주는 것과도 연계된다. 이 절에서는 이러한 문제에 관련하여 몇 가지 주요 정리들을 다룬다.

┃정리 10.25┃ (Urysohn의 보조정리)

X를 위상공간이라 하면 다음은 동치이다.

(1) X가 정규공간이다.

(2) 서로소인 두 폐집합 $F_1, F_2 \subset X$에 대하여 $f(F_1)=\{0\}$, $f(F_2)=\{1\}$을 만족하는 연속함수 $f: X \to [0,1]$가 존재한다.

증명 위상공간 $F_1 \cap F_2 = \varnothing$ 이므로 $F_1 \subset {F_2}^c$이고 ${F_2}^c$는 열린집합이다. X가 정규공간이므로 열린집합 $U_{\frac{1}{2}}$ 가 존재해서

$$F_1 \subset U_{1/2} \subset \overline{U_{1/2}} \subset {F_2}^c$$

을 만족시킨다. 이때 $U_{\frac{1}{2}}$는 닫힌집합 F_1을 포함하는 열린집합이고 ${F_2}^c$는 닫힌집합 $\overline{U_{\frac{1}{2}}}$을 포함하는 열린집합이므로 X의 정규성에 의해 열린집합 $U_{\frac{1}{4}}$과 $U_{\frac{3}{4}}$이 존재해서,

$$F_1 \subset U_{1/4} \subset \overline{U_{1/4}} \subset U_{1/2} \subset \overline{U_{1/2}} \subset U_{3/4} \subset \overline{U_{3/4}} \subset {F_2}^c$$

이다. 이 과정을 귀납적으로 반복하면

$$D = \left\{ \frac{m}{2^n} \mid n \in \mathbb{N},\ m = 1, \cdots, 2^n - 1 \right\}$$

에 대하여 $d_1, d_2 \in D\ (d_1 < d_2)$이면 $\overline{U_{d_1}} \subset U_{d_2}$를 만족하는 열린집합족 $\{U_d \mid d \in D\}$가 구성된다. 함수 $f: X \to [0,1]$를

$$f(x) = \begin{cases} \inf\{d \in D \mid x \in U_d\} & (x \notin F_2) \\ 1 & (x \in F_2) \end{cases}$$

로 정의하면 f는 $f(F_1)=\{0\}$, $f(F_2)=\{1\}$을 만족하는 연속함수이다. 왜냐하면 $x\in F_1$이면 $f(x)=\inf\left\{\frac{1}{2^n}\mid n\in\mathbb{N}\right\}=0$이므로 $f(F_1)=\{0\}$이다. $x\in F_2$이면 정의에 의해 $f(F_2)=\{1\}$이다. f가 연속함수라는 증명은 $\{[0,b),(a,1]\mid a,b\in(0,1)\}$가 $[0,1]$의 부분기저이므로 $f^{-1}([0,b))$와 $f^{-1}((a,1])$이 X에서 열린집합임을 밝히면 된다. (문제로 남긴다.) ■

| 정의 10.26 |

X를 위상공간이라 하자. 공집합이 아닌 닫힌집합 F와 $p\notin F$에 대하여 $f(p)=0$, $f(F)=\{1\}$을 만족하는 연속함수 $f:X\to[0,1]$가 존재할 때 X를 **완전정칙공간**(completely regular space)이라 한다. X가 T_1-공간이면서 완전정칙공간일 때, X를 $T_{3\frac{1}{2}}$-공간 혹은 Tychonoff공간이라 한다.

예제 10.27

$X=\{a,b,c\}$, $\mathfrak{I}=\{\varnothing,X,\{a\},\{b,c\}\}$일 때

(1) 위상공간 $(X,\mathfrak{I})$는 완전정칙공간이다.

(2) $(X,\mathfrak{I})$는 T_1-공간은 아니다.

풀이 $\{a\},\{b,c\},X$가 폐집합이다.

(1) (i) $b\notin\{a\}$인 경우; $f:X\to[0,1]$를 $f(a)=1$, $f(b)=f(c)=0$으로 정의하자. 그러면 f는 연속함수이며, $f(\{a\})=\{1\}$, $f(b)=0$이다.

(ii) $c\notin\{a\}$인 경우; $f:X\to[0,1]$를 $f(a)=1$, $f(b)=f(c)=0$으로 정의하자. 그러면 f는 연속함수이며, $f(\{a\})=\{1\}$, $f(c)=0$이다.

(iii) $a\notin\{b,c\}$인 경우; $f:X\to[0,1]$를 $f(a)=0$, $f(b)=f(c)=1$로 정의하자. 그러면 f는 연속함수이며, $f(\{b,c\})=\{1\}$, $f(a)=0$이다.

(2) $\{b\}$는 위상공간 $(X,\mathfrak{I})$에서 폐집합이 아니므로 $(X,\mathfrak{I})$는 T_1-공간이 아니다. ■

예제 10.28

$X=\{a,b,c,d,e\}$이고 $\mathfrak{I}=\{X,\varnothing,\{b\},\{a,b,e\},\{b,c,d\}\}$이면 $(X,\mathfrak{I})$는 완전정칙공간이 아니다.

풀이 $(X, \mathfrak{J})$가 완전정칙공간이라 하면 폐집합 $\{c, d\}$와 a에 대해 $f(a)=0$, $f(\{c, d\}) = \{1\}$인 연속함수 $f: X \to [0, 1]$가 존재한다. $[0, \frac{1}{2})$과 $(\frac{1}{2}, 1]$이 위상공간 $[0, 1]$에서 서로소인 열린집합이므로 $f^{-1}([0, 1/2))$과 $f^{-1}((1/2, 1])$은 X에서 서로소인 열린집합이며 $a \in f^{-1}([0, 1/2))$, $\{c, d\} \subset f^{-1}((1/2, 1])$이다. 따라서 $\{a, b, e\} \subset f^{-1}([0, 1/2))$이고 $\{b, c, d\} \subset f^{-1}((1/2, 1])$이어야 하고 이들은 서로소가 아니다. 모순이 발생한다. 따라서 $(X, \mathfrak{J})$는 완전정칙공간이 아니다. ▪

| 정리 10.29 |

위상공간 $(X, \mathfrak{J})$가 완전정칙이면 정칙공간이고, T_4-공간이면 Tychonoff공간이다.

증명 위상공간 $(X, \mathfrak{J})$가 완전정칙이라 하자. F를 $(X, \mathfrak{J})$에서 임의의 폐집합이라 하고 $p \notin F$라 하자. 그러면 $f(p)=0$, $f(F)=\{1\}$인 연속함수 $f: X \to [0, 1]$가 존재한다. 한편 $[0, 1] \subset \mathbb{R}$가 T_2-공간이므로 $0 \in G$, $1 \in H$이고 서로소인 열린집합 G, H가 존재한다. 그리고 f가 연속이므로 $f^{-1}(G)$와 $f^{-1}(H)$는 열린집합이고 $p \in f^{-1}(G)$, $F \subset f^{-1}(\{1\}) \subset f^{-1}(H)$이다. 또한 $f^{-1}(G) \cap f^{-1}(H) = f^{-1}(G \cap H) = \varnothing$이므로 $(X, \mathfrak{J})$는 정칙공간이다.

위상공간 $(X, \mathfrak{J})$가 T_4-공간이면 단집합이 닫힌집합이 되고 Urysohn의 보조정리에 의해 Tychonoff공간임이 유도된다. ▪

다음 정리는 완전정칙성은 유전적 성질과 productive 성질을 가짐을 보여준다.

| 정리 10.30 |

위상공간 $(X, \mathfrak{J})$에 대하여 다음 사실들은 동치이다.

(1) X가 완전정칙공간이면 부분공간 $A \subset X$도 완전정칙공간이다.

(2) 완전정칙공간들의 곱공간은 완전정칙공간이다.

증명 문제로 남긴다. ▪

다음 정리는 연속함수를 확장하는 데 정규성이 영향을 줄 수 있음을 보여준다. 증명은 생략한다.([Croom], [Lipschutz] 참조).

| 정리 10.31 | (Tietzes의 확장정리)

A를 X를 정규공간 X의 닫힌부분공간이라 하자. $f : A \to \mathbb{R}$가 연속함수이면 $F|_A = f$를 만족하는(f의 확장(extension)인) 연속함수 $F : X \to \mathbb{R}$가 존재한다.

Urysohn의 거리화 정리는 거리화 문제에 대한 부분적인 답을 준다. 증명은 생략한다. (제2가산인 T_3-공간은 T_4-공간이다. ([Croom], [Lipschutz] 참조).

| 정리 10.32 | (Urysohn의 거리화 정리)

위상공간 $(X, \mathfrak{J})$가 제2가산공간이고 T_3공간이면 X는 거리화가능 공간이다.

10장 연습문제

1. 위상공간 X가 T_0-공간이기 위한 필요충분조건은 임의의 서로 다른 점 $p, q \in X$에 대하여 $p \notin \overline{\{q\}}$이거나 $q \notin \overline{\{p\}}$인 것임을 밝혀라.

2. 위상공간 X가 T_1-공간이기 위한 필요충분조건은 임의의 부분집합 $A \subset X$에 대하여 A는 A를 포함하는 모든 열린집합들의 교집합과 같음을 밝혀라.

3. 다음을 증명하라.
   (1) 여유한위상공간 X는 T_2-공간이기 위한 필요충분조건은 X가 유한집합이어야 하고 이때의 위상 $\mathfrak{I}$은 이산위상이다.
   (2) 여가산한위상공간 X는 T_2-공간이기 위한 필요충분조건은 X가 가산집합이어야 하고 이때의 위상 $\mathfrak{I}$은 이산위상이다.

4. 위상공간 $(X, \mathfrak{I})$가 T_2-공간일 필요충분조건은 각 점 $p \in X$에 대하여 $\cap\{\overline{U} \mid U$는 p의 열린 근방$\} = \{p\}$임을 밝혀라.

5. 위상공간 X가 정칙공간일 필요충분조건은 폐집합 C와 $p \notin C$에 대하여 $\overline{U} \cap \overline{V} = \varnothing$을 만족하는 p를 포함하는 열린집합 U와 A를 포함하는 열린집합 V가 존재함을 밝혀라.

6. 위상공간 X가 정규공간일 필요충분조건은 서로소인 두 폐집합 A와 B에 대하여, $A \subset U$, $B \subset V$이고 $\overline{U} \cap \overline{V} = \varnothing$를 만족하는 열린집합 U, V가 존재함을 밝혀라.

7. $\mathcal{S} = \{[a, b) \mid a, b \in \mathbb{R}, a < b\} \cup \{\mathbb{Q}\}$을 부분기저로 갖는 $\mathbb{R}$위의 위상 $\mathfrak{I}$가 주어졌을 때 $(\mathbb{R}, \mathfrak{I})$가 T_2-공간, T_3-공간이 되는지 보여라.

8. 다음의 위상공간이 제1가산공간, 정규공간, 정칙공간, 가분공간, T_1-공간이 되는지를 밝혀라.

(1) 위상 $\mathfrak{I} = \{\mathbb{R}, \varnothing\} \cup \{(a, \infty) \mid a \in \mathbb{R}\}$를 가지는 위상공간 $(\mathbb{R}, \mathfrak{I})$

(2) 위상 $\mathfrak{I} = \{U \subset \mathbb{R} \mid 0 \not\in U\} \cup \{U \subset \mathbb{R} \mid \{1, 2\}^c \subset U\}$를 가지는 위상공간 $(\mathbb{R}, \mathfrak{I})$

9. $\mathfrak{I} = \{U \subset \mathbb{R} \mid 0 \not\in U\} \cup \{\mathbb{R}\}$을 위상으로 갖는 위상공간 $X = (\mathbb{R}, \mathfrak{I})$에 대해 X가 T_1-공간, 정칙공간, 정규공간, 완전정칙공간이 되는지의 여부를 밝혀라.

10. $\mathcal{S} = \{[a, b) \mid a, b \in \mathbb{R}, a < b\} \cup \{\mathbb{R} - \mathbb{Q}\}$을 부분기저로 갖는 $\mathbb{R}$위의 위상 $\mathfrak{I}$에 대해 $f(\mathbb{Q}) = \{1\}$인 연속함수 $f : (\mathbb{R}, \mathfrak{I}) \to (\mathbb{R}, \mathcal{U})$는 상수함수임을 보여라.

11. 위상공간 X의 조밀한 부분집합 A에서 T_2-공간 Y로의 연속함수 f는 많아야 하나의 확장된 연속함수 $F : X \to Y$를 가짐을 밝혀라.

12. $A = \left\{\frac{1}{n} \mid n \in \mathbb{N}\right\}$라 하자. $\mathbb{R}$위의 위상 $\mathfrak{I}$는 $\mathcal{S} = \{\mathbb{R} - A\} \cup \mathcal{U}$에 의해 생성된다. $(\mathbb{R}, \mathfrak{I})$는 T_2-공간이나 T_3-공간이 아님을 밝혀라.

13. 위상공간 X가 정규이고 정칙공간이면 X가 완전정칙공간이 됨을 밝혀라.

14. $\mathbb{R}^2$위의 점 $q = (0, 1)$과 집합 $A = \{(x, y) \in \mathbb{R}^2 \mid y = 0\}$에 대하여 $X = A \cup \{q\}$라 하자. X위의 위상 $\mathfrak{I}$를

$$\mathfrak{I} = \wp(A) \cup \{U \subset X \mid q \in U,\ A - U\text{가 유한집합}\}$$

으로 정의할 때, 다음이 참, 거짓인지를 정하고 이유를 써라.[3)]

(1) $(X, \mathfrak{I})$는 정규공간이다.

(2) $(X, \mathfrak{I})$는 분리가능공간(가분공간)이다.

15. Urysohn정리나 Tietzes정리는 정규공간에서 닫힌집합에 대해 연속함수의 존재성과 확장성을 다루고 있다. 닫힌집합이 아닌 경우 이들 정리는 성립하지 않음을 보여라.

---

3) 2012년 중등임용문제 참조

11장

연결공간

연속함수에 관련한 중요한 정리 중 하나는 학교수학부터 다루어지는 다음의 사잇값 정리라 여겨진다.

> 실직선 $\mathbb{R}$에서 유계인 폐구간 $[a,b]$에서 $\mathbb{R}$로의 연속함수 f가 주어지고 k가 $f(a)$와 $f(b)$사이의 실숫값으로 주어지면 $f(c)=k$를 만족시키는 $c\in[a,b]$가 존재한다.

이 정리는 유계폐구간 $[a,b]$을 일반 구간 I로 바꾸어서 다음과 같이 진술할 수도 있다. $f:I\to\mathbb{R}$가 연속함수라 할 때 $a, b\in I$이고 $f(a)\neq f(b)$이면 $f(a)$와 $f(b)$ 사이의 실숫값 k에 대하여 $f(c)=k$를 만족시키는 $c\in I$가 존재한다.

정의역으로 구간을 줌으로써 사잇값 정리를 얻게 한다. $\mathbb{R}$에서 '구간'이 가지는 중요한 본질이 '연결성(connectedness)'의 개념으로 특성화된다. 연결성은 해석학, 기하학, 위상수학 등 위상공간의 개념이 관련되는 여러 분야에서 사용되는 주요 개념이다.

11.1 연결공간

실직선 $\mathbb{R}$의 부분집합 A가 '연결'이라 함은 직관적으로 두 개 이상의 '분리된 조각들'로 구성되어 있지 않음을 의미한다. '분리되었는가'는 위상구조에 종속되는 개념이다. 보통위상공간인 $\mathbb{R}$의 부분집합 A가 분리되어 있다는 것은 $a<x<b$이고 $x\notin A$인 $a, b\in A$가 존재함을 의미한다. 가령 $A=(0,1)\cup(1,3]$은 두 개의 분리된 조각을 가진다.

보통위상을 가지는 실직선 $\mathbb{R}$에서 단집합이나 구간을 연결집합으로 볼 수 있도록 하는 연결성의 개념을 일반위상공간에서 확장된 버전으로 다룬다.

❙정의 11.1❙

$(X,\mathfrak{I})$를 위상공간이라 하자.

(1) 서로소이고 합집합이 X가 되는 공집합이 아닌 두 열린집합의 쌍 $\{U, V\}$을 위상공간 X의 ($\mathfrak{I}$-)**분리**(separation, disconnection)라 한다.

(2) X의 분리가 존재하지 않을 때 X를 **연결공간**(connected space)이라 한다.

(3) X의 분리가 존재할 때 X를 **비연결공간**(disconnected space)이라 한다.

❙기본성질 11.2❙

(1) 위상공간 X에서 X의 분리 $\{U, V\}$가 존재 $\Leftrightarrow$ X도 아니고 $\varnothing$도 아닌 열린-닫힌집합 U가 존재 (이 경우 $\{U, V = X - U\}$가 X의 분리)

(2) 위상공간이 X가 연결공간 $\Leftrightarrow$ X에서 열린-닫힌집합은 X와 $\varnothing$뿐.

▸ [기본성질 11.2]의 (2)는 위상공간의 연결성 여부를 판단하기에 간편하여 연결공간의 정의처럼 사용된다.

예제 11.3

다음의 위상 $\mathfrak{I}$를 가진 위상공간 $X = \{a, b, c\}$는 비연결공간이다.

$$\mathfrak{I} = \{X, \varnothing, \{a\}, \{a,b\}, \{a,c\}, \{c\}\}$$

왜냐하면 $U = \{a, b\}$가 $X, \varnothing$이 아닌 열린-닫힌(clopen)집합이 존재하기 때문이고 $\{\{a,b\}, \{c\}\}$가 X의 분리이다.

예제 11.4

여유한위상공간 $(\mathbb{R}, \mathfrak{I}_{cf})$은 연결공간이다.

풀이 $(\mathbb{R}, \mathfrak{I}_{cf})$를 비연결공간이라 하고 $\{U, V\}$를 X의 분리라 하자. 그러면 U와 V는 $\varnothing$이 아닌 열린집합이고 $V = \mathbb{R} - U$, $U = \mathbb{R} - V$이다. 따라서 V와 U는 유한집합이면서 $U \cup V = \mathbb{R}$이다. 그러므로 $\mathbb{R}$이 유한집합이다. $\mathbb{R}$이 무한집합이라는 사실에 위배된다. ■

예제 11.5

하한위상공간 $X = (\mathbb{R}, \mathfrak{I}_l)$은 비연결공간이다.

풀이 $U = (-\infty, 0), V = [0, \infty)$라 하면 $\{U, V\}$는 X의 분리이다. ■

예제 11.6

보통위상공간 $(\mathbb{R}, \mathcal{U})$은 연결공간이다.

풀이 $(\mathbb{R}, \mathcal{U})$가 비연결공간이고 $\{U, V\}$를 $\mathbb{R}$의 분리라 가정하자. 그러면 $U^c = V$이고,

U, V는 $\varnothing$, $\mathbb{R}$이 아닌 열린-닫힌집합이다. $a \in U$, $b \in V$를 잡고 $a < b$라고 하자. $G = U \cap [a,b]$라 두면 G는 유계인 닫힌집합이다. 따라서 G의 상한 α가 존재하고 $\alpha \in \overline{G} = G \subset U$이다. $U \cap V = \varnothing$ 이므로 $\alpha \neq b$이고 $\alpha < b$이다. 그러므로 $(\alpha, b] \cap U = \varnothing$ 이다. 따라서 $(\alpha, b] \subset V$이고 $\alpha \in [\alpha, b] \subset \overline{V} = V$이다. 그러므로 $\alpha \in U \cap V$이다. 이것은 $U \cap V = \varnothing$란 사실에 모순이다. ■

▌정리 11.7▐

$X = (X, \mathfrak{I})$를 위상공간이라 하자. 그러면 다음은 동치이다.

(1) X가 비연결공간이다.

(2) X에서 이산위상공간 $\{0,1\}$로의 전사인 연속함수가 존재한다.

증명 (1) ⇒ (2) $\{U, V\}$를 X의 분리라 하자. $f : X \to \{0, 1\}$를

$$f(x) = \begin{cases} 1 & (x \in U) \\ 0 & (x \in V) \end{cases}$$

로 정의하면 f는 전사인 연속함수이다.

(2) ⇒ (1) $f : X \to \{0, 1\}$를 전사인 연속함수라 하자. $U = f^{-1}(\{0\})$, $V = f^{-1}(\{1\})$로 두면 $\{U, V\}$는 X의 분리이다. ■

▸ 위상공간 X가 연결공간 ⇔ X에서 임의의 이산공간으로의 연속함수는 상수함수뿐.

▌정의 11.8▐

$X = (X, \mathfrak{I})$를 위상공간, $A (\neq \varnothing) \subset X$라 하자. $(A, \mathfrak{I}_A)$가 X의 부분공간으로서 연결공간이 될 때 부분집합 A를 X의 **연결부분집합**(connected subset)이라 한다.

부분공간 A에서 열린집합 $G \in \mathfrak{I}_A$을 X에서 열린집합 $U \in \mathfrak{I}$가 존재하여 $G = U \cap A$로 표현됨과 결부시키면 다음처럼 상대위상 $\mathfrak{I}_A$으로 정의된 부분공간 A의 연결성을 X의 부분집합으로서 위상 $\mathfrak{I}$의 관점으로 다룰 수 있다.

| 기본성질 11.9 |

위상공간 $(X,\mathfrak{I})$의 부분집합 $A\,(\neq\varnothing)$가 비연결집합

$\Leftrightarrow$ A의 $\mathfrak{I}_A$-분리 $\{G,H\}$가 존재

$\Leftrightarrow$ $U\cap A\neq\varnothing,\ V\cap A\neq\varnothing,\ U\cap A\cap V=\varnothing,\ A\subset U\cup V$ $\cdots$ (*)를 만족시키는 $U,V\in\mathfrak{I}$가 존재

이 기본성질에서 (*)의 4가지 조건을 만족하는 X의 열린집합으로 구성된 한 쌍 $\{U,V\}$를 $\mathfrak{I}$에 관한 A의 분리 혹은 A의 $\mathfrak{I}$-분리라 한다.

예제 11.10

$A=\left\{(x,y)\,|\,y>\dfrac{1}{x},\,x>0\right\}$, $B=\left\{(x,y)\,|\,y>-\dfrac{1}{x},\,x<0\right\}$라 하면 $X=A\cup B$는 $\mathbb{R}^2$의 비연결부분집합이다. 왜냐하면 $U=\{(x,y)\in\mathbb{R}^2 \mid x>0\}$, $V=\{(x,y)\in\mathbb{R}^2 \mid x<0\}$라 하면 $\{U,V\}$가 X의 $\mathcal{U}$-분리이기 때문이다.

| 정의 11.11 |

위상공간 X의 두 부분집합 C,D가 $C\neq\varnothing,\ D\neq\varnothing,\ \overline{C}\cap D=\varnothing,\ C\cap\overline{D}=\varnothing$을 만족시킬 때 ($X$에서) C,D는 분리되어있다(separated)고도 하고 C,D를 분리된 집합이라 한다.

예제 11.12

$X=\{a,b,c,d\}$가 위상 $\mathfrak{I}=\{X,\varnothing,\{a\},\{a,d\},\{b,c\},\{a,b,c\}\}$를 가질 때

(1) $\{a\}$와 $\{b,c\}$는 분리되어 있다. 왜냐하면 $\overline{\{a\}}=\{a,d\}$, $\overline{\{b,c\}}=\{b,c\}$로 $\overline{\{a\}}\cap\{b,c\}=\varnothing=\{a\}\cap\overline{\{b,c\}}$이기 때문이다.

(2) $\{c\},\{b,d\}$는 분리되어 있지 않다. $\overline{\{c\}}=\{b,c\}$로 $\overline{\{c\}}\cap\{b,d\}\neq\varnothing$이기 때문이다.

예제 11.13

$\mathbb{R}^2$의 부분집합 $A=\left\{(x,y)\,|\,y=\sin\dfrac{1}{x},\,0<x\leq 1\right\}$, $B=\{(0,y)\,|\,-1\leq x\leq 1\}$에 대하

여 $\overline{A} = A \cup B$로 $\overline{A} \cap B \neq \varnothing$이다. 그러므로 A, B는 분리되어 있지 않다. 이때 $T = A \cup B$를 위상수학자의 사인곡선(topologist's sine curve)이라 한다.

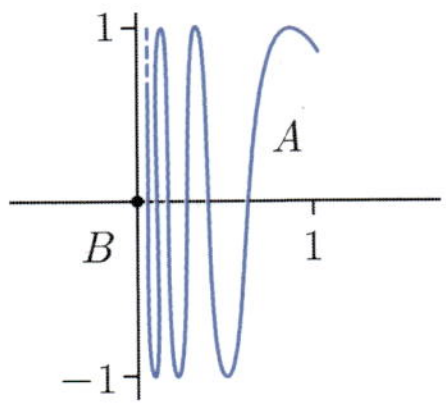

| 기본성질 11.14 |

(1) $\{C, D\}$가 X의 $\mathfrak{I}$-분리 $\Leftrightarrow$ C, D가 분리된 집합이고 $C \cup D = X$

(2) $C, D \subset A$가 X에서 분리된 집합 $\Leftrightarrow$ $C, D \subset A$가 부분공간 A에서 분리된 집합

증명 (1) 정의에 의해 명백하다.

(2) $\mathrm{cl}_A(C) \cap D = [\mathrm{cl}_X(C) \cap A] \cap D = \mathrm{cl}_X(C) \cap D$를 적용하면 얻어진다. ■

| 정리 11.15 |

C, D는 위상공간 X에서 분리된 집합이다. 부분집합 A가 연결이고 $A \subset C \cup D$이면 $A \subset C$ 혹은 $A \subset D$이다.

증명 $G = C \cap A$, $H = D \cap A$라 두면 G, H는 A에서 서로소인 열린집합이고 합집합이 A이다. 따라서 G, H 둘 다 공집합이 아니면 $\{G, H\}$는 A의 $\mathfrak{I}_A$-분리가 된다. A가 연결이므로 G, H 중 하나는 $\varnothing$이다. 따라서 $A \subset C$ 혹은 $A \subset D$이다. ■

| 정리 11.16 |

위상공간 X에서 A, B가 연결집합이고 분리된 집합이 아니라면 $A \cup B$도 연결집합이다.

증명 만약 $A \cup B$가 비연결집합라고 하면 $\mathfrak{I}_{A \cup B}$-분리 $\{G, H\}$가 존재한다. G, H는 $A \cup B$에서 분리된 집합으로 $A \cup B = G \cup H$이다. A, B는 $A \cup B$에서도 연결집합이므로

'$A \subset G$, $B \subset H$'이거나 '$B \subset G$, $A \subset H$'이다. $A \subset G$, $B \subset H$라 하면

$$\mathrm{cl}_{A \cup B}(A) \cap B \subset \mathrm{cl}_{A \cup B}(G) \cap H = \varnothing, \ \mathrm{cl}_{A \cup B}(B) \cap G \subset \mathrm{cl}_{A \cup B}(H) \cap G = \varnothing$$

따라서 A, B가 $A \cup B$에서 분리된 집합이고 X에서도 분리된 집합이다. 이는 분리되어 있지 않다는 가정에 위배된다. 그러므로 $A \cup B$는 연결집합이다. ▪

예제 11.17

$\mathbb{R}^2$의 연결부분집합 $A = \{(0,0)\}$, $B = \left\{(x,y) \mid y = \sin\frac{1}{x}, 0 < x \le 1\right\}$에 대하여 $A \subset \overline{B}$이고 $A \cap \overline{B} \neq \varnothing$ 이다. 그러므로 A, B는 분리되어 있지 않다. 따라서 $A \cup B$는 $\mathbb{R}^2$의 연결부분집합이다. 단집합은 항상 연결이고 B가 연결집합인 것은 $f : (0,1] \to \mathbb{R}^2$, $f(x) = (x, \sin\frac{1}{x})$가 연속함수이고(예제 8.10)이고, $(0,1]$이 연결공간이어서(정리 11.26에서 다룸), $f((0,1]) = B$가 연결이다(정리 11.22에서 다룸).

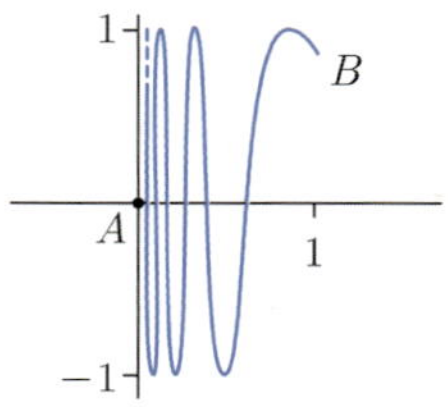

▌정리 11.18▐

A가 위상공간 X의 연결부분집합이고 $A \subset B \subset \overline{A}$이면 B는 연결부분집합이다.

증명 만약 B가 연결부분집합이 아니라 하면 B의 $\mathfrak{I}_B$-분리 $\{C, D\}$가 존재한다. C, D는 B에서 분리된 집합이고 $B = C \cup D$이다. C, D는 X에서도 분리된 집합이다(기본성질 11.14). A가 연결이므로 [정리 11.15]에 의하여 $A \subset C$ 혹은 $A \subset D$이다. 만약 $A \subset C$라 하면 $B \subset \overline{A} \subset \overline{C}$이다. $\overline{C} \cap D = \varnothing$ 이므로 $D = B \cap D = \varnothing$ 이다. 이것은 $D \neq \varnothing$ 란 사실에 모순된다. ▪

예제 11.19

[예제 11.17]에서 A와 B가 연결집합이고 $B \subset A \cup B \subset \overline{B}$이므로 위의 정리에 의해

$A \cup B$가 연결집합이다.

❙ 정리 11.20 ❙

$A_\alpha(\alpha \in \Gamma)$와 B를 위상공간 X의 연결부분집합이라 하자. 각 $\alpha \in \Gamma$에 대하여 $A_\alpha \cap B \neq \varnothing$ 이면 $(\bigcup_{\alpha \in \Gamma} A_\alpha) \cup B$는 X의 연결부분집합이다.

증명 $A = (\bigcup_{\alpha \in \Gamma} A_\alpha) \cup B$라 두고 $f : A \to \{0,1\}$가 연속함수라 하자. $f(b) = 1$인 $b \in B$가 있다고 하자. 그러면 $f(B) = \{1\}$이다. 왜냐하면 B가 연결이고 $f|_B : B \to \{0,1\}$가 연속함수이기 때문이다. 각 $\alpha \in \Gamma$에 대하여 $a_\alpha \in A_\alpha \cap B$을 잡을 수 있고 $f(a_\alpha) = 1$이다. A_α가 연결이고 $f|_{A_\alpha}$ 역시 연속함수로 $f(A_\alpha) = \{1\}$이다. 따라서 $f(A) = \{1\}$로 f는 상수함수이다. 그러므로 A는 연결집합이다. ■

❙ 따름정리 11.21 ❙

$A_\alpha(\alpha \in \Gamma)$들이 위상공간 X의 연결부분집합이고 $\bigcap_{\alpha \in \Gamma} A_\alpha \neq \varnothing$ 이면 $\bigcup_{\alpha \in \Gamma} A_\alpha$는 X의 연결부분집합이다.

다음의 정리는 연속함수에 의한 연결집합의 상이 연결집합으로 연결성은 연속불변량임을 보여준다.

❙ 정리 11.22 ❙

위상공간 $(X, \mathfrak{I}_1)$에서 $(Y, \mathfrak{I}_2)$로의 함수 $f : X \to Y$을 연속함수라 하자. 위상공간 X가 연결공간이면 $f(X)$는 Y의 연결부분집합이다.

증명 $f(X)$가 비연결이라고 가정하면 $U,\ V \in \mathfrak{I}_2$가 존재해서

$$f(X) \cap U \neq \varnothing,\ f(X) \cap V \neq \varnothing,\ f(X) \subset U \cup V,\ f(X) \cap (U \cap V) = \varnothing$$

를 만족시킨다. 즉, $\{U, V\}$가 $f(X)$의 $\mathfrak{I}_2$-분리이다. f가 연속함수이므로 $f^{-1}(U) \in \mathfrak{I}_1$와 $f^{-1}(V) \in \mathfrak{I}_1$이고 $f^{-1}(U) = f^{-1}(U \cap f(X)) \neq \varnothing$, $f^{-1}(V) \neq \varnothing$이다. 또한

$$f^{-1}(U)\cup f^{-1}(V)=f^{-1}(U\cup V)\supset f^{-1}(f(X))=f^{-1}(Y)=X,$$
$$f^{-1}(U)\cap f^{-1}(V)=f^{-1}(U\cap V)=f^{-1}(\varnothing)=\varnothing$$

이 성립한다. 따라서 $\{f^{-1}(U), f^{-1}(V)\}$는 X의 분리가 된다. 이는 X가 비연결공간이 되어 대우를 적용하면 된다. ■

▸ $f: X\to Y$가 연속함수이고 A가 X에서 연결집합 $\Rightarrow f(A)$는 Y의 연결부분집합.

| 따름정리 11.23 | (위상적 성질)

위상공간 X, Y가 위상동형이라 하자. 그러면 X와 Y가 동시에 연결공간이거나 동시에 연결공간이 아니다.

▸ X가 연결공간이고 Y가 비연결공간 $\Rightarrow$ X, Y가 위상동형이 아니다.

예제 11.24

$\mathbb{R}$의 부분공간 $A=[0,1]$과 $\mathbb{R}^2$의 부분공간 $S=\{(x,y)\,|\,x^2+y^2=1\}$은 위상동형이 아니다.

풀이 A에서 S로의 위상동형함수 f가 존재한다면 $f: A-\{1/2\}\to S-\{f(1/2)\}$ 역시 위상동형함수이다. 그러므로 $A-\{1/2\}$과 $S-\{f(1/2)\}$는 위상동형이다. 그러나 $A-\{1/2\}$는 비연결공간이고 $S-\{f(1/2)\}$는 연결공간이다. 이는 연결성이 위상적 성질이란 사실에 위배된다. ■

예제 11.25

$X=\{a,b,c,d\}$위서 위상 $\mathfrak{I}_1=\{X, \varnothing, \{a\},\{b\},\{a,b\},\{a,b,d\}\}$을 가지는 위상공간과 위상 $\mathfrak{I}_2=\{X, \varnothing, \{a\},\{b\},\{a,b\},\{a,c,d\}\}$을 가진 위상공간은 위상동형이 아니다.

풀이 위상공간 $(X,\mathfrak{I}_1)$의 $X, \varnothing$을 제외한 폐집합은 $\{b,c,d\},\{a,c,d\},\{c,d\},\{c\}$이다. 위상공간 $(X,\mathfrak{I}_1)$은 $X,\varnothing$을 제외한 열린-닫힌집합을 갖지 않으므로 연결공간이다. 그러나 $\{\{a,c,d\},\{b\}\}$는 위상공간 $(X,\mathfrak{I}_2)$의 분리이므로 위상공간 $(X,\mathfrak{I}_2)$은 연결공간이 아니다. 그러므로 $(X,\mathfrak{I}_1)$와 $(X,\mathfrak{I}_2)$는 위상동형이 아니다. ■

❙정리 11.26❙

보통위상공간 $(\mathbb{R},\mathcal{U})$의 부분집합 A가 두 점 이상을 가진다. A가 $\mathbb{R}$에서 연결집합일 필요충분조건은 A가 하나의 구간인 것이다.

증명 $(\Rightarrow)$ A가 구간이 아니라 하자. 그러면 $a<p<b$, $p \not\in A$를 만족하는 $a, b \in A$가 존재한다. $U=(-\infty,p)$, $V=(p,\infty)$라 하면 $\{U, V\}$는 A의 $\mathcal{U}$-분리이다. 그러므로 A는 비연결집합이다.

$(\Leftarrow)$ A가 $(a,b), (a,\infty), (-\infty,b)$형태의 개구간이면 $\mathbb{R}$과 위상동형이다. $\mathbb{R}$이 연결이므로 A도 연결이다. $(a,b) \subset (a,b] \subset \overline{(a,b)}=[a,b]$, $(a,b) \subset [a,b) \subset \overline{(a,b)}=[a,b]$이므로 [정리 11.18]에 의해 $[a,b), (a,b], [a,b]$도 연결이다. 또한 $\overline{(a,\infty)}=[a,\infty)$, $\overline{(-\infty,a)}=(-\infty,a]$도 연결이어서 모든 구간들이 연결집합이다. ■

❙정리 11.27❙

연결성은 유전적 성질이 아니다. 즉, 연결공간의 부분공간이 연결이 아닐 수도 있다.

증명 반례: $\mathcal{U}$를 보통위상이라 하면 $(\mathbb{R},\mathcal{U})$는 연결공간이다. $U=(-\infty,0)$, $V=(0,\infty)$라 하자. $\{U, V\}$는 $\mathbb{R}-\{0\}$의 분리이므로 부분공간 $\mathbb{R}-\{0\}$은 비연결공간이다. ■

❙정리 11.28❙

두 위상공간 X, Y에 대하여 X, Y가 연결공간일 필요충분조건은 $X\times Y$가 연결공간인 것이다.

증명 $(\Leftarrow)$ 사영함수 $\pi_1 : X\times Y \rightarrow X$와 $\pi_2 : X\times Y \rightarrow Y$가 전사인 연속함수이므로 [정리 11.22]에 의해 X, Y는 연결공간이다.

$(\Rightarrow)$ $q \in Y$라 하자. 각 $x \in X$에 대하여 $\{x\}\times Y$가 Y와 위상동형이고 Y가 연결이므로 $\{x\}\times Y$가 연결이다. 또한 $X\times\{q\}$와 X가 위상동형이고 X가 연결이므로 $X\times\{q\}$가 연결이다. 각 $x\in X$에 대하여 $Z_x=(X\times\{q\})\cup(\{x\}\times Y)$라 하자. $(x,q)\in(X\times\{q\})\cap(\{x\}\times Y)$이므로 Z_x는 연결이고 $\bigcap_{x\in X} Z_x \neq \varnothing$이다. 따라서 [따름정리 11.21]에 의하여 $X\times Y=\bigcup_{x\in X} Z_x$ $X\times Y$는 연결공간이다. ■

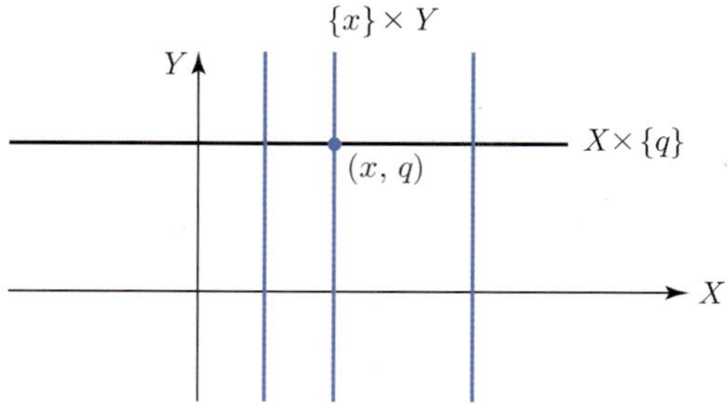

▸ 귀납법에 의하여 유한개 위상공간들의 곱공간이 연결공간일 필요충분조건이 각 인자 위상공간이 연결공간이라 할 수 있다.

위의 정리는 일반적인 곱공간으로 확장될 수 있다. 즉, 연결성은 'productive 성질'을 가진다.

▎정리 11.29 ▎

$X_\alpha\,(\alpha \in \Lambda)$를 연결공간들이라 하자. 그러면 곱공간 $\prod_{\alpha\in\Lambda} X_\alpha$가 연결공간이기 위한 필요충분조건은 각 인자공간 X_α가 연결공간인 것이다.

증명 문제로 남긴다. ■

▎정리 11.30 ▎ (중간값 정리)

$X=(X,\mathfrak{I})$를 연결공간이라 하고, $f: X \to \mathbb{R}$를 연속함수라 하자. $p, q \in X$에서 $f(p) \neq f(q)$이면 $f(p)$와 $f(q)$ 사이의 임의의 실수 k에 대해 $f(x)=k$를 만족시키는 $x \in X$가 존재한다.

증명 (방법 1) 만약 $f(x)=k$를 만족시키는 $x \in X$가 존재하지 않는다고 하자. 그러면 $U=(-\infty, k)$, $V=(k, \infty)$라 하자. 그러면 U, V는 $\mathbb{R}$의 공집합이 아닌 서로소인 열린 집합이다. 따라서 $\{f^{-1}(U), f^{-1}(V)\}$는 X의 분리이고 X는 비연결이다.

(방법 2) [정리 11.22]에 의해 $f(X)$는 $\mathbb{R}$의 연결부분집합이고, [정리 11.26]에 의해 하나의 구간이다. k가 이 구간 $f(X)$에 포함되어 있으므로 $f(x)=k$를 만족시키는 $x \in X$가 존재한다. ■

예제 11.31

f가 $a, b \in \mathbb{R}\ (a < b)$를 포함한 구간 $I \subset \mathbb{R}$에서 연속함수이고 $f(a)f(b) < 0$이면 방정식 $f(x) = 0$의 근이 a와 b 사이에 존재한다.

정리 11.32 (고정점 정리)

$f : [0,1] \to [0,1]$가 연속함수이면 $f(p) = p$인 $p \in [0,1]$가 존재한다. 이것은 f의 그래프 $G_f = \{(x, f(x)) \mid x \in [0,1]\}$와 대각선 $\Delta = \{(x,x) \mid x \in [0,1]\}$에 대해 $G_f \cap \Delta \neq \varnothing$ 임을 함의한다.

증명 $f(0) = 0$이거나 $f(1) = 1$인 경우는 명백하다. $f(0) \neq 0$, $f(1) \neq 1$인 경우에 $g : [0,1] \to \mathbb{R}$을 $g(x) = x - f(x)$로 정의하면 g는 연속함수이고 $g(0)g(1) < 0$이다. 따라서 $g(p) = 0$을 만족하는 $p \in (0,1)$가 존재하여 $f(p) = p$이다. ■

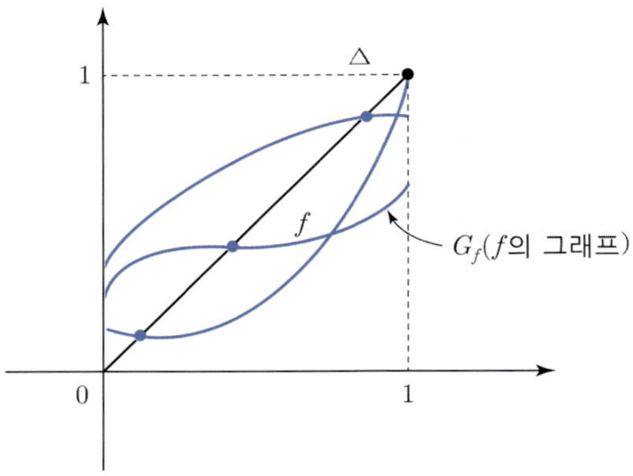

11.2 연결성분

정의 11.33

$X = (X, \mathfrak{I})$를 위상공간, $p \in X$이라 하자. p를 포함하는 X의 모든 연결 부분집합들의 합집합을 p의 **연결성분**(connected component), 간단히 **성분**이라 하고 C_p로 나타낸다.

▸ 위상공간 X가 연결공간이면 연결성분의 수가 하나이다. 이 역도 성립한다.

기본성질 11.34

p의 연결성분 C_p는 다음의 성질을 가진다.

(1) C_p는 p를 포함하는 극대의 연결부분집합으로 닫힌집합이다. (C_p가 극대란 부분 집합 A가 p를 포함하는 연결집합이면 $A \subset C_p$ 임을 의미한다.)

(2) $\{C_p | p \in X\}$는 X의 분할이다.

증명 $\mathcal{C}_p = \{C \mid C$는 p를 포함하는 연결집합$\}$라 두면 $C_p = \cup\, \mathcal{C}_p$이다.

(1) $p \in \cap\, \mathcal{C}_p$이므로 [따름정리 11.21]에 의하여 $C_p = \cup\, \mathcal{C}_p$는 연결집합이다. $\overline{C_p}$ 역시 연결집합이고 $\overline{C_p} \in \mathcal{C}_p$이므로 $\overline{C_p} \subset \cup\, \mathcal{C}_p = C_p$로 C_p는 닫힌집합이다. A가 p를 포함하는 연결집합이면 $A \in \mathcal{C}_p$이므로 $A \subset \cup\, \mathcal{C}_p = C_p$이다.

(2) (i) $p \in C_p$이므로 $C_p \neq \varnothing$이다. (ii) $C_p \cap C_q \neq \varnothing$이면 $C_p \cup C_q$가 연결집합이고 $p \in C_p \cup C_q$이므로 $C_p \cup C_q = C_p$이며 $q \in C_p \cup C_q$이므로 $C_p \cup C_q = C_q$이다. 그러므로 $C_p = C_q$이다. (iii) $X = \bigcup_{p \in X} \{p\} \subset \bigcup_{p \in X} C_p = X$이다. ■

예제 11.35

$X = \{a, b, c, d, e\}$가 위상 $\mathfrak{I} = \{X, \varnothing, \{b\}, \{a, b\}, \{c, d, e\}, \{b, c, d, e\}\}$를 가질 때 a의 연결성분은 $C_a = \{a, b\}$이고 c의 연결성분 $C_c = \{c, d, e\}$이다. $C_a = C_b$이고 $C_c = C_d = C_e$로 X의 분할을 만든다.

예제 11.36

보통위상공간 $\mathbb{R}$에 대해

(1) $\mathbb{R}$에서 1의 연결성분은 $\mathbb{R}$이다.

(2) 부분공간 $\mathbb{Q}$에서 $q \in \mathbb{Q}$의 연결성분은 $\{q\}$이다.

풀이 (1) $\mathbb{R}$은 연결공간이기 때문이다.

(2) $\{q, x\} \subset C_q \subset \mathbb{Q}$라 하고 $q < x$라 두자. 그러면 무리수의 조밀성에 의해 $q < r < x$인 무리수 r이 존재한다. $G = (-\infty, r) \cap \mathbb{Q}$; $H = (r, \infty) \cap \mathbb{Q}$라 하면 $\{G, H\}$는 $\mathbb{Q}$의 부

분집합 C_q의 분리이다. 그러므로 C_q는 비연결집합이 되어 C_q가 연결이라는 사실에 모순이다. 따라서 $\mathbb{Q}$에서의 연결성분은 단집합이다. ■

예제 11.37

(1) 여가산위상공간 $(\mathbb{R}, \mathfrak{I}_{cc})$에서 연결성분은 $\mathbb{R}$뿐이다.

(2) 하한위상공간 $(\mathbb{R}, \mathfrak{I}_l)$에서 p의 연결성분은 단집합 $\{p\}$이다.

예제 11.38

여유한위상공간 $X=(\mathbb{N}, \mathfrak{I}_{cf})$에서 자연수집합 $\mathbb{N}$으로의 함수 $f: X \to \mathbb{N}$가

$$f(n)=n+5$$

로 주어진다. 공역 $\mathbb{N}$위의 위상 $\mathfrak{I}$은 다음과 같이 주어진다.

$$\mathfrak{I}=\left\{V \subset \mathbb{N} \mid f^{-1}(V) \in \mathfrak{I}_{cf}\right\}$$

위상공간 $(\mathbb{N}, \mathfrak{I})$의 연결성분을 찾아보자.

풀이 $f^{-1}(\{1\})=\varnothing, \cdots, f^{-1}(\{5\})=\varnothing$ 이므로

$$\{1\}, \{2\}, \{3\}, \{4\}, \{5\} \in \mathfrak{I}$$

이다. 이들의 여집합들 $\mathbb{N}-\{k\}$ 또한 $\mathfrak{I}$-열린집합이다. $k=1,2,3,4,5$이면 $\mathbb{N}-\{k\}=f^{-1}(\mathbb{N}-\{k+5\})$이고 $\mathbb{N}-\{k+5\} \in \mathfrak{I}_{cf}$이기 때문이다. 그러므로 단집합들 $\{1\}, \{2\}, \{3\}, \{4\}, \{5\}$은 연결성분들이다. 한편 $A=\mathbb{N}-\{1,2,3,4,5\}$에 연결성분이 포함되어 있는가를 보기 위해 $A=\mathbb{N}-\{1,2,3,4,5\}$의 $\mathfrak{I}$-분리 $\{U, V\}$가 존재한다고 가정해 보자. 그러면 $U \cap A \neq \varnothing$, $V \cap A \neq \varnothing$ 이다. 따라서 $f^{-1}(U), f^{-1}(V) \in \mathfrak{I}_{cf}$로 공집합이 아니다. $U \cap V \subset \{1,2,3,4,5\}$이어서 $f^{-1}(U) \cap f^{-1}(V)=f^{-1}(U \cap V)=\varnothing$ 이다. 그러므로

$$\mathbb{N}=[f^{-1}(U) \cap f^{-1}(V)]^c=f^{-1}(U)^c \cup f^{-1}(V)^c$$

으로 $\mathbb{N}$이 유한집합으로 모순이 일어난다. 그러므로 A는 연결집합이고 극대이다. 따라서 연결성분이다. 그러므로 6개의 연결성분 $\{1\}, \{2\}, \{3\}, \{4\}, \{5\}$ $\mathbb{N}-\{1,2,3,4,5\}$이 있다. ■

11.3 국소연결공간

▌정의 11.39▐

$X=(X,\mathfrak{I})$을 위상공간이라 하자

(1) $p\in X$라 하자. p의 임의의 열린 근방 U에 대하여 $V\subset U$인 p를 포함하는 연결인 열린집합 V가 존재할 때 X는 p에서 **국소적으로 연결되어있다(locally connected at p)**고 한다.

(2) X의 모든 점 $p\in X$에서 국소적으로 연결되어 있을 때 X를 **국소연결공간(locally connected space)**이라 한다.

▌기본정리 11.40▐

(1) 위상공간 $(X,\mathfrak{I})$가 $p\in X$에서 국소연결되어 있을 필요충분조건은 p를 포함한 연결인 열린집합으로 구성된 국소기저가 존재하는 것이다.

(2) 위상공간 $(X,\mathfrak{I})$가 국소연결공간일 필요충분조건은 연결인 열린집합으로 구성된 $\mathfrak{I}$에 대한 기저가 존재하는 것이다.

증명 (1) 정의에 의해 명백하다.

(2) ($\Rightarrow$) 각 $p\in X$에 대해 $\mathscr{B}_p$를 p를 포함한 연결인 열린 근방으로 구성된 국소기저이라 하면 $\mathscr{B}=\bigcup_{p\in X}\mathscr{B}_p$는 연결인 열린집합으로 구성된 $\mathfrak{I}$에 대한 기저이다.

($\Leftarrow$) $\mathscr{B}$가 연결인 열린집합으로 구성된 기저이면 각 $p\in X$에 대해 $\{B\in\mathscr{B}\mid p\in B\}$는 p의 연결인 열린집합으로 구성된 국소기저이다. 그러므로 X는 국소연결공간이다. ■

예제 11.41

$A=(0,1)\cup(2,3)$를 보통위상공간 $(\mathbb{R},\mathcal{U})$의 부분공간이라 하면

(1) A는 비연결공간이다. 왜냐하면 A의 분리로 $\{(0,1),(2,3)\}$가 존재하기 때문이다.

(2) A는 국소연결공간이다. 왜냐하면 $a\in(0,1)\cup(2,3)$라 하자. 그러면 $n\in\mathbb{N}$에 대하여 $\left(a-\frac{1}{n},a+\frac{1}{n}\right)\cap A$는 하나의 구간으로 $(0,1)\cup(2,3)$의 연결인 열린집합이다.

$\left\{\left(a-\frac{1}{n}, a+\frac{1}{n}\right)\cap A \mid n\in\mathbb{N}\right\}$는 $a\in A$의 $\mathfrak{I}_A$-국소기저이다.

예제 11.42

이산위상공간 $X=(X,\mathcal{D})$에서 $p\in X$에 대하여 $\{\{p\}\}$는 p의 국소기저이고 $\{p\}$는 연결집합이다. 따라서 X는 국소연결공간이다. 하지만, $|X|>2$이면 X는 연결공간이 아니다.

예제 11.43

$A=\{(0,0)\}$, $B=\left\{(x,y)\in\mathbb{R}^2 \mid y=\sin\frac{1}{x},\ 0<x\le 1\right\}$이고 $X=A\cup B\subset\mathbb{R}^2$라 하자.

(1) $A\cap\overline{B}\neq\varnothing$ 이다. 연결집합 A, B는 분리되어 있지 않다. 따라서 $X=A\cup B$는 연결이다(예제 11.17).

(2) $p=(0,0)\in X$라 하면 p의 열린 근방 $B(p,\frac{1}{5})\cap X$는 p의 연결인 열린 근방을 부분집합으로 가지지 못하므로 p에서 국소연결되어 있지 않다.

(3) X의 부분공간 $Y=\{(0,0),(1,\sin 1)\}$은 연결공간은 아니나 국소연결공간이다.

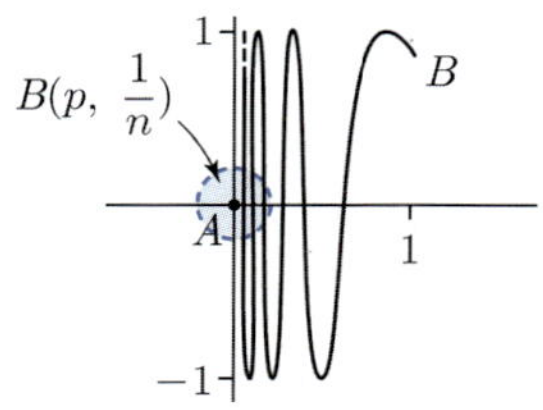

▸ 일반적으로 연결공간 $\not\Rightarrow$ 국소연결공간 $\not\Rightarrow$ 연결공간

| 정리 11.44 |

위상공간 $(X,\mathfrak{I})$가 국소연결공간이기 위한 필요충분조건은 임의의 $U\in\mathfrak{I}$에 대하여 부분공간 U에서 각 연결성분이 열린집합이다.

증명 ($\Rightarrow$) $U\in\mathfrak{I}$라 하고 C를 열린부분공간 U에서의 연결성분이라 하자. X가 국소연결공간이므로 각 $p\in C$에 대해 $p\in G_p\subset U$를 만족하는 연결인 $\mathfrak{I}$-열린집합 G_p가 존재하고 G_p는 부분공간 U에서도 연결집합이다. 한편 C가 U에서 p의 연결성분이므로

$G_p \subset C$이다. 그러므로 p는 C의 내점이다. 따라서 C는 U에서 열린집합이다. 또한 $U \in \mathfrak{J}$이므로 $C \in \mathfrak{J}$이다.

($\Leftarrow$) $p \in X$라 하고 U를 p의 임의의 열린 근방이라 하자. U에서 p의 연결성분을 C라 하자. 가정에 의해 C가 열린집합이므로 C는 p의 연결인 열린 근방이다. 따라서 X는 p에서 국소연결되어 있다. p는 임의의 점이므로 X는 국소연결공간이다. ■

| 따름정리 11.45 |

위상공간 $(X, \mathfrak{J})$가 국소연결공간이면 X의 연결성분은 열린-닫힌집합이다.

다음은 국소연결공간의 곱공간은 국소연결이 되어 productive 성질을 가짐을 보여 준다. 증명은 생략한다.

| 정리 11.46 |

$X_\alpha(\alpha \in \Lambda)$를 국소연결공간이라 하자. 그러면 곱공간 $\prod_{\alpha \in \Lambda} X_\alpha$도 국소연결공간이다.

11.4 경로연결공간 및 경로연결성분

$\mathbb{R}$에서 구간들은 연결인 부분공간들로 다음의 특성을 가진다. 구간 I에서 두 점은 "경로(path)"에 의해 연결된다. 즉 $a, b \in I$라고 하면 $f(0)=a, f(1)=b$을 만족하는 연속함수 $f:[0,1] \to I$ 가 존재한다. 이러한 특성의 연속함수는 경로의 개념으로 확장되고 경로연결공간의 개념을 도입하는 데 활용된다.

| 정의 11.47 |

$X=(X, \mathfrak{J})$을 위상공간이라 하고 $\varnothing \neq A \subset X$라 하자.

(1) $p, q \in X$라 하자. $\alpha(0)=p$, $\alpha(1)=q$을 만족하는 연속함수 $\alpha:[0,1] \to X$를 p와 q를 잇는 경로(path)라 한다.

(2) 임의의 두 점 $p, q \in X$에 대해 p와 q를 잇는 경로(path) $\alpha : [0,1] \to X$가 항상 존재할 때 $X = (X, \mathfrak{I})$를 **경로(혹은 호상)연결공간**(path-connected space)이라 한다.

(3) 부분집합 A가 부분공간으로서 경로연결공간이 될 때 A를 X의 **경로연결부분집합**이라 한다.

(4) X의 극대인 경로연결부분집합을 **경로연결성분**(path component)이라 한다. 즉, A가 경로연결성분이면 A를 포함하는 더 큰 경로연결집합이 존재하지 않는다. 점 p를 포함하는 경로연결성분을 p의 **경로연결성분**이라 한다.

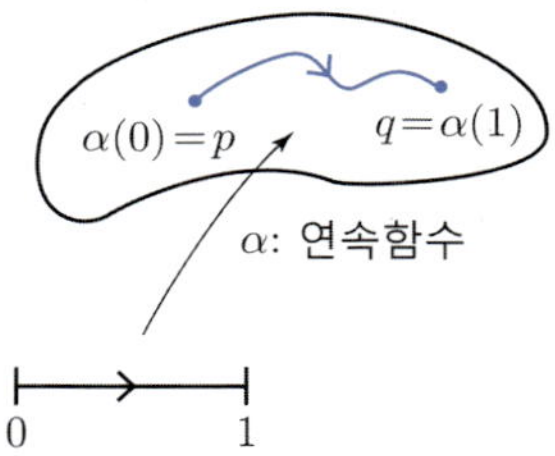

〈경로〉

▌기본성질 11.48▐

위상공간 $(X, \mathfrak{I})$의 경로연결성분은 X의 분할을 구성한다.

증명 분할과 동치관계는 일대일대응관계에 있다. 이것을 활용하여 밝힌다.

두 점 $p, q \in X$에 대하여 "$p \sim q \Leftrightarrow p$와 q를 잇는 경로가 존재한다" 로 정의한다. 그러면 $\sim$는 X위의 동치관계이다. 구체적으로 살펴보자.

(i) (반사율) 임의의 점 $p \in X$에 대해 $c(t) = p$로 정의된 상수함수 $c : [0, 1] \to X$는 c는 연속이며 p와 p를 잇는 경로이므로 $p \sim p$이다.

(ii) (대칭률) $p \sim q$라 하면 p와 q를 잇는 경로 $\alpha : [0,1] \to X$가 존재한다. $\hat{\alpha}(t) = \alpha(1-t)$로 정의된 $\hat{\alpha} : [0,1] \to X$는 연속함수로 q와 p를 잇는 경로이다. 따라서 $q \sim p$이다.

(iii) (추이율) $p \sim q$, $q \sim r$이라 하면 p, q를 잇는 경로 $\alpha : [0,1] \to X$와 q, r를 잇는 경로 $\beta : [0,1] \to X$가 존재한다. $\alpha * \beta : [0,1] \to X$를 다음처럼 정의하면(경로곱(juxtaposition of α, β)이라 함)

$$\alpha * \beta(t) = \begin{cases} \alpha(2t) & (0 \le t \le \frac{1}{2}) \\ \beta(2t-1) & (\frac{1}{2} \le t \le 1) \end{cases}$$

는 [예제 7.16]으로부터 $\alpha * \beta$는 연속함수이고 p와 r를 잇는 경로이다. 따라서 $p \sim r$이다. 관계 $\sim$는 동치관계이고 동치류가 경로연결성분이다. 그러므로 경로연결성분들이 X의 분할을 구성한다. ■

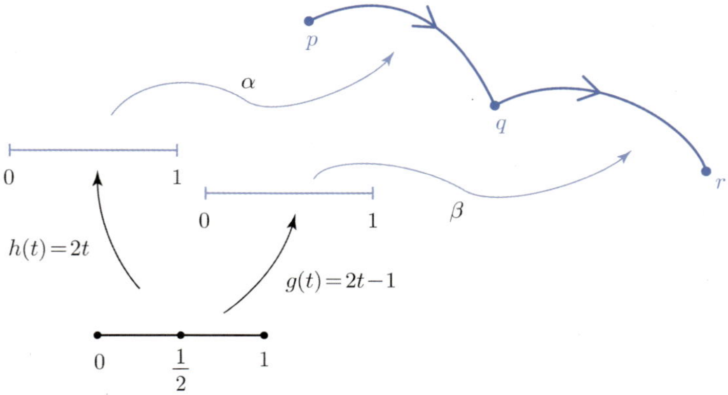

▌기본성질 11.49

위상공간 $(X, \mathfrak{I})$의 각 연결성분은 경로연결성분들의 합집합이다.

증명 C를 X의 연결성분이라 하자. 그러면 각 $x \in C$에 대해 x의 경로연결성분 P_x는 경로연결집합으로 연결집합이다. 따라서 $P_x \subset C$이다. 그러므로 $C = \bigcup_{x \in C} P_x$이다. ■

▌정리 11.50▌

위상공간 X에서 $A_i (i \in \Lambda)$를 경로연결부분집합이라 하자. 임의의 $i, j \in \Lambda$에 대해 $A_i \cap A_j \neq \varnothing$이면 $\bigcup_{i \in \Lambda} A_i$는 X의 경로연결부분집합이다.

증명 임의의 두 점 $p, q \in \bigcup_{i \in \Lambda} A_i$에 대하여, $p \in A_i$, $q \in A_j$인 $i, j \in \Lambda$가 존재한다. $A_i \cap A_j \neq \varnothing$이므로 $x \in A_i \cap A_j$라 하자. 그러면 $p, x \in A_i$이고 $x, q \in A_j$이다. A_i, A_j는 경로연결집합이므로 A_i에 p, x를 잇는 경로 α가 존재하고 A_j에 x, q를 잇는 경로 β가 존재

한다. 다음과 정의된 α와 β의 경로곱 $\alpha * \beta : [0,1] \to X$

$$\alpha * \beta(t) = \begin{cases} \alpha(2t) & (0 \le t \le \frac{1}{2}) \\ \beta(2t-1) & (\frac{1}{2} \le t \le 1) \end{cases}$$

는 p와 q를 잇는 경로이다. 그러므로 $\bigcup_{i \in \Lambda} A_i$는 경로연결집합이다. ■

| 정리 11.51 |

X는 위상공간이고 $A \subset X$가 경로연결이면 A는 연결이다.

증명 A가 경로연결공간이고 연결공간이 아니라면, A의 $\mathfrak{I}_A$-분리 $\{U, V\}$가 존재한다. $p \in U$, $q \in V$라 하자. 그러면 $\alpha(0) = p$이고 $\alpha(1) = q$인 경로 $\alpha : [0,1] \to A$가 존재한다. 이때 $\{\alpha^{-1}(U), \alpha^{-1}(V)\}$가 $[0,1]$의 분리가 되어 $[0,1]$은 비연결이 된다. 이는 $[0,1]$가 연결이라는 사실에 모순이므로 A는 연결이어야 한다. ■

예제 11.52

보통위상공간 $\mathbb{R}^2$의 다음의 부분공간들에서

$$X = A \cup B,\ A = \{(0,0)\},\ B = \left\{\left(x, \sin\frac{1}{x}\right) \mid 0 < x \le 1\right\}$$

(1) A, B, X는 모두 연결공간이다. (예제 11.17)

(2) A, B는 경로연결공간이나 X는 경로연결공간이 아니다.

(3) A, B는 국소연결공간이나 X는 국소연결공간이 아니다.

풀이 (2) $p = (0,0)$이라 하고 $f : [0,1] \to X$를 $f(0) = p = (0,0)$에서 시작하는 경로라 하자. $f^{-1}(\{p\})$가 $[0,1]$에서 열린-닫힌집합임을 밝히자.

(i) $\{p\} = \{(0,0)\}$가 X에서 닫힌집합이고 f가 연속함수이므로, $f^{-1}(\{p\})$는 $[0,1]$에서 닫힌집합이다.

(ii) $t \in f^{-1}(\{p\})$라 하자. $H = B\left(p, \frac{1}{5}\right) \cap X$라 두면 H는 $f(t) = p$의 열린 근방이다. f는 t에서 연속이므로, $t \in I \subset f^{-1}(H)$이고 $[0,1]$에서 열린집합인 구간 $I \subset [0,1]$가 존재한다. 따라서 $f(t) = p \in f(I) \subset H$이고 f가 연속이므로 $f(I)$는 H에서 p를

포함하는 연결집합이다. 한편, H에서 p를 포함한 연결집합은 $\{p\}$뿐이다. 그러므로 $f(I) = \{p\}$이다. 따라서 $t \in I \subset f^{-1}(\{p\})$이다. 그러므로 $f^{-1}(\{p\})$는 $[0,1]$에서 열린집합이다.

구간 $[0,1]$이 연결공간이므로 $f^{-1}(\{p\}) = [0,1]$이고 $f([0,1]) = \{p\}$이다. 따라서 p에서 시작하는 경로 $f : [0,1] \to X$는 상수함수뿐이며 다른 점(B의 점)을 잇지 못한다.

(3) $(0,0)$에서 연결인 연결집합으로 구성되는 국소기저를 구성할 수 없다. ■

예제 11.53

$\mathbb{R}^2$의 부분공간 $X = ([0,1]) \times \{0\} \cup \left\{\left(\frac{1}{n}, y\right) \mid n \in \mathbb{N},\ 0 \le y \le 1\right\} \cup (\{0\} \times [0,1])$에서

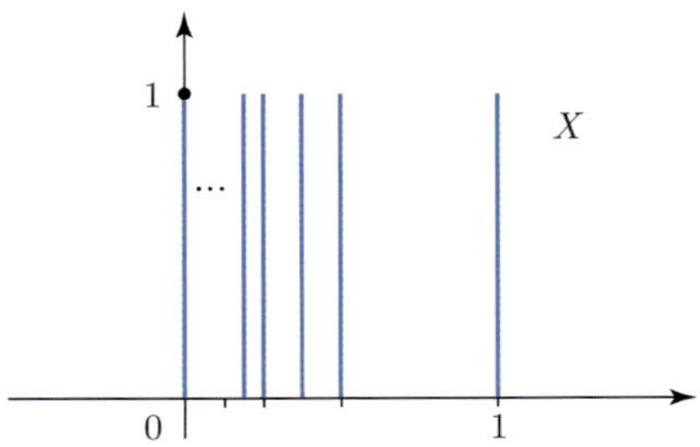

(1) X는 경로연결공간이고 연결공간이다. 그러나 $p = (0,1)$에서 국소연결되어 있지 않으므로 X는 국소연결공간이 아니다.

(2) X의 부분공간 $Y = X - \{(0,0)\}$는 연결공간으로 Y의 연결성분은 1개이며, Y는 경로연결공간이 아니고 경로연결성분의 수는 2개이다.

❙정리 11.54❙

X, Y는 위상공간, A는 X의 경로연결부분집합이고 $f : X \to Y$는 연속함수이다. 그러면 $f(A)$인 Y의 경로연결부분집합이다.

증명 $p, q \in f(A)$에 대하여 $f(a) = p$, $f(b) = q$인 $a, b \in A$가 존재한다. A는 X의 경로연결집합이므로 $\alpha(0) = a$, $\alpha(1) = b$인 경로 $\alpha : [0,1] \to A$가 존재한다. 그러면 $f \circ \alpha : [0,1] \to f(A)$는 연속이고 $(f \circ \alpha)(0) = p$, $(f \circ \alpha)(1) = q$이다. 그러므로 $f \circ \alpha$는 p와 q를 잇는 경로이다. 따라서 $f(A)$는 경로연결이다. ■

| 정리 11.55 |

위상공간 $(X, \mathfrak{I})$가 연결공간이면서 국소연결공간이라 하자. 그러면 $(X, \mathfrak{I})$는 경로연결공간이다.

증명 문제로 남긴다. ■

▸ 일반적으로 경로연결공간의 부분공간은 경로연결공간이 아니고 연결부분집합의 경우와는 달리 부분집합 A가 경로연결일지라도 폐포 $\overline{A}$는 경로연결이 되지 않을 수도 있다 (예제 11.53).

일반적으로 연결집합은 경로연결집합이 아니다. 그러나 다음처럼 유클리드공간에서 열린집합이라는 특수한 상황에서는 연결집합이 경로연결집합이 된다.

| 정리 11.56 |

A는 보통위상공간 $\mathbb{R}^2$의 열린 연결집합이면 A는 경로연결집합이다.

증명 $p \in A$를 임의로 잡자. p로부터 경로에 의해 이어지는 A의 점들의 집합을 P라 하고 경로에 의해 p와 잇지 못하는 A의 점들의 집합을 Q라 하자. 그러면 $p \in P$이므로 $P \neq \varnothing$, $P \cap Q = \varnothing$이고 $P \cup Q = A$이다. 이제 P, Q가 열린집합임을 밝히고 $Q = \varnothing$임을 밝힌다.

(i) $p' \in P$에 대해 A가 열린집합이므로 $\delta > 0$가 존재하여 $p' \in B(p', \delta) \subset A$를 만족한다. $B(p', \delta)$의 임의의 점 x에 대해 연속함수 $f(t) = (1-t)p' + tx$ $(0 \leq t \leq 1)$는 p'와 x를 잇는다. p'는 p와 경로에 의해 이어져 있으므로 경로곱에 의해 x는 p가 이어진다. 따라서 $x \in P$이고 $B(p', \delta) \subset P$이다. 그러므로 P가 열린집합이다.

(ii) $q \in Q$라 하자. 그러면 A가 열린집합이므로 $\epsilon > 0$가 존재하여 $q \in B(q, \epsilon) \subset A$를 만족한다. $B(q, \epsilon)$의 어떠한 점도 p와 경로에 의해 이어질 수 없다. 만약 그런 점이 있다면 이 점은 q와 이어지고 p와도 이어져 경로곱에 의해 q와 p가 이어져 모순이 발생한다. 그러므로 $B(q, \epsilon) \subset Q$이고 Q가 열린집합이다.

(iii) 만약 $Q \neq \varnothing$이라 하면 $\{P, Q\}$가 A의 분리이고 A가 비연결공간이 되어 A가 연결이라는 전제에 위배된다. 그러므로 $Q = \varnothing$이다.

이들을 종합하면 $A = P$로 A는 경로연결공간이다. ■

11장 연습문제

1. 다음에 대해 참, 거짓을 판정하라.

(1) 위상 $\mathfrak{I}=\{\mathbb{R}, \varnothing, \{0\}, \{1\}, \{0,1\}\}$을 갖는 위상공간 $(\mathbb{R},\mathfrak{I})$는 연결공간이다.

(2) 여가산위상공간 $(\mathbb{R},\mathfrak{I}_{cc})$에서 $\mathbb{Q}$는 비연결이나 $\mathbb{R}-\mathbb{Q}$는 연결이다.

(3) 하한위상공간 $(\mathbb{R},\mathfrak{I}_l)$의 부분공간 $[0,1)$은 연결이다.

(4) A가 연결집합이면 그 폐포 $\overline{A}$와 경계 $b(A)$도 연결이다.

(5) A가 연결집합이면 그 내부 $\text{int}(A)$도 연결이다.

(6) $X=(\mathbb{R},\mathcal{U})$에서 그 부분공간 $Y=\{1,2,3\}$로의 $f(5)\neq f(6)$인 연속함수 f가 존재한다.

(7) $(X,\mathfrak{I})$에서 $\mathfrak{I}$의 원소의 개수가 3개이면 X는 연결이다.

(8) 여유한위상공간의 연결성분의 개수는 유한개이다.

(9) 연결공간에서 하한위상공간으로의 연속함수는 상수함수뿐이다.

2. 여유한 위상공간 $(\mathbb{R},\mathfrak{I}_{cf})$의 무한부분집합은 연결임을 밝히고 이를 이용해 연결부분집합의 교집합이 연결부분집합이 아닐 수 있음을 설명하라.

3. 위상공간 X가 T_1-공간이다. X의 부분집합 A가 두 원소 이상을 갖는 연결집합이면 A는 무한집합임을 보여라.

4. X가 연결공간이기 위한 필요충분조건은 임의의 $A(\neq\varnothing)\subsetneq X$에 대하여 $b(A)\neq\varnothing$임을 증명하라.

5. 다음 위상공간에서 0의 연결성분을 구하라.

(1) 보통위상공간 $(\mathbb{R},\mathcal{U})$의 부분공간 $(\mathbb{R}-\mathbb{Z})\cup\{0\}$

(2) 여가산위상공간 $(\mathbb{R},\mathfrak{I}_{cc})$의 부분공간 $(-1,1)\cup\{\sqrt{5}\}\cup(3,5)$

(3) $\mathcal{U}\cup\{U-A \mid U\in\mathcal{U}\}$(단, $A=\left\{\frac{1}{n} \mid n\in\mathbb{N}\right\}$)를 기저로 가지는 $\mathbb{R}$위의 위상공간

6. 보통위상공간 $(\mathbb{R},\mathcal{U})$의 부분공간 $X=\left\{\frac{1}{n}|n\in\mathbb{N}\right\}\cup\{0\}$에 대해 다음을 밝혀라.

(1) X에서 $\{0\}$은 연결성분이다.

(2) X에서 $\{0\}$은 닫힌집합이나 열린집합이 아니다.

(3) X는 국소연결공간이 아니다.

(4) X의 부분공간 $A=X-\{0\}$는 이산공간이다.

7. 위상공간 X에서 위상공간 Y로의 전사인 연속함수가 존재한다. X가 $n(\in\mathbb{N})$개의 성분을 가지면 Y의 성분의 개수는 n개 이하임을 밝혀라.

8. 유클리드위상공간 $\mathbb{R}^2$의 부분공간 $X=\left\{(x,\frac{1}{n}x)\mid x\in[0,1]\right\}\cup\{(1,0)\}$에 대해 다음을 밝혀라.

(1) 연결공간이다.

(2) 경로연결공간이 아니다.

(3) 국소연결공간이 아니다.

9. 위상공간 X, Y에 대하여 X, Y가 국소연결공간이면 $X\times Y$도 국소연결공간임을 보여라.

10. $\mathcal{S}=\{\mathbb{R}-\{p\}\mid p\in\mathbb{R}\}$에 의해 생성되는 위상공간은 경로연결공간이 됨을 보여라.

11. 다음의 보통위상공간 $\mathbb{R}^2$의 부분공간은 경로연결인지 아닌지를 판정하여라.

(1) $\{(x,y)\mid y=x^2\}$

(2) $\{(x,y)\mid x^2-y^2=1\}$

(3) $\mathbb{R}^2$의 부분공간 $\mathbb{Q}\times\mathbb{Q}$

(4) $\mathbb{R}^2-(\mathbb{Q}\times\mathbb{N})$

(5) $X=\{(x,y)\in\mathbb{R}^2\mid x\in\mathbb{Q}\text{ or }y\in\mathbb{Q}\}=(\mathbb{Q}\times\mathbb{R})\cup(\mathbb{R}\times\mathbb{Q})$

12. 보통위상 $\mathcal{U}$대해 함수 $f, g, h:\mathbb{R}\to(\mathbb{R},\mathcal{U})$를

$$f(x)=[x],\ g(x)=[-x],\ h(x)=|x|$$

로 정의하자. 다음의 위상을 가지는 공간에 대해 0의 연결성분을 구하라.[1)]

(1) $\mathfrak{I}_{\{f\}}$

(2) $\mathfrak{I}_{\{f,g\}}$

(3) $\mathfrak{I}_{\{g,h\}}$

1) 2020년 중등임용문제 참조

13. 집합 $X=\{(m,n)\in\mathbb{N}\times\mathbb{N}\mid m\geq 12$ 또는 $n\geq 6\}$에 다음과 같이 위상 $\mathfrak{I}$가 주어졌다고 하자.

$$\mathfrak{I}=\{G\subseteq X\mid X-G\text{는 유한집합}\}\cup\{\varnothing\}$$

함수 $f:X\rightarrow\mathbb{N}$을 $f(m,n)=m+n$으로 정의하고, $\mathbb{N}$의 위상을

$$\mathfrak{I}_{\mathbb{N}}=\{U\subseteq\mathbb{N}\mid f^{-1}(U)\in\mathfrak{I}\}$$

라 하자. 위상공간 $(\mathbb{N},\mathfrak{I}_{\mathbb{N}})$의 연결성분의 개수를 구하시오.[2)]

14. X가 연결인 T_4공간이면 X는 단집합이거나 비가산집합임을 밝혀라.

---

2) 2015년 중등임용문제 참조

12장

컴팩트성(Compactness)

화장품의 일종인 컴팩트에 대해 아는가? 컴팩트라는 화장품과 우리가 다룰 컴팩트와는 어떠한 유사성이 있을까?

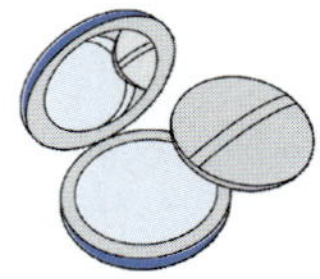

컴팩트는 유한의 일반화로 위상공간에서 모든 유한집합은 컴팩트의 사례이다. 보통위상공간에서 컴팩트성이 가지는 주요 특성을 예견하기 위하여 다음의 두 문제에 대해 살펴보자.

첫째, 연속함수 $f: (0,1) \to \mathbb{R}$와 연속함수 $f: [0,1] \to \mathbb{R}$가 가지는 특성의 차이 중 하나는 최댓값과 최솟값이 존재하는 가이다. 미적분학이나 해석학에서 중요한 정리로 다루어진 연속함수의 최댓값과 최솟값의 존재를 보장하는 유계폐구간 $[0,1]$이 가지는 특성은 무얼까?

둘째, $X = (0, \infty)$이고 $f(x) = \dfrac{1}{x}$로 정의된 연속함수 $f: X \to \mathbb{R}$의 경우를 보면 각 $a \in X$에 대하여 $\delta > 0$가 존재하여 $f((a-\delta, a+\delta))$가 유계집합이 되도록 한다. 그러나 $f(X)$는 유계집합이 아니다. 즉, f는 국소적으로 유계성을 가지나 대역적으로 유계성을 가지지 못한다. 연속함수 $f: X \to \mathbb{R}$는 위상공간 X의 특성에 따라 국소적 성질이 대역적 성질로 확장이 가능할 수 있다. 그 특성은 무얼까?

이들의 특성을 함의하고 유한개의 의미를 강하게 내포한 개념인 컴팩트와 그 특성에 대해 다룬다.

12.1 컴팩트공간

▌정의 12.1▐ (피복과 부분피복)

$(X, \mathfrak{I})$를 위상공간, A를 X의 부분집합이라 하자.

(1) X의 부분집합족 $\mathcal{G} = \{A_\alpha\}_{\alpha \in \Lambda}$가 $A \subset \bigcup \mathcal{G} = \bigcup_{\alpha \in \Lambda} A_\alpha$를 만족할 때 $\mathcal{G}$는 A를 덮는다(covers A)고 하며 $\mathcal{G}$를 A의 피복(덮개, covering)이라 한다. 특히 $\mathcal{G}$의 각 원소 $A_\alpha \in \mathfrak{I}$가 될 때 $\mathcal{G}$를 A의 열린피복(open covering)이라 한다.

(2) A를 덮는 $\mathcal{G}$의 부분족 $\mathcal{H}(\subset \mathcal{G})$가 A를 덮으면 $\mathcal{H}$를 $\mathcal{G}$의 부분피복(subcovering)이라 한다. 게다가 $\mathcal{H}$가 유한집합족이면 $\mathcal{H}$를 (A를 덮는) $\mathcal{G}$의 유한부분피복(finite subcovering)이라 한다. $\mathcal{H}$가 가산집합족이면 $\mathcal{H}$를 (A를 덮는) $\mathcal{G}$의 가산부분피복(countable subcovering)이라 한다.

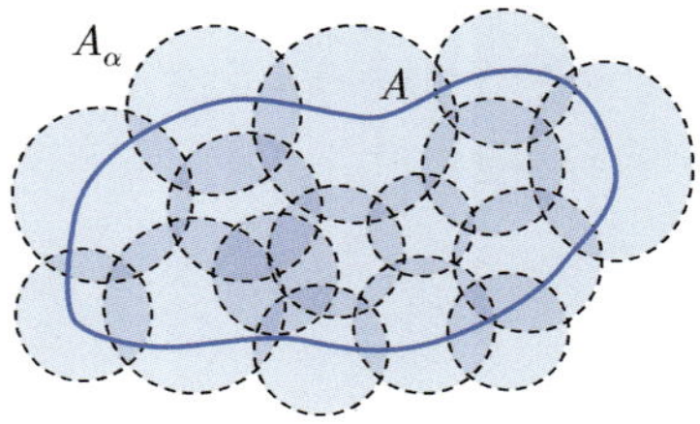

예제 12.2

보통위상공간 $(\mathbb{R},\mathcal{U})$에서 각 자연수 $n\in\mathbb{N}$에 대하여 $A_n=(\frac{1}{n+1},1)$이라 하자. 그러면 $\mathcal{G}=\{A_n|n\in\mathbb{N}\}$은 $(0,1)$의 열린피복이다. 그러나 $\mathcal{G}$는 $[0,1)$의 피복은 아니다.

▌정의 12.3▐

$(X,\mathfrak{I})$를 위상공간이라 하고 A를 X의 부분집합이라 하자.

(1) A의 임의의 열린피복이 유한부분피복을 가질 때 A를 **컴팩트집합**이라 한다.

(2) X자체가 컴팩트집합인 경우 $(X,\mathfrak{I})$를 **컴팩트공간**(compact space)이라 한다.

▌기본성질 12.4▐ (컴팩트정의의 동치들)

다음의 각각은 위상공간 $(X,\mathfrak{I})$가 컴팩트가 되는 것과 동치이다.

(1) $\{U_\alpha\}_{\alpha\in\Lambda}$는 $\bigcup_{\alpha\in\Lambda}U_\alpha=X$를 만족하는 임의의 열린집합족, 즉 X의 열린피복

$\Rightarrow$ $\exists$ 유한집합 $\{\alpha_1,\alpha_2,\cdots,\alpha_k\}\subset\Lambda$ s.t. $\bigcup_{i=1}^{k}U_{\alpha_i}=X$

(2) $\{F_\gamma\}_{\gamma\in\Gamma}$는 $\bigcap_{\gamma\in\Gamma}F_\gamma=\varnothing$을 만족하는 닫힌집합족 (따라서 $\{F_\gamma^c\}_\gamma$는 X의 열린피복)

$\Rightarrow$ $\exists$ 유한집합 $\{\gamma_1,\gamma_2,\cdots,\gamma_n\}\subset\Gamma$ s.t. $\bigcap_{i=1}^{n}F_{\gamma_i}=\varnothing$

(3) $\{F_\gamma\}_{\gamma\in\Gamma}$는 "$\Gamma$의 모든 유한부분집합 $\{\gamma_1,\gamma_2,\cdots,\gamma_n\}$에 대하여 $\bigcap_{i=1}^{n}F_{\gamma_i}\neq\varnothing$" (즉, 유한교차성)을 만족하는 닫힌집합족 $\Rightarrow$ $\bigcap_{\gamma\in\Gamma}F_\gamma\neq\varnothing$.

증명 닫힌집합과 열린집합이 여집합 관계에 있음과 대우를 적용하면 얻어진다. ■

❙ 기본성질 12.5 ❙

$(X, \mathfrak{I})$를 위상공간, $\mathscr{B}$를 $\mathfrak{I}$에 대한 기저라 하자. $\mathscr{B}$의 원소들로 구성된 X의 임의의 열린피복이 유한부분피복을 가지면 X는 컴팩트공간이다.

예들을 다루기 전에 위상공간 $(X, \mathfrak{I})$에서 $A \subset X$가 부분집합으로서 컴팩트(집합)와 부분공간으로서 컴팩트(공간) 간의 관계를 보자.

❙ 정리 12.6 ❙

$(X, \mathfrak{I})$를 위상공간이라 하고 $B \subset A \subset X$라 하자.

(1) A가 X의 컴팩트부분집합이기 위한 필요충분조건은 부분공간 $(A, \mathfrak{I}_A)$가 컴팩트공간인 것이다.

(2) B: $\mathfrak{I}_A$-컴팩트부분집합 $\Leftrightarrow$ $(B, (\mathfrak{I}_A)_B)$: 컴팩트공간 $\Leftrightarrow$ $(B, \mathfrak{I}_B)$: 컴팩트공간 $\Leftrightarrow$ B: $\mathfrak{I}$-컴팩트부분집합

증명 (1) $(\Rightarrow)$ $\mathscr{H} = \{H_\alpha\}_{\alpha \in \Lambda} \subset \mathfrak{I}_A$를 A의 $\mathfrak{I}_A$-열린피복이라 하자. 그러면 각 α에 대하여 $H_\alpha = G_\alpha \cap A$되는 $G_\alpha \in \mathfrak{I}$가 존재하고 $\mathcal{G} = \{G_\alpha\}_\alpha \subset \mathfrak{I}$는 부분집합 A의 $\mathfrak{I}$-열린피복이 된다. A가 X에서 컴팩트집합이므로 $\mathcal{G}$는 유한부분피복 $\{G_{\alpha_1}, G_{\alpha_2}, \cdots, G_{\alpha_n}\}$을 갖는다.

$$\begin{aligned} A &= (G_{\alpha_1} \cup G_{\alpha_2} \cup \cdots \cup G_{\alpha_n}) \cap A = (G_{\alpha_1} \cap A) \cup (G_{\alpha_2} \cap A) \cup \cdots \cup (G_{\alpha_n} \cap A) \\ &= H_{\alpha_1} \cup H_{\alpha_2} \cup \cdots \cup H_{\alpha_n} \end{aligned}$$

이다. 따라서 $\{H_{\alpha_1}, H_{\alpha_2}, \cdots, H_{\alpha_n}\}$은 A를 덮는 $\mathscr{H}$의 유한부분피복이다. 그러므로 $(A, \mathfrak{I}_A)$는 컴팩트공간이다.

$(\Leftarrow)$ $\mathcal{G} = \{G_\alpha\}_{\alpha \in \Lambda} \subset \mathfrak{I}$를 부분집합 A의 임의의 $\mathfrak{I}$-열린피복이라 하자. 각 α에 대해 $H_\alpha = G_\alpha \cap A$라 두고 $\mathscr{H} = \{H_\alpha\}_{\alpha \in \Lambda}$라 하자. 그러면 $\mathscr{H} \subset \mathfrak{I}_A$는 부분공간 A의 $\mathfrak{I}_A$-열린피복이다. 따라서 $\mathscr{H}$는 유한부분피복 $\{H_{\alpha_1}, H_{\alpha_2}, \cdots, H_{\alpha_n}\}$을 가진다. 그러면

$$A = H_{\alpha_1} \cup H_{\alpha_2} \cup \cdots \cup H_{\alpha_n} \subset G_{\alpha_1} \cup G_{\alpha_2} \cup \cdots \cup G_{\alpha_n}$$

이 성립하여 $\{G_{\alpha_1} \cup G_{\alpha_2} \cup \cdots \cup G_{\alpha_n}\}$은 A를 덮는 $\mathcal{G}$의 유한부분피복이다. 그러므로 부분

집합 A는 X의 컴팩트 부분집합이다.

(2) $(\mathfrak{I}_A)_B = \mathfrak{I}_B$이고 (1)에 의해 얻어진다. ■

▸ 위 정리는 $A \subset X$의 컴팩트성을 다룰 때 X의 위상구조로 다루던 부분공간 자체의 위상구조로 다루던 상관없음을 함의한다.

예제 12.7

위상공간 $(X, \mathfrak{I})$에서 X의 모든 유한부분집합 A는 컴팩트집합이다. 왜냐하면 유한집합 A의 열린피복 $\mathcal{G}$가 주어질 때 A의 각 점에 대해 $\mathcal{G}$의 원소를 하나씩 잡아 주면 A를 덮는 유한부분피복이 구성되기 때문이다.

예제 12.8

보통위상공간 $(\mathbb{R}, \mathcal{U})$에서

(1) $(0,1)$은 컴팩트부분집합이 아니다.

(2) $\mathbb{R}$은 컴팩트공간이 아니다.

(3) $A = \left\{\frac{1}{n} | n \in \mathbb{N}\right\}$는 컴팩트집합이 아니다.

(4) $B = \left\{\frac{1}{n} | n \in \mathbb{N}\right\} \cup \{0\}$는 컴팩트집합이다.

풀이 (1) 자연수 $n \in \mathbb{N}$에 대해 $G_n = (\frac{1}{n+1}, 1)$라 하면 $\mathcal{G} = \{G_n | n \in \mathbb{N}\}$은 $(0,1)$의 열린피복이다. 그러나 $\mathcal{G}$의 유한개 원소들로는 $(0,1)$을 덮지 못한다.

(2) 자연수 $n \in \mathbb{N}$에 대해 $G_n = (-n, n)$이라 하면 $\mathcal{G} = \{G_n | n \in \mathbb{N}\}$은 $\mathbb{R}$의 열린피복이다. 그러나 $\mathcal{G}$의 유한개 원소들로는 $\mathbb{R}$을 덮지 못한다.

(3) 자연수 $n \in \mathbb{N}$에 대해 $G_n = (\frac{1}{n+1}, 2)$라 하면 $\mathcal{G} = \{G_n | n \in \mathbb{N}\}$은 A의 열린피복이다. 그러나 $\mathcal{G}$의 유한개 원소들로는 A을 덮지 못한다.

(4) $\mathcal{G} = \{G_\alpha | \alpha \in \Lambda\}$를 B의 $\mathcal{U}$-열린피복이라 하자. 그러면 0을 포함하는 $G_{\alpha_0} \in \mathcal{G}$가 존재한다. 따라서 $0 \in (-\epsilon, \epsilon) \subset G_{\alpha_0}$가 되는 $\epsilon > 0$이 잡을 수 있고 나아가 자연수 n_0가 존재하여 $n > n_0$일 때 $\frac{1}{n} \in (-\epsilon, \epsilon) \subset G_{\alpha_0}$을 만족시킨다. 각 자연수 $k(1 \le k \le n_0)$에 대하여 $\frac{1}{k} \in G_{\alpha_k}$가 되는 $G_{\alpha_k} \in \mathcal{G}$를 잡자. 그러면 $\left\{G_{\alpha_0}, G_{\alpha_1}, \cdots, G_{\alpha_{n_0}}\right\}$는 B를 덮는 $\mathcal{G}$의 유한부분

피복이다. ■

예제 12.9

여유한위상공간 $(\mathbb{R},\mathfrak{I}_{cf})$은 컴팩트공간이다.

풀이 $\mathcal{G}=\{G_\alpha|\alpha\in\Lambda\}$를 임의의 열린피복이라 하자. 그러면 $0\in G_{\alpha_0}$가 되는 $G_{\alpha_0}\in\mathcal{G}$가 존재한다. G_{α_0}의 여집합 $G_{\alpha_0}^c$는 유한집합이다. $G_{\alpha_0}^c=\{a_1,a_2,\cdots,a_k\}$라 두자. 각 $a_i(1\le i\le k)$에 대하여 $a_i\in G_{\alpha_i}$인 $G_{\alpha_i}\in\mathcal{G}$를 택하면 $\{G_{\alpha_0},G_{\alpha_1},\cdots,G_{\alpha_k}\}$는 $\mathcal{G}$의 유한부분피복이다. ■

예제 12.10

여가산위상공간 $(\mathbb{R},\mathfrak{I}_{cc})$은 컴팩트공간이 아니다.

풀이 자연수 n에 대해 $G_n=(\mathbb{R}-\mathbb{N})\cup\{n\}$라 하자. 그러면 $\mathcal{G}=\{G_n|n\in\mathbb{N}\}$은 $\mathbb{R}$의 열린피복이다. 그러나 $\mathcal{G}$는 유한부분피복을 가지지 못한다. ■

예제 12.11

하한위상공간 $X=(\mathbb{R},\mathfrak{I}_l)$은 컴팩트공간이 아니다.

풀이 (방법1) $\{(-n,n)|n\in\mathbb{N}\}$은 X의 열린피복이나 유한부분피복을 갖지 않는다.
(방법2) $\{[-n,n)|n\in\mathbb{N}\}$ 역시 X의 열린피복이나 유한부분피복을 갖고 있지 않다.
(방법3) $\{[n,n+1)|n\in\mathbb{Z}\}$도 X의 열린피복이지만 유한부분피복을 갖고 있지 않다. ■

예제 12.12

컴팩트 국소연결공간 X의 연결성분은 유한개 있다.

풀이 연결성분들이 X의 분할을 구성한다(기본성질 11.34). 국소연결공간 X의 연결성분은 열린집합이다(따름정리 11.45). 모든 열린성분들로 구성된 분할은 X의 열린피복이다. X가 컴팩트이므로 유한개의 연결성분으로 X를 덮는다. 분할에서 한 원소라도 빠지면 X를 덮지 못한다. 사실 분할의 부분피복은 분할 자신뿐이다. 그러므로 연결성분의 수는 유한이다. ■

| 정리 12.13 |

보통위상공간 $(\mathbb{R},\mathcal{U})$에서 폐구간 $[0,1]$은 컴팩트이다.

증명 $\mathcal{G}$를 $[0,1]$의 임의의 열린피복이라 하자. 각 $x \in [0,1]$에 대하여 $x \in U_x$가 되는 $U_x \in \mathcal{G}$가 존재한다. 그러면 x를 포함한 개구간 I_x가 존재하여 $x \in I_x \subset U_x$가 성립한다. 따라서 $\{I_x \mid x \in [0,1]\}$는 $[0,1]$을 덮는다.

$$A = \{b \in [0,1] \mid [0,b]\text{는 유한개의 개구간 } I_x\text{에 의해 덮힌다.}\}$$

라 두자. 즉, $b \in A \Leftrightarrow \exists \left\{I_{b_1}, I_{b_2}, \cdots, I_{b_k}\right\}$ $s.t.$ $[0,b] \subset I_{b_1} \cup I_{b_2} \cup \cdots \cup I_{b_k}$이다. 그러면 $x \in [0,1]$에 대하여 (i) $x \in A$인 경우 $I_x \subset A$이다. 왜냐하면 $y \in I_x$이면 유한개의 개구간들 $\left\{I_{x_1}, I_{x_2}, \cdots, I_{x_n}\right\}$이 존재하여 $[0,x] \subset I_{x_1} \cup I_{x_2} \cup \cdots \cup I_{x_n}$이 만족되고 $[0,y] \subset I_{x_1} \cup I_{x_2} \cup \cdots \cup I_{x_n} \cup I_x$가 성립하여 $y \in A$이기 때문이다. (ii) $x \notin A$인 경우 $I_x \cap A = \varnothing$이다. 왜냐하면 $I_x \cap A \neq \varnothing$이고 $a \in I_x \cap A$라 하면 $[0,a] \subset I_{a_1} \cup I_{a_2} \cup \cdots \cup I_{a_k}$이 되는 유한개의 개구간 I_{a_i}이 존재하고 $[0,x] \subset I_{a_1} \cup I_{a_2} \cup \cdots \cup I_{a_k} \cup I_x$가 되므로 $x \in A$이다. 모순이 일어난다.
이들 (i)과 (ii)로부터 $A = \bigcup_{x \in A} I_x \subset [0,1]$이고 $B = [0,1] - A = (\bigcup_{x \notin A} I_x) \cap [0,1]$이다. 따라서 A, B는 서로소이고 합집합이 $[0,1]$인 $[0,1]$에서 열린집합이다. 따라서 A는 $[0,1]$에서 열린-닫힌집합이다. $[0,1]$는 연결공간이므로, $A = [0,1]$ 또는 $A = \varnothing$이다. 특히 $0 \in [0,1]$이므로, $A = [0,1]$이다. 그러므로 $[0,1]$은 유한개의 I_x에 의해 덮힌다. 따라서 $[0,1]$은 유한개의 $U_x \in \mathcal{G}$에 의해 덮힌다. 그러므로 이들 유한개의 U_x들로 구성된 집합족은 $[0,1]$을 덮는 $\mathcal{G}$의 유한부분피복이다. ■

| 정리 12.14 |

컴팩트공간 X의 부분집합 A가 닫힌집합이면 컴팩트이다.

증명 $\mathcal{G} = \{U_\alpha \mid \alpha \in \Lambda\}$를 A의 임의의 $(\mathfrak{T}\text{-})$열린피복이라 하자. A^c가 열린집합이므로 $\mathcal{G} \cup \{A^c\}$는 X의 열린피복이다. X가 컴팩트이므로 Λ의 유한부분집합 F가 존재해서 $X = A^c \cup (\bigcup_{\alpha \in F} U_\alpha)$를 만족시킨다. 따라서 $A \subset \bigcup_{\alpha \in F} U_\alpha$이 성립되어 $\{U_\alpha \mid \alpha \in F\}$는 A를 덮는 $\mathcal{G}$의 유한부분피복이다. 그러므로 A는 컴팩트이다. ■

▸ 컴팩트공간 X의 부분집합 A가 컴팩트이면 닫힌집합이 될까? (어떤 조건하에서)

예제 12.15

여유한위상공간 $(\mathbb{R},\mathfrak{I}_{cf})$에서

(1) 모든 부분집합 $A\,(\neq \varnothing)$가 컴팩트이다.

(2) 컴팩트이나 닫힌집합이 아닌 집합이 존재한다.

풀이 (1) $\mathcal{G} = \{U_\alpha | \alpha \in \Lambda\}$를 A의 열린피복이라 하자.

$a_0 \in A$를 임의로 잡으면 $a_0 \in U_{\alpha_0}$가 되는 $U_{\alpha_0} \in \mathcal{G}$가 존재한다. 그러면 $U_{\alpha_0}^{\ c}$는 유한집합이다. $U_{\alpha_0}^{\ c} = \{a_1, a_2, \cdots, a_k\}$라 하자. 각 $a_i (1 \leq i \leq k)$에 대하여 $a_i \in U_{\alpha_i}$가 되는 $U_{\alpha_i} \in \mathcal{G}$를 잡자. 그러면 $A \subset U_{\alpha_0} \cup U_{\alpha_1} \cup U_{\alpha_2} \cup \cdots \cup U_{\alpha_n}$가 되어 $\left\{U_{\alpha_1}, U_{\alpha_2}, \cdots, U_{\alpha_n}\right\}$는 $\mathcal{G}$의 유한부분피복이다.

(2) $[0,1)$, $\mathbb{Z}$, $\mathbb{Q}$, $\mathbb{R}-\mathbb{Q}$처럼 여집합이 무한집합인 $\mathbb{R}$이 아닌 모든 무한부분집합은 컴팩트이나 닫힌집합은 아니다. ■

컴팩트성질은 T_2-공리와 결합하여 중요한 여러 성질들을 도출한다.

정리 12.16

위상공간 X가 T_2-공간이고 $A \subset X$가 컴팩트이면 A는 닫힌집합이다.

증명 $X-A$가 열린집합임을 보이자. $p \in X-A$라 하자. 그러면 각 $x \in A$에 대해, $x \neq p$이다. X가 T_2-공간이므로 $x \in U_x$, $p \in V^x$이고 $U_x \cap V^x = \varnothing$이 되는 열린집합 U_x, V^x가 존재한다. 따라서 $A \subset \bigcup_{x \in A} U_x$이다. A가 컴팩트이므로 $A \subset \bigcup_{i=1}^{n} U_{x_i}$를 만족시키는 유한개의 $x_1, x_2, \ldots, x_n \in A$가 존재한다. $U = \bigcup_{i=1}^{n} U_{x_i}$, $V = \bigcap_{i=1}^{n} V^{x_i}$라 두면 U는 A를 포함하는 열린집합, V는 p의 열린 근방, $A \cap V \subset U \cap V = \varnothing$이다. 따라서 V는 $X-A$에 포함되는 p의 열린 근방이다. 그러므로 $X-A$는 열린집합이다. ■

| 따름정리 12.17 |

위상공간 X가 컴팩트인 T_2공간이라 하자. 그러면

(1) $A \subset X$가 컴팩트이기 위한 필요충분조건은 A는 닫힌집합인 것이다

(2) $A_\alpha \subset X(\alpha \in \Lambda)$가 컴팩트이고 $A = \bigcap_{\alpha \in \Lambda} A_\alpha \neq \varnothing$라 하면 A는 컴팩트이다.

증명 (1) [정리 12.14]과 [정리 12.16]에 의해 명백하다.

(2) (1)에 의해 A_α가 닫힌집합이므로 A는 닫힌집합이다. 다시 (1)에 의해 A는 컴팩트이다.

■

| 정리 12.18 |

$(X, \mathfrak{I})$를 T_2-공간, A를 X의 컴팩트 부분집합, $p \notin A$라 하면

$$A \subset U,\ p \in V,\ U \cap V = \phi$$

을 만족하는 열린집합 U와 V가 존재한다.

증명 A를 컴팩트집합이라 하고 $p \notin A$라 하자. 각 점 $a \in A$에 대해 $a \neq p$이므로

$$a \in U(a),\ p \in V(a),\ U(a) \cap V(a) = \phi$$

이 되는 열린집합 $U(a)$와 $V(a)$가 존재한다. 그러면 $\{U(a) | a \in A\}$는 A의 열린피복이다. A가 컴팩트이므로 유한집합 $\{a_1, a_2, \cdots, a_n\} \subset A$가 존재하여

$$A \subset U(a_1) \cup U(a_2) \cup \cdots \cup U(a_n)$$

을 만족시킨다.

$$U = U(a_1) \cup U(a_2) \cup \cdots \cup U(a_n),\ \ V = V(a_1) \cap V(a_2) \cap \cdots \cap V(a_n)$$

으로 두자. 그러면 U와 V는 열린집합으로 $A \subset U$, $p \in V$를 만족한다. 이제 $U \cap V = \phi$임을 밝히면 된다. 만일 $x \in U$이면 x는 $x \in U(a_k)$인 a_k가 존재하고 $U(a_k) \cap V(a_k) = \phi$이다. 그러므로 $x \notin V$이고 $U \cap V = \phi$이다.

■

❙ 따름정리 12.19 ❙

위상공간 X가 컴팩트인 T_2-공간이면 T_3-공간이다.

증명 X를 컴팩트 T_2-공간이라 하자. 그리고 A를 닫힌집합이라 하고 $p \notin A$라 하자. 그러면 [정리 12.14]에 의하여 A는 컴팩트이다. 따라서 [정리 12.18]에 의하여 A와 p를 각각 포함한 서로소인 열린집합들이 존재한다. 그러므로 X는 정칙공간이고 또한 T_1-공간이므로 T_3-공간이다. ■

❙ 정리 12.20 ❙

위상공간 $(X, \mathfrak{T})$가 컴팩트인 Hausdorff공간이면 T_4-공간이다.

증명 A, B를 서로소인 닫힌집합이라 하고 $B \subset U$, $A \subset V$을 만족하는 서로소인 열린집합 U, V가 존재함을 밝히면 된다.(즉, X가 정규임을 밝히자.) [따름정리 12.19]에 의하여 각 $b \in B$와 A에 대하여 $b \notin A$이므로 열린집합 $U(b)$와 $V(b)$가 존재하여

$$b \in U(b),\ A \subset V(b),\ U(b) \cap V(b) = \phi$$

을 만족한다. 그러면 $\{U(b) \mid b \in B\}$는 컴팩트집합 B의 열린피복이므로 유한집합 $\{b_1, b_2, \cdots, b_m\} \subset B$가 존재하여

$$B \subset U(b_1) \cup U(b_2) \cup \cdots \cup U(b_m)$$

을 만족시킨다.

$$U = U(b_1) \cup U(b_2) \cup \cdots \cup U(b_m),\ \ V = V(b_1) \cap V(b_2) \cap \cdots \cap V(b_m)$$

으로 두자. 그러면 U와 V는 열린집합으로 $B \subset U$, $A \subset V$를 만족하고 $U \cap V = \phi$이다. 그러므로 X는 정규공간이다. ■

❙ 정리 12.21 ❙

거리공간 (X, d)의 부분집합 A가 컴팩트이면 유계이고 닫힌집합이다. 그 역은 성립하지 않는다.

증명 한 점 $p\in X$를 잡자. $\mathcal{G}=\{B(p,n)\mid n\in\mathbb{N}\}$은 A의 열린피복이다. A가 컴팩트이므로 $\mathcal{G}$의 유한부분피복 $\{B(p,n_i)\mid i=1,2,\cdots,k\}$이 존재한다. $\{n_i\mid i=1,2,\cdots,k\}$의 최대값을 m이라 하면 $A\subset B(p,m)$으로 A는 유계이다. 거리공간은 T_2-공간으로 [정리 12.16]에 의해 컴팩트집합 A는 닫힌집합이다.

(반례) $\mathbb{R}$에서 보통거리함수 d는 $d(x,y)=|x-y|$로 주어진다. $e(x,y)=\dfrac{d(x,y)}{1+d(x,y)}$로 정의된 거리함수 e는 d와 동치인 거리함수로 $\mathfrak{I}_e=\mathfrak{I}_d=\mathcal{U}$이다. 거리공간 $(\mathbb{R},e)$에서 $\mathbb{R}$은 유계인 닫힌집합이나 컴팩트집합이 아니다. ■

| 정리 12.22 |

$(X,\mathfrak{I}_1)$, $(Y,\mathfrak{I}_2)$을 위상공간이라 하자. X가 컴팩트이고 $f:X\to Y$가 연속함수이면 $f(X)$는 Y의 컴팩트부분집합이다.

증명 $\mathcal{G}=\{V_\alpha\mid\alpha\in\Lambda\}$을 $f(X)$의 임의의 열린피복이라 하자. 그러면

$$X\subset f^{-1}(f(X))\subset f^{-1}(\bigcup_{\alpha\in\Lambda}V_\alpha)=\bigcup_{\alpha\in\Lambda}f^{-1}(V_\alpha)\subset X$$

이다. $f^{-1}(V_\alpha)\in\mathfrak{I}_1$ 이므로 $\{f^{-1}(V_\alpha)\mid\alpha\in\Lambda\}$는 X의 열린피복이다. X가 컴팩트이므로 Λ의 유한부분집합 F가 존재하여 $X=\bigcup_{\alpha\in F}f^{-1}(V_\alpha)$을 만족시킨다. 따라서

$$f(X)=f(\bigcup_{\alpha\in F}f^{-1}(V_\alpha))=\bigcup_{\alpha\in F}f(f^{-1}(V_\alpha)\subset\bigcup_{\alpha\in F}V_\alpha$$

으로 $\{V_\alpha\mid\alpha\in F\}$는 $f(X)$를 덮는 $\mathcal{G}$의 유한부분피복이다. 그러므로 $f(X)$는 컴팩트이다. ■

| 따름정리 12.23 |

컴팩트성은 위상적 성질이다. 즉, X와 Y가 위상동형이면 X와 Y는 동시에 컴팩트이거나 동시에 컴팩트가 아니다.

예제 12.24

보통위상공간 $(\mathbb{R},\mathcal{U})$에서 (보통거리에 관하여) 유계인 폐구간 $[a,b](a<b)$는 컴팩트이다.

풀이 $[0,1]$이 컴팩트이고([정리 12.13]), $[0,1]$과 $[a,b]$는 위상동형([예제 7. 34])이다. 컴팩트성은 위상적 성질이므로 $[a,b]$는 컴팩트이다. ■

| 정리 12.25 |

X를 컴팩트공간, Y를 T_2공간이라 하고 $f:X\to Y$를 전단사인 연속함수라 하자. 그러면 f는 위상동형함수이다.

증명 f가 닫힌함수임을 보이면 [정리 7.32]에 의하여 위상동형함수이다. A를 X에서 닫힌 집합이라 하자. X가 컴팩트이므로 A 역시 컴팩트이다. f가 연속이기 때문에 $f(A)$는 Y의 컴팩트집합이다. Y가 T_2-공간이므로 [정리 12.16]에 의하여 $f(A)$는 닫힌집합이다. 그러므로 f는 닫힌함수이다. ■

| 정리 12.26 | (Heine-Borel 정리)

$(\mathbb{R},\mathcal{U})$에서 $A\subset\mathbb{R}$가 컴팩트일 필요충분조건은 A가 (보통거리에 관하여) 유계인 닫힌집합인 것이다.

증명 $(\Rightarrow)$ $(\mathbb{R},\mathcal{U})$가 T_2-공간이므로 [정리 12.16]에 의해 컴팩트집합 A는 닫힌집합이다. $\mathcal{G}=\{U_n=(-n,n)\mid n\in\mathbb{N}\}$는 A의 열린피복이다. 따라서 유한집합 $\{n_1,n_2,\cdots,n_k\}\subset\mathbb{N}$이 존재하여 $A\subset\bigcup_{i=1}^{k}(-n_i,n_i)$을 만족시킨다. $n_0=\max\{n_1,n_2,\cdots,n_k\}$라 두면 $A\subset(-n_0,n_0)$이다. 그러므로 A는 유계집합이다.

$(\Leftarrow)$ A가 유계이므로 $A\subset[a,b]$이 되는 실수 a, b이 존재한다. $[a,b]$는 $[0,1]$과 위상동형으로 컴팩트이다. 또한 A는 $\mathbb{R}$의 부분공간 $[a,b]$에서도 닫힌집합이다. [정리 12.14]에 의해 A는 $[a,b]$에서 컴팩트이고 [정리 12.6]에 의해 $\mathbb{R}$에서도 컴팩트이다. ■

| 정리 12.27 | (최대 · 최솟값 정리)

X를 컴팩트공간이라 하고 $f: X \to \mathbb{R}$을 연속함수라 하자. 그러면 모든 $x \in X$에 대하여 $f(c) \le f(x) \le f(d)$를 만족하는 $c, d \in X$가 존재한다. 즉, $f(X)$가 최댓값과 최솟값을 갖는다.

증명 f가 연속함수이기 때문에 $f(X)$는 $\mathbb{R}$에서 컴팩트집합이다. 따라서 하이네-보렐정리([정리 12.26])에 의해 $f(X)$는 유계인 닫힌집합이다. $f(X)$가 유계이므로 상한과 하한을 가진다. $f(X)$가 닫힌집합이므로 상한과 하한이 $f(X)$에 포함된다. 그러므로 상한은 $f(X)$의 최대원소로 최댓값이 되고 하한은 최소원소로 최솟값이다. ■

- 유계인 폐구간 $[a, b]$에서 $\mathbb{R}$로의 연속함수 $f: [a,b] \to \mathbb{R}$는 최댓값과 최솟값을 갖는다.

| 정리 12.28 |

X, Y를 위상공간이라 하자. 그러면 X, Y가 컴팩트공간이기 위한 필요충분조건은 곱공간 $X \times Y$가 컴팩트이다.

증명 $(\Rightarrow)$ $\mathcal{G}$를 $X \times Y$를 임의의 열린피복이라 하자. 각 $(x,y) \in X \times Y$에 대하여 $(x,y) \in W_{(x,y)}$인 $W_{(x,y)} \in \mathcal{G}$가 존재한다. $\{U \times V \mid U \in \mathfrak{I}_1,\ V \in \mathfrak{I}_2\}$가 곱위상에 대한 기저이므로 $(x,y) \in U(x,y) \times V(x,y) \subset W_{(x,y)}$를 만족하는 $U(x,y) \in \mathfrak{I}_1$, $V(x,y) \in \mathfrak{I}_2$가 존재한다.

$$\Omega = \{U(x,y) \times V(x,y) \mid x \in X,\ y \in Y\}$$

라 두자. 각 $x \in X$에 대하여 Ω는 $\{x\} \times Y$의 열린피복이다. $\{x\} \times Y$는 Y와 위상동형이므로 $\{x\} \times Y$는 컴팩트이다. 따라서 유한집합 $\{y_1, y_2, \cdots, y_n\} \subset Y$가 존재하여 $\{U(x,y_i) \times V(x,y_i) \mid i = 1, \cdots, n\}$가 $\{x\} \times Y$를 덮는다. 각 $x \in X$에 대해

$$U(x) = U(x,y_1) \cap U(x,y_2) \cap \cdots \cap U(x,y_n)$$

라 두자. 그러면 각 $x \in X$에 대해 $U(x) \times Y$ 역시 $\{U(x,y_i) \times V(x,y_i) \mid i = 1, \cdots, n\}$에 의해 덮어지게 되고 유한족 $\{W_{(x,y_i)} \mid i = 1, \cdots, n\}$ $(\subset \mathcal{G})$에 의해 덮여진다.

이제 $\{U(x) \times Y \mid x \in X\}$의 유한개의 원소로 $X \times Y$를 덮을 수 있음을 보이면 $\mathcal{G}$가

$X\times Y$을 덮는 유한부분피복을 가짐이 밝혀진다.

$U(x)$는 x의 열린 근방이고 $\{U(x) | x\in X\}$는 X의 열린피복이다. X가 컴팩트이므로 유한집합 $\{x_1, x_2, \cdots, x_m\}\subset X$가 존재하여 $\{U(x_j) | j=1, \cdots, m\}$가 X를 덮는다. 그러면 유한족 $\{U(x_j)\times Y | j=1, \cdots, m\}$가 $X\times Y$를 덮는다. 그러므로 $X\times Y$는 컴팩트공간이다.

($\Leftarrow$) 사영함수 $\pi_1 : X\times Y\to X$, $\pi_2 : X\times Y\to Y$는 전사인 연속함수이고 $X\times Y$는 컴팩트이므로 [정리 12.22]에 의해 X, Y는 컴팩트이다. ■

- 위의 정리는 수학적 귀납법에 의하여 임의의 $n(\in\mathbb{N})$개의 컴팩트공간들의 곱공간이 컴팩트임을 보여준다. 위상공간의 곱공간이 컴팩트이면 사영함수의 연속성에 의해 각 인자(factor)공간이 컴팩트이다.

다음의 정리는 임의개 컴팩트공간들의 곱공간도 컴팩트임을 보여주며 컴팩트성은 productive성질이다. 증명은 생략한다.

| 정리 12.29 | (Tychonoff정리)

$X_\alpha(\alpha\in\Lambda)$를 위상공간이라 하자. 그러면 $X_\alpha(\alpha\in\Lambda)$들이 컴팩트공간일 필요충분조건은 곱공간 $\prod_{\alpha\in\Lambda} X_\alpha$가 컴팩트인 것이다.

| 정리 12.30 | (일반화된 하이네-보렐정리)

$(\mathbb{R}^n,\mathcal{U})$에서 부분집합 A가 컴팩트공간일 필요충분조건은 A가 유계 닫힌집합인 것이다.

증명 ($\Rightarrow$) $(\mathbb{R}^n, \mathfrak{I})$는 거리화가능 공간이므로 [정리 12.21]에 의해 A가 컴팩트이면 유계인 닫힌집합이다.

($\Leftarrow$) A가 유계인 닫힌집합이라 하자. A가 유계이므로 양의 실수 M이 존재하여 $A\subset[-M, M]\times\cdots\times[-M, M]$을 만족한다. 유계인 닫힌집합 $[-M, M]$은 컴팩트이므로 Tychonoff정리에 의해 곱집합 $[-M, M]\times\cdots\times[-M, M]$도 컴팩트이다. A가

$[-M, M] \times \cdots \times [-M, M]$에서 닫힌집합이므로 [정리 12.14]에 의해 A는 컴팩트집합이다. 따라서 A는 $\mathbb{R}^n$에서도 컴팩트집합이다. ■

예제 12.31

다음은 컴팩트이다. 하이네-보렐정리를 적용하면 쉽게 판정된다.

(1) 평면에서 원 $C = \{(x, y) \in \mathbb{R}^2 \mid x^2 + y^2 = 4\}$

(2) $\mathbb{R}^3$에서 구 $S = \{(x, y, z) \in \mathbb{R}^3 \mid x^2 + y^2 + z^2 = 4\}$

(3) $\mathbb{R}^3$에서 토러스 $T = \{(x, y, z) \in \mathbb{R}^3 \mid (\sqrt{x^2 + y^2} - 4)^2 + z^2 = 4\}$

예제 12.32

각 $n \in \mathbb{N}$에 대하여 $I_n = [0, \frac{1}{n}]$을 보통위상공간 $\mathbb{R}$의 부분공간이라 하자. I_n은 $[0, 1]$과 위상동형으로 컴팩트이다. 그러면 곱공간 $\prod_{n=1}^{\infty} I_n$도 Tychonoff정리에 의해 컴팩트이다. 또한 $\prod_{n=1}^{\infty} I_n$은 힐버트공간 $\mathbb{H}$의 부분공간(이것을 Hilbert cube라한다.)이고 $\prod_{n=1}^{\infty} [0, 1]$와 위상동형이다.

12.2 가산컴팩트공간 및 점열컴팩트공간

| 정의 12.33 |

위상공간 X의 임의의 가산인 열린피복이 유한부분피복을 가질 때 X를 가산컴팩트공간(countably compact space)이라 한다.

컴팩트공간 X에서 '임의의 열린피복이 가산부분피복을 갖는다.'와 '임의의 가산인 열린피복이 유한부분피복을 갖는다.'로 분해하여 생각해 보자. 전자의 경우는 Lindelöf공리로 앞에서 다룬 바 있다.

- X가 컴팩트 $\Leftrightarrow$ X가 Lindelöf인 가산컴팩트이다.

예제 12.34

보통위상공간 $(\mathbb{R},\mathcal{U})$는 Lindelöf공간이나 가산컴팩트공간이 아니다.

풀이 $(\mathbb{R},\mathcal{U})$는 제2가산공간으로 [정리 4.11]에 의해 Lindelöf공간이다. $(\mathbb{R},\mathcal{U})$가 가산컴팩트이면 $(\mathbb{R},\mathcal{U})$는 컴팩트공간이 되어 모순이 발생한다. ■

정의 12.35

위상공간 X에서 모든 무한부분집합이 극한점(집적집)을 가질 때 X를 **극한점컴팩트공간**(limit point compact space)이라 한다.

예제 12.36

(1) 보통위상공간 $(\mathbb{R},\mathcal{U})$는 극한점컴팩트공간이 아니다. $\mathbb{N}$가 극한점을 가지지 않기 때문이다. 그러나 유계인 무한집합은 집적점을 가진다([정리 13.6]에서 다룸).

(2) 여가산공간 $(\mathbb{R},\mathfrak{I}_{cc})$는 극한점컴팩트공간이 아니다. 왜냐하면 $\mathbb{N}' = \varnothing$ 이기 때문이다.

정리 12.37

위상공간 X가 가산컴팩트이면 X는 극한점컴팩트공간이다. X의 모든 단집합이 닫힌집합(즉, X가 T_1-공간)이면 이 역이 성립한다.

증명 $(\Rightarrow)$ $A' = \varnothing$ 인 X의 무한부분집합 A가 존재한다고 가정하고 C를 A의 가산무한부분집합이라 하자. 그러면 $C' = \varnothing$ 이므로 $\overline{C} = C \cup C' = C$이고 C는 닫힌집합이다. 또한 $C - C' = C$이므로 C의 각 점(고립점) $x \in C$에 대하여 $U_x \cap C = \{x\}$이 되는 x의 열린 근방 U_x를 택한다. 그러면 $\mathcal{G} = \{X - C\} \cup \{U_x \mid x \in C\}$는 가산인 열린피복이다. X가 가산컴팩트이므로 유한부분집합 $F \subset C$가 존재하여 $\{X - C\} \cup \{U_x \mid x \in F\}$가 $\mathcal{G}$의 유한부분피복이 된다. 따라서 $C \subset \bigcup_{x \in F} U_x$이고

$$C = C \cap \left(\bigcup_{x \in F} U_x \right) = \bigcup_{x \in F} (C \cap U_x) = \bigcup_{x \in F} \{x\} = F$$

이 되어 C는 유한집합이다. 이는 C가 무한집합이라는 가정에 모순이다. 그러므로

$A' = \varnothing$ 인 X의 무한부분집합 A가 존재하지 않고 X는 극한점컴팩트공간이다.

($\Leftarrow$) T_1-공간인 X가 가산컴팩트가 아니라 하고 $A' = \varnothing$ 인 X의 무한부분집합 A가 존재함을 밝히면 된다. $\mathcal{G} = \{U_n \mid n \in \mathbb{N}\}$를 유한부분피복을 갖지 않는 X의 가산열린피복이라 하자. 그러면 각 $n \in \mathbb{N}$에 대하여 $C_n = X - \bigcup_{i=1}^{n} U_i \neq \varnothing$ 이다. 각 $n \in \mathbb{N}$에 대하여 $x_n \in C_n$을 택하고 $A = \{x_n \mid n \in \mathbb{N}\}$이라 하자. 그러면 A는 (i) X의 무한부분집합이고 (ii) $A' = \varnothing$ 이다. 이것을 밝히자.

(i) A가 유한집합이면 $\{n \in \mathbb{N} \mid x_n = x\}$을 무한집합이 되게 하는 $x \in A$가 존재한다. $C_1 \supset C_2 \supset \cdots \supset C_n \supset C_{n+1} \supset \cdots$이므로 $x \in \bigcap_{n \in \mathbb{N}} C_n$이다. 그러므로

$$x \in \bigcap_{n \in \mathbb{N}} C_n \in \bigcap_{n \in \mathbb{N}} U_n^c = \left(\bigcup_{n \in \mathbb{N}} U_n\right)^c = X^c = \varnothing$$

이 되어 모순이 일어난다. 따라서 A는 무한집합이다.

(ii) $A' \neq \varnothing$ 이라 하고 $p \in A'$이라 하자. 각 $n \in \mathbb{N}$에 대하여 $A_n = \{x_k \mid k > n\}$로 두자. p의 임의의 열린 근방 U에 대하여 $U \cap A$가 무한집합이다. 왜냐하면 $U \cap A$가 유한집합이면 X가 T_1-공간이므로 $(U \cap A) - \{p\}$가 닫힌집합이고 $V = U \cap [(U \cap A) - \{p\}]^c$가 p의 열린 근방으로 $A \cap (V - \{p\}) = \varnothing$ 이어서 $p \notin A'$가 되어 모순이 일어나기 때문이다. $U \cap A$가 무한집합이이므로 모든 $U \cap A_n$도 무한집합이고 $A_n \cap (U - \{p\}) \neq \varnothing$ 이다. 따라서 $p \in A_n{}'$이다. 각 $n \in \mathbb{N}$에 대하여 $A_n \subset C_n$이고 C_n이 닫힌집합이므로 $p \in C_n$이다. 그러므로

$$p \in \bigcap_{n \in \mathbb{N}} C_n = \left(\bigcap_{n \in \mathbb{N}} (\bigcup_{i=1}^{n} U_i)^c\right) = \left(\bigcup_{n \in \mathbb{N}} U_n\right)^c = \varnothing$$

이 되어 모순이 일어난다. 그러므로 $A' = \varnothing$ 이다. ■

I 정의 12.38 I

위상공간 X에서 모든 수열이 수렴하는 부분수열을 가질 때 X를 **점열컴팩트공간**(sequently compact space)이라 한다.

예제 12.39

(1) 여유한위상공간 $(\mathbb{R},\mathfrak{I}_{cf})$은 점열컴팩트공간이다.

(2) 여가산위상공간 $(\mathbb{R},\mathfrak{I}_{cc})$은 점열컴팩트공간이 아니다.

풀이 (1) 문제로 남긴다.(점열의 항들로 구성된 집합이 유한집합인 경우와 무한집합인 경우로 나누어서 생각)

(2) $(\mathbb{R},\mathfrak{I}_{cc})$에서 수열 $\{x_n\}$이 $p\in X$에 수렴하기 위한 필요충분조건은 $n \geq n_0$일 때 $x_n = p$을 만족하는 자연수 n_0가 존재하는 것이다. 수열 $\left\{\frac{1}{n}\right\}$은 수렴하는 부분수열을 가지지 못한다. ■

| 정리 12.40 |

위상공간 X가 점열 컴팩트공간이면 X는 가산컴팩트공간이다.

증명 X를 가산컴팩트가 아니라 하고 $\{U_n \mid n\in\mathbb{N}\}$을 유한부분피복을 갖지 않는 X의 가산열린피복이라 하자. 그러면 각 $n\in\mathbb{N}$에 대해 $C_n = X- \cup\{U_i \mid i \leq n\} \neq \varnothing$이다. 각 $n\in\mathbb{N}$에 대하여 $x_n \in C_n$을 택하자. 이 점열 $\{x_n\}$은 수렴하는 부분점열을 가지지 않는다. 왜냐하면 임의의 $p\in X$에 대하여 $p\in U_k$인 $k\in\mathbb{N}$가 존재하고 $n>k$이면 $x_n\in C_n$이며 $x_n \notin U_k$이기 때문이다. 따라서 X는 점열컴팩트가 아니다. ■

| 정리 12.41 |

거리공간 (X,d)가 점열컴팩트이면 다음을 만족한다.

(1) X의 임의의 열린피복 $\mathcal{G}$에 대하여 양의 실수 δ가 존재하여 직경이 δ보다 작은 X의 부분집합 A는 $\mathcal{G}$에 포함된 적당한 열린집합에 포함된다. (이 수 δ를 $\mathcal{G}$에 대한 Lebesgue 수라 한다)

(2) 임의의 $\epsilon>0$에 대하여 $X= B(x_1,\epsilon)\cup B(x_2,\epsilon)\cup \cdots \cup B(x_n,\epsilon)$을 만족하는 유한개의 점 $x_1, x_2, \cdots, x_n\in X$이 존재한다.

증명 (1) Lebesgue 수를 가지지 않는 X의 열린피복 $\mathcal{G} = \{U_\alpha\}_{\alpha\in\Lambda}$가 존재한다고 하자. 그러면 자연수 $n\in\mathbb{N}$에 대하여 X의 부분집합 A_n이 존재하여 $0<\text{diam}(A_n)<\frac{1}{n}$과 각 $\alpha\in\Lambda$에 대해 $A_n \not\subset U_\alpha$을 만족시킨다. 각 $n\in\mathbb{N}$에 대하여 $a_n\in A_n$을 택하자. X가

점열컴팩트이므로 점열 $\{a_n\}$은 수렴하는 부분수열 $\{a_{n_k}\}$을 가진다. $a_{n_k}\to p$라 하자. $\mathcal{G}$가 X의 피복이므로 $p\in U_{\alpha_p}$인 $\alpha_p\in\Lambda$가 존재한다. 따라서 $B(p,\epsilon)\subset U_{\alpha_p}$인 $\epsilon>0$이 존재한다. $a_{n_k}\to p$이므로 $d(a_{n_m},p)<\dfrac{\epsilon}{2}$, $n_m>\dfrac{2}{\epsilon}$을 만족시키는 자연수 $m\in\mathbb{N}$이 존재한다. 만약 $x\in A_{n_m}$이면 직경 $\operatorname{diam}(A_{n_m})<\dfrac{1}{n_m}$이고

$$d(p,x)\le d(p,a_{n_m})+d(a_{n_m},x)<\frac{\epsilon}{2}+\frac{1}{n_m}<\epsilon$$

이므로 $x\in B(p,\epsilon)$이다. 따라서 $A_{n_m}\subset B(p,\epsilon)\subset U_{\alpha_p}$이다. 이것은 $A_{n_m}\not\subset U_\alpha$ (모든 $\alpha\in\Lambda$)에 모순이다.

(2) 성립하지 않는다 하면 반경이 ϵ인 어떠한 유한개의 열린볼로 X를 덮지 못하는 $\epsilon>0$이 존재한다. 먼저 한 점 $x_1\in X$를 택하자. 그러면 $X-B(x_1,\epsilon)\neq\varnothing$이다. 이 집합에서 x_2를 택하자. 그러면 $X-[B(x_1,\epsilon)\cup B(x_2,\epsilon)]\neq\varnothing$이다. 다시 이 집합에서 x_3를 잡자. 귀납적으로 $x_n(n\in\mathbb{N})$을 택하여 X에서의 점열 $\{x_n\}$을 구성하자.

이 점열은 $n\neq m$일 때 $d(x_m,x_n)\ge\epsilon$이어서 수렴하는 부분점열을 가질 수 없다. X가 점열컴팩트라는 전제에 모순이 일어난다. ■

예제 12.42

거리공간 $\mathbb{R}^2$의 부분공간 $X=\{(x,y)\mid x^2+y^2\le 4\}$은 임의의 $\epsilon>0$에 대해 반경이 ϵ인 유한개의 열린볼로 덮여진다. 가령 반경이 $\epsilon=\dfrac{3}{2}$이라면 $\{B((i,j),\epsilon)\mid i,j\in\{-1,0,1\}\}$가 X를 덮는다. 여기서 $B((i,j),\epsilon)=\{(x,y)\in X\mid \sqrt{(x-i)^2+(y-j)^2}<\epsilon\}$이다.

| 정리 12.43 |

거리공간 (X,d)에서 다음의 여러 컴팩트는 모두 동치이다.

(1) X가 컴팩트이다.

(2) X가 가산컴팩트이다.

(3) X가 극한점점팩트이다.

(4) X가 점열컴팩트이다.

증명 (1) ⇒ (2) 정의에 의해 명백하다.

(2) $\Rightarrow$ (3) [정리 12.37]로부터 얻어진다.

(3) $\Rightarrow$ (4) $\{x_n\}$를 X에서 임의의 점열이라 하자. A를 점열 $\{x_n\}$의 항들로 만들어진 집합이라 두자.

(i) A가 유한집합인 경우

$\{n \in \mathbb{N} \mid x_n = p\}$가 무한집합이 되게 하는 $p \in A$가 존재한다. $\{n \in \mathbb{N} \mid x_n = p\}$를 대소관계 $n_i < n_{i+1}(i = 1, 2, \cdots)$를 만족하도록 $\{n_1, n_2, \cdots\}$로 나타내자. 그러면 $\{x_{n_i}\}$은 $\{x_n\}$의 부분점열로 p에 수렴한다.

(ii) A가 무한집합인 경우

$A' \neq \varnothing$ 이다. $p \in A'$이라 하자. 거리공간 X는 제1가산공간이므로 p의 축소가산국소기저 $\mathscr{B}_p = \{B_n \mid n \in \mathbb{N}\}$를 잡을 수 있다. 거리공간 X은 T_1-공간이므로 모든 유한부분집합이 닫힌집합이고 $(B_n - \{x_i \mid i \le k\} \cup \{p\}$는 p의 열린 근방이다. 따라서 $p \in A'$이므로 임의의 자연수 $k, n \in \mathbb{N}$에 대하여 $A \cap (B_n - \{x_i \mid i \le k\}) \neq \varnothing$ 이고 $B_n \cap \{x_i \mid i > k\} \neq \varnothing$ 이다. 이에

$$x_{n_1} \in B_1 \cap A,\ x_{n_2} \in B_2 \cap \{x_k \mid k > n_1\},\ \cdots$$
$$x_{n_i} \in B_i \cap \{x_k \mid k > n_{i-1}\},\ x_{n_{i+1}} \in B_{i+1} \cap \{x_k \mid k > n_i\},\ \cdots$$

를 택하자. 이렇게 구성된 점열 $\{x_{n_i}\}$는 점열 $\{x_n\}$의 부분점열로 p에 수렴한다. 그러므로 X는 점열컴팩트공간이다.

(4) $\Rightarrow$ (1) $\mathcal{G} = \{U_\alpha\}_{\alpha \in \Lambda}$를 X의 임의의 열린피복이라 하자. [정리 12.41(1)]에 의해 $\mathcal{G}$에 대한 Lebesgue 수 $\delta > 0$가 존재한다. [정리 12.41(2)]에 의해 $\epsilon = \dfrac{\delta}{3}$에 대하여

$$X = B(x_1, \epsilon) \cup B(x_2, \epsilon) \cup \cdots \cup B(x_n, \epsilon)$$

을 만족하는 $x_1, x_2, \cdots, x_n \in X$이 존재한다. 각 $k(1 \le k \le n)$에 대해 직경 $\mathrm{diam}(B(x_k, \epsilon)) = 2\epsilon < \delta$이다. 또한 δ는 $\mathcal{G}$에 대한 Lebesgue 수이므로 $B(x_k, \epsilon) \subset U_{\alpha_k}$인 $\alpha_k \in \Lambda$가 존재한다. 따라서 $\{U_{\alpha_1}, U_{\alpha_2}, \cdots, U_{\alpha_n}\}$은 $\mathcal{G}$의 유한부분피복이다. ■

12.3 국소컴팩트와 컴팩트화

| 정의 12.44 |

X를 위상공간이라 하자. $p \in X$의 컴팩트 근방이 존재할 때 X를 p에서 **국소컴팩트**라 하고, X의 각 점에서 국소컴팩트일 때 X를 **국소컴팩트공간**(locally compact space)이라 한다.

| 기본성질 12.45 |

위상공간 X가 컴팩트공간이면 X는 국소컴팩트공간이다.

예제 12.46

(1) 보통위상공간 $(\mathbb{R}^n, \mathcal{U})$는 국소컴팩트공간이다.

왜냐하면 임의의 점 $p = (a_1, a_2, \cdots, a_n) \in \mathbb{R}^n$에 대하여, $\prod_{i=1}^{n}[a_i - 1, a_i + 1]$이 p의 컴팩트 근방이기 때문이다.

(2) 하한위상공간 $X = (\mathbb{R}, \mathfrak{I}_l)$는 국소컴팩트공간이 아니다.

풀이 X가 국소컴팩트공간이라 하고 $p \in X$라 하자. 그러면 $p \in [a, b) \subset C$를 만족하는 $a, b \in \mathbb{R}$와 컴팩트집합 C가 존재한다. $\overline{[a,b)} = [a,b) \subset C$이므로 $[a, b)$가 컴팩트집합이다. 이건 모순이다. 왜냐하면 $\left\{(-\infty, b - \frac{1}{n}) \mid n \in \mathbb{N}\right\}$는 $[a, b)$의 $\mathfrak{I}_l$-열린피복이나 $[a, b)$를 덮는 유한부분피복을 가지지 못하기 때문이다. ■

| 정리 12.47 |

위상공간 $(X, \mathfrak{I})$를 T_2-공간이라 하자. 다음은 서로 동치이다.

(1) X는 국소컴팩트공간이다.

(2) 임의의 $p \in X$에 대하여 폐포 $\overline{U}$가 컴팩트인 p의 열린 근방 U이 존재한다.

(3) $\{B \in \mathfrak{I} \mid \overline{B}$는 컴팩트$\}$가 $\mathfrak{I}$에 대한 기저이다.

증명 (1) ⇒ (2) $p \in X$를 임의의 점이라 하자. 그러면 $p \in U \subset A$를 만족하는 열린집합 U

와 컴팩트집합 A가 존재한다. [정리 12.14]에 의하여 A는 닫힌집합이다. 따라서 $\overline{U} \subset A$이다. [정리 12.16]에 의하여 $\overline{U}$는 부분공간 A의 컴팩트집합이어서 X의 컴팩트 집합이다. 그러므로 (2)가 성립한다.

(2) ⟹ (3) 각 점 $p \in X$에 대하여 폐포 $\overline{U}$가 컴팩트인 p의 열린 근방 U_p가 존재한다. $\mathscr{B}_p = \{B \in \mathfrak{I} \mid p \in B \subset U_p\}$라 두면 $\mathscr{B}_p$는 p의 국소기저이고 $\mathscr{B} = \bigcup_{p \in X} \mathscr{B}_p$는 $\mathfrak{I}$에 대한 기저이다. 또한 $\mathscr{B} \subset \{B \in \mathfrak{I} \mid \overline{B}$는 컴팩트$\}$이다. 왜냐하면 $B \in \mathscr{B}_p$이면 $B \subset U_p$이고 $\overline{U_p}$는 컴팩트이다. 따라서 $\overline{B} \subset \overline{U_p}$로 [정리 12.14]에 의하여 $\overline{B}$는 컴팩트이기 때문이다. 그러므로 $\{B \in \mathfrak{I} \mid \overline{B}$는 컴팩트$\}$는 $\mathfrak{I}$에 대한 기저이다.

(3) ⟹ (1) $p \in X$이면 폐포 $\overline{B}$가 컴팩트인 $p \in B \in \mathfrak{I}$가 존재하여 (1)이 성립한다. ■

예제 12.48

힐버트공간 $\mathbb{H}$는 국소컴팩트공간이 아니다.

풀이 $\mathbb{H}$의 l_2-거리함수를 d라 하자. $\mathbb{H}$를 국소컴팩트공간이라 가정하자. 그러면 점 $\mathbf{0} = (0, 0, \cdots, 0, \cdots) \in \mathbb{H}$에 대해 폐포 $\overline{U}$가 컴팩트인 $\mathbf{0}$의 열린 근방 U이 존재한다. 그러면 $B_d(\mathbf{0}, \epsilon) \subset U$인 $\epsilon > 0$이 존재하며 $\mathbb{H}$의 컴팩트 부분공간 $\overline{U}$에서의 모든 닫힌집합들이 컴팩트이다.

이제, 각 자연수 $n \in \mathbb{N}$에 대하여 $p_n = (0, 0, \cdots, 0, \frac{\epsilon}{2}, 0, \cdots) \in \mathbb{H}$을 택하자. 그러면 $d(\mathbf{0}, p_n) = \frac{\epsilon}{2}$으로 $p_n \in B_d(\mathbf{0}, \epsilon) \subset \overline{B_d(\mathbf{0}, \epsilon)}$이다. 따라서 $\{p_n\}$은 $\overline{B_d(\mathbf{0}, \epsilon)}$에서 점열이고 $m \neq n$일 때 $d(p_m, p_n) = \frac{\sqrt{2}\,\epsilon}{2}$으로 점열 $\{p_n\}$은 $\overline{B_d(\mathbf{0}, \epsilon)}$에서 수렴하는 부분수열을 가지지 않는다. 따라서 $\overline{B_d(p, \epsilon)} (\subset \overline{U})$는 점열컴팩트가 아니고 컴팩트가 아니다. 그러므로 폐포 $\overline{U}$가 컴팩트인 $\mathbf{0}$의 열린 근방 U이 존재하지 않고 $\mathbb{H}$가 국소컴팩트공간이 될 수 없다. ■

❙정리 12.49❙

위상공간 $(X, \mathfrak{I})$가 국소컴팩트이고 A가 닫힌집합이면 부분공간 $(A, \mathfrak{I}_A)$는 국소컴팩트이다.

증명 $p \in A$를 임의의 점이라 하자. $p \in X$이므로 $p \in U \subset C$를 만족하는 열린집합 U와 컴팩트집합 C가 존재한다. 그러면 A가 닫힌집합이므로 $C \cap A$가 부분공간 C에서 닫힌집합이고 $C \cap A$는 컴팩트이다. 또한 $A \cap U \in \mathfrak{I}_A$이고 $p \in A \cap U \subset A \cap C$이다. 그러므로 $(A, \mathfrak{I}_A)$는 국소컴팩트이다. ■

❚ 정의 12.50 ❚

위상공간 X가 컴팩트공간 Y의 조밀한 부분공간과 위상동형이 될 때 Y를 X의 **컴팩트화**(compactification)라 한다.

예제 12.51

(1) $a, b \in \mathbb{R}(a < b)$에 대해 $[a,b]$는 $\mathbb{R}$의 컴팩트화이다. 왜냐하면 $\mathbb{R}$은 $[a,b]$의 조밀부분공간 (a,b)와 위상동형이기 때문이다.

(2) 보통위상공간의 부분공간 $Y = \left\{ \frac{1}{n} \mid n \in \mathbb{N} \right\} \cup \{0\}$은 이산공간 $\mathbb{N}$의 컴팩트화이다. 왜냐하면 $\mathrm{cl}\left\{ \frac{1}{n} \mid n \in \mathbb{N} \right\} \approx Y$이고 $\left\{ \frac{1}{n} \mid n \in \mathbb{N} \right\} \approx \mathbb{N}$이기 때문이다.

❚ 정의 12.52 ❚

$(X, \mathfrak{I})$를 위상공간, ∞를 X에 포함되지 않는 점이고 $X^* = X \cup \{\infty\}$라 하자.

$$\mathfrak{I}^* = \mathfrak{I} \cup \{ U \cup \{\infty\} \mid X - U\text{는 } X\text{에서 컴팩트이고 닫힌집합} \}$$

로 정의하면 $\mathfrak{I}^*$는 X^*위의 위상이다. 위상공간 $(X^*, \mathfrak{I}^*)$를 $(X, \mathfrak{I})$의 한점 컴팩트화(one point compactification)라고 한다.

▸ 위 정의에서 주어진 $\mathfrak{I}^*$는 X^*위의 위상이다. (문제로 남긴다.)

❚ 기본성질 12.53 ❚

$(X, \mathfrak{I})$를 위상공간이라 하고 $(X^*, \mathfrak{I}^*)$를 $(X, \mathfrak{I})$의 한점 컴팩트화라 하자. 그러면

(1) $(X^*, \mathfrak{I}^*)$는 컴팩트공간이다.

(2) $(X, \mathfrak{I})$는 $(X^*, \mathfrak{I}^*)$의 부분공간이다. 즉, $\mathfrak{I} = \mathfrak{I}^*_X$이다.

(3) $(X^*,\mathfrak{I}^*)$가 T_2-공간일 필요충분조건은 $(X,\mathfrak{I})$가 T_2이고 국소컴팩트공간이다.

(4) X가 컴팩트가 아닐 필요충분조건은 X가 X^*의 조밀부분집합인 것이다

증명 (1) $\mathcal{G}=\{U_\alpha | \alpha\in\Lambda\}$를 X^*의 열린피복이라 하자. $\infty\in U_\lambda$인 $\lambda\in\Lambda$가 존재한다. X^*-U_λ는 X에서 컴팩트이므로 $\mathcal{G}$로부터 X^*-U_λ을 덮는 유한부분피복 $\{U_{\alpha_1}, U_{\alpha_2}, \cdots, U_{\alpha_n}\}$이 유도된다. 그러면 $\{U_\lambda, U_{\alpha_1}, U_{\alpha_2}, \cdots, U_{\alpha_n}\}$은 X^*을 덮은 $\mathcal{G}$의 유한부분피복이다. 그러므로 X^*는 컴팩트이다.

(2) $\mathfrak{I}\subset\mathfrak{I}^*_X$는 정의상 명백하다. 이제 $\mathfrak{I}\supset\mathfrak{I}^*_X$임을 보이기 위해 ∞를 포함하는 열린집합 V를 살펴보면 $V=X^*$이거나 X^*-V가 X에서 컴팩트 닫힌집합이다. 전자의 경우는 $V\cap X=X\in\mathfrak{I}$이고 후자의 경우도 X^*-V가 X에서 닫힌집합이어서 $V\cap X\in\mathfrak{I}$이다.

(3) $(\Rightarrow)$ T_2-성은 유전적 성질이므로 $(X,\mathfrak{I})$가 T_2이다. 이제 임의의 점 $p\in X$가 컴팩트 근방을 가짐을 보이자. X^*가 T_2이므로 다음을 만족하는 $\mathfrak{I}^*$-열린집합 U, V가 존재한다.

$$p\in U,\ \infty\in V,\ U\cap V=\varnothing$$

그러면 X^*-V가 X에서 컴팩트 닫힌집합이고 $U\subset X^*-V$이다. 따라서 $p\in X$가 컴팩트 근방을 가진다.

$(\Leftarrow)$ X^*가 T_2-공간임을 보이기 위해선 임의의 점 $p\in X$와 ∞가 서로소인 열린 근방을 가짐을 보이면 충분하다. X가 국소컴팩트공간이므로 X에서 p가 컴팩트 근방 U를 가지고 X가 T_2이므로 U는 닫힌집합이다. $V=(X-U)\cup\{\infty\}$라 두면 U, V는 $\mathfrak{I}^*$-열린집합으로 $p\in U,\ \infty\in V,\ U\cap V=\varnothing$을 만족시킨다.

(4) $(\Rightarrow)$ 만약 X가 X^*의 조밀부분집합이 아니면 $\mathrm{cl}_{X^*}X=X$로 $\{\infty\}\in\mathfrak{I}^*$이다. $\mathfrak{I}^*$의 정의에 의해 X가 컴팩트이다.

$(\Leftarrow)$ X가 컴팩트라면 $\{\infty\}=X^*-X\in\mathfrak{I}$이므로 $\mathrm{cl}_{X^*}X\neq X^*$이다. ■

예제 12.54

(1) 보통위상공간 $\mathbb{R}$의 부분공간 $\left\{\frac{1}{n} \mid n\in\mathbb{N}\right\}\cup\{0\}$은 부분공간 $\left\{\frac{1}{n} \mid n\in\mathbb{N}\right\}$의 한점 컴팩트화이다.

(2) 원 $C=\{(x,y)\in\mathbb{R}^2 \mid x^2+y^2=1\}$는 $\mathbb{R}$의 한점 컴팩트화와 위상동형이다.

(3) 구면 $S=\{(x,y,z)\in\mathbb{R}^3 \mid x^2+y^2+z^3=1\}$는 평면 $\mathbb{R}^2$의 한점 컴팩트화와 위상동

형이다.

풀이 (1) 생략한다.

(2) $\mathbb{R}$은 개구간 $(0,2\pi)$과 위상동형이고, $f(x)=(\cos x, \sin x)$로 정의된 $(0,2\pi)$에서 C의 부분공간 $X=C-\{(1,0)\}$로의 함수 f에 의하여 $(0,2\pi)$와 X는 위상동형이다.

X의 한점 컴팩트화 $X^*=X\cup\{\infty\}$는 $\mathbb{R}^2$의 부분공간 C와 같다. 이들로부터 (2)가 밝혀진다.

(3) $S=\{(x,y,z)\in\mathbb{R}^3 \mid x^2+y^2+z^3=1\}$는 $S-\{(0,0,1)\}$는 한점 컴팩트화이다.

$$f(x,y)=(\frac{2x}{x^2+y^2+1},\frac{2y}{x^2+y^2+1},\frac{x^2+y^2-1}{x^2+y^2+1})$$

로 정의된 함수 $f:\mathbb{R}^2\to S-\{(0,0,1)\}$는 위상동형함수이다. 그러므로 $\mathbb{R}^2$와 $S-\{(0,0,1)\}$는 위상동형이다. ■

12장 연습문제

1. 다음 위상공간의 열린피복이 되는 것을 <보기>에서 모두 골라라.

(1) 보통위상공간 $(\mathbb{R},\mathcal{U})$　　　(2) 하한위상공간 $(X,\mathfrak{I}_l)$

(3) 이산위상공간 $(\mathbb{R},\mathcal{D})$　　　(4) 여가산위상공간 $(\mathbb{R},\mathfrak{I}_{cc})$

〈보기〉

㉠ $\{(-n,n)\mid n\in\mathbb{N}\}$　　　㉡ $\{(-\infty,1),\{1\},(1,3),[3,\infty)\}$

㉢ $\{\mathbb{R}-\{n,n+1\}\mid n\in\mathbb{N}\}$　　　㉣ $\{\{x\}\mid x\in\mathbb{R}\}$

㉤ $\{[a,b)\subset\mathbb{R}\mid 0<b-a<1\}$　　　㉦ $\{(a,b)\subset\mathbb{R}\mid 0<b-a\le 2\}$

2. 아래의 <보기>에서 다음 위상공간의 컴팩트 부분집합이 되는 것을 모두 골라라.

(1) 통상위상공간 $(\mathbb{R},\mathcal{U})$

(2) 하한위상공간 $(\mathbb{R},\mathfrak{I}_l)$

(3) 여유한위상공간 $(\mathbb{R},\mathfrak{I}_{cf})$

(4) 위상 $\mathfrak{I}=\{U\subset\mathbb{R}\mid 0\notin U\}\cup\{U\subset\mathbb{R}\mid(-1,1)\subset U\}$를 갖는 위상공간 $(X,\mathfrak{I})$

〈보기〉

㉠ $\mathbb{R}$　　㉡ $[-1,1]$　　㉢ $\mathbb{Q}\cap[0,1]$　　㉣ $\mathbb{Q}^c\cap[-1,1]$

㉤ $\left\{\frac{1}{n}\mid n\in\mathbb{N}\right\}$　　㉥ $\left\{\frac{1}{n}\mid n\in\mathbb{N}\right\}\cup\{0\}$　　㉦ $\left\{-\frac{1}{n}\mid n\in\mathbb{N}\right\}\cup\{0\}$

3. $(X,\mathfrak{I})$를 위상공간, $\mathscr{B}$를 $\mathfrak{I}$에 대한 기저라 하자. $\mathscr{B}$의 원소들로 구성된 X의 임의의 열린피복이 유한부분피복을 가지면 X는 컴팩트공간이다.

4. 위상공간 X에서 점열 $\{x_n\}$이 x에 수렴하면 집합 $A=\{x_n\mid n\in\mathbb{N}\}\cup\{x\}$는 컴팩트임을 보여라.

5. $(X,\mathfrak{I}_1)$이 컴팩트공간, $(X,\mathfrak{I}_2)$가 T_2-공간이고 $\mathfrak{I}_2\subset\mathfrak{I}_1$라 하자. 그러면 $\mathfrak{I}_2=\mathfrak{I}_1$임을 밝혀라.

6. X를 국소컴팩트공간, Y를 T_2-공간이라 하자. $f: X \to Y$가 연속인 열린사상이면 $f(X)$는 국소컴팩트공간임을 증명하라.

7. 콤팩트공간 X의 연결성분들이 모두 개집합이면 성분의 개수는 유한개이다.

8. 보통위상공간 $\mathbb{R}$의 부분공간들 $X = \{0\} \cup \mathbb{N}$와 $Y = \{0\} \cup \left\{\frac{1}{n} \mid n \in \mathbb{N}\right\}$ 간의 함수 $f: X \to Y$가 $f(n) = \begin{cases} \frac{1}{n} & (n \in \mathbb{N}) \\ 0 & (n = 0) \end{cases}$ 으로 정의될 때 다음 중 옳은 것을 모두 골라라.

① Y는 이산공간이다. ② f는 폐사상이다. ③ f^{-1}는 연속이다.
④ f는 연속이다. ⑤ X는 컴팩트이다. ⑥ Y는 컴팩트이다.

9. X가 컴팩트공간, Y가 T_2-공간, $f: X \to Y$가 연속함수라고 하자. A가 X의 열린집합이면 $Y - f(A^C)$은 열린집합임을 보여라.

10. 자연수 전체의 집합 $\mathbb{N}$에 대하여, 집합 $X = \mathbb{N} \cup \{-1, -2, -3\}$ 위에서

$$\wp(\mathbb{N}) \cup \{\mathbb{N} \cup \{-1\} - F \mid F\text{는 } \mathbb{N}\text{의 유한부분집합}\} \cup \{\{-2, -3\}\}$$

을 기저(base)로 하는 위상을 $\mathfrak{I}$라 하자.[1)]

(1) "$\mathbb{N} \subsetneq A \subsetneq X$이고 부분공간 $(A, \mathfrak{I}_A)$가 컴팩트이다."를 만족하는 A를 모두 구하라.

(2) "$\mathbb{N} \subsetneq B \subsetneq X$이고 $(B, \mathfrak{I}_B)$가 컴팩트가 아니다."를 만족하는 B의 예를 하나 제시하고 예가 되는 이유를 설명하시오.

11. 실수 전체의 집합 $\mathbb{R}$ 위의 보통위상을 $\mathfrak{I}$라 하고, 함수 $f: \mathbb{R} \to [0, 1)$을 $f(x) = x - [x]$로 정의하자. 집합 $[0, 1)$ 위의 위상 $\mathfrak{I}_0$을

$$\mathfrak{I}_0 = \{G \subseteq [0, 1) \mid f^{-1}(G) \in \mathfrak{I}\}$$

로 정의하자. 옳은 것을 모두 골라라.[2)]

① $[0, \frac{1}{2}) \in \mathfrak{I}_0$ ② $([0, 1), \mathfrak{I}_0)$은 컴팩트(compact)공간이다.

③ $h: \mathbb{R} \to [0, 1)$를 $h(x) = 1 - x$로 정의하면 $h: ([0, 1), \mathfrak{I}_0) \to (\mathbb{R}, \mathfrak{I})$는 연속이다.

---

1) 2014년 중등임용문제 참조
2) 2011년 중등임용문제 참조

12. $\mathbb{R}^2$ 위의 점 $q=(0,1)$과 집합 $A=\{(x,y)\in\mathbb{R}^2 \mid y=0\}$에 대하여 $X=A\cup\{q\}$라 하자. X 위의 위상 $\mathfrak{I}$를

$$\mathfrak{I}=\wp(A)\cup\{U\subseteq X \mid q\in U,\ A-U\text{가 유한집합}\}$$

으로 정의할 때 $(X,\mathfrak{I})$는 컴팩트공간임을 밝혀라.[3)]

13. 가산컴팩트공간 $(X,\mathfrak{I})$의 닫힌부분집합 A는 가산컴팩트임을 보여라.

14. 보통위상공간 $\mathbb{R}$의 부분공간 $\mathbb{Q}$는 국소컴팩트가 아님을 보여라.

15. 좌표평면 $\mathbb{R}^2$에서 거리함수 $d:\mathbb{R}^2\times\mathbb{R}^2\to\mathbb{R}$는

$$d(p,q)=\begin{cases}\max\{\|p\|,\|q\|\} & (p\neq q)\\ 0 & (p=q)\end{cases}$$

이다. 거리위상공간 $(\mathbb{R}^2,\mathfrak{I}_d)$에 대하여

(1) $A=\{(x,0)\in\mathbb{R}^2 \mid 0<x<1\}$의 폐포 $\overline{A}$를 구하라.

(2) $B=\left\{(\frac{1}{n},0) \mid n\in\mathbb{N}\right\}\cup(0,0)$가 컴팩트임을 밝혀라.

16. $\mathbb{R}$위에서 $F=\left\{\frac{1}{n} \mid n\in\mathbb{N}\right\}$이고 $\mathcal{U}\cup\{(a,b)-F \mid a,b\in\mathbb{R}, a<b\}$를 기저로 가지는 $\mathbb{R}$위의 위상을 $\mathfrak{I}$라 하자. 위상공간 $(\mathbb{R},\mathfrak{I})$에서 다음의 부분공간 A, B에 대해 컴팩트인지 아닌지를, 국소컴팩트인지 아닌지를 밝혀라.[4)]

(1) $A=[0,1]$

(2) $B=\left\{\frac{1}{n} \mid n\in\mathbb{N}\right\}\cup\{0\}$

3) 2012년 중등임용문제 참조
4) 2017년 중등임용문제 참조

13장

완비거리공간

13.1 • 코시점열과 완비성

13.2 • 거리동형과 완비화

13.3 • Baire공간

13.4 • 완비성과 컴팩트성

지금껏 우리는 위상동형함수에 의해 보존되는 위상적 성질들을 중심으로 다루었다. 9장에서 거리공간은 위상공간을 함의하고 근접성을 다루는 위상공간으로서 기본 특성을 다루었다. 이제는 거리를 보존하는 거리 동형에 입각하여 거리공간의 위상구조를 살펴본다. 또한 점열은 거리공간에서 중요한 역할을 한다. 특히 충분히 뒤로 가면서 항들 간의 거리 차가 원하는 만큼 좁혀지는 코시열의 수렴성과 관련한 거리공간의 완비성과 이에 관련된 성질들을 다룬다.

13.1 코시점열과 완비성

정의 13.1

집합 (X,d)를 거리공간이라 하고 $\{x_n\}$을 X위의 점열이라 하자. 임의의 $\epsilon > 0$에 대하여 적당한 자연수 $n_0 \in \mathbb{N}$가 존재하여 $m, n \geq n_0$인 모든 자연수 m, n에 대하여 $d(x_m, x_n) < \epsilon$을 만족할 때 점열 $\{x_n\}$을 **코시점열** 혹은 **코시열**(Cauchy sequence)이라 한다.

예제 13.2

보통거리공간 $(\mathbb{R}, d)$에서

(1) 수열 $\left\{\frac{1}{n}\right\}$의 경우, 임의의 $\epsilon > 0$에 대하여 적당한 $n_0 > \frac{2}{\epsilon}$되게 자연수 $n_0 \in \mathbb{N}$를 잡으면 $m, n \geq n_0$인 모든 자연수 m, n에 대하여

$$d\left(\frac{1}{m}, \frac{1}{n}\right) = \left|\frac{1}{n} - \frac{1}{m}\right| < \frac{2}{n_0} < \epsilon$$

로 수열 $\left\{\frac{1}{n}\right\}$은 코시열이다.

(2) 수열 $\{1, 0, 1, 0, 1, \cdots\}$에서는 항이 아무리 뒤로 가더라도 항들 간의 거리 차이가 1이 되는 경우가 있어 두 항의 차이를 1보다 작게는 좁힐 수 없다. 따라서 이 수열은 코시열이 아니다. 수열 $\left\{\frac{1}{2}, \frac{1}{4}, \frac{3}{4}, \frac{1}{8}, \frac{1}{16}, \frac{15}{16}, \cdots\right\}$ 또한 코시열이 아니다.

| 기본성질 13.3 |

집합(X,d)를 거리공간, $\{x_n\}$을 X위의 점열이라 하자.

(1) $\{x_n\}$가 수렴하는 점열이면 $\{x_n\}$은 Cauchy점열이다.

(2) $\{x_n\}$가 X에서 Cauchy열이더라도 X의 점으로 수렴하지 않을 수 있다.

(3) $\{x_n\}$가 X에서 Cauchy점열이면 유계점열이다. 즉, 점열의 모든 항으로 구성된 집합의 직경이 유한이다.

증명 (1) $x_n \to p$라고 하자. 그러면 임의의 $\epsilon > 0$에 대하여 적당한 $n_0 \in \mathbb{N}$가 존재하여 $n \geq n_0$인 모든 자연수 n에 대하여 $d(x_n, p) < \frac{1}{2}\epsilon$되게 한다. 따라서 $m,\ n \geq n_0$인 모든 자연수 $m,\ n$에 대해

$$d(x_m, x_n) \leq d(x_m, p) + d(p, x_n) < \frac{1}{2}\epsilon + \frac{1}{2}\epsilon = \epsilon$$

이 되어 $\{x_n\}$은 코시열이다.

(2) 보통거리 d를 갖는 거리공간 $((0,1), d)$에서 $\left\{\frac{1}{n+2}\right\}$은 Cauchy수열이지만 $(0,1)$의 어느 점으로도 수렴하지 않는다.

(3) $\{x_n\}$는 코시열이면 적당한 양의 정수 n_0가 존재하여 $n \geq n_0$인 모든 자연수 n에 대하여 $d\left(x_n, x_{n_0}\right) < 1$을 만족시킨다.

$$\alpha = d(x_1, x_{n_0}) + d(x_2, x_{n_0}) + \cdots + d(x_{n_0 - 1}, x_{n_0}) + 1$$

라 두자. 점열 $\{x_n\}$의 항들로 만들어진 집합을 A라 두면 A의 직경은 $\mathrm{diam}(A) \leq 2\alpha$로 A는 유계집합이다. 따라서 $\{x_n\}$는 유계수열이다. ■

| 정의 13.4 |

거리공간 (X,d)의 모든 코시열 $\{x_n\}$이 X의 점으로 수렴할 때 (X,d)를 완비거리공간(complete metric space)이라 한다

예제 13.5

(1) 보통거리공간 $(\mathbb{R}, d)$는 완비거리공간이다.

(2) 보통거리를 갖는 유리수공간 $(\mathbb{Q},d)$과 무리수공간은 완비거리공간이 아니다.

(3) 이산거리공간 (X,d)는 완비거리공간이다.

풀이 (1) [정리13.7]에서 밝힌다.

(2) $\overline{\mathbb{Q}}=\mathbb{R}$이고 $\mathbb{R}$은 C_1-공간이므로 $\sqrt{2}$에 수렴하는 $\mathbb{Q}$에서 수열 $\{q_n\}$이 존재한다. 이 수열은 $\mathbb{R}$에서 수렴수열이므로 코시열이고 $\mathbb{Q}$에서도 코시열이다. 그러나 $\{q_n\}$은 $\mathbb{Q}$에서 수렴수열이 아니다.

(3) 이산공간 X위의 점열 $\{x_n\}$가 코시점열이면 $\{x_n\}=\{x_1, \cdots, x_{n_0-1}, p, p, \cdots\}$가 되는 $n_0\in\mathbb{N}$와 $p\in X$가 존재하고 $\{x_n\}$은 p로 수렴하는 점열이다. ■

❙정리 13.6❙ (Bolzano–Weierstrass 정리)

보통거리를 갖는 거리공간 $\mathbb{R}$에서

(1) A가 유계인 무한집합이면 $A'\neq\varnothing$이다.

(2) 모든 유계수열은 수렴하는 부분수열을 가진다.

증명 (1) A를 포함하는 유계폐구간 $[a_1,b_1]$을 잡고 이를 두 폐구간 $[a_1,(a_1+b_1)/2]$, $[(a_1+b_1)/2,b_1]$로 이들 중 A의 원소를 무한히 많이 포함한 폐구간을 선택하여 $[a_2,b_2]$라 하고, 이러한 조작을 반복하여 A의 원소를 무한개 포함한 폐구간을 $[a_3,b_3]$, $\cdots$를 구성한다. 그러면 $\{[a_n,b_n]\,|\,n\in\mathbb{N}\}$은 '축소된 폐구간족'이고 구간의 직경 $|b_n-a_n|$이 0에 수렴한다. 축소구간정리을 적용하면 이 폐구간들의 교집합은 단집합이다. 이 교집합의 점을 p라 하자. p는 A의 집적점이다.(문제로 남긴다).

(2) $\{x_n\}$을 유계수열이라 하고 $\{x_n\}$의 항들로 만들어진 집합을 A라 두고 A가 유한집합인 경우와 무한집합인 경우로 나눈다. 유한집합이면 반복되는 한 점으로 수렴하는 부분수열을 구성하고 A가 무한집합이면 (1)의 과정을 적용한다. 각 $k\in\mathbb{N}$에 대해 $A\cap[a_k,b_k]$는 무한집합이다. $n_k<n_{k+1}$을 만족시키면서 $x_{n_k}\in A\cap[a_k,b_k]$을 택하여 부분수열 $\{x_{n_k}\}$를 구성한다. 그러면

$$0\leq |x_{n_k}-p| \leq |b_k-a_k| \to 0\ (k\to\infty)$$

이므로 $x_{n_k}\to p$로 $\{x_{n_k}\}$는 수렴하는 부분수열이다. ■

| 정리 13.7 |

보통거리공간 $(\mathbb{R}, d)$은 완비거리공간이다.[1)]

증명 $\{x_n\}$을 코시열이라 하자. [기본성질 13.3]과 [정리 13.6]에 의하여 $\{x_n\}$은 유계수열로 수렴하는 부분수열 $\{x_{n_k}\}$을 가진다. $x_{n_k} \to p$라 하자. 그러면 임의의 $\epsilon > 0$에 대하여 $n, n_k \geq N$인 모든 자연수 n, k에 대하여 $d(x_n, x_N) < \frac{\epsilon}{2}$과 $d(x_{n_k}, p) < \frac{\epsilon}{2}$를 만족시키는 자연수 $N \in \mathbb{N}$이 존재한다. 따라서 $n > N$인 모든 자연수 n에 대하여

$$d(x_n, p) \leq d(x_n, x_N) + d(x_N, p) < \frac{\epsilon}{2} + \frac{\epsilon}{2} = \epsilon$$

이 성립되어 $x_n \to p$이다. ■

위의 정리는 유클리드거리공간 $\mathbb{R}^n$으로 확장될 수 있다.

| 정리 13.8 |

유클리드거리공간 $\mathbb{R}^n$은 완비거리공간이다.

증명 문제로 남긴다. ■

| 정리 13.9 |

(X, d)를 완비거리공간이라 하고 $A \subset X$라 하자. 그러면 부분공간 (A, d_A)가 완비거리공간일 필요충분조건은 A가 닫힌집합이 되는 것이다.

증명 $(\Rightarrow)$ $p \in \overline{A}$라 하면 거리공간 (A, d_A)는 C_1-공간이므로 p에 수렴하는 점열 $\{x_n\}$이 A에 존재한다. 수렴점열은 코시점열이고 A가 완비이므로 점열 $\{x_n\}$의 극한 p는 A에 속한다. 그러므로 $\overline{A} = A$이다.

$(\Leftarrow)$ 점열 $\{x_n\}$을 A에서의 임의의 코시점열이라 하자. 그러면 $\{x_n\}$은 X에서 코시점열이고

1) 실수공간 $\mathbb{R}$의 완비성과 동치인 성질은 많이 있다. 동치성질의 예로 최소상계공리, 최대하계공리, 축소구간정리, Dedekind 정리, 중간값 정리, Bolzano-Weierstrass 정리 등등

X가 완비이므로 $\{x_n\}$은 수렴수열이다. $x_n \to p$ 라 하면 $p \in \overline{A}$ 이다. A가 닫힌집합이므로 $p \in A$ 이다. 그러므로 A는 완비이다. ■

예제 13.10

보통위상공간 $(\mathbb{R}, d)$의 부분공간으로

(1) 정수공간 $\mathbb{Z}$는 완비거리공간이다. 왜냐하면 $\mathbb{Z}$는 $(\mathbb{R}, d)$에서 닫힌집합이기 때문이다. 또한, 정수공간은 이산공간으로 코시열은 $\{x_1, x_2, \cdots, x_{n_0}, k, k, k, \cdots\}$의 형태뿐이다. 따라서 이 코시열은 $k \in \mathbb{Z}$로 수렴하여 $\mathbb{Z}$는 완비거리공간이다.

(2) $[a, b]$는 완비거리공간 $(\mathbb{R}, d)$에서 닫힌집합이므로 $[a, b]$는 완비거리공간이다.

(3) 닫힌구간이 아닌 $(a, b]$, $[a, b)$, (a, b)는 완비거리공간이 아니다.

▸ 보통거리공간 $\mathbb{R}$과 부분공간 $(0,1)$은 위상동형이다. $\mathbb{R}$은 완비성을 가지나 $(0,1)$은 완비성을 가지지 못한다. 이로부터 다음이 얻어진다.

기본성질 13.11

(1) 완비성은 위상적 성질이 아니다.

(2) 완비성은 유전적 성질이 아니다.

예제 13.12

보통거리공간 $X = (0, \infty)$에 대해 $f : X \to X$, $f(x) = \dfrac{1}{x}$는 위상동형함수이다. 수열 $\left\{\dfrac{1}{n}\right\}$은 X에서 코시열이나 수열 $\left\{f(\dfrac{1}{n})\right\} = \{n\}$은 X에서 코시열이 아니다. 거리공간 간의 위상동형함수가 코시열을 보존하지 못함을 보여준다.

13.2 거리동형과 완비화

거리공간의 구조는 거리에 의해 만들어 질 것이고 이러한 거리를 보존하는 함수에 의해 보존되는 성질은 거리구조의 고유적 성질이라 할 수 있다.

정의 13.13

거리공간 $X=(X,d)$, $Y=(Y,e)$와 함수 $f:X\to Y$에서

(1) f가 전단사함수이고 임의의 $x,y\in X$에 대하여

$$d(x,y)=e(f(x),f(y))$$

을 만족할 때 f를 **등거리함수(isometry)**라 하고, 거리공간 X와 Y 사이에 등거리함수가 존재할 때 X와 Y는 **등거리동형** 혹은 **거리동형(isometric)**이라 한다.

(2) 임의의 $x,y\in X$에 대하여

$$d(x,y)=e(f(x),f(y))$$

을 만족할 때 f를 **등거리매입(embedding)**이라 한다.

거리동형과 위상동형 간의 관계를 다시 살펴보자(정리 9.41).

정리 13.14

모든 등거리함수는 대응위상공간 사이의 위상동형함수이다. 따라서 거리동형인 거리공간은 위상동형이다.

예제 13.15

(1) $f(x)=ax+b$로 주어진 함수 $f:\mathbb{R}\to\mathbb{R}$가 등거리함수일 필요충분조건은 $a=1$인 것이다.

(2) $f:\mathbb{R}^2\to\mathbb{R}^2$가 평행이동과 직교변환(orthogonal transformation)의 합성으로 주어지면 f는 등거리함수이다.

보통거리공간 $(0,1)$은 완비공간이 아니나 완비거리공간 $[0,1]$의 조밀한 부분공간이다.

이처럼 어떤 거리공간이 적당한 완비공간의 조밀한 부분공간과 거리동형을 이루는가에 대해 알아본다.

| 정의 13.16 |

(X,d)를 거리공간, (X^*,d^*)를 완비거리공간이라 하자. X^*의 한 조밀부분공간 Y와 X가 등거리동형일 때 (X^*,d^*)를 (X,d)의 **완비화(completion)**라고 한다.

예제 13.17

(1) 보통거리를 가지는 완비거리공간 $[0,1]$은 보통거리공간 $(0,1)$의 완비화이다.

(2) 실수공간 $(\mathbb{R},d)$는 완비거리공간이고 $\mathbb{Q}$는 $\mathbb{R}$의 조밀한 부분집합이므로 $(\mathbb{R},d)$는 $(\mathbb{Q},d)$의 완비화이다.

| 정리 13.18 |

임의의 거리공간 (X,d)는 완비화를 갖는다.

증명 (X,d)를 거리공간이라 하자. $C[X]$를 다음과 같이 정의하고

$$C[X]=\{\{x_n\}\mid\{x_n\}\text{은 }X\text{상의 코시열}\}$$

$C[X]$상의 관계 $\sim$을 다음과 같이 정의하자.

$$\{a_n\}\sim\{b_n\}\Leftrightarrow\lim_{n\to\infty}d(a_n,b_n)=0$$

그러면 $\sim$은 동치관계임을 쉽게 보일 수 있다(문제로 남긴다). 동치관계 $\sim$에 의하여 만들어진 동치류와 상집합을 다음처럼 나타낸다.

$$[\{a_n\}]=\{\{b_n\}\in C[X]\mid\{a_n\}\sim\{b_n\}\},\ X^*=C[X]/\sim$$

이제 $e:X^*\times X^*\to\mathbb{R}$를 다음과 같이 정의하자.

$$e([\{a_n\}],[\{b_n\}])=\lim_{n\to\infty}d(a_n,b_n)$$

그러면 e는 X^*상의 잘 정의된 함수로 거리함수이다. 거리공간 (X^*,e)는 완비이고,

(X, d)는 (X^*, e)의 조밀한 어떤 부분공간과 거리동형이다.

(i) e는 잘 정의된 함수이다.

$\{a_n\} \sim \{a_n{}'\}$, $\{b_n\} \sim \{b_n{}'\}$이라 하자. 각 $n \in \mathbb{N}$에 대하여

$$d(a_n, b_n) \le d(a_n, a_n{}') + d(a_n{}', b_n{}') + d(b_n{}', b_n),$$
$$d(a_n{}', b_n{}') \le d(a_n{}', a_n) + d(a_n, b_n) + d(b_n, b_n{}'),$$

이고, $\lim_{n\to\infty} d(a_n, a_n{}') = 0$, $\lim_{n\to\infty} d(b_n, b_n{}') = 0$이므로

$$\lim_{n\to\infty} d(a_n, b_n) \le \lim_{n\to\infty} d(a_n{}', b_n{}'),\ \lim_{n\to\infty} d(a_n{}', b_n{}') \le \lim_{n\to\infty} d(a_n, b_n)$$

이다. 그러므로

$$e([\{a_n\}], [\{b_n\}]) = \lim_{n\to\infty} d(a_n, b_n) = \lim_{n\to\infty} d(a_n{}', b_n{}') = e([\{a_n{}'\}], [\{b_n{}'\}])$$

이다.

(ii) e는 거리함수이다. (문제로 남긴다.)

(iii) $f : (X, d) \to (X^*, e)$를 $f(x) = [\hat{x}]$로 정의하자. 여기서 $\hat{x} = \{x, x, \cdots\}$로 코시열이다. 그러면 f는 단사함수이고

$$e(f(x), f(y)) = e([\hat{x}], [\hat{y}]) = \lim_{n\to\infty} d(x, y) = d(x, y)$$

이므로 f는 등거리매입이다. (X, d)는 (X^*, e)의 부분공간 $(f(X) = \{[\hat{x}] \mid x \in X\}, e)$와 거리동형이다.

(iv) $f(X) = \{[\hat{x}] \mid x \in X\}$는 X^*의 조밀부분집합이다.

$\overline{f(X)} = X^*$임을 보이기 위해 X^*의 임의의 원소 $[\{a_n\}]$(여기서 $\{a_n\}$는 코시열이다)에 대해 $[\{a_n\}]$으로 수렴하는 점열이 $f(X)$에 존재함을 밝히자. $f(X)$에서 점열 $\{[\widehat{a_1}], [\widehat{a_2}], \cdots, [\widehat{a_n}], \cdots\}$을 취하면

$$\lim_{m\to\infty} e([\widehat{a_m}], [\{a_n\}]) = \lim_{m\to\infty} (\lim_{n\to\infty} d(a_m, a_n)) = \lim_{\substack{m\to\infty \\ n\to\infty}} d(a_m, a_n) = 0$$

로 점열 $\{[\widehat{a_1}], [\widehat{a_2}], \cdots, [\widehat{a_n}], \cdots\}$은 $[\{a_n\}] \in X^*$에 수렴한다.

(v) (X^*, e)는 완비거리공간이다.

$\{\gamma_n\}$을 X^*상의 임의의 코시열이라 하자. 각 $n\in N$에 대하여 $\gamma_n\in X^*$이고, $f(X)=\{[\hat{x}] \mid x\in X\}$가 X^*에서 조밀하므로 $e(\gamma_n,[\widehat{a_n}])<\frac{1}{n}$이 $[\widehat{a_n}]\in f(X)$이 존재한다. 그러면 점열 $\{[\widehat{a_1}],[\widehat{a_2}],\cdots,[\widehat{a_n}],\cdots\}$도 코시열이다. 왜냐하면 임의의 $\epsilon>0$에 대하여 $\frac{\epsilon}{3}<n_1$인 $n_1\in\mathbb{N}$이 존재하고 $m, n\geq n_1$이면

$$
\begin{aligned}
e([\widehat{a_m}],[\widehat{a_n}]) &\leq e([\widehat{a_m}],\gamma_m)+e(\gamma_m,\gamma_n)+e(\gamma_n,[\widehat{a_n}]) \\
&< \frac{1}{n_1}+e(\gamma_m,\gamma_n)+\frac{1}{n_1}<\frac{2\epsilon}{3}+e(\gamma_m,\gamma_n)
\end{aligned}
$$

이고 $\{\gamma_1,\gamma_2,\gamma_3,\cdots\}$이 코시열이므로 $\frac{\epsilon}{3}<n_2$인 $n_2\in\mathbb{N}$이 존재하여 $m, n\geq n_2$이면

$$e(\gamma_m,\gamma_n)<\frac{\epsilon}{3}$$

을 만족시킨다. $n_0=\max\{n_1,n_2\}$라 두면 $m, n\geq n_0$일 때

$$e([\widehat{a_m}],[\widehat{a_n}])<\frac{2\epsilon}{3}+e(\gamma_m,\gamma_n)<\epsilon$$

이다. 이 점열 $\{[\widehat{a_1}],[\widehat{a_2}],\cdots,[\widehat{a_n}],\cdots\}$은 $[\{a_n\}]=[\{a_1,a_2,\cdots\}]$으로 수렴한다. 따라서

$$0\leq e(\gamma_n,[\{a_n\}])\leq e(\gamma_n,[\widehat{a_n}])+e([\widehat{a_n}],[\{a_n\}])\to 0\ (n\to\infty)$$

이어서 $\{\gamma_1,\gamma_2,\gamma_3\cdots\}$도 $[\{a_1,a_2,\cdots,a_n,\cdots\}]\in X^*$으로 수렴한다. 그러므로 (X^*,e)는 완비거리공간이다. ■

위 정리는 모든 거리공간이 적당한 완비거리공간의 조밀부분공간과 등거리동형이 됨을 보여준다.

| 정리 13.19 |

(X,d)의 완비화들은 서로 등거리동형이다.

증명 X^*를 [정리 13.18]에서 구성한 X의 완비화라 하고 (Y^*,e')를 X의 또 다른 완비화라 하자. X는 Y^*의 조밀부분공간과 등거리동형이므로 X를 Y^*의 부분공간으로 간주할 수

있다. X가 Y^*에서 조밀하므로 임의의 $p \in Y^*$에 대해서 X상의 점열 $\{a_n\}$이 존재해서 p에 수렴한다. $f : Y^* \to X^*$을 $f(p) = [\{a_n\}]$으로 정의하자. 이 f가 잘 정의된(well-defined) 등거리함수임을 밝히면 정리가 증명된다.

(i) f는 잘 정의된 함수이다.

다른 점열 $\{b_n\}$가 p로 수렴한다면 $\lim_{n\to\infty} d(a_n, b_n) = 0$이 되어 $\{a_n\} \sim \{b_n\}$이다. 따라서 $[\{a_n\}] = [\{b_n\}]$이 되어 f는 잘 정의된 함수이다.

(ii) f는 단사함수이다.

만약 $p \neq q \in Y^*$이면 $a_n \to p$, $b_n \to q$를 만족하는 점열 $\{a_n\}, \{b_n\}$이 X에 존재하고 $[\{a_n\}] \neq [\{b_n\}]$이다. 따라서 $f(p) = [\{a_n\}] \neq [\{b_n\}] = f(q)$이다. 그러므로 f는 단사이다.

(iii) f는 전사함수이다.

임의의 $[\{x_n\}] \in X^*$에서 $\{x_n\}$은 X에서의 코시열이다. X를 Y^*의 부분공간으로 간주하였으므로 $\{x_n\}$는 Y^*에서 코시열이다. Y^*가 완비이므로 $\{x_n\}$는 Y^*의 한 점 u로 수렴한다. 그러면 $f(u) = [\{x_n\}]$이 되어 f는 전사이다.

(iv) f는 등거리함수이다.

Y^*의 임의의 두 점 p, q에 대하여 $a_n \to p$, $b_n \to q$를 만족하는 점열 $\{a_n\}, \{b_n\}$이 X에 존재한다. 그러면

$$e(f(p), f(q)) = e([\{a_n\}], [\{b_n\}]) = \lim_{n\to\infty} d(a_n, b_n) = \lim_{n\to\infty} e'(a_n, b_n) = e'(p, q)$$

따라서 f는 등거리함수이다. ■

▸ 위 정리는 거리공간의 완비화는 (등거리동형의 관점에서) 유일함을 보여 준다.

예제 13.20

[정리 13.18]의 증명에 따르면 유리수공간 $\mathbb{Q}$으로부터 실수공간을 만드는 과정, 즉 유리수를 확장하여 실수를 만드는 과정을 보여준다. 유리수로 만든 모든 코시열의 집합에서 극한이 같은 것들을 모아 동치류를 만들면 이 동치류들의 집합이 바로 실수집합이고 유리수로 이루어진 코시열이 각 실수를 정한다.

13.3 Baire공간

완비성과 관련하고 있는 Baire공간과 두 개의 범주(category)에 대해 살펴보기로 한다. 이들은 조밀성(denseness)과 상대적인 개념인 희박성(어느 곳에서도 조밀함이 없음, nowhere denseness)이 연루되어 있다.

| 정의 13.21 |

위상공간 $(X, \mathfrak{I})$와 X의 부분집합 A에서

(1) $\overline{A} = X$를 만족할 때 A를 X의 **조밀부분집합(dense subset)**이라 한다.

(2) A의 폐포가 내점을 가지지 않을 때 즉, $\text{int}(\text{cl}(A)) = \varnothing$일 때 A는 X에서 **조밀한 곳이 없는(희박한, nowhere dense) 집합**이라 한다.

| 기본성질 13.22 |

위상공간 X와 부분집합 A에 대하여

(1) $(\overline{A^c}) = (A^\circ)^c$, $(\overline{A})^c = (A^c)^\circ$

(2) $\overline{A} = X \Leftrightarrow (X - A)^\circ = \varnothing$

(3) $(\overline{A})^\circ = \varnothing \Leftrightarrow \overline{(X - \overline{A})} = X$

예제 13.23

(1) 보통위상공간 $\mathbb{R}$에서 $\mathbb{Q}$는 조밀한 부분집합이다.

$\mathbb{Z}$, $\left\{\dfrac{1}{n} \mid n \in \mathbb{N}\right\}$는 조밀한 곳이 없는 부분집합이다.

(2) 여가산위상공간 $(\mathbb{R}, \mathfrak{I}_{cc})$에서 가산집합은 모두 조밀한 곳이 없는 집합이고 비가산 집합은 모두 조밀한 집합이다.

| 정의 13.24 |

위상공간 X에서 $\{G_n \mid n \in \mathbb{N}\}$이 X의 가산개의 조밀한 열린집합족이면 $\bigcap_{n \in \mathbb{N}} G_n$이 또한 X의 조밀한 부분집합이 될 때 위상공간 X를 Baire공간(Baire space)이라 한다.

| 기본성질 13.25 |

보통거리를 갖는 거리공간 $\mathbb{R}$에서

(1) 위상공간 X와 부분집합 A에 대하여

A가 조밀한 열린집합 $\Leftrightarrow$ A^c이 조밀한 곳이 없는 닫힌집합

(2) 위상공간 X가 Baire공간 $\Leftrightarrow$ $\{F_n | n \in \mathbb{N}\}$ 이 X의 가산개의 조밀한 곳이 없는 닫힌집합족이면 $(\bigcup_{n\in\mathbb{N}} F_n)^\circ = \varnothing$ 이다.

증명 [기본성질 13.22]를 적용. ■

다음 정리는 완비거리공간과 Baire공간 간의 함의 관계를 밝히는 데 유용하게 활용된다.

| 정리 13.26 |

완비거리공간 (X, d)에서 공집합이 아닌 가산 닫힌집합족 $\{F_n | n \in N\}$이

(a) $F_1 \supset F_2 \supset \cdots \supset F_n \supset \cdots$(즉 축소된 nested)

(b) $\lim_{n\to\infty} \text{diam}(F_n) = 0$ (diam는 직경을 나타낸다.)

를 만족하면 $\bigcap_{n\in\mathbb{N}} F_n \neq \varnothing$ 이고 $\bigcap_{n\in\mathbb{N}} F_n$은 단집합이다.

증명 각 $n \in \mathbb{N}$에 대하여 $F_n \neq \varnothing$ 이므로 F_n에서 원소를 하나씩 $a_n \in F_n$을 택하자. 그러면 점열 $\{a_n\}$이 코시점열이다. X가 완비공간이므로 $\{a_n\}$은 수렴수열이다. $a_n \to p \in X$라 하자. 임의의 자연수 $n \in \mathbb{N}$에 대하여 $k \geq n$이면 (a)에 의해 $a_k \in F_n$이다. 그러면 $\{a_n\}$의 부분점열 $\{a_n, a_{n+1}, \cdots\}$은 p에 수렴하는 F_n에서의 점열이다. F_n은 완비공간 X의 닫힌집합으로 완비이므로 $p \in F_n$이다. 따라서 $p \in \bigcap_{n\in\mathbb{N}} F_n$으로 $\bigcap_{n\in\mathbb{N}} F_n \neq \varnothing$ 이다.

이제 $\bigcap_{n\in\mathbb{N}} F_n$가 단집합임을 밝히자. $p, q \in \bigcap_{n\in\mathbb{N}} F_n$이라 하자. 임의의 $\epsilon > 0$에 대해 $n_0 \in \mathbb{N}$가 존재하여 $n \geq n_0$인 자연수 n에 대하여 $\text{diam}(F_n) < \epsilon$을 만족시킨다. 따라서 임의의 $\epsilon > 0$에 대해 $d(p,q) < \epsilon$이다. 그러므로 $d(p,q) = 0$이고 $p = q$이다. ■

▸ 축소구간 정리(정리 1.31)는 이 정리의 특수한 경우로 볼 수 있다.

▌정리 13.27▌

완비거리공간 (X, d)은 Baire공간이다.

증명 $\{G_n \mid n \in \mathbb{N}\}$을 X의 가산개의 조밀한 열린집합족이라 하고 $\overline{\bigcap_{n\in\mathbb{N}} G_n} = X$임을 밝히자. $x \in X$와 x의 임의의 열린 근방 U에 대하여 $(\bigcap_{n\in\mathbb{N}} G_n) \cap U \neq \varnothing$임을 보이면 된다. $\overline{G_1} = X$이므로 $G_1 \cap U \neq \varnothing$이다. $a_1 \in G_1 \cap U$를 택한다. X가 거리공간이므로 정칙공간이 되기에 다음을 만족시키는 $0 < r_1 < 1$이 존재한다.

$$B(a_1, r_1) \subset \overline{B(a_1, r_1)} \subset U \cap G_1$$

$\overline{G_2} = X$이므로 $B(a_1, r_1) \cap G_2 \neq \varnothing$이다. $a_2 \in B(a_1, r_1) \cap G_2$를 택한다. X가 정칙이므로 다음을 만족시키는 $0 < r_2 < 1$이 존재한다.

$$a_2 \in B(a_2, r_2) \subset \overline{B(a_2, r_2)} \subset B(a_1, r_1) \cap G_2 \subset U \cap G_1 \cap G_2$$

$\overline{G_3} = X$이므로 $B(a_2, r_2) \cap G_3 \neq \varnothing$이다. $a_3 \in B(a_2, r_2) \cap G_3$를 택한다.
유사한 이유로 다음을 만족시키는 $0 < r_3 < \dfrac{1}{3}$이 존재한다.

$$a_3 \in B(a_3, r_3) \subset \overline{B(a_3, r_3)} \subset B(a_2, r_2) \cap G_3 \subset U \cap G_1 \cap G_2 \cap G_3$$

귀납적으로 $\overline{G_n} = X$이므로 $B(a_{n-1}, r_{n-1}) \cap G_n \neq \varnothing$으로부터 $a_n \in B(a_{n-1}, r_{n-1}) \cap G_n$을 택할 수 있고 다음을 만족시키는 $0 < r_n < \dfrac{1}{n}$이 존재한다.

$$a_n \in B(a_n, r_n) \subset \overline{B(a_n, r_n)} \subset B(a_{n-1}, r_{n-1}) \cap G_n \subset U \cap G_1 \cap G_2 \cap \cdots \cap G_n$$

그러면

$$\overline{B(a_1, r_1)} \supset \overline{B(a_2, r_2)} \supset \overline{B(a_3, r-2)} \supset \cdots,$$
$$\mathrm{diam}(\overline{B(a_n, r_n)}) = 2r_n < \frac{2}{n} \to 0$$

이다. [정리 13.26]에 의해 $\bigcap_{n\in\mathbb{N}} \overline{B(a_n, r_n)} \neq \varnothing$이다. $\bigcap_{n\in\mathbb{N}} \overline{B(a_n, r_n)} \subset U \cap (\bigcap_{n\in\mathbb{N}} G_n)$이므로 $U \cap (\bigcap_{n\in\mathbb{N}} G_n) \neq \varnothing$이다. 그러므로 (X, d)은 Baire공간이다. ■

▌정의 13.28▐

위상공간 X의 부분집합 A에 대해

(1) A가 가산개의 조밀한 곳이 없는 부분집합들의 합집합으로 나타낼 수 있을 때 A를 **제1범주**(first category)에 속한다고 한다.

(2) A가 제1카테고리에 속하지 않을 때 **제2범주**(second category)에 속한다고 한다.

▌정리 13.29▐

위상공간 X를 Baire공간이라 하자. $A \subset X$가 제1범주에 속하면 $A^\circ = \varnothing$이다.

증명 $A \subset X$가 제1범주에 속하므로 X에서 가산개의 조밀한 곳이 없는 부분집합족 $\{E_n | n \in \mathbb{N}\}$이 있어 $A = \bigcup_{n \in \mathbb{N}} E_n$을 만족한다. 그러면 $A^c = \bigcap_{n \in \mathbb{N}} E_n^c \supset \bigcap_{n \in \mathbb{N}} (\overline{E_n})^c$이다. 여기서 $(\overline{E_n})^c$가 조밀한 집합이다. 왜냐하면 E_n이 조밀한 곳이 없는 집합으로

$$(\overline{E_n})^\circ = \varnothing, \ \overline{(\overline{E_n})^c} = [(\overline{E_n})^\circ]^c = \varnothing^c = X$$

이기 때문이다. X가 Baire공간이므로 $\bigcap_{n \in \mathbb{N}} (\overline{E_n})^c$은 X에서 조밀한 집합이다. 따라서

$$(A^\circ)^c = \overline{A^c} \supset \overline{\bigcap_{n \in \mathbb{N}} (\overline{E_n})^c} = X$$

이고 $A^\circ = \varnothing$이다. ■

▌따름정리 13.30▐

(1) 위상공간 X가 Baire공간이면 공집합이 아닌 열린집합은 제2범주에 속한다. 따라서 Baire공간 X는 제2범주에 속한다.

(2) 완비거리공간 X 자체는 제2범주에 속한다.

예제 13.31

보통위상공간 $\mathbb{R}$에서 $\mathbb{Q}$는 제1범주에 속한다. 왜냐하면 각 $q \in \mathbb{Q}$에 대하여 $\{q\}$는 $\mathbb{R}$에서 조밀한 곳이 없는 집합이고 $\mathbb{Q} = \bigcup_{q \in \mathbb{Q}} \{q\}$로 나타낼 수 있기 때문이다. 그러므로 [따름정리

13.30]으로부터 $\mathbb{Q}$는 Baire공간이 아니다.

13.4 완비성과 컴팩트성

거리공간에서 컴팩트성과 완비성과의 함의 관계에 대해 살펴본다. 완비공간인 보통거리공간 $\mathbb{R}$에서 부분집합 A가 컴팩트일 필요충분조건은 A가 유계인 닫힌집합인 것이다. 그러나 거리공간 X에서 컴팩트집합은 유계이고 닫힌집합이다(정리 12.21). 그러나 이산거리공간 $\mathbb{R}$에서 볼 수 있듯이 거리공간 X가 완비일지라도 X가 무한집합이면 이 역은 성립하지 않는다. 이에 유계보다 강한 조건의 보완이 필요하다.

▌정의 13.32▐

(X, d)를 거리공간이라 하고 A를 부분집합이라 하자. 임의의 $\epsilon > 0$에 대하여

$$A \subset \bigcup_{k=1}^{n} B(x_k, \epsilon)$$

을 만족시키는 X의 유한부분집합 $\{x_1, x_2, \cdots, x_n\}$이 존재할 때 A를 **전유계집합**(totally bounded set)라고 한다.

▌기본성질 13.33▐

거리공간 X에서 부분집합 A에 대하여

(1) A가 전유계이면 A는 유계이다.

(2) A가 컴팩트이면 A는 전유계이다.

증명 (1) A는 반경 1 이하인 유한개의 열린볼에 의해 덮혀지므로 A의 직경이 유한이다.

(2) 거리공간에서는 컴팩트와 점열컴팩트가 동치이다. A가 점열컴팩트이면 A는 전유계이다(정리 12.41). ■

예제 13.34

(1) 보통거리공간 $(\mathbb{R}, d)$은 전유계가 아니지만 $[0,1]$과 $(0,1)$은 전유계집합이다.

(2) $\{(x,y)\in\mathbb{R}^2 \mid x^2+y^2 \le 1\}$는 보통거리공간 $\mathbb{R}^2$의 전유계부분집합이다.

(3) 힐버트공간 $\mathbb{H}$에서 i번째 값만 1이고 나머진 0인 $e_i=(0,0,\cdots,0,1,0,\cdots)\in\mathbb{H}$ 들로 구성된 부분집합 $\{e_i | i\in\mathbb{N}\}$는 유계집합이나 전유계집합이 아니다.

풀이 (1) 임의의 $\epsilon>0$에 $n>\dfrac{1}{\epsilon}$이 되는 자연수 $n\in\mathbb{N}$을 잡으면

$$[0,1]\subset\bigcup_{k=1}^{n}B(\frac{k}{n},\epsilon)\ \text{(여기서 } B(\frac{k}{n},\epsilon)=(\frac{k}{n}-\epsilon,\frac{k}{n}+\epsilon)\text{이다.)}$$

(2) [예제 12.42] 참조.

(3) $m,n\in\mathbb{N}(m\neq n)$에 대해 $d(e_m,e_n)=\sqrt{2}$이므로 $\mathrm{diam}\{e_i \mid i\in\mathbb{N}\}=\sqrt{2}$이다. 따라서 $\{e_i | i\in\mathbb{N}\}$는 유계집합이다. $\epsilon=1$로 잡으면 열린볼 $B(e_i,1)=\{e_i\}$로 반경 1을 가지는 유한개의 열린볼로 $\{e_i | i\in\mathbb{N}\}$을 덮을 수 없다. 그러므로 $\{e_i | i\in\mathbb{N}\}$는 전유계집합이 아니다. ■

▸ 완전유계인 거리공간 $(0,1)$이 완전유계가 아닌 거리공간 $\mathbb{R}$과 위상동형이다. 그러므로 "완전유계성"은 유계성과 마찬가지로 위상적 성질이 아니다.

정리 13.35

거리공간 (X,d)가 컴팩트이면 (X,d)는 완비거리공간이다.

증명 $\{x_n\}$을 코시점열이라 하자. 거리공간에서는 컴팩트와 점열컴팩트는 동치이므로 점열 $\{x_n\}$은 수렴하는 부분점열 $\{x_{n_k}\}$을 가진다. $x_{n_k}\to p\in X$라 하자. 그러면 임의의 $\epsilon>0$에 대하여 $n,n_k\ge N$인 모든 자연수 n,k에 대하여 $d(x_n,x_N)<\dfrac{\epsilon}{2}$과 $d(x_{n_k},p)<\dfrac{\epsilon}{2}$를 만족시키는 자연수 $N\in\mathbb{N}$이 존재한다. 따라서 $n\ge N$인 모든 자연수 n에 대하여

$$d(x_n,p)\le d(x_n,x_N)+d(x_N,p)<\frac{\epsilon}{2}+\frac{\epsilon}{2}=\epsilon$$

이 성립되어 $x_n\to p$이다. 그러므로 $\{x_n\}$은 수렴점열이다. ■

| 정리 13.36 |

A를 거리공간 (X, d)의 전유계집합이라 하자. 그러면 A에서의 점열 $\{a_n\}$은 코시 부분수열을 갖는다.

증명 A가 전유계집합이므로 $\text{diam}(B_{1_i}) < 1$이 되는 유한개의 열린볼 $B_{1_1}, B_{1_2}, \cdots, B_{1_k}$이 존재하여 $A \subset B_{1_1} \cup B_{1_2} \cup \cdots \cup B_{1_n}$이 된다. $\{a_n\}$이 A의 점열이므로 $B_{1_1}, B_{1_2}, \cdots, B_{1_k}$중 어느 한 곳에는 $\{a_n\}$의 항이 무한히 많이 들어있다. 이같은 무한히 많은 $\{a_n\}$의 항으로 구성된 집합을 A_1이라 하자. 그리고 A_1에 속해 있는 $\{a_n\}$의 한 항을 a_{n_1}이라 하자. A_1역시 전유계 집합이므로 $\text{diam}(B_{2_i}) < \frac{1}{2}$인 유한개의 열린볼 $B_{2_1}, B_{2_2}, \cdots, B_{2_m}$이 존재하여 $A_1 \subset B_{2_1} \cup B_{2_2} \cup \cdots \cup B_{2_m}$이 된다. A_1에 $\{a_n\}$의 항이 무한히 많이 들어있으므로 B_{2_i}중 한 곳에는 $\{a_n\}$의 항이 무한히 많이 들어 있다. 이들 항들의 집합을 A_2이라 하자. A_2에 들어있는 $\{a_n\}$의 원소 중 하나 $a_{n_2} \in A_2$를 $n_2 > n_1$이 되게 택하자. 이 방법을 귀납적으로 진행하면

$$\text{diam}(A_1) < 1,\ \text{diam}(A_2) < \frac{1}{2},\ \text{diam}(A_3) < \frac{1}{3},\ \cdots$$

$$A \supset A_1 \supset A_2 \supset A_3 \supset A_4 \supset \ \cdots,\ a_{n_k} \in A_k\,(k = 1, 2. \cdots\ ),\ n_1 < n_2 < n_3 < \cdots$$

인 집합 A_k들과 $\{a_n\}$의 부분점열 $\{a_{n_k}\}$을 얻을 수 있다. 이 부분점열은 코시열이다. ■

| 정리 13.37 |

거리공간 (X, d)가 컴팩트이기 위한 필요충분조건은 X가 완비이고 전유계집합이 되는 것이다.

증명 $(\Rightarrow)$ [기본성질 13.33]과 [정리 13.35]으로부터 얻어진다.

$(\Leftarrow)$ X를 완비공간이고 전유계집합이라 하자. 그리고 $\{x_n\}$을 X의 임의의 수열이라 하자. 그러면 [정리 13.36]에 의하여 $\{x_n\}$은 코시 부분점열 $\{x_{n_k}\}$을 가진다. X가 완비이므로 부분점열 $\{x_{n_k}\}$은 수렴점열이다. 따라서 X는 점열컴팩트이다. X가 거리공간이므로 X는 컴팩트이다. ■

▌따름정리 13.38▌

거리공간 (X,d)를 완비거리공간이라 하자.
X의 부분집합 A가 컴팩트이기 위한 필요충분조건은 닫힌집합이고 전유계집합이 되는 것이다.

증명 ($\Rightarrow$) [정리 12.16]과 [기본성질 13.33]로부터 얻어진다.
($\Leftarrow$) [정리 13.9]과 [정리 13.37]으로부터 얻어진다. ■

13장 연습문제

1. $\{a_n\}$를 거리공간 (X,d)에서 코시점열이라 하고 $\{b_n\}$를 모든 $n\in\mathbb{N}$에 대해서 $d(a_n,b_n)<\frac{1}{n}$를 만족하는 X에서의 점열이라 하자.

   (1) $\{b_n\}$은 또한 X에서 코시열임을 밝혀라.

   (2) $a_n\to p$ $(p\in X)$일 필요충분조건은 $b_n\to p$임을 밝혀라.

2. $\{a_n\}$를 거리공간 (X,d)에서 점열이라 하고 $n\in\mathbb{N}$에 대하여 A_n을 점열에서 n번째 이후의 항으로 구성된 집합이라 하자. $\{a_n\}$이 코시점열이기 위한 필요충분조건은 $\lim_{n\to\infty}\mathrm{diam}(A_n)=0$임을 밝혀라.

3. 거리공간 (X,d)에서 $\{a_n\}$, $\{b_n\}$을 코시점열이라 $\{d(a_n,b_n)\}$은 $\mathbb{R}$에서 코시열임을 밝혀라.

4. 다음의 거리공간은 완비공간인지 아닌지를 정하고 그 이유를 설명하라.

   ① 보통거리공간 $\{0\}\cup\left\{\frac{1}{n}\mid n\in\mathbb{N}\right\}$ ② 보통거리공간 $\mathbb{R}-\mathbb{Q}$

   ③ 보통거리공간 $\left\{\frac{1}{n}\mid n\in\mathbb{N}\right\}$ ④ 이산거리공간 $\left\{\frac{1}{n}\mid n\in\mathbb{N}\right\}$

5. (X, d)를 거리공간이라 하고 X상의 새로운 거리함수 d_1, d_2를

$$d_1(a,b)=\min\{1,d(a,b)\},\ d_2(a,b)=\frac{d(a,b)}{1+d(a,b)}$$

   로 정의하자. 점열 $\{a_n\}$이 (X,d)의 코시열이기 위한 필요충분조건은 $\{a_n\}$이 (X, d_i)의 코시열임을 밝혀라.

6. (X,d)를 거리공간이라 하고 $f: X\to X$라 하자. 실수 $0<\alpha<1$가 존재하여 모든 $x, y\in X$에 대하여

$$d(f(x),f(y))\le\alpha d(x,y)$$

을 만족시킬 때 f를 거리 d에 대한 **축약함수**(contracting function)라고 한다.

(1) $f: X \to X$가 축약함수이면 연속함수임을 밝혀라.

(2) X가 완비공간이고 x_0을 X의 임의의 점이라 하고 점열 $\{x_n\}$을 다음과 같이 구성하면

$$x_1 = f(x_0),\ x_2 = f(x_1),\ x_3 = f(x_2),\ \cdots,\ f(x_n) = f(x_{n-1}),\ \cdots$$

점열 $\{x_n\}$은 코시점열로 수렴수열이다.

(3) 축약함수 $f: X \to X$는 $f(p) = p$인 점 (고정점)을 가짐을 밝혀라.

7. 고립점이 없는 완비거리공간은 비가산집합임을 밝혀라.

8. 위상공간 X에서 열린집합 A의 경계 $b(A)$는 조밀한 곳이 없는 집합임을 밝혀라.

9. $\{a_n\}$을 거리공간 X에서 코시열이라 하면 이들 항으로 구성된 집합은 완전유계임을 밝혀라.

10. 거리공간 X의 제1범주집합의 가산합집합은 제1범주집합임을 밝혀라.

11. 보통거리공간 $(\mathbb{R}, d)$의 부분집합 $\mathbb{R} - \mathbb{Q}$는 제2범주에 속함을 밝혀라.

12. 보통거리공간 $(\mathbb{R}, d)$의 부분공간 $\mathbb{Z}$는 Baire공간임을 밝혀라.

13. $\mathbb{Q}$는 $\mathbb{R}$의 열린집합들의 가산교집합으로 나타낼 수 없음을 보여라.

기호와 의미

다음은 이 교재에서 일관되게 사용되는 기호표현과 의미이다. 여기의 기호는 기호의 설명이 없이 사용될 수 있다. (교재에 따라 기호표현은 다를 수 있음에 유의)

$\mathbb{N}$: 자연수 전체집합

$\mathbb{Z}$: 정수 전체집합

$\mathbb{Q}$: 유리수 전체집합

$\mathbb{R}$: 실수 전체집합

$\wp(A)$, 2^A: A의 멱집합

$\sup(A)$: A의 상한

$\inf(A)$: A의 하한

$\twoheadrightarrow$: 전사함수

$f|_A$: 제한함수

π_α: α번째 사영함수

$\mathcal{U}$: $\mathbb{R}$이나 $\mathbb{R}^n$위의 보통위상(유클리드 위상)

$\mathcal{D}$: 이산위상

$\mathfrak{I}_{cf}$: 여유한위상

$\mathfrak{I}_{cc}$: 여가산위상

$\mathcal{N}(p)$, $\mathcal{N}_p$: p의 근방계

$\mathfrak{I}_l$: $\mathbb{R}$위의 하한위상

$\mathfrak{I}_u$: $\mathbb{R}$위의 상한위상

$\mathfrak{I}_A$: 상대위상(부분위상)

$\mathfrak{I}_{\{f\}}$: f에 의해 유도된 약위상

$\mathfrak{I}^{\{f\}}$: f에 의해 유도된 강위상

$\overline{A}$, $\mathrm{cl}(A)$: A의 폐포

A': A의 도집합

A°, $\mathrm{int}(A)$: A의 내부

$b(A)$, $\partial(A)$: A의 경계

$B(p,\delta)$, $B_d(p,\delta)$: 중심 p이고 반경 δ인 (거리함수 d에 관한) 열린볼

$\mathfrak{I}_d$: 거리함수 d에 의해 유도된 거리위상

$\mathrm{diam}(A)$: A의 직경

$d_A = d|_{A\times A}$: 거리함수 d의 제한함수

연습문제 풀이

2장 연습문제 풀이

1. (1) $\mathbb{Q}\in\mathcal{U}$이면 $p\in\mathbb{Q}$에 대해 "$\exists\epsilon>0\ s.t.\ (p-\epsilon,p+\epsilon)\subset\mathbb{Q}$"가 되고 무리수의 조밀성에 의해 $r\in(p-\epsilon,p+\epsilon)$인 무리수가 존재하여 모순 발생. 같은 방법으로 $\mathbb{R}-\mathbb{Q}\in\mathcal{U}$이면 유리수의 조밀성에 의해 모순이 발생.

   (2) $[a,b)\in\mathcal{U}$이면 "$\exists\ \epsilon>0\ s.t.\ (a-\epsilon,\ a+\epsilon)\subset[a,b)$"로 모순이 일어난다.

2. (1) $(0,1)=\bigcup_{n\in\mathbb{N}}\left[\frac{1}{n+2},\frac{n}{n+1}\right]$이다. (2) 만약 $[1,0)$이 개구간의 합집합으로 표현된다면, 1을 포함하는 적당한 개구간 $(1-\epsilon,1+\epsilon)(\epsilon>0)$이 $[1,0)$에 포함되어야 한다. 모순 발생.

3. $A\subset\mathbb{R}$가 유계이면 최소상계공리 및 최대하계공리에 의해 상한과 하한이 존재한다. $\alpha=\sup(A)\in\mathbb{R}-A$이면 $\mathbb{R}-A\in\mathcal{U}$이므로 $(\alpha-\epsilon,\alpha+\epsilon)\subset\mathbb{R}-A$인 $\epsilon>0$이 존재한다. α가 A의 상한이므로 $\alpha-\epsilon<b\le\alpha$인 $b\in A$가 존재한다. 따라서 $b\in A\cap(\mathbb{R}-A)$로 모순이 일어난다. 그러므로 $\alpha=\sup(A)\in A$이다. 유사한 방법으로 $\inf(A)\in A$이다.

4. $x_n\to p,\ x_n\to q$이고 $p\ne q$이라 하자. $\epsilon=|p-q|$라 두면 $\epsilon>0$이고

$$\exists n_1\in\mathbb{N}\ s.t.\ n\ge n_1\Rightarrow|x_n-p|<\frac{\epsilon}{2},\ \exists n_2\in\mathbb{N}\ s.t.\ n\ge n_2\Rightarrow|x_n-q|<\frac{\epsilon}{2}$$

$n_0=\max\{n_1,n_2\}$라 두면, $n\ge n_0$이면

$$\epsilon=|p-q|\le|p-x_n|+|x_n-q|<\frac{\epsilon}{2}+\frac{\epsilon}{2}=\epsilon$$

로 모순 발생.

5. 6. 7. 생략

3장 연습문제 풀이

1. 각 문제의 집합족을 $\mathfrak{I}$라 하자. 다음의 집합은 $\mathfrak{I}$에 속해야 하나 그렇지 않다.

   (1) $(\mathbb{R}-\mathbb{N})\cup\{p\mid p$는 소수$\}\notin\mathfrak{I}$

   (2) $\varnothing\notin\mathfrak{I}$

   (3) $(\sqrt{2},\infty)=\bigcup\{(a,\infty)\mid a\in\mathbb{Q}\cap(\sqrt{2},2)\}\notin\mathfrak{I}$

(4) $(1,\infty)=\bigcup\left\{[1+\frac{1}{n},\infty) \mid n\in\mathbb{N}\right\}\notin\mathfrak{I}$

(5) $\mathbb{R}-\{0\}=\bigcup\{\{a\} \mid a\in\mathbb{R}-\{0\}\}\notin\mathfrak{I}$

2. 생략

3. $\{X, \varnothing, \{a,b\}, \{c,d\}, \{a,c,e\}, \{a\}, \{c\}, \{a,c\}, \{a,b,c,d\}, \{a,b,c,e\}, \{a,b,c\}, \{a,c,d\}, \{a,c,d,e\}\}$
13개

4. $1\in A$이나 $(1-\epsilon, 1+\epsilon)\subset A$인 $\epsilon>0$은 존재하지 않는다(1은 A의 내점이 아니다(5장)). A는 열린집합이 아니다. $0\in A^c$에 대해서 "$\forall\epsilon>0, (-\epsilon,\epsilon)\cap A\neq\varnothing$", 즉 $(-\epsilon,\epsilon)\subset A^c$되는 $\epsilon>0$이 존재하지 않는다. A^c는 열린집합이 아니다.

5. 열린집합은 ②, ⑥이고 닫힌집합은 ③, ④, ⑤이다.

6. 여유한위상공간 $(X,\mathfrak{I}_{cf})$가 이산위상공간이면 각 $x\in X$에 대해 $\{x\}\in\mathfrak{I}_{cf}$이다. 그러므로 $X-\{x\}$는 유한집합 따라서 X도 유한집합이다. 역으로 $(X,\mathfrak{I}_{cf})$에서 X가 유한집합이면, 임의의 원소 $x\in X$에 대해 $X-\{x\}$이 유한집합이다. 따라서 $\{x\}\in\mathfrak{I}_{cf}$이다. 그러므로 X는 이산공간이다.

7. a의 근방계 $\mathcal{N}(a) = \{A\subset X | a\in A\}$, c의 근방계 $\mathcal{N}(c) = \{C\subset X | \{b,c\}\subset C\}$이고 $\mathcal{N}(a)\cap\mathcal{N}(c) = \{B\subset X | \{a,b,c\}\subset B\}$이므로 $n(\mathcal{N}(a)\cap\mathcal{N}(c)) = 2^2$개다.

8. A가 p의 근방이면 $p\in U\subset A$되는 $U\in\mathfrak{I}_{cf}$가 존재한다. $X-U$가 유한집합이므로 $X-A$도 유한집합이다. 따라서 $p\in A\in\mathfrak{I}_{cf}$로 A는 p의 열린 근방이다.

9. 임의의 $p\in X$에 대하여 무한집합 $X-\{p\}$를 2개의 무한부분집합 A, B로 분할한다. 그러면 $A\cup\{p\}, B\cup\{p\}\in\mathfrak{I}$이고 $\{p\} = [A\cup\{p\}]\cap[B\cup\{p\}]\in\mathfrak{I}$. 따라서 모든 단집합이 개집합이다. X는 이산위상공간이다.

10. (1) $f^{-1}(\{-1,0,1,2,3,4\}) = \{n\in\mathbb{Z} \mid n\leq 0\}\cup\{1,2,3\}$

(2) $\{-2,-1,0,1,2\} = f^{-1}(V)$인 $V\in\mathcal{D}$가 존재한다고 하면 $0 = f(0)\in V$
$\{n\in\mathbb{Z} \mid n\leq 0\}\cup\{2\} = f^{-1}(\{0\})\subset f^{-1}(V) = \{-2,-1,0,1,2\}$, 모순발생

(3) $\{-1,3\} = f^{-1}(\{1,3\})\in\mathfrak{I}$

11. 생략

12. 생략

4장 연습문제 풀이

1. (2), (3), (5)와 (6)은 어떤 위상의 기저가 되나, (1)과 (4)를 기저로 하는 위상은 없다.

2. (1) ㉠㉡㉢㉣ (2) ㉠㉡㉢㉣

3. (1) $\{X, \varnothing, \{a,b\}, \{b,c\}, \{b\}, \{a,b,c\}\}$ (2) 여유한위상이다.

4. $a \in \mathbb{R}$에 대해 $(a,b] = \cup\{(q,b] \mid q \in \mathbb{Q},\, a < q < b\} \in \mathfrak{I}$이다.

   (1) $(a,b) = \bigcup_{n\in\mathbb{N}} (a,\, b - \frac{b-a}{n+1}] \in \mathfrak{I}$이므로 $\mathcal{U} \subset \mathfrak{I}$이다.

   (2) $(a,b] \in \mathfrak{I}$, $(a,b]^c = (-\infty, a] \cup (b, \infty) \in \mathfrak{I}$

   (3) $\left\{(a - \frac{1}{n}, a] \mid n \in \mathbb{N}\right\}$: a의 가산국소기저이다.

   (4) [정리 4.17]의 (1)과 유사한 방법으로 제2가산공간이 아님을 보이면 된다.

5. $\{(a,b) \mid a, b \in \mathbb{Q}, a < b\} \cup \{(c,d) - A \mid c, d \in \mathbb{Q}, c < d\}$는 $\mathscr{B}$를 기저로 하는 위상에 대한 가산기저이다. 그러므로 이 위상공간은 제2가산공간이다. 또한 린델뢰프공간이다.

6. (i) $\{\mathbb{R} - \{1,2\}\}$: 0의 가산국소기저, $\{\{x\}\}$: $x(\neq 0)$의 가산국소기저이다. $(\mathbb{R}, \mathfrak{I})$는 제1가산공간이다.

   (ii) $\mathscr{B} = \{\mathbb{R} - \{1,2\}\} \cup \{\{x\} \mid x \in \mathbb{R} - \{0\}\}$는 $(\mathbb{R}, \mathfrak{I})$의 기저이고, 모든 기저는 $\mathscr{B}$를 포함하여 비가산이다. $(\mathbb{R}, \mathfrak{I})$는 제2가산공간이 아니다.

   (iii) $\mathcal{G}$를 X의 열린피복이라 하면, $0 \in G$인 $G \in \mathcal{G}$가 존재하고 $\mathbb{R} - \{1,2\} \subset G$이다. $1 \in G_1$, $2 \in G_2$인 $G_1 \in \mathcal{G}$과 $G_2 \in \mathcal{G}$를 택하면 $\{G, G_1, G_2\}$는 $\mathcal{G}$의 가산부분피복이다. 그러므로 $(\mathbb{R}, \mathfrak{I})$는 린델뢰프공간이다.

7. $X = \{a,b,c\}$, $\mathfrak{I}_1 = \{X, \varnothing, \{a,b\}\}$, $\mathfrak{I}_2 = \{X, \varnothing, \{b,c\}\}$에 대해 $\mathscr{B} = \mathfrak{I}_1 \cup \mathfrak{I}_2 = \{X, \varnothing, \{a,b\}, \{b,c\}\}$는 위상도 아니고 기저자격도 가지지 않는다. 왜냐하면 $\{a,b\}, \{b,c\} \in \mathscr{B}$이나

$b \in B_3 \subset \{a,b\} \cap \{b,c\}$인 $B_3 = \{b\} \in \mathscr{B}$가 존재하지 않기 때문이다.

5장 연습문제 풀이

1. (1) $\overline{\{a\}} = X$, $\overline{\{b\}} = \{b,e\}$, $\overline{\{c,e\}} = \{c,d,e\}$, $\{a\}^\circ = \{a\}$, $\{b\}^\circ = \varnothing$, $\{c,e\}^\circ = \varnothing$

   $b(\{a\}) = \{b,c,d,e\}$, $b(\{b\}) = \{b,e\}$, $b(\{c,e\}) = \{c,d,e\}$

   (2) $\{a\} \in \mathfrak{I}$이므로 X의 모든 조밀 부분집합은 a를 포함한다. $\overline{\{a\}} = X$이므로 $A \subset X$가 조밀일 필요충분조건은 $\{a\} \subset A \subset X$인 것이다. 그러므로 16개의 조밀한 집합이 있다.

   (3) $A' = \{b,c,d,e\}, A - A' = \{a\}$. 그러므로 A의 고립점은 a(하나뿐이다.)

2. A가 유한집합인 경우: $x \in X$를 임의의 점이라 하자. $U = (X-A) \cup \{x\}$는 x의 열린 근방이고 $A \cap (U - \{x\}) = \varnothing$이므로 $x \notin A'$. 그러므로 $A' = \varnothing$이다.

   A가 무한집합인 경우: 만약 $x \in X - A'$인 x가 존재한다면 $A \cap (U - \{x\}) = \varnothing$인 x의 열린 근방 U가 존재한다. 그러면 $A \subset (U - \{x\})^c \subset (X-U) \cup \{x\}$로 무한집합 A가 유한집합 $(X-U) \cup \{x\}$에 포함되어 모순이 일어난다.

3. (1) 7개 있다: $E_1, E_2, \cdots, E_7$

   (2) $A' = \{1, \cdots, 34\}$, $\overline{A} = \{1, \cdots, 34, 35\}$, $A^\circ = \varnothing$, $b(A) = \{1, \cdots, 34, 35\}$

   (3) 모든 소수들의 집합, $\{n \in \mathbb{N} \mid n$가 홀수$\}$, $\{5n \mid n \in \mathbb{N}\}$ 등 무한집합을 들면 된다.

   (4) 각 $n \in \mathbb{N}$에 대해 $E_n \in \mathfrak{I}_{cf}$이므로 $\mathfrak{I} \subset \mathfrak{I}_{cf}$로 $\mathfrak{I}_{cf}$가 $\mathfrak{I}$보다 섬세하다.

   $G = \mathbb{N} - \{1,3,5\} \in \mathfrak{I}_{cf}$이나 $G \notin \mathfrak{I}$이다. $\mathfrak{I}$는 $\mathfrak{I}_{cf}$보다 섬세하지 못하다.

4. (1) 생략

   (2) $\text{int}(\mathbb{Z}) = \mathbb{R} - \overline{(\mathbb{R} - \mathbb{Z})} = \mathbb{R} - \kappa(\mathbb{R} - \mathbb{Z}) = \mathbb{R} - \mathbb{R} = \varnothing$

   $\text{int}([0,1]) = \mathbb{R} - \overline{(\mathbb{R} - [0,1])} = \mathbb{R} - \kappa(\mathbb{R} - [0,1]) = \mathbb{R} - \mathbb{R} = \varnothing$

   $b(\mathbb{R} - \mathbb{Z}) = \text{cl}(\mathbb{R} - \mathbb{Z}) - \text{int}(\mathbb{R} - \mathbb{Z}) = \kappa(\mathbb{R} - \mathbb{Z}) - (\mathbb{R} - \overline{\mathbb{Z}}) = \mathbb{R} - (\mathbb{R} - \kappa(\mathbb{Z}))$

   $= \mathbb{R} - (\mathbb{R} - \mathbb{Z}) = \mathbb{Z}$

   (3) $\text{int}(A) = \mathbb{R} - \mathbb{Q}, A' = \mathbb{R}$, $\overline{A} = \mathbb{R}, b(A) = \mathbb{Q}$

5. (1) $\{2,4,6,8,10\}^\circ = \{2,4,8\}$, $\text{cl}(\{2,4,6,8,10\}) = \{2n \mid n \in \mathbb{N}\}$.

   (2) 소수 전체의 집합을 P라 하면 $P^\circ = P$, $\overline{P} = X$.

(3) $\{5,8\}^\circ = \{5\}$, $\mathrm{cl}(\{5,8\}) = \{5n \mid n \in \mathbb{N}\} \cup \{8n \mid n \in \mathbb{N}\}$.

6. ① 참: $\mathrm{int}(X-A) = \mathrm{ext}(A) = X-\overline{A}$

② 거짓: $X = (\mathbb{R},\mathcal{U})$에서 $A = \mathbb{Q}, B = \mathbb{Q}^c$로부터 얻어짐.

③ 거짓: $X = (\mathbb{R},\mathcal{U})$에서 $\overline{\mathbb{N}} = \mathbb{N}, (\overline{\mathbb{N}})^\circ = \varnothing$, $\overline{(\overline{\mathbb{N}})^\circ} = \varnothing$

④ 거짓: $X = (\mathbb{R},\mathcal{U})$에서 $A = \mathbb{Q}, B = \mathbb{Q}^c$로부터 얻어짐.

7. (1) $A = \{-1,0,1,2,3,4,5\}$라 두면 $A' = \mathbb{R}-\{0\}$, $A^\circ = \{-1,0,1,2\}$

$b(A) = \overline{A}-A^\circ = \mathbb{R}-\{-1,0,1,2\}$

(2) $\mathbb{R}-\{0\}$

(3) $\overline{\{6\}} = \mathbb{R}$이므로 가분공간이다.

8. $\mathfrak{I} = \wp(\mathbb{R}-\{0\}) \cup \{\mathbb{R}, \mathbb{R}-\{1\}, \mathbb{R}-\{2\}, \mathbb{R}-\{1,2\}\}$

(1) (i) $0 \notin A$이면, $0 \notin (A\cup\{0\})^c$이므로 $(A\cup\{0\})^c \in \mathfrak{I}$, $\overline{A} \subset \overline{A\cup\{0\}} = A\cup\{0\}$이다.

(ii) $0 \in A$이면, $0 \notin A^c$이므로 $A^c \in \mathfrak{I}$이다. 그러므로 $A = \overline{A}$이다. $A \subset \{1,2\}$이면 $\overline{A} = A$이다.

$0 \notin A$이고 $A\cap\{1,2\}^c \neq \varnothing$이면 $\overline{A} = A\cup\{0\}$이다.

(2) C가 가산집합이면 $\mathbb{R}-C$는 비가산집합이다. $p \in \mathbb{R}-(C\cup\{0\})$를 잡으면 $\{p\} \in \mathfrak{I}$이고 $\{p\}\cap C = \varnothing$이다. 그러므로 $p \notin \overline{C}$이고 $\overline{C} \neq \mathbb{R}$이다.

9. $(\mathbb{R},\mathfrak{I}_{cc})$에서 $\mathbb{Q}^\circ = \varnothing$, $\mathbb{Q}' = \varnothing, b(\mathbb{Q}) = b(\mathbb{R}-\mathbb{Q}) = \mathbb{Q}$, $(\mathbb{R}-\mathbb{Q})^\circ = \mathbb{R}-\mathbb{Q}, (\mathbb{R}-\mathbb{Q})' = \mathbb{R}$

$(\mathbb{R},\mathfrak{I}_l)$에서 $\mathbb{Q}^\circ = \varnothing$, $\mathbb{Q}' = \mathbb{R}, b(\mathbb{Q}) = b(\mathbb{R}-\mathbb{Q}) = \mathbb{R}$, $(\mathbb{R}-\mathbb{Q})^\circ = \varnothing, (\mathbb{R}-\mathbb{Q})' = \mathbb{R}$

10. $\overline{A} = X \Leftrightarrow \mathrm{int}(X-A) = \mathrm{ext}(A) = X-\overline{A} = \varnothing$

11. (1) $\overline{\mathbb{N}} = \mathbb{N}, (\overline{\mathbb{N}})^\circ = \mathbb{N}^\circ = \varnothing$

(2) $(\mathbb{R},\mathcal{U})$에서 $\overline{\mathbb{Q}} = \mathbb{R}, (\overline{\mathbb{Q}})^\circ = \mathbb{R}^\circ = \mathbb{R}$, $\mathbb{Q}^\circ = \varnothing$, $\overline{\mathbb{Q}^\circ} = \varnothing$

(3) $(\overline{A})^\circ = \varnothing \Rightarrow \overline{(X-\overline{A})} = \overline{(\overline{A})^c} = ((\overline{A})^\circ)^c = \varnothing^c = X$

$\overline{X-\overline{A}} = X \Rightarrow ((\overline{A})^\circ)^c = \overline{(\overline{A})^c} = \overline{X-\overline{A}} = X \Rightarrow (\overline{A})^\circ = \varnothing$ (예제 5.19 참조)

12. 생략

13. $\mathfrak{I}_1 \subset \mathfrak{I}_2$이므로 $p \in A'(\mathfrak{I}_2$에 관해$) \Rightarrow p \in A'(\mathfrak{I}_1$에 관해$)$

폐포: 그렇다. 경계: 그렇다.

내부: 그렇지 않다: $(\mathbb{R},\mathcal{U})$와 $(\mathbb{R},\mathcal{D})$에서 $\mathbb{N}$을 고려!

14. $f^{-1}(V) = \begin{cases} V\cap\mathbb{Q} & (0 \notin V) \\ V\cup(\mathbb{R}-\mathbb{Q}) & (0\in V) \end{cases}$

① $\sqrt{2}$를 포함하는 열린집합 $U\subset\mathbb{R}-\mathbb{Q}$가 존재한다면, $U=f^{-1}(V)$인 $V\in\mathcal{U}$가 존재한다.

$\sqrt{2}\in U$이므로 $f(\sqrt{2})=0\in V$이고 $f^{-1}(\{0\})=(\mathbb{R}-\mathbb{Q})\cup\{0\}\subset f^{-1}(V)=U\subset\mathbb{R}-\mathbb{Q}$ 모순 발생.

그러므로 $\sqrt{2}$는 $\mathbb{R}-\mathbb{Q}$의 내점이 아니다.

② $\overline{\mathbb{Q}}=\mathbb{R}$, $\text{int}(\mathbb{Q})=\mathbb{Q}-\{0\}$, $b(\mathbb{Q})=(\mathbb{R}-\mathbb{Q})\cup\{0\}$

③ $(-1,1)^{\circ}=\varnothing$ ④ $\overline{(-1,1)}=[-1,1]\cup(\mathbb{R}-\mathbb{Q})$

⑤ 0의 임의의 열린 근방 U에 대하여 $f^{-1}(V)=U$인 열린집합 $V\in\mathcal{U}$가 존재한다.

$0=f(0)\in V$이고 $(\mathbb{R}-\mathbb{Q})\cup\{0\}\subset f^{-1}(\{0\})\subset U$이다. 그러므로 $(\mathbb{R}-\mathbb{Q})\cap(U-\{0\})\neq\varnothing$. 따라서 $0\in(\mathbb{R}-\mathbb{Q})'$

15. (1) $(1,2), (1,\frac{3}{2}), (1,\frac{5}{4})$

(2) $a\in\mathbb{R}$에 대해 $a\in A'$인가를 보이기 위해 ① $a<0$이거나 $a>1$ ② $a\in\mathbb{Z}$ ③ $a=\frac{1}{2}$ ④ $\frac{1}{2}<a<1$로 나누어서 생각해보라. $A'=(\frac{1}{2},1)$가 얻어진다.

16. A가 닫힌집합이라 하자. $p\in(A')'$이면 p의 임의의 열린 근방 U에 대하여 $A'\cap(U-\{p\})\neq\varnothing$이다. $A'\subset A$이므로 $A\cap(U-\{p\})\neq\varnothing$이다. 따라서 $p\in A'$. 그러므로 $(A')'\subset A'$이다. 따라서 A'는 닫힌집합이다.

6장 연습문제 풀이

1. 생략

2. (1) 각 $n\in\mathbb{Z}$에 대해, $\{n\}=\mathbb{Z}\cap(n-1,n+1)$

(2) $q\in\mathbb{Q}$에 대해 $\{q\}=\mathbb{Q}\cap U$가 되는 $U\in\mathcal{U}$가 존재하지 않는다. (왜) 그러므로 $\{q\}\notin\mathcal{U}_{\mathbb{Q}}$

(3) G가 A에서 공집합이 아닌 열린집합이면 $G=A\cap U$인 $U\in\mathfrak{I}_{\infty}$가 존재한다.

따라서 U^c은 가산집합이고 $A-G=A\cap G^c=A\cap U^c$도 가산집합이다. $G\subset A$이고 $A-G$

가 가산집합이면 $U = \mathbb{R} - (A - G) \in \mathfrak{I}_{\infty}$이고 $G = A \cap U$이므로 G는 A에서 열린집합이다.

3. $\mathfrak{I}_A = \{A, \varnothing, \{1,3\}, \{3\}\}$, $\mathrm{cl}_A(B) = \{1,3,5\}$, $\mathrm{int}_A(B) = \{3\}$

4. ①, ⑤, ⑥, ⑧

5. (1) 생략

(2) $\mathfrak{I}^*|_X \subset \mathfrak{I}$이고 $\mathfrak{I} \subset \mathfrak{I}^*|_X$임을 설명.

(3) $X = \{b\}$, $\mathfrak{I} = \{X, \varnothing, \{b\}\}$은 이산위상이다.

$Y = X \cup \{a\} = \{a, b\}$, $\mathfrak{I}^* = \{X \cup \{a\}, \varnothing \cup \{a\}, \{b\} \cup \{a\}\} \cup \{\varnothing\}$. 그러므로 $\{\{a,b\}, \{a\}, \varnothing\}$는 특이점 위상이다.

6. $B \subset A \subset X$이고 $a \in A$일 때, [정리 6.2]을 적용하자. $a \in B'_A$이면 $B'_A \subset B'_X$이므로 $a \in B'_X$, $a \in B'_X$이면 $a \in A \cap B'_X = B'_A$.

7. (1) ①, ③

(2) ①, ③, ④, ⑦

(3) ①, ③, ⑨

(4) ①, ②, ③, ④, ⑤, ⑥, ⑦, ⑩

8.

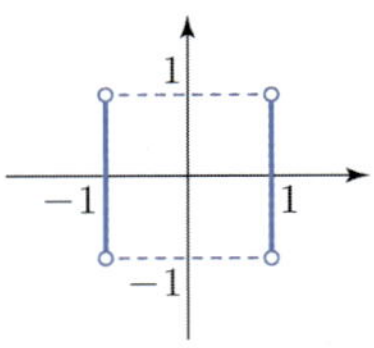

$b(A)$

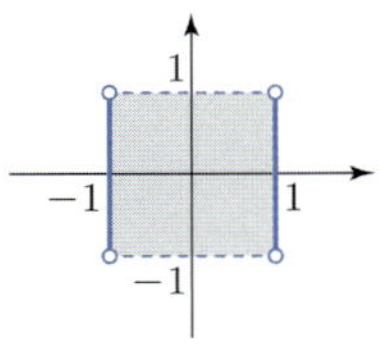

$\bar{A}$

9. (1) $A' = \{(0,y) \mid -1 \le y \le 1\} \cup \left\{(x, \sin\frac{1}{x}) \mid 0 < x \le 1\right\}$

(2) $B' = \left\{\frac{1}{m} \mid m \in \mathbb{N}\right\}' \times \overline{\left\{\frac{1}{n} \mid n \in \mathbb{N}\right\}} \cup \overline{\left\{\frac{1}{m} \mid m \in \mathbb{N}\right\}} \times \left\{\frac{1}{n} \mid n \in \mathbb{N}\right\}'$

$= \{0\} \times \left\{0, \frac{1}{n} \mid n \in \mathbb{N}\right\} \cup \left\{0, \frac{1}{m} \mid m \in \mathbb{N}\right\} \times \{0\}$

$= \{(0,0)\} \cup \left\{(0, \frac{1}{n}) \mid n \in \mathbb{N}\right\} \cup \left\{(\frac{1}{m}, 0) \mid m \in \mathbb{N}\right\}$

10. X위의 위상은 $f: X \to Y$를 연속함수로 만드는 가장 약한 위상이다. "$\mathscr{B}$가 Y의 위상에 대한 기저 $\Rightarrow \{f^{-1}(B) \mid B \in \mathscr{B}\}$: X의 위상에 대한 기저"이다. 따라서

$$\mathscr{B} = \{(a,b) \mid a,b \in \mathbb{R},\ a<b\}: \mathcal{U}\text{에 대한 기저,}$$
$$\{f^{-1}((a,b)) \mid (a,b) \in \mathscr{B}\}: \mathfrak{I}_1\text{에 대한 기저}$$

$f^{-1}((a,b)) = \{n \in \mathbb{Z} \mid a < n^2 < b\}$이고 $n \in f^{-1}((a,b)) \Leftrightarrow -n \in f^{-1}((a,b))$이다. $n \in \mathbb{Z}$에 대해 $\{-n,n\} = f^{-1}((n^2-1, n^2+1)) \in \mathfrak{I}_1$, $\{\{-n,n\}\}$은 $n \in \mathbb{Z}$의 $\mathfrak{I}_1$-국소기저이고, $\{\{-n,n\} \mid n \in \mathbb{N} \cup \{0\}\}$는 $\mathfrak{I}_1$에 대한 기저이다. 이를 활용하자.

(1) $\overline{A \times B} = \overline{A} \times \overline{B} = \mathbb{Z} \times B$

(2) $(A \times B)^\circ = A^\circ \times B^\circ = \{0\} \times B$

(3) $b(A \times B) = \overline{A \times B} - (A \times B)^\circ = (\mathbb{Z} \times B) - \{0\} \times B = (\mathbb{Z} - \{0\}) \times B$

11. $\mathscr{B} = \{[a,b) \times (c,d] \mid a,b,c,d \in \mathbb{R}, a<b, c<d\}$가 적공간의 기저이다.

"$(x,y) \in A^\circ \Leftrightarrow \exists\, B \in \mathscr{B}\ s.t. (x,y) \in B \subset A$"를 이용하면

(i) $\{(x,y) \mid x^2+y^2<1\} \subset A^\circ$

(ii) $(x,y) \in \{(x,y) \mid x^2+y^2=1, x \ge 0\} \cup \{(x,y) \mid x^2+y^2=1, x \le 0, y \le 0\}$

$\Rightarrow (x,y) \notin A^\circ$

(iii) $(x,y) \in \{(x,y) \mid x^2+y^2=1, x<0, y>0\} \Rightarrow (x,y) \in A^\circ$

그러므로 $A^\circ = \{(x,y) \mid x^2+y^2<1\} \cup \{(x,y) \mid x^2+y^2=1, x<0, y>0\}$

"$(x,y) \in \overline{A} \Leftrightarrow (x,y) \in B \in \mathscr{B}$에 대해 $A \cap B \neq \varnothing$"을 적용하면 $\overline{A} = A$이다.

따라서 $b(A) = \overline{A} - A^\circ = \{(x,y) \mid x^2+y^2=1, x \ge 0\} \cup \{(x,y) \mid x^2+y^2=1, x<0, y \le 0\}$

12. $b(A \times B \times C) = (b(A) \times \overline{B} \times \overline{C}) \cup (\overline{A} \times b(B) \times \overline{C}) \cup (\overline{A} \times \overline{B} \times b(C))$

$(A \times B \times C)' = (A' \times \overline{B} \times \overline{C}) \cup (\overline{A} \times B' \times \overline{C}) \cup (\overline{A} \times \overline{B} \times C')$

7장 연습문제 풀이

1. a에서만 연속이다.

2. $V \in \mathcal{U}$에 대하여

$$f^{-1}(V) = \begin{cases} V \cup (\mathbb{R} - \mathbb{Q}) & (0 \in V) \\ V \cap \mathbb{Q} & (0 \notin V) \end{cases}$$

(i) $a=0$: $f(0)=0\in V\in \mathcal{U}$에 대해, $f^{-1}(V)$는 0의 근방이다. f는 0에서 연속이다.

(ii) $a\in\mathbb{R}-\mathbb{Q}: f(a)=0, \delta=|a|>0, f^{-1}((-\delta,\delta))=(-\delta,\delta)\cup\mathbb{R}-\mathbb{Q}$는 a의 근방이 아니다. f는 a에서 불연속이다.

(iii) $a\in\mathbb{Q}\,(a\neq 0): \delta=\dfrac{|a|}{2}>0, f^{-1}(a-\delta,a+\delta)=(a-\delta,a+\delta)\cap\mathbb{Q}$는 a의 근방이 아니다. f는 a에서 불연속이다.

3. (1), (2), (3) 모두 성립

4. (1) 연속이 아니다, 열린함수가 아니다.
(2) 연속함수도 아니고 열린함수도 아니다.
(3) 연속함수이나 열린함수가 아니다.
(4) 연속함수이나 열린함수가 아니다.

5. $f(x)=x$로 정의된 함수 $f:\mathbb{R}\to\mathbb{R}$와 $A=[0,1]$에 대해 f는 단사인 열린함수이나 $f|_A: A\to\mathbb{R}$은 열린함수가 아니다.

6. (1) $\{\{1\},\{2\},\{3\},\{4\},\{5\}\}$가 $(X,\mathcal{D})$의 기저이다.
$f^{-1}(\{1\}), f^{-1}(\{2\}), f^{-1}(\{3\}), f^{-1}(\{4\}), f^{-1}(\{5\})\in\mathfrak{I}$임을 보여라.
(2) $\overline{\{2\}}=X-\text{int}(X-\{2\})=X-\{3,4,5\}=\{1,2\}$,
$\overline{\{4\}}=X-\text{int}(X-\{4\})=X-\{1,2\}=\{3,4,5\}$
(3) h가 연속함수이면 $h(\overline{\{2\}})\subset\overline{h(\{2\})}$, $h(\overline{\{4\}})\subset\overline{h(\{4\})}$이다. 그러므로 $h(\{1,2\})\subset \text{cl}_Y(\{1\})=\{1\}$, $h(\{3,4,5\})\subset\text{cl}_Y(\{3\})=\{3\}$. $h(1)=h(2)=1, h(3)=h(4)=h(5)$로 정의된 h만이 연속함수이다. 연속함수의 수는 1개이다.

7. 생략

8. (1) U를 X에서 열린집합이라 하자. 그러면 $g(f(U))$가 Z에서 열린집합이다. g가 단사이고 연속이므로 $g^{-1}(g(f(U)))=f(U)$이고 Y에서 열린집합이다. 따라서 f는 연속함수이다.
(2) 생략

9. ①, ③

10. $\mathfrak{I}_2$가 비이산위상이 아니면 $U\in\mathfrak{I}_2-\{X,\varnothing\}$가 존재한다. $p\in X$를 임의의 점이라 하자.

$f(x) = \begin{cases} p & (x \in U) \\ x & (x \notin U) \end{cases}$로 정의된 함수 $f: X \to Y$도 연속이므로 $f^{-1}(U) = \{p\} \in \mathfrak{I}_1$. $\mathfrak{I}_1$는 이 산위상이다.

11. ②

12. $f^{-1}(\{1\})$은 닫힌집합이고 $\mathbb{Q} \subset f^{-1}(\{1\})$이므로 $\mathbb{R} = \overline{\mathbb{Q}} \subset f^{-1}(\{1\})$이다.

13. (1) 1, 2, 3, 4, 5, 6 (2) 1, 2, 3, 4, 5, 6

14. (1) 상수함수가 아니면 $a < b$인 $a, b \in f(X)$가 존재한다. $U = (-\infty, \frac{a+b}{2})$, $V = (\frac{a+b}{2}, \infty)$는 서로소인 열린집합이고 이들의 역상이 공집합이 아니다. $\mathbb{R} = (f^{-1}(U) \cap f^{-1}(V))^c = f^{-1}(U)^c \cup f^{-1}(V)^c$가 유한집합이다. 모순이 일어난다.
(2) $\left\{\frac{1}{n}\right\}$은 모든 실수를 극한으로 가진다. $\{1, 3, 1, 3, \cdots\}$은 극한을 가지지 않는다.
(3) 3

15. b, c, d, e

16. $f(x, y) = (x + \frac{x}{\sqrt{(x^2+y^2)}}, y + \frac{y}{\sqrt{(x^2+y^2)}})$가 이들 위상공간 간의 위상동형함수이다.

17. 위상동형함수 2개, 위상동형되게 하는 위상은 12개.

8장 연습문제 풀이

1. f에 의한 Y위의 강위상 $\mathfrak{I}^{\{f\}}$이면, $V \in \mathfrak{I}^{\{f\}} \Leftrightarrow f^{-1}(V) \in \mathfrak{I}$

$$\mathfrak{I}^{\{f\}} = \{Y, \varnothing, \{x\}, \{y\}, \{x, y\}\}$$

2. $\prod_{n \in \mathbb{N}} A_n = \{x \mid x: \mathbb{N} \to \{0, 1\}\} = \{0,1\}^{\mathbb{N}}$는 $\wp(\mathbb{N})$과 일대일대응관계에 있고 $\wp(\mathbb{N})$은 $\mathbb{R}$과 일대일대응관계에 있다. 그러므로 $\prod_{n \in \mathbb{N}} A_n$: 비가산집합이다.

3. $\prod_{\alpha\in\Lambda} X_\alpha = \overline{\prod_{\alpha\in\Lambda} A_\alpha} = \prod_{\alpha\in\Lambda}\overline{A_\alpha} \Leftrightarrow \forall\alpha\in\Lambda,\ \overline{A_\alpha} = X_\alpha$

4. (1) $\mathscr{B} = \{[0,d),(c,d),(c,2],[0,2] \mid 0\le c<d\le 2\}$가 $Y=[0,2]$의 기저이다. $\forall B\in\mathscr{B}$, $f^{-1}(B)\in\mathcal{U}_X$이다. 따라서 f가 연속함수

(2) "$f:(X,\mathcal{U}_X)\to Y$가 연속함수 $\Leftrightarrow$ $\mathcal{U}_Y\subset\mathfrak{I}^{\{f\}}$"

(1)에서 f가 연속이므로 $\mathcal{U}_Y\subset\mathfrak{I}^{\{f\}}$이다. 한편 $[1,2)\not\in\mathcal{U}_Y$이지만 $[1,2)\in\mathfrak{I}^{\{f\}}$

$(\because) f^{-1}([1,2)) = [3,4)\in\mathcal{U}_X$

5. (1) $f(x)=x-[x]$로 정의된 $f:\mathbb{R}\to([0,1),\mathcal{U}_{[0,1)})$는 전사이나 연속함수가 아니다. f는 $\cdots,-1,0,1,2,\cdots$에서 불연속이므로 $\mathcal{U}_{[0,1)}\not\subset\mathfrak{I}^{\{f\}}$이다. $[0,\frac{1}{2})\in\mathcal{U}_{[0,1)}$이나 $[0,\frac{1}{2})\not\in\mathfrak{I}^{\{f\}}$

$(\because) f^{-1}([0,\frac{1}{2})) = \bigcup_{n\in\mathbb{Z}}[n,n+\frac{1}{2})\not\in\mathcal{U}$. 따라서 $\mathfrak{I}^{\{f\}}\not\subset\mathcal{U}_{[0,1]}$이다.

(2) $(g\circ f)(x) = 1-(x-[x])$로 주어지는 $g\circ f:(\mathbb{R},\mathcal{U})\to(\mathbb{R},\mathcal{U})$는 불연속함수이다.

$f:(\mathbb{R},\mathcal{U})\to([0,1),\mathfrak{I}^{\{f\}})$는 상함수이므로 g도 불연속함수이다.

6. (1) $\pi_1\circ F:(\mathbb{R},\mathfrak{I}_2)\to(\mathbb{R},\mathfrak{I}_1)$, $\pi_2\circ F:(\mathbb{R},\mathfrak{I}_2)\to(\mathbb{R},\mathfrak{I}_2)$가

$$(\pi_1\circ F)(x) = \begin{cases}1 & (x\in\mathbb{Q})\\ 0 & (x\in\mathbb{R}-\mathbb{Q})\end{cases},\ (\pi_2\circ F)(x) = \begin{cases}2x & (x\in\mathbb{Q})\\ x & (x\in\mathbb{R}-\mathbb{Q})\end{cases}$$

로 주어진다. 그러면 $\pi_1\circ F,\pi_2\circ F$가 연속함수이다. 그러므로 F는 연속함수이다.

(2) $\pi_1\circ G:(\mathbb{R},\mathfrak{I}_2)\to(\mathbb{R},\mathfrak{I}_1),\pi_2\circ G:(\mathbb{R},\mathfrak{I}_2)\to(\mathbb{R},\mathfrak{I}_2)$가

$$(\pi_1\circ G)(x) = \begin{cases}1 & (x\in\mathbb{N})\\ 0 & (x\in\mathbb{R}-\mathbb{N})\end{cases}$$

로 주어진다. 그러면 $\pi_1\circ G$가 연속함수가 아니다. 그러므로 G는 연속함수가 아니다.

7. $\mathcal{U}$의 기저 $\mathscr{B}=\{(c,d)\mid c,d\in\mathbb{R},c<d\}$에 대해 $\mathscr{B}$의 임의의 원소 (c,d)의 역상을 구하면 다음과 같다.

(i) $a>0$이면 $f_{a,b}^{-1}((c,d))=\left(\frac{c-b}{a},\frac{d-b}{a}\right)$, (ii) $a<0$이면 $f_{a,b}^{-1}((c,d))=\left(\frac{d-b}{a},\frac{c-b}{a}\right)$

(iii) $a=0$이면 $f_{a,b}^{-1}((c,d))=\begin{cases}\varnothing & (b\not\in(c,d))\\ \mathbb{R} & (b\in(c,d))\end{cases}$이다. 따라서 이들 함수족에 의해 생성되는 약위상은 모든 개구간들을 모은 집합족을 기저로 가지고 보통위상 $\mathcal{U}$와 일치한다.

8. (1) $\overline{\{2n\mid n\in\mathbb{N}\}\times(Y\cap\mathbb{Q})} = \overline{\{2n\mid n\in\mathbb{N}\}}^X\times\overline{Y\cap\mathbb{Q}}^Y = \mathbb{N}\times(\overline{\mathbb{Q}}^{\mathbb{R}}\cap Y) = X\times Y$

(2) $\pi_1\circ f:X\to X,(\pi_1\circ f)(n)=2n$은 연속함수이다. $\pi_2\circ f:X\to Y,(\pi_2\circ f)(n) = \frac{1}{n}$

는 연속함수가 아니다. $(\frac{1}{3},1]$의 역상 $\{1,2\}$은 열린집합이 아니다. 그러므로 f는 연속함수가 아니다.

9. (1) $\forall x \in \prod_{\alpha\in\Lambda} X_\alpha$에 대하여 $\{x\} = \{(\pi_\alpha(x))\} = \prod_{\alpha\in\Lambda}\{\pi_\alpha(x)\} \in \mathfrak{I}_{box}$

(2) 적공간의 정의기저의 원소에는 단집합이 포함되어 있지 않다.

10. "$V \subset Y$가 공역 Y에서 열린집합 $\Leftrightarrow f^{-1}(V)$가 정의역 X에서 열린집합"

($\Leftarrow$) g가 연속이므로, $g^{-1}(f^{-1}(V)) = (f\circ g)^{-1}(V) = V$가 Y에서 열린집합이다.

($\Rightarrow$) V가 공역 Y에서 열린집합이면 f가 연속이므로 $f^{-1}(V)$가 X에서 열린집합.

11. $f: X \to Y$를 전사인 연속함수, X를 린델뢰프공간이라 하자.

$\mathcal{g} = \{U_\alpha\}_{\alpha\in\Lambda}$를 Y의 열린피복이라 하자. 그러면 $\{f^{-1}(U_\alpha)\}_{\alpha\in\Lambda}$는 X의 열린피복이다. X가 린델뢰프이므로 X를 덮는 가산부분피복 $\{f^{-1}(U_{\alpha_n})\}_{n\in\mathbb{N}}$가 존재한다. f가 전사이기에 $f(f^{-1}(U_\alpha)) = U_\alpha$이다. $\{f(f^{-1}(U_{\alpha_n})\}_{n\in\mathbb{N}} = \{U_{\alpha_n}\}_{n\in\mathbb{N}}$은 Y를 덮는 $\mathcal{g}$ 의 가산부분피복이다.

12. $\mathfrak{I}^{\{f\}} = \{V \subset \mathbb{Z} \mid f^{-1}(V) \in \mathcal{U}\}$

$$V \in \mathfrak{I}^{\{f\}} \Leftrightarrow f^{-1}(V) \in \mathcal{U} \Leftrightarrow V = V_k = \{n \in \mathbb{Z} \mid n \le k\} \text{ or } V = \varnothing \text{ or } V = \mathbb{Z}$$

그러므로 $\mathfrak{I}^{\{f\}} = \{\mathbb{Z}, \varnothing, V_k \mid k \in \mathbb{Z}\}$, $V_k = \{n \in \mathbb{Z} \mid n \le k\}$ $(k \in \mathbb{Z})$

13. $f^{-1}(\{3\}) = \{(x,y)\in\mathbb{R}^2 \mid 3 \le x^2+y^2 < 4\}$, $f^{-1}(\{2\}) = \{(x,y)\in\mathbb{R}^2 \mid 2 \le x^2+y^2 < 3\}$

$f^{-1}(\{1\}) = \{(x,y)\in\mathbb{R}^2 \mid 1 \le x^2+y^2 < 2\}$, $f^{-1}(\{0\}) = \{(x,y)\in\mathbb{R}^2 \mid 0 \le x^2+y^2 < 1\}$

$f^{-1}(\{-1\}) = \{(x,y)\in\mathbb{R}^2 \mid -1 \le x^2+y^2 < 0\} = \varnothing$, $f^{-1}(\{-2\}) = f^{-1}(\{-3\}) = \varnothing$

그러므로 $\mathfrak{I}$는 $\{\{-3\},\{-2\},\{-1\},\{0\},\{0,1\},\{0,1,2\},\{0,1,2,3\}\}$에 의해 생성된다.

$\{\{0,1,2,3\}\}$가 3의 국소기저이고, 3을 포함하는 열린집합을 모두 모은 집합족은

$\{\{0,1,2,3\} \cup G \mid G \subset \{-3,-2,-1\}\}$이다. 따라서 개수는 $2^3 = 8$개다.

$B = \{1,2\}$일 때, $x \in \{-3,-2,-1,0\}$이면 $\{x\} \in \mathfrak{I}$이므로 $x \notin B'$

$\{0,1\}$은 1의 열린 근방이고 $B \cap (\{0,1\} - \{1\}) = \varnothing$이므로 $1 \notin B'$

2와 3의 모든 열린 근방 G에는 1이 포함되므로 $2,3 \in B'$. 그러므로 $B' = \{2,3\}$

9장 연습문제 풀이

1. 2. 3. 생략

4. ($\Rightarrow$) $d(p, X-U) = 0$이면, $p \in \overline{X-U} = X-U$이다.

($\Leftarrow$) 각 $p \in U$에 대하여 $d(p, X-U) > 0$이면 $p \notin \overline{X-U}$이어서 $p \in (\overline{X-U})^c$이다. 한편 $(\overline{X-U})^c \subset U$로 $(\overline{X-U})^c = U$는 열린집합이다.

5. (1) $d(p, A\cup B) = \inf\{d(p,x) \mid x \in A\cup B\} \leq \inf\{d(p,x) \mid x \in A\} = d(p, A)$이고 또한 $d(p, A\cup B) \leq d(p, B)$이다.

(2) 보통거리공간 $(\mathbb{R}, d)$에서 $A=(0,2), B=(1,2), C=(0,1), D=(2,3)$
$\text{diam}(A\cup B) = 2$, $\text{diam}(A) = 2$, $\text{diam}(B) = 1$, $\text{diam}(C\cup D) = 3$, $\text{diam}(C) = 1$, $\text{diam}(D) = 1$

(3) $\mathbb{R}^2$에서 $A = \{(x,y) | xy \leq -1, x < 0\}$, $B = \{(x,y) | xy \geq 1, x > 0\}$, $d(A,B) = 0$

6. 거리화가능 공간은 T_1-공간이다. 이를 적용하면 얻어진다.

7. $\overline{A} = \{x \in X | d(x, A) = 0\}$과 $b(A) = \overline{A} \cap \overline{X-A}$를 적용.

8. 거리공간 $(\mathbb{R}, d)$(여기서 d는 이산거리함수)에서 $\overline{B(0,1)} = \varnothing$, $\{y \in \mathbb{R} \mid d(0,y) \leq 1\} = \mathbb{R}$

9. (1) 곱공간 $X\times X$의 기저로 $\{B(x,\delta)\times B(y,\epsilon) \mid x, y \in X, \delta > 0, \epsilon > 0\}$가 있다.
$d: X\times X \to \mathbb{R}$가 임의의 점 $(a,b) \in X\times X$에서 연속임을 밝히자.

$\forall \epsilon > 0$, $\delta = \frac{\epsilon}{2}$를 택하면

$$(x,y) \in B(a, \frac{\epsilon}{2}) \times B(b, \frac{\epsilon}{2}) \Rightarrow d(a,x) < \frac{\epsilon}{2}, d(b,y) < \frac{\epsilon}{2}$$

$$\Rightarrow |d(x,y) - d(a,b)| \leq d(x,a) + d(b,y) < \epsilon$$

(2) $f: X \to \mathbb{R}, f(x) = d(p,x)$는 연속함수이다. f가 $q \in X$에서 연속임을 보이자.
$\forall \epsilon > 0, \delta = \epsilon$를 택하면,

$$d(x,q) < \delta, x \in X \Rightarrow |f(x) - f(q)| = |d(p,x) - d(p,q)| \leq d(q,x) < \delta = \epsilon$$

그러므로 f는 q에서 연속이다.

10. $\forall \epsilon > 0,\ \exists n_1 \in \mathbb{N}\ s.t. n \geq n_1 \Rightarrow d(x_n, x) < \frac{\epsilon}{2},\ \exists n_2 \in \mathbb{N}\ s.t. n \geq n_2 \Rightarrow d(y_n, y) < \frac{\epsilon}{2}$

$n_0 = \max\{n_1, n_2\}$라 하면, $n \geq n_0$이면 $d(x_n, y_n) \leq d(x_n, x) + d(x, y) + d(y_n, y)$이고 $d(x, y) \leq d(x_n, x) + d(x_n, y_n) + d(y_n, y)$이므로

$$|d(x_n, y_n) - d(x, y)| \leq d(x_n, x) + d(y_n, y) < \frac{\epsilon}{2} + \frac{\epsilon}{2} = \epsilon$$

11. $\overline{A^c} = (A^\circ)^c$, $(\overline{A})^c = (A^c)^\circ$을 이용

F를 닫힌집합이라 하면 $(\overline{F})^\circ = \varnothing \Leftrightarrow F^\circ = \varnothing \Leftrightarrow \overline{F^c} = (F^\circ)^c = X$

12. (1) 8 (2) 1개 (3) $A^\circ = \{(1, -1)\}$, $\overline{A} = \{(0,0), (1, -1)\}$

13. 거리화가능 공간이면 T_2-공간이므로 $p, q \in X (p \neq q)$에 대하여 $p \in U, q \in V$인 서로소인 열린집합 U, V가 존재한다(10장 참조). $X = (U \cap V)^c = U^c \cup V^c$가 가산집합이다. 모순이 발생한다.

14. d를 $\mathfrak{T} = \mathfrak{T}_d$를 만족시키는 X위의 거리함수라 하자. $\{B(p, \delta) \mid p \in X, \delta > 0\}$는 $\mathfrak{T} = \mathfrak{T}_d$에 대한 기저라 하면 $B_d(a, \delta) \cap A = B_{d_A}(a, \delta)$로 $\{B_{d_A}(a, \delta) \mid a \in A, \delta > 0\}$는 $\mathfrak{T}_A$에 대한 기저이면서 $\mathfrak{T}_{d_A}$에 대한 기저이다. $\mathfrak{T}_A = \mathfrak{T}_{d_A}$(단, $d_A = d|_{A \times A}$)

15. (1) 다음을 참고

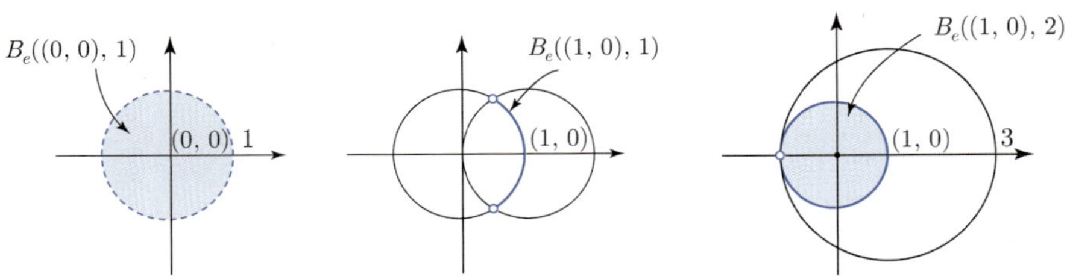

(2) 각 $p(\neq (0,0)) \in \mathbb{R}^2$에 대하여 $\delta_p < \|p\|$인 $\delta_p > 0$을 잡으면 $B_e(p, \delta) \subset \{x \in \mathbb{R}^2 \mid \|x\| = \|p\|\}$이다.

그러므로 $\overline{A} = \mathbb{R}$이면 A는 중심이 원점이고 반경 $r(>0)$인 원의 점을 포함하여야 한다. 따라서 A는 비가산이다.

1. ($\Rightarrow$) $p, q \in X\,(p \neq q)$에 대해 (i) $p \in U, q \notin U$이거나 (ii) $p \notin U, q \in U$인 열린집합 U가 존재한다. (i)의 경우: $p \in U$이고 $q \in U^c = \overline{U^c}$로 $p \notin \overline{\{q\}}$이고 (ii)의 경우: 같은 방법으로 $q \notin \overline{\{p\}}$이다.

($\Leftarrow$) $p, q \in X\,(p \neq q)$에 대해 $p \in \overline{\{q\}}^c$이거나 $q \in \overline{\{p\}}^c$이고 $\overline{\{q\}}^c$, $\overline{\{p\}}^c$가 열린집합이다.

2. ($\Rightarrow$) $A \subset X$라 하자. $\forall q \in X - A, A \subset \{q\}^c$이고 $\{q\}^c$는 열린집합이다.

$$A \subset \bigcap_{q \in X-A} \{q\}^c = \Big(\bigcup_{q \in X-A} \{q\}\Big)^c = (X-A)^c = A$$

$$A \subset \bigcap\{U \subset X \mid A \subset U,\ U: \text{열린집합}\} \subset \bigcap_{q \in X-A} \{q\}^c = A$$

($\Leftarrow$) 임의의 p에 대해 $\{p\} = \bigcap\{U \subset X \mid p \in U,\ U: \text{열린집합}\}$이다. 그러므로 X는 T_1공간이다.

3. (1) ($\Rightarrow$) 여유한위상공간 $(X, \mathfrak{I}_{cf})$가 T_2공간이다. $p, q \in X\,(p \neq q)$에 대해 $p \in U, q \in V$, $U \cap V = \varnothing$인 열린집합 U, V가 존재한다. $X = (U \cap V)^c = U^c \cup V^c$는 유한집합이다. X는 T_1공간이기도 하여 $\mathfrak{I}_{cf}$은 이산위상이다.

($\Leftarrow$) 이산공간은 거리화가능 공간이므로 T_2공간이다.

(2) (1)과 유사한 방법으로 밝히면 됨.

4. ($\Rightarrow$) 임의의 $x \in X - \{p\}$에 대해 $x \in U_x$, $p \in V^x$, $U_x \cap V^x = \varnothing$인 열린집합 U_x와 V^x가 존재한다. $X - \{p\} \subset \bigcup_{x \in X-\{p\}} U_x \subset X - \{p\}$이므로 $X - \{p\} = \bigcup_{x \in X-\{p\}} U_x$이다.

$$\{p\} = \bigcap_{x \in X-\{p\}} U_x^c \supset \bigcap_{x \in X-\{p\}} \overline{V^x} \supset \bigcap\{\overline{V} \mid V\text{는 } p\text{의 열린 근방}\} \supset \{p\}$$

($\Leftarrow$) $p \neq q$이면 $\{p\} = \bigcap\{\overline{U} \mid U\text{는 } p\text{의 열린 근방}\}, q \notin \{p\}$이므로 $q \notin \overline{U}$인 p의 열린 근방 U가 존재한다. $V = (\overline{U})^c$는 q의 열린 근방이고 $U \cap V \subset \overline{U} \cap (\overline{U})^c = \varnothing$이다. 그러므로 X는 T_2-공간이다.

5. ($\Rightarrow$) X가 정칙이면 $p \in U, C \subset V, U \cap V = \varnothing$인 열린집합 U, V가 존재하고, $\overline{V} \subset U^c$이다. 다시 정칙을 적용하면 $p \in W \subset \overline{W} \subset U$인 열린집합 W가 존재한다. 따라서 W와 V는 열린집합으로 $p \in W, C \subset V$이고 $\overline{W} \cap \overline{V} = \varnothing$이다.

($\Leftarrow$) 명백하다.

6. 4번과 유사하게 증명

7. 위상 $\mathfrak{T}$는 $\mathbb{R}$의 보통위상 $\mathcal{U}$보다 강한 위상이므로 $(\mathbb{R},\mathfrak{T})$는 T_2-공간이다.

$\mathbb{Q}^c$은 폐집합이다. $1 \notin \mathbb{Q}^c$에 대해 $\mathbb{Q}^c$을 포함하는 열린집합은 $\mathbb{R}$뿐이다. 그러므로 1과 $\mathbb{Q}^c$를 각각 포함하면서 서로소인 열린집합은 존재하지 않는다. $(\mathbb{R},\mathfrak{T})$는 정칙공간이 아니다. 따라서 $(\mathbb{R},\mathfrak{T})$는 T_3-공간이 아니다.

8. (1) $\left\{(a-\frac{1}{n}, \infty) \mid n \in \mathbb{N}\right\}$가 $a \in \mathbb{R}$의 가산국소기저이므로 $(\mathbb{R},\mathfrak{T})$는 제1가산공간이다.

서로소인 닫힌집합은 $\mathbb{R}, \varnothing$뿐으로 $(\mathbb{R},\mathfrak{T})$는 정규공간이다.

$2 \notin C = (-\infty, 1]$ (C는 닫힌집합)에서 C를 포함한 모든 열린집합은 2를 가진다. 그러므로 $(\mathbb{R},\mathfrak{T})$는 정칙공간이 아니다.

$\overline{\mathbb{Z}} = \mathbb{R}$이므로 $(\mathbb{R},\mathfrak{T})$는 가분공간이다.

$\{1\}$은 닫힌집합이 아니다. 그러므로 $(\mathbb{R},\mathfrak{T})$는 T_1-공간이 아니다.

(2) ① $a \neq 0$일 때 $\{\{a\}\}$는 a의 국소기저, $a=0$일 때 $\{\mathbb{R}-\{1,2\}\}$가 a의 국소기저이다. 그러므로 $(\mathbb{R}, \mathfrak{T})$는 제1가산공간이다.

② (i) $F_1 = \{0,1,2\}$은 닫힌집합이고 F_1을 포함하는 열린집합은 $\mathbb{R}$뿐이다. $3 \notin F_1$이면서 F_1의 포함하는 열린집합은 3을 포함한다. $(\mathbb{R},\mathfrak{T})$는 정칙공간이 아니다.

(ii) 0을 포함하지 않는 닫힌집합 $\{1\}, \{2\}, \{1,2\}$뿐이고 이들은 열린집합이기도 하다. 0을 포함한 모든 집합이 닫힌집합이다. 이들에 정규공리의 성립여부를 따져 $(\mathbb{R},\mathfrak{T})$이 정규임을 밝힐 수 있다.

③ 임의의 가산집합 $A \subset \mathbb{R}$에 대하여, $(A \cup \{0\})^c \in \mathfrak{T}$이다. 따라서 $A \cup \{0\}$는 폐집합이고 $\overline{A} \subset A \cup \{0\}$이다. 따라서 $\overline{A} \neq \mathbb{R}$이다. 가산조밀집합이 존재하지 않는다. $(\mathbb{R},\mathfrak{T})$는 가분공간이 아니다.

④ $0 \in \overline{\{3\}}$이므로 $(\mathbb{R},\mathfrak{T})$는 T_1-공간이 아니다.

9. ① 3에 대해 $\{3\}^c = \mathbb{R} - \{3\} \notin \mathfrak{T}$로 $\{3\}$이 닫힌집합이 아니다. $(\mathbb{R}, \mathfrak{T})$는 T_1-공간이 아니다.

② $\mathbb{R}-\{1\}$은 닫힌집합이고 $\mathbb{R}-\{1\}$을 포함하는 열린집합은 $\mathbb{R}$뿐으로 1과 분리되지 않아 $(\mathbb{R},\mathfrak{T})$는 정칙공간이 아니다. 따라서 $(\mathbb{R},\mathfrak{T})$는 완전정칙공간도 아니다.

③ 공집합이 아닌 닫힌집합 모두는 0을 포함하여 공집합이 아닌 서로소인 닫힌집합은 없다. 그러므로 $(\mathbb{R},\mathfrak{T})$는 정규이다.

10. $f(\mathbb{Q})=\{1\}$라 하자. 만약 $f(r)\neq 1$가 $r\in\mathbb{R}-\mathbb{Q}$가 존재한다면, $(\mathbb{R},\mathcal{U})$가 T_2-공간이므로 $1\in U, f(r)\in V, U\cap V=\varnothing$를 만족시키는 $U, V\in\mathcal{U}$가 존재한다. 그러면 $f^{-1}(U)\cap f^{-1}(V)=\varnothing$, $\mathbb{Q}\subset f^{-1}(U)$이고 $r\in[a,b)-\mathbb{Q}\subset f^{-1}(V)$를 만족한 $a,b\in\mathbb{R}$가 존재한다. 또한 f는 유리수 $q\in[a,b)$에서 연속이고 U는 $f(q)=1$의 열린 근방이므로 $q\in[c,d)\in f^{-1}(U)$인 $c,d\in\mathbb{R}$가 존재한다. 따라서

$$\varnothing\neq[c,d)\cap([a,b)-\mathbb{Q})\subset f^{-1}(U)\cap f^{-1}(V)=\varnothing$$

가 되어 모순이 발생한다.

11. F, G를 f의 확장된 연속함수라 하자. $A\subset\{x\in X \mid F(x)=G(x)\}\subset X$이고, Y가 T_2-공간이므로

$$X=\operatorname{cl}(A)\subset\operatorname{cl}(\{x\in X \mid F(x)=G(x)\})=\{x\in X \mid F(x)=G(x)\}\subset X$$

이다. 그러므로 $\forall x\in X, F(x)=G(x)$이다.

12. 위상 $\mathfrak{I}$는 $\mathbb{R}$의 보통위상 $\mathcal{U}$보다 강한 위상이므로 $(\mathbb{R},\mathfrak{I})$는 T_2-공간이다.
A는 닫힌집합이고 $0\notin A$의 모든 열린 근방이 A의 원소를 항상 포함한다. $(\mathbb{R},\mathfrak{I})$는 정칙공간이 아니고 T_3-공간이 아니다.

13. F가 닫힌집합이고 $p\notin F$이면, $p\in F^c$이고 F^c는 열린집합이다. X가 정칙이므로 $p\in V\subset\overline{V}\subset F^c$인 열린집합 V가 존재한다. $\overline{V}, F$가 서로소인 닫힌집합이고 X가 정규이므로 Urysohn의 정리에 의해 $f(\overline{V})=\{0\}, f(F)=\{1\}$을 만족하는 연속함수 $f:[0,1]\to X$가 존재한다. 이 연속함수는 $f(p)=0, f(F)=\{1\}$을 만족하는 연속함수이다. 그러므로 X는 완전정칙공간이다.

14. (1) X의 서로소인 두 폐집합 $F_1(\neq\varnothing), F_2(\neq\varnothing)$에 대하여

(i) $F_1, F_2\subset A$인 경우: F_1, F_2는 열린닫힌집합이다. 따라서 서로소인 두 폐집합 F_1, F_2을 각각 포함하는 서로소인 열린집합으로 F_1, F_2가 존재한다.

(ii) $q\in F_1\cup F_2$인 경우: $q\in F_1$라 하자. $F_2\subset A$이므로 F_2는 X에서 열린닫힌집합이다. $X-F_2$는 F_1를 포함하고 F_2은 F_2을 포함하는 서로소인 열린집합이다. 그러므로 X는 정규공간이다.

(2) $C\subset X$를 임의의 가산집합이라 하자. A가 비가산이므로 $A-C$도 비가산집합이고 $a\in A-C$가 존재한다. 그러면 $\{a\}$는 a의 열린 근방이고 $C\cap\{a\}=\varnothing$이다. 따라서 $\overline{C}\neq X$이다. 그러므로 X가 분리가능공간이 아니다.

15. $A=\{a\in\mathbb{R} \mid a\neq 0\}$에서 $f(x)=\dfrac{1}{x}$로 정의된 함수 $f:A\to\mathbb{R}$는 연속이다. 그러나 $F|_A=f$가 되는 확장된 연속함수 $F:\mathbb{R}\to\mathbb{R}$는 존재하지 않는다. $\lim_{x\to 0}f(x)$가 존재하지 않기 때문이다. 보통위상공간 $(\mathbb{R},\mathcal{U})$에서 서로소인 두 열린집합 $G_1=(-\infty,0)$, $G_2=(0,\infty)$에 대해 $f(G_1)=0, f(G_2)=1$을 만족하는 연속함수 $f:\mathbb{R}\to\mathbb{R}$가 존재하지 않는다. 왜냐하면 0에서 f의 극한이 존재하지 않는다.

11장 연습문제 풀이

1. (1) 참 (2) 참 (3) 거짓 (4) 거짓 (5) 거짓 (6) 거짓 (7) 참 (8) 참 (9) 참

2. (i) A가 연결집합이 아니라면 A의 $\mathfrak{I}_{cf}$-분리 $\{U, V\}$가 존재한다.
   그러면 $A\cap(U\cap V)=\varnothing$이고 $A\subset(U\cap V)^c=U^c\cup V^c$가 유한집합이다.
   (ii) $A=\{n\in\mathbb{Z} \mid n\le 1\}, B=\{n\in\mathbb{Z} \mid n\ge -1\}$는 무한집합이므로 연결이다.
   그러나 $A\cap B=\{-1,0,1\}$는 연결집합이 아니다.

3. A가 유한집합이면 A는 T_1-공간 X의 부분공간으로서 이산위상공간이다.
   그러므로 A가 2개 이상의 원소를 가지면 A는 연결이 아니다.

4. $(\Rightarrow)$ $b(A)=\varnothing$이 되는 X의 진부분집합 $A(\neq\varnothing)$가 존재한다면 $b(A)=\overline{A}\cap\overline{(X-A)}=\varnothing$이므로 $\overline{A}\cup\overline{(X-A)}=X$이다. $\overline{A}, \overline{X-A}$는 공집합이 아닌 열린집합이고 $\{\overline{A},\overline{X-A}\}$가 X의 분리이다. 따라서 X는 비연결이다.
   $(\Leftarrow)$ X가 연결공간이 아니라면 $X, \varnothing$이 아니면서 열린닫힌인 진부분집합 A가 존재한다.
   그러므로 $b(A)=\overline{A}-\mathrm{int}(A)=\varnothing$이다.

5. (1) $(-1,1)$
   (2) $(-1,1)\cup\{\sqrt{5}\}\cup(3,5)$
   (3) $\mathbb{R}$이다: 왜냐하면 $(-\infty,0)$와 $(0,\infty)$는 연결부분집합이다. 따라서 $\overline{(-\infty,0)}=(-\infty,0]$, $\overline{(0,\infty)}=[0,\infty)$도 연결이고 교집합이 $\varnothing$이 아니므로 이들의 합집합인 $\mathbb{R}$이 연결이다.

6. (1) $\{0\}$ $(\because)$ $0\in A\subset X$이고 $\dfrac{1}{n}\in A$가 존재한다면 $U=\left\{p\in X \mid p<\dfrac{1}{n}\right\}, V=\left\{q\in X \mid q\ge\dfrac{1}{n}\right\}$

라 하면 $\{U, V\}$는 A의 분리이고 A는 비연결이다.

(2) $\left\{\frac{1}{n}\right\}$가 X에서 열린집합이므로 $X-\{0\}$은 열린집합이다. $0\in\overline{X-\{0\}}$이므로 $X-\{0\}$는 닫힌집합이 아니다.

(3) 0에서 국소연결되어 있지 않다. U가 0의 열린 근방이면 $\exists n_0\in\mathbb{N}\ s.t.\ \frac{1}{n_0}\in U$, U는 비연결이다. ((1)의 증명참조)

(4) 각 $n\in\mathbb{N}$에 대하여 $\left\{\frac{1}{n}\right\}$가 열린집합이므로 $A=\left\{\frac{1}{n}\,|\,n\in\mathbb{N}\right\}$은 이산공간이다.

7. $C_1, C_2, \cdots, C_n$가 X의 연결성분이면 f가 전사인 연속함수이므로 $f(C_1), f(C_2), \cdots, f(C_n)$은 Y에서 연결집합이고 $f(C_1)\cup f(C_2)\cup\cdots\cup f(C_n)=Y$이다. 따라서 Y의 연결성분의 수는 n 이하이다.

8. (1) $A=\left\{(x,y)\in\mathbb{R}^2\,|\,y=\frac{1}{n}x,\ 0\le x\le 1\right\}$, $B=\{(1,0)\}$라 하면 A는 X에서 연결집합이고 $B\subset\overline{A}$이므로 $X=A\cup B$는 연결공간이다.

(2) $p=(1,0)$는 A의 어떠한 점과도 연결될 수 없다. 구체적인 증명은 [예제 11.52]을 참조.

(3) $p=(1,0)$일 때 모든 $n\in\mathbb{N}$에 대해 $X\cap B\left(p, \frac{1}{n+1}\right)$은 p를 포함하는 연결인 열린집합이 아니다. 그러므로 X는 p에서 국소연결을 만족시키지 못한다.

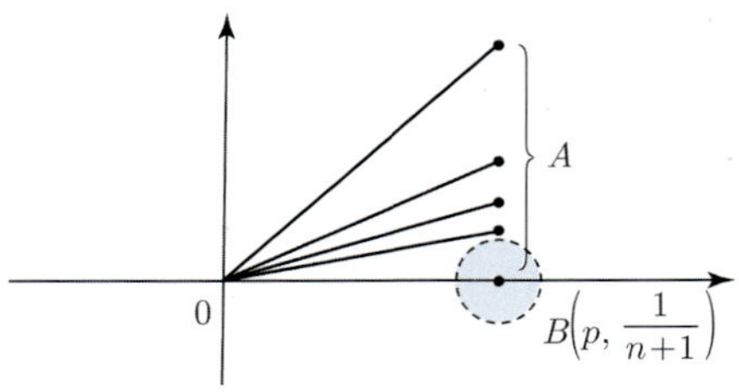

9. $\mathscr{B}_1$, $\mathscr{B}_2$를 연결열린집합으로 구성된 X와 Y에서의 기저라 하자.
그러면 $\mathscr{B}=\{B_1\times B_2 \mid B_1\in\mathscr{B}_1,\ B_2\in\mathscr{B}_2\}$는 연결열린집합으로 구성된 곱공간 $X\times Y$의 기저이다.

10. 항등함수 $id:(\mathbb{R},\mathcal{U})\to(\mathbb{R},\mathfrak{I}_{cf})$는 연속함수이다. $(\mathbb{R},\mathcal{U})$가 경로연결공간이므로 연속상 $(\mathbb{R},\mathfrak{I}_{cf})$도 경로연결이다.

11. (1) 경로연결

(2) 경로연결이 아니다.

(3) 연결아니다. 경로연결아니다. (왜냐하면 $\mathbb{Q}$: 비연결, $\mathbb{Q}\times\mathbb{Q}$: 비연결이기 때문이다.)

(4) 경로연결이다.

(5) 경로연결이다.

12. 0과 $\sqrt{2}$의 성분은?

(1) $[0,1), [1,2)$ (2) $\{0\}, (1,2)$ (3) $(-1,0], (1,2)$

13. 7개의 연결성분($\{1\}, \{2\}, \cdots, \{6\}, \mathbb{Z}-\{1,2,3,4,5,6\}$)이 존재한다. 왜냐하면 $f^{-1}(\{1\})=\varnothing, \cdots, f^{-1}(\{6\})=\varnothing$이므로 $\{1\}, \{2\}, \{3\}, \{4\}, \{5\}, \{6\}\in\mathfrak{I}$이다. 이들의 여집합들 $\mathbb{N}-\{k\}$ 또한 $\mathfrak{I}$-열린집합이다. 그러므로 단집합들 $\{1\}, \{2\}, \{3\}, \{4\}, \{5\}, \{6\}$은 연결성분들이다. 한편 $A=\mathbb{N}-\{1,2,3,4,5,6\}$의 연결성을 보기 위해 $A=\mathbb{N}-\{1,2,3,4,5,6\}$의 $\mathfrak{I}$-분리 $\{U, V\}$가 존재한다고 가정해 보자. 그러면 $U\cap A\neq\varnothing$, $V\cap A\neq\varnothing$이다. 따라서 $f^{-1}(U), f^{-1}(V)\in\mathfrak{I}_{cf}$로 공집합이 아니다. $U\cap V\subset\{1,2,3,4,5,6\}$이어서 $f^{-1}(U)\cap f^{-1}(V)=f^{-1}(U\cap V)=\varnothing$이다. 그러므로 $\mathbb{N}=[f^{-1}(U)\cap f^{-1}(V)]^c=f^{-1}(U)^c\cup f^{-1}(V)^c$으로 $\mathbb{N}$이 유한집합이 되어 모순이 일어난다. 그러므로 A는 극대인 연결집합으로 연결성분이다.

14. X가 단집합이 아니고 $p, q\in X$라 하자. X가 T_1-공간이므로 $\{p\}, \{q\}$가 닫힌집합이고 X가 정규이므로 Urysohn의 보조정리에 의해 $f(p)=0, f(q)=1$이 되는 연속함수 $f: X\to[0,1]$가 존재한다. X가 연결이므로 $f(X)=[0,1]$이다. 따라서 f는 전사인 연속함수이다. $I=[0,1]$이 비가산이므로 X는 비가산집합이다.

12장 연습문제 풀이

1. (1) ㉠,㉢,㉦ (2) ㉠,㉢,㉤,㉦ (3) ㉠~㉦ (4) ㉢

2. (1) ㉡,㉥,㉦ (유계인 닫힌집합) (2) ㉥ (3) ㉠~㉦ (4) ㉡,㉢,㉣,㉥,㉦

3. 생략

4. $g=\{U_\alpha \mid \alpha\in\Lambda\}$을 A의 열린피복이라 하자. $x_n\to x$이므로

$$\exists\lambda\in\Lambda\ s.t.\ x\in U_\lambda,\quad \exists N\in\mathbb{N}\ s.t.\ n\geq N\Rightarrow x_n\in U_\lambda$$

각 $k=1,2,3,\cdots,N$에 대해 $x_k\in U_{\alpha_k}$를 택하면, $\{U_\lambda, U_{\alpha_1}, U_{\alpha_2}, \cdots, U_{\alpha_N}\}$를 A를 덮는 g의 유한

부분피복이다.

5. $i:(X,\mathfrak{I}_1)\to(X,\mathfrak{I}_2)$는 전사이고 연속함수이다. 그러므로 i는 위상동형함수이다. $\mathfrak{I}_1=\mathfrak{I}_2$이다.

6. $y\in f(X)$에 대해 $f(x)=y$인 $x\in X$가 존재한다. X는 국소콤팩트이므로 x의 콤팩트 근방 A가 존재한다. 그러면 $x\in U\subset A$을 만족하는 열린집합 U가 존재하고 $y=f(x)\in f(U)\subset f(A)$이다. f는 연속이고 열린함수이므로 $f(A)$은 콤팩트이고 $f(U)$는 y의 열린 근방이다. 따라서 $f(X)$의 임의의 점 y가 콤팩트 근방을 가지므로 $f(X)$는 국소콤팩트이다.

7. $\mathcal{G}=\{C\mid C: X\text{의 연결성분}\}$는 X의 분할이고 열린피복이므로 $\mathcal{G}$의 부분피복은 $\mathcal{G}$ 자신뿐이다. X가 컴팩트이므로 X를 덮은 $\mathcal{G}$는 유한부분피복 $\mathcal{H}$를 가진다. 따라서 $\mathcal{H}=\mathcal{G}$이다. 그러므로 연결성분의 수는 유한이다.

8. ① 거짓: $\{0\}$는 Y에서 열린집합이 아니다.

② 거짓: $\mathbb{N}$는 닫힌집합이나 $f(\mathbb{N})=\left\{\dfrac{1}{n}\mid n\in\mathbb{N}\right\}$은 닫힌집합이 아니다.

③ 거짓 ④ 참: X가 이산위상공간이므로

⑤ 거짓: X가 이산위상공간이고 X는 무한집합 ⑥ 참

9. A가 열린집합이면 A^c이 닫힌집합, X가 컴팩트이므로 A^c도 컴팩트이다. f가 연속이므로 $f(A^c)$도 컴팩트이고 Y가 T_2-공간이므로 $f(A^c)$가 닫힌집합이다. 그러므로 $Y-f(A^c)$는 열린집합이다.

10. (1) $-1\in A$이면 A는 컴팩트이다. ($\because$) A의 열린피복은 $\mathbb{N}\cup\{-1\}-F$(F는 $\mathbb{N}$의 유한부분집합)를 포함한 열린집합을 가지고 있다. 그러므로 $A=\mathbb{N}\cup\{-1,-2\},\mathbb{N}\cup\{-1,-3\}$이다.

(2) $-1\notin B$이면 B는 컴팩트가 아니다. ($\because$) $\{\{n\}|n\in\mathbb{N}\}\cup\{\{-2,-3\}\}$는 A의 열린피복으로 유한부분피복을 가지지 않는다. $B=\mathbb{N}\cup\{-2\},\mathbb{N}\cup\{-3\},\mathbb{N}\cup\{-2,-3\}$

11. ① $f^{-1}([0,\frac{1}{2}))=\bigcup_{n\in\mathbb{Z}}[n,n+\frac{1}{2})\notin\mathfrak{I}$이다. 그러므로 $[0,\frac{1}{2})\notin\mathfrak{I}_0$.

② $f:(\mathbb{R},\mathfrak{I})\to([0,1),\mathfrak{I}_0)$가 연속함수이고 $[0,1]$이 컴팩트이므로 $f([0,1])=[0,1)$도 $\mathfrak{I}_0$-컴팩트이다.

③ $(h\circ f)(x)=1-(x-[x])$로 주어지는 $h\circ f:(\mathbb{R},\mathfrak{I})\to(\mathbb{R},\mathfrak{I})$는 불연속함수이다.
$f:(\mathbb{R},\mathfrak{I})\to([0,1),\mathfrak{I}_0)$는 상함수이므로 h도 불연속함수이다. 혹은 h가 연속함수라 하면 $h\circ f$가 연속이 되어 모순발생.

12. $\mathcal{G}$를 X의 임의의 개피복이라 하자. $\mathcal{G}$에서 q를 포함하는 개집합 V를 택하면, $A-V$는 유한집합이다. $A-V=\{v_1,v_2,\cdots,v_n\}$이라 하자. $v_i(i=1,2,\cdots,n)$에 대하여 v_i를 포함하는 개집합을 V_i를 $\mathcal{G}$에서 택하면, $\{V,V_1,V_2,\cdots,V_n\}$는 X를 덮는 $\mathcal{G}$의 유한부분피복이다. 따라서 $(X,\mathfrak{I})$는 컴팩트공간이다.

13. $\mathcal{G}=\{U_\alpha \mid \alpha\in\Lambda\}$를 A의 임의의 ($\mathfrak{I}$-)가산열린피복이라 하자. A^c가 열린집합이므로 $\mathcal{G}\cup\{A^c\}$는 X의 열린피복이다. X가 가산컴팩트이므로 가산집합 Λ의 유한부분집합 F가 존재해서 $X=A^c\cup(\bigcup_{\alpha\in F}U_\alpha)$를 만족시킨다. 따라서 $A\subset\bigcup_{\alpha\in F}U_\alpha$이 성립되어 $\{U_\alpha|\alpha\in F\}$는 A를 덮는 $\mathcal{G}$의 유한부분피복이다. 그러므로 A는 가산컴팩트이다.

14. $\{(a,b)\cap\mathbb{Q} \mid a,b\in\mathbb{R}, a<0<b\}$는 $\mathbb{Q}$에서 0의 국소기저이고 $\mathrm{cl}_{\mathbb{Q}}((a,b)\cap\mathbb{Q})=\mathrm{cl}_{\mathbb{R}}((a,b))\cap\mathbb{Q}$ $=[a,b]\cap\mathbb{Q}$는 $\mathbb{R}$에서 닫힌집합이 아니다. 그러므로 $\mathbb{R}$에서 컴팩트가 아니다. 그러므로 부분공간 $\mathbb{Q}$에서 $[a,b]\cap\mathbb{Q}$가 0의 컴팩트 근방이 아니다. $\mathbb{Q}$가 T_2-공간이므로 $\mathbb{Q}$는 국소컴팩트공간이 아니다.

15. $B((a,b),r)=\begin{cases}\{(a,b)\} & (\|(a,b)\|\geq r)\\ \{(x,y)\in\mathbb{R}^2 \mid \|x\|<r\} & (\|(a,b)\|<r)\end{cases}$

(1) $\overline{A}=[0,1)\times\{0\}$이다.

(i) $A\subset\overline{A}$

(ii) $(x,y)\in\mathbb{R}^2-A$이고 $(x,y)\neq(0,0)$이면 $\delta=\|(x,y)\|=\sqrt{x^2+y^2}>0$
$B((x,y),\delta)=\{(x,y)\}$. 따라서 $A\cap B((x,y),\delta)=\varnothing$. 그러므로 $(x,y)\notin\overline{A}$.

(iii) $(0,0)$일 때 임의의 $\epsilon>0$에 대해서 $0<\delta<\min\{1,\epsilon\}$를 택하면 $(\delta,0)\in A$이고 $d((0,0),(\delta,0))=\delta<\varepsilon$이다. 따라서 $B((0,0),\epsilon)\cap A\neq\varnothing$이다. 그러므로 $(0,0)\in\overline{A}$이다.

(2) $\mathcal{G}=\{G_\alpha\}_{a\in\Lambda}$가 B의 열린피복이면 $\exists G_\lambda\in\mathcal{G}$ $s.t.$ $(0,0)\in G_\lambda$이고 또한 $\exists\delta>0$ $s.t.$ $B((0,0),\delta)\subset G_\lambda$이다. $\frac{1}{\delta}<n_0$인 $n_0\in\mathbb{N}$를 잡으면 $n>n_0$일 때 $d((0,0),(\frac{1}{n},0))=\frac{1}{n}<\frac{1}{n_0}<\delta$이고 $(\frac{1}{n},0)\in B((0,0),\delta)$이다. $k=1,2,\cdots,n_0$에 대하여 $(\frac{1}{k},0)\in G_{\alpha_k}$를 택하면 $\{G_\lambda,G_{\alpha_1},\cdots,G_{\alpha_{n_0}}\}$은 B를 덮는 $\mathcal{G}$의 유한부분피복이다.

16. (1) ① $U_1=[0,1]-F$, $U_2=(\frac{1}{2},1]$, $U_3=(\frac{1}{3},1]$, $\cdots$, $U_n=(\frac{1}{n},1]$, $\cdots$,

$\mathcal{G}=\{U_n \mid n\in\mathbb{N}\}$는 $[0,1]$의 열린피복이나 유한부분피복을 가지지 않는다.

② $[0,1]$은 국소컴팩트공간이 아니다.

$\{[0,1]\cap[(a,b)-F] \mid a<0<b<1\}$이 $[0,1]$에서 0의 국소기저이고 $\overline{[(a,b)-F]\cap[0,1]}=\overline{(a,b)-F}\cap[0,1]=[0,b]$는 $(\mathbb{R},\mathfrak{I})$에서 컴팩트가 아니므로 부분공간 $[0,1]$에서도 컴팩트가 아니다.

(2) ① 각 $n\in\mathbb{N}$에 대해 $\left\{\frac{1}{n}\right\}\in\mathfrak{I}_B$이고 $\{0\}=B\cap[(-2,2)-F]$이므로 $\{0\}\in\mathfrak{I}_B$이다. 따라서 $(B,\mathfrak{I}_B)$는 이산위상공간이다. 그러므로 B는 컴팩트가 아니다.

② B는 국소컴팩트이다.

13장 연습문제 풀이

1. (i) 임의의 $\epsilon>0$에 대하여, $\{b_n\}$이 코시열이므로 $n_1\in\mathbb{N}$이 존재해서 $m,n\ge n_1\Rightarrow d(b_m,b_n)<\frac{\epsilon}{3}$이고 $d(a_n,b_n)<\frac{1}{n}$이므로 $\frac{1}{n_1}<\frac{\epsilon}{3}$을 만족하는 $n_1\in\mathbb{N}$을 잡으면 $n\ge n_1\Rightarrow d(a_n,b_n)<\frac{\epsilon}{3}$이다.

$n_0=\max\{n_1,n_2\}$이라 하자. 그러면

$$m,n\ge n_0\Rightarrow d(a_m,a_n)\le d(a_m,b_m)+d(b_m,b_n)+d(b_n,a_n)<\frac{\epsilon}{3}+\frac{\epsilon}{3}+\frac{\epsilon}{3}=\epsilon$$

따라서 $\{a_n\}$은 코시열이다.

(ii) 가정에 의해 $\lim_{n\to\infty}d(b_n,a_n)\le\lim_{n\to\infty}\frac{1}{n}=0$이다. 만약 $a_n\to p$이면 $\lim_{n\to\infty}d(a_n,p)=0$이다. $a_n\to p$라 하자.

$d(b_n,p)\le d(b_n,a_n)+d(a_n,p)$이므로 $\lim_{n\to\infty}d(b_n,p)\le\lim_{n\to\infty}d(b_n,a_n)+\lim_{n\to\infty}d(a_n,p)=0+0$이다.

따라서 $\lim_{n\to\infty}d(b_n,p)=0$. 그러므로 $\{b_n\}$은 p로 수렴한다.

가정의 조건은 $\{a_n\}$, $\{b_n\}$에 대해서 대칭적이므로 역으로 $b_n\to p$이면 $a_n\to p$이다.

2. $\{a_n\}$을 코시열이라 하자. 임의의 $\epsilon>0$에 대하여, $n_0\in\mathbb{N}$이 존재해서 $m,n\ge n_0\Rightarrow d(a_n,a_m)<\epsilon$을 만족한다. 따라서 $n\ge n_0\Rightarrow \operatorname{diam}(A_n)<\epsilon$이므로 $\operatorname{diam}(A_n)\to 0$이다.

역으로 $\operatorname{diam}(A_n)\to 0$이라 가정하고 $\epsilon>0$라 하자. $n_0\in\mathbb{N}$이 존재해서 $\operatorname{diam}(A_{n_0})<\epsilon$이다. 따라서 $m,n\ge n_0\Rightarrow a_m,a_n\in A_{n_0}\Rightarrow d(a_m,a_n)<\epsilon$이다. 그러므로 $\{a_n\}$은 코시열이다.

3. $\forall\epsilon>0,\ \exists n_1\in\mathbb{N}\ s.t\ m,n\ge n_1\Rightarrow d(a_m,a_n)<\frac{\epsilon}{3}$, $\exists n_2\in\mathbb{N}\ s.t\ m,n\ge n_2\Rightarrow d(b_m,b_n)<\frac{\epsilon}{3}$

$n_0=\max\{n_1,n_2\}$라 두자. $m,n\ge n_0$이면

$$d(a_n, b_n) \leq d(a_n, a_m) + d(a_m, b_m) + d(b_m, b_n),\ d(a_m, b_m) \leq d(a_m, a_n) + d(a_n, b_n) + d(b_n, b_m)$$

이므로 $|d(a_n, b_n) - d(a_m, b_m)| \leq d(a_m, a_n) + d(b_n, b_m) \leq \frac{\epsilon}{3} + \frac{\epsilon}{3} = \frac{2\epsilon}{3} < \epsilon$이다. 그러므로 $\{d(a_n, b_n)\}$은 $\mathbb{R}$에서 코시열이다.

4. ① 완비공간 $\mathbb{R}$의 닫힌집합으로 완비공간이다.
② 완비공간 $\mathbb{R}$의 닫힌집합이 아니므로 완비공간이 아니다.
③ 완비공간 $\mathbb{R}$의 닫힌집합이 아니므로 완비공간이 아니다.
④ 이산공간이므로 완비공간이다.

5. $\{x_n\}$를 (X, d)에서 코시열이라 하면

$$\forall \epsilon > 0, \exists n_0 \in \mathbb{N}\ s.t\ m, n \geq n_0 \Rightarrow d(x_m, x_n) < \epsilon$$

그러면 $e(x_m, x_n) = \min\{1, d(x_m, x_n)\} \leq d(x_m, x_n) < \epsilon$. $\{x_n\}$은 (X, e)에서 코시열이다.
$\{x_n\}$를 (X, e)에서 코시열이라 하면

$$\forall \epsilon (0 < \epsilon < 1), \exists n_0 \in \mathbb{N}\ s.t.\ m, n \geq n_0 \Rightarrow e(x_m, x_n) < \epsilon.$$ 따라서 $d(x_m, x_n) < \epsilon$

그러므로 $\{x_n\}$는 (X, d)에서 코시열이다.

6. (1) p를 X의 임의의 점이고 $\epsilon > 0$이라 하자. f가 축약함수이므로 $0 < \alpha < 1$인 실수 α가 존재한다. $\delta = \epsilon$를 택하면 $d(x, p) < \epsilon$인 모든 $x \in X$에 대해

$$d(f(x), f(p)) \leq \alpha d(x, p) < \alpha\delta = \alpha\epsilon < \epsilon$$

이다. 따라서 f는 p에서 연속이다. 그러므로 $f : X \to X$는 연속함수이다.

(2) x_0을 X의 임의의 점이라 하고 점열 $\{x_n\}$을 다음과 같이 구성하자.

$$x_1 = f(x_0), x_2 = f(x_1),\ x_3 = f(x_2),\ \cdots, f(x_n) = f(x_{n-1}),\ \cdots$$

그러면 점열 $\{x_n\}$은 코시점열이다(왜). X가 완비이므로 점열 $\{x_n\}$은 수렴수열이다.

(3) $x_n \to p \in X$라 하자. 축약함수 f는 연속함수이므로 점열연속함수이다. 그러므로

$$f(p) = \lim_{n\to\infty} f(x_n) = \lim_{n\to\infty} x_{n+1} = p.$$

마지막으로 $f(p) = p$가 되는 p의 유일성을 밝히기 위해 $f(q) = q$인 $q \in X$가 있다고 하자. 그러면 f가 축약함수이므로 적당한 양의 수 $0 < \alpha < 1$에 대해

$$d(p, q) = d(f(p), f(q)) \leq \alpha d(p, q)$$

가 되어 $d(p, q) = 0$이다. 따라서 $p = q$이다.

7. X가 완비공간이므로 Baire공간이다(정리 13.27). X를 가산집합이라 하자. 각 $p \in X$에 대해 $\{p\}$가 고립점이 아니므로 $X - \{p\}$는 조밀한 열린집합이다. 그러므로 $\{X - \{p\} \mid p \in X\}$는

가산개의 조밀한 열린집합족이다. 그러나 교집합 $\bigcap_{p\in X}(X-\{p\})=\varnothing$은 조밀한 집합이 아니다. 그러므로 X는 Baire공간이 아니다. 그러므로 X는 비가산이다.

8. $b(A)=\overline{A}\cap\overline{(X-A)}$는 닫힌집합이다. $\text{int}(b(A))=\varnothing$임을 보이자. 만약 $\text{int}(b(A))\neq\varnothing$이라 하고 $x\in\text{int}(b(A))$라 하자. $x\in b(A)\subset\overline{A}$이므로 $\text{int}(b(A))\cap A\neq\varnothing$이다. A가 열린집합이므로 $\varnothing\neq\text{int}(b(A))\cap\text{int}(A)\subset b(A)\cap\text{int}(A)=\varnothing$이다. 모순이 일어난다.

9. 임의의 $\epsilon>0$에 대해 코시열 $\{a_n\}$의 항들의 집합이 ϵ보다 작은 직경을 갖는 유한개의 집합들로 분할됨을 밝히자. $\{a_n\}$이 코시열이므로 $n_0\in\mathbb{N}$이 존재해서 $m,n>n_0\Rightarrow d(a_m,a_n)<\epsilon/2$을 만족한다. 따라서 $A=\{a_{n_0},a_{n_0+1},\cdots\}$라 두면 $\text{diam}(A)<\epsilon$이다. 따라서 $\{a_1\},\cdots,\{a_{n_0-1}\}$, A는 ϵ보다 작은 직경을 갖는 집합들로 코시열 $\{a_n\}$의 항들의 집합의 분할을 만든다. 따라서 $\{a_n\}$은 완전유계이다.

10. $A_1,A_2,\cdots$가 제1범주집합이면 $A_1,A_2,\cdots$는 각각 가산개의 조밀한 곳이 없는 집합들의 합집합이다. 따라서 $A_1\cup A_2\cup\cdots$도 가산개의 조밀한 곳이 없는 집합들의 합집합이다. 따라서 $A_1\cup A_2\cup\cdots$는 제1범주에 속한다.

11. $\mathbb{Q}$가 제1범주에 속하고 $(\mathbb{R},d)$가 완비공간으로 Baire공간이므로 제2범주에 속한다. 따라서 $\mathbb{R}-\mathbb{Q}$는 제2범주에 속한다.

12. $\mathbb{Z}$가 완비공간 $(\mathbb{R},d)$의 닫힌집합이므로 $\mathbb{Z}$는 완비공간이고 따라서 $\mathbb{Z}$는 Baire공간이다.

13. $\mathbb{Q}=\bigcap_{n\in\mathbb{N}}U_n$되는 열린집합 U_n들이 존재한다고 하자. 그러면 $\mathbb{R}=\overline{\mathbb{Q}}\subset\overline{U_n}$이므로 U_n은 조밀한 열린집합이다. 각 $q\in\mathbb{Q}$에 대하여 $\overline{\mathbb{R}-\{q\}}=\mathbb{R}$이므로 $\mathbb{R}-\{q\}$는 조밀한 열린집합이다. 그럼에도 교집합

$$\left(\bigcap_{n\in\mathbb{N}}U_n\right)\cap\left(\bigcap_{q\in\mathbb{Q}}(\mathbb{R}-\{q\})\right)=\mathbb{Q}\cap(\mathbb{R}-\mathbb{Q})=\varnothing$$

는 완비공간 $\mathbb{R}$에서 조밀한 집합이 아니다. $\mathbb{R}$이 Baire공간이라는 사실에 모순이 일어난다.

참고 문헌

Croom, F. H., *Principles of Topology*, Kyung Moon Publishers, 1996.

Fairchild, W. W. and Tulcea, C. I., *Topology*, W. B. Saunders co 1971.

Gemignani, M. C., *Elementary topology*, Addison-Wesley Publishing Company, 1972.

Hocking, J. G. and Young, G. S., *Topology*, Addison-Wesley Publishing Company, 1961.

Kelley, J. L., *General Topology*, Springer-Verlag, New York, 1975.

Lin, Y. F., Lin, S.-Y. T., *Set theory: An intuitive approach*, Houghton Mifflin Company, 1974.

Lipschutz, S., *General Topology, Schaum's outline series*, McGraw Hill Inc., 1965.

Morris, S. A., *Topology without tears,* www.tolologywithouttears.net.

Munkres, J. R., *Topology A first course*, Prentice-Hall, Inc., New Jersey, 1975.

Oneill, B., *Fundental Concepts of Topology,* Gordon and Breach, Science Publishers, Inc., New York, 1972.

Pinter C. C., *Set theory*, Addison-Wesley Series in Mathematics, 1971.

Simmons, G. F., *Introduction to Topology and Modern Analysis*, McGraw Hill, New York, 1963.

Willard, S., *General topology*, Addison-Wesley Publishing Company, 1970.

김영록, 윤기헌, 임용수학 완전정복 위상수학, 경문사, 2018.

박대희, 안승호, 위상수학, 경문사, 2011

유정옥, 알기쉬운 위상수학, 교우사, 2012.

정동명, 조승제, 실해석학 개론, 이우출판사, 1983.

한국교육평가원, http://www.kice.re.kr(중등임용문제)

찾아보기

ㅈ

ㅊ

ㅋ

ㅍ

ㅎ

영문

기타

위상수학

지은이 김진환
펴낸이 조경희
펴낸곳 경문사
펴낸날 2022년 3월 2일 1판 1쇄
등 록 1979년 11월 9일 제1979-000023호
주 소 04057, 서울특별시 마포구 와우산로 174
전 화 (02)332-2004 팩스 (02)336-5193
이메일 kyungmoon@kyungmoon.com

값 23,000원

ISBN 979-11-6073-453-9